看图学预算系列丛书

看图学
装饰装修工程预算

◎张卫平 主编

中国电力出版社
www.cepp.com.cn

本书全面、系统地介绍了目前建筑装饰装修工程的计量与计价。全书共分为5章，第1章介绍了建筑装饰装修工程、行业发展状况和工程管理特点及建筑装饰装修工程造价计价的基本方法；第2章介绍了建筑装饰装修工程识图的基础知识；第3章介绍了建筑装饰装修工程中常见的构造与工艺；第4章详细分析了装饰装修工程造价的计价组成；第5章通过建筑工程的室内外装修工程案例和家庭装修案例分析了装饰装修工程的计量与计价。

本书讲解简单明确，实践运用具体，内容完整可行，可供建筑装饰装修工程造价人员和技术管理人员作实践指导，也可作为大专院校工程造价专业师生的学习参考资料。

图书在版编目（CIP）数据

看图学装饰装修工程预算/张卫平主编．—北京：中国电力出版社，2008.8（2018.5重印）
（看图学预算系列丛书）
ISBN 978－7－5083－7580－9

Ⅰ．看… Ⅱ．张… Ⅲ．建筑装饰－工程装修－建筑预算定额 Ⅳ．TU767

中国版本图书馆CIP数据核字（2008）第096911号

中国电力出版社出版发行
北京市东城区北京站西街19号　100005　http://www.cepp.com.cn
责任编辑：周娟华　　E-mail：juanhuazhou@163.com
责任印制：郭华清　　责任校对：闫秀英
航远印刷有限公司印刷·各地新华书店经售
2008年8月第1版·2018年5月第10次印刷
700mm×1000mm　1/16·21.25印张·400千字
定价：39.00元

版权专有　侵权必究
本书如有印装质量问题，我社发行部负责退换

前 言

随着国民经济的发展和人民生活水平的提高，人们对建筑的使用功能和装修水平有了进一步的要求。特别是一些民用公共设施、宾馆、饭店的厅堂和房间，对其室内外装修有着较高的要求，甚至广大普通居民家庭对住宅装修也有了较高的要求。因此说，装饰装修的市场前景非常广阔。

本书在介绍建筑装饰装修工程预算基本知识的同时，系统地阐述了装饰装修业的发展状况，装饰工程施工图的识读，装饰工程的基本构造与工艺。并通过三个典型的装饰工程预算实例，全面介绍了装饰工程预算书的编制过程，这为快速提升预算编制人员的业务能力提供了不可多得的第一手资料。

本书为了帮助预算造价人员尽快熟悉建筑装饰装修工程，掌握工程量清单计价，特编写了以下内容：

第1章，绪论。本章着重介绍了建筑装饰装修工程及装饰装修行业的发展状况、工程管理的特点、工程造价计价的基本方法。

第2章，建筑装饰装修工程识图的基础知识。通过对建筑装修工程施工图的讲解，进一步地认识和理解装修工程施工图纸的内容。

第3章，建筑装饰装修工程构造与工艺。通过对建筑装修工程的构造与施工工艺的了解，对建筑装修工程量清单组价有很大的帮助。

第4章，建筑装饰装修工程造价分析。本章详细地介绍了装饰装修工程的计量与计价理论和工程造价的组成过程，内容系统、完整。

第5章，建筑装饰装修工程计量与计价案例分析。本章通过建筑内装修、外装修和家庭装修工程计价案例，按《建设工程工程量清单计价规范》（GB 50500—2008）要求，以国家颁布的《全国统一建筑装饰装修工程消耗量定额》（2002年）为组价依据，详细地介绍了装饰工程清单计量、计价的形成过程，内容实践性强。

本书的特点是讲解简单明确，实践运用具体，内容完整可行。

本书主编张卫平，参编秦雅鹏、项冬晴。本书的编者均是从事建筑装饰装修工程教学、设计、工程监理与施工多年的专业教师和工程师。新建联工程造价事务所的叶婷、刘新莲为本书作了大量的文字编辑和图稿整理工作，对此，我们深表感谢。

由于编者水平有限，书中缺点、错误在所难免，敬请各位读者批评指正。

编 者

目 录

前言
第1章 绪论 (1)
  1.1 建筑装饰装修工程及装饰装修行业的发展状况 (1)
  1.2 建筑装饰装修工程管理的特点和内容 (5)
  1.3 建筑装饰装修工程造价计价的基本方法 (5)
第2章 建筑装饰装修工程识图的基础知识 (9)
  2.1 建筑装饰装修工程施工图概述 (9)
  2.2 建筑装饰装修识图基本知识 (14)
第3章 建筑装饰装修工程构造与工艺 (30)
  3.1 楼地面装饰构造与工艺 (30)
  3.2 墙面装饰构造与工艺 (44)
  3.3 吊顶装饰构造与工艺 (57)
  3.4 门窗装饰构造与工艺 (77)
  3.5 隔墙与隔断装饰构造与工艺 (81)
  3.6 特殊装饰构造与工艺 (90)
  3.7 其他装饰构造与工艺 (100)
第4章 建筑装饰装修工程造价分析 (106)
  4.1 建筑装饰装修工程的计量 (106)
  4.2 建筑装饰装修工程的计价 (168)
第5章 建筑装饰装修工程计量与计价案例分析 (211)
  5.1 室内装饰装修工程计量与计价案例分析 (211)
  5.2 室外装饰装修工程计量与计价案例分析 (254)
  5.3 家庭装饰装修工程计量与计价案例分析 (297)
参考文献 (336)

第1章

绪 论

1.1 建筑装饰装修工程及装饰装修行业的发展状况

1.1.1 建筑装饰装修的概念

在《建筑装饰装修工程质量验收规范》（GB 50210—2001）中，规范了建筑装饰装修的概念，它是指为保护建筑物的主体结构、完善建筑物的使用功能和美化建筑物，采用装饰装修材料或饰物，对建筑物的内外表面空间进行的各种处理过程。

建筑装饰装修是以美学原理为依据，以各种现代装饰材料为基础，并通过运用正确的施工技术和精工细作来丰富和美化建筑物、构筑物的外表和内部空间的建造活动，是工程建设工作的重要组成部分。

1.1.2 建筑装饰装修工程的概念和内容

1. 建筑装饰装修工程的概念

建筑装饰装修工程是指通过装饰设计、施工管理等一系列建筑工程活动，对装饰装修工程项目的内部空间和外部环境进行美化艺术处理，从而获得理想的装饰装修艺术效果和满足使用功能的工程建设全过程，也就是建筑装饰装修项目从业务洽谈、方案设计、施工图设计、施工与管理直至交付业主使用和保修等一系列的工作组合。包括新建、扩建、改建工程和对原有房屋等建筑工程项目的室内外进行的装饰装修工程。

建筑装饰装修工程按其装饰效果和建造阶段的不同，可分为前期装饰和后期装饰：前期装饰是指在房屋建筑工程的主体结构完成后，按照建筑、结构设计图纸的要求，对有关工程部位（墙柱面、楼地面、吊顶）和构配件的表面以及有关空间进行装修的一个分部工程，通常称之为"一般装修"或"粗装修"；后期装饰是指在建筑工程交付给使用者以后，根据业主（用户）的具体要求，对新建房屋或旧房屋进行再次装修的工程内容，一般称它为"高级装饰装修工程"

或"精装修"（也可称谓"二次装修"）。装饰装修工程把美学与建筑融合为一体，人们通称为建筑装饰装修工程。

2. 建筑装饰装修工程的内容

一项建筑装饰装修工程的竣工交付使用，既给人们创造了一个舒适实用的室内环境，同时，室外建筑物、构筑物的外表面的装饰装修，一方面起到了建筑维护的作用，另一方面美化了建筑物、构筑物的外立面，丰富了外部空间环境。

根据建筑装饰装修工程的建设特点，建筑装饰装修工程包括以下主要工作内容：

（1）建设单位编制招标文件、发布招标信息。

（2）获取装饰装修工程项目信息。施工企业可以通过有形的建筑市场获得建设单位建筑装饰装修工程的招标信息，施工企业从了解拟建装饰装修工程概况到决定报名登记并通过资格预审，都要对拟建的装饰装修工程做好充分的准备，以便对承揽工程业务作出决策。

（3）领取（或购买）招标文件。施工企业通过资格预审后，被认定为合格的潜在投标人（或投标人），才有资格参加投标，领取（或购买）招标文件。

投标人在取得招标文件后，要认真阅读招标文件的内容。招标文件中有要求设计和施工的两项内容时，要在建筑装饰设计方案设计之前，了解业主的爱好与具体要求。首先，应做好有关设计资料的收集和装饰装修工程现场的调查勘测等准备工作，并对周围施工环境情况进行详细的了解。其次，参加招标单位组织的现场踏勘和招标答疑会，积极与招标人沟通信息和意见，熟悉招标人对设计的想法和施工要求。进行现场踏勘时，收集相关的设计原始资料，熟悉建筑物的建筑、结构和使用情况，提出自己的疑点问题并获得相应的解答。

（4）投标文件的编制与递交。按照建设部第89号令《房屋建筑和市政基础设施工程施工招投标管理办法》，投标人应当按照招标文件的要求编制投标文件，对招标文件提出的实质性要求和条件作出响应。投标文件应当包括的内容有：投标函、施工组织设计或施工方案、投标报价、投标文件要求提供的其他资料。其具体编制内容如下：

1）方案设计和优化。当招标文件中有设计和施工两项内容时，投标人要认真研究招标人对装饰工程设计的具体意见和要求，如设计的范围、艺术造型、使用功能、投资规模、档次高低、材料选用等，方案设计中要考虑以上意见和要求。方案设计完成后，会同本公司经济和技术人员，认真对方案进行经济和技术论证，运用技术和经济手段优化设计方案。

对设计方案进行估价是优化设计方案的重要过程，通常是根据方案设计图估算工程大概所需的费用。投标人为了在方案设计和投标报价中战胜对手，就必须对方案进行估价。估价由造价人员来完成，估价的计算方法是：根据工程的装修标准和工程施工的难易程度，计算主要分项工程的工程量；根据本公司的人工、材料、机械供应情况并综合考虑风险因素，并结合本企业的装修工程经验，确定综合单价；然后用主要工程量乘以综合单价计算确定设计方案阶段的概算估价。当然，也可以根据工程所用材料和装饰装修造价档次，依据公司以往的装修经验，估算出每平方米造价，再乘以建筑工程装修面积，即为概算估价。

2）施工图设计。设计方案一经确定，就应进入施工图设计阶段。施工图纸是施工技术人员组织施工的主要依据，也是进行技术标书和经济标书编制的主要依据。因此，设计人员绘制施工图时，要注意图纸中的各种尺寸、标高、所用材料等都必须标注清楚，要有节点和具体做法的构造大样，尽量使施工人员和造价人员一目了然，方便中标后的工程管理。

3）技术标书的编制。技术标书是全面反映投标人对招标的装饰装修工程施工管理水平的技术文件。编制技术标书时，要反映出装饰装修施工企业对拟建的装饰装修工程的施工组织设计方案。编制施工组织设计方案要突出本工程的特点，有针对性，严禁照搬抄袭，技术标书要能体现施工企业对本工程的管理能力和先进的技术水平，满足工期要求。

4）装饰装修工程经济文件的编制。装修工程在招标前，招标人可编制招标控制价。招标控制价是招标人根据招标项目的具体情况，编制的完成招标项目所需的全部费用，是根据国家规定的计价依据和计价办法计算出来的工程造价，是招标人对建设工程限定的最高工程造价。编制的招标控制价一般应该控制在批准的总概算及投资包干限额内。

施工企业在投标前，要编制施工图预算，确定投标报价。投标报价的编制主要是投标人对承建招标工程所要发生的各种费用的计算。在进行计算时，必须首先根据招标文件认真地复核工程量。作为投标计算的必要条件，应预先确定施工组织方案和施工进度。此外，投标计算还必须与采用的合同形式相协调。报价是投标的关键性工作，报价是否合理直接关系到投标的成败。

（5）开标、评标和定标。在装饰装修工程招投标中，开标、评标和定标是招投标程序中极为重要的环节。只有作出客观、公正的评标、定标，才能最终选择最合适的承包商，从而顺利进入到装饰装修工程的实施阶段。经过以上程序，只有能够最大限度地满足招标文件中规定的各项综合评价标准、能够满足招标文件的实质性要求、并且经评审的投标价格最低的投标人才能中标，但是投标价格低于成本的除外。

（6）签订装饰装修工程施工合同。投标人被确定为合法中标人后，应在规定的时间内与招标人签订书面合同。施工合同是业主和承包商双方针对某项装饰装修工程任务，经双方共同协商签订协议，共同遵守并具有法律效力的文本。其合同内容包括合同依据、施工范围、施工期限、工程质量、取费标准、双方责任和义务、奖惩规定及其他相关条款。

（7）工程施工。工程施工是装修工程项目具体组织实施的过程，要求做好以下方面的工作：按施工工期要求认真组织施工；加强工程质量管理、质量监督与质量控制、成本控制和进度控制；加强生产安全管理，防止安全事故发生，严格按照技术标书中的承诺，实现管理目标。

（8）交工验收及竣工后的保修。装饰装修工程完工后，需要做好以下工作：施工企业要自检、自评，发现问题要积极解决，只有在自评合格后，才能报建设单位验收。建设单位会同监理、施工单位进行自评自验，经过验收自评合格后，建设单位、监理、施工单位分别编写书面竣工报告，由建设单位向国家建筑工程质量检验部门申请工程竣工验收，工程竣工验收由建设单位组织，会同设计单位、监理、施工单位、建筑工程质量检验部门共同对装饰装修工程进行检查、验收，检查中发现质量缺陷，要限期整改。只有整改合格，经建设单位确认后，才能填写竣工报表，办理交工验收手续和竣工结算。建筑装饰装修工程保修期限从竣工验收之日起，保修期限为2年，建设单位一般预留的保修费用为建筑装饰装修工程造价的3%~5%，保修期满后，施工单位与建设单位结清保修工程款。

1.1.3 装饰装修行业

（1）建筑装饰装修行业的概念。建筑装饰装修行业是指围绕建筑装饰装修工程，从事设计、施工、管理、装饰材料制造、加工、商业营销、中介服务等多种业务的综合性新兴行业。

我国的建筑装饰装修行业的快速发展期就在近20余年。建筑装饰、装修与技术、艺术的结合，使得建筑装饰装修行业更具有"现代"的意义，有人称之为"现代建筑装饰装修行业"。根据国家标准《国民经济行业分类》（GB/T 4754—2002），装饰装修业是建筑业的三个大类之一，隶属于该行业的企业称建筑装饰装修企业。

（2）建筑装饰装修行业的特点。建筑装饰装修行业具有以下主要特点：

1）包容性强。建筑装饰装修行业包容了建筑技术、艺术和文化，包括建筑物、构筑物的立体空间环境的装饰装修艺术处理。

2）高附加值。建筑装饰装修行业是集设计创造、技术、管理为一体的密集性行业，涉及的工种多，管理难度大，质量要求高，对人员素质要求高。它是以室内外设计为前提，采用高新技术，倡导资源节约、绿色环保、优质优价，实现和提高其产值和利润。

3)行业发展空间大。随着我国经济的不断发展,建筑装饰装修行业迎来了难得的发展机遇,特别是改革开放以来,建筑装饰装修行业的发展速度惊人,建筑装饰装修行业技术水平不断提高,我国的建筑装饰装修行业逐步地走出国门,谋求更大的发展空间,为社会创造了更多的财富。

1.2 建筑装饰装修工程管理的特点和内容

1. 建筑装饰装修工程管理的特点

我国建筑装饰装修行业经过近20多年的发展,逐步形成了以行业主导的管理格局,从而推动了建筑装饰装修行业的健康发展。装饰材料的制造、加工由国家产品质量技术监督部门管理,工程建设的规范、标准定额、市场等,由国家建设行政主管部门制定、颁发和管理。

2. 建筑装饰装修工程管理的主要内容

建筑装饰装修工程直接关系到建筑结构的安全、人民的身心健康。同时,建筑装饰装修行业的健康发展对装饰装修市场的规范管理提出了更高的要求。加强建筑装饰装修行业的管理,是各级建设行政主管部门义不容辞的责任。其主要管理内容包括:报建审批、装饰设计、施工、装饰材料的使用、建筑装饰装修市场的管理,统一对装饰装修设计单位、施工企业资质审查、定级及年检的管理,制定和颁布统一的装饰装修工程质量标准、定额、施工及验收规范的管理等。

目前,为规范家庭装饰装修业的管理,家装企业统一由各级建设行政主管部门领导下的家装协会管理。为保证家装工程质量,国家颁布了《住宅装饰装修工程施工规范》(GB 50327—2001),家装协会负责家装企业资质、年审、投诉等市场管理。

1.3 建筑装饰装修工程造价计价的基本方法

随着国民经济的不断发展,时代与科学的不断进步,物质生活水平的不断提高,人们对环境美化的要求也越来越受到重视,因而对建筑装饰装修工程费用的投资也越来越大。据有关方面的资料统计,在一些高档装饰装修工程中,如国家重点建筑工程、高级饭店、商业用房和涉外工程等,其建筑装饰工程费用投资达到总投资的50%左右;在住宅装饰装修工程中,装饰装修投资达到和超过购房投资的现象也为数不少。由此,将对建筑装饰装修工程计量与计价工作提出更高的要求,同时也将为装饰装修工程计价与装饰工程造价管理工作创造广阔的就业前景。

建筑装饰装修工程计价，就是根据国家的有关政策、地方行政主管部门的有关规定，以及现行的全国统一建筑装饰工程消耗量定额和相应的装饰装修工程取费标准，按照各地建筑装饰市场的信息状况，合理计算确定建筑装饰装修工程造价与建设项目投资额。其主要内容包括：建筑装饰装修工程造价基本概念、建筑装饰装修工程造价费用、建筑装饰装修工程材料价格的制定、建筑装饰装修工程造价文件的编制（编制原理、编制依据、编制程序与方法）。

1.3.1 建筑装饰装修工程计量与计价的概念

建筑装饰装修工程计量与计价是研究建筑装饰工程产品生产和建筑装饰工程造价之间的内在关系，将工程技术和经济法规融为一体，并为科学管理和控制工程投资提供重要依据的一门综合学科；是建筑装饰工程施工企业实行科学管理的重要基础。

建筑装饰装修工程计量与计价主要包括建筑装饰装修工程消耗量定额和建筑装饰装修工程造价两个组成部分，分别从两个不同的角度反映同一个规律——建筑装饰装修工程产品生产与生产消耗之间的内在关系。

物质资料的生产是人类赖以生存延续和发展的基础，物质生产活动必须消耗一定数量的活劳动与物化劳动，这是任何社会都必须遵循的基本规律。建筑装饰装修工程作为一项重要的社会物质生产活动，在其产品的形成过程中必然要消耗一定数量的资源，反映产品的实物形态在其建造过程中"投入与产出"之间的数量关系，以及影响"生产消耗"的各种因素；客观地、全面地研究两者之间的关系，找出它们的构成因素和相应的规律性；应用社会主义市场的经济规律与价值规律，按照国家和地方行政主管部门的有关规定和当地当期建筑装饰装修市场状况，正确确定建筑装饰装修工程产品价格；从而实现对工程造价的有效控制和管理，以求达到控制生产投入、降低工程成本、提高建设投资效果、增加社会财富的目的。

1.3.2 建筑装饰装修工程计价的基本方法

建筑装饰装修工程价格计算方式的特殊性取决于建筑装饰工程产品及其生产过程的特殊性。与一般工业产品价格的计价方法相比，根据其特点，采取了特殊的计价模式及其方法。即按定额计价模式和按工程量清单计价模式。

1. 工程造价定额计价方法

定额计价模式，是在我国计划经济时期及计划经济向市场经济转型时期所采用的行之有效的计价模式。它是根据国家或地方颁布的统一消耗量定额规定的消耗量标准和相应的基价表，以及配套使用的取费标准和材料预算价格表，计算拟建工程中相应的工程数量，套用相应的定额单位估价（基价）表或者消耗量定额，计算出定额直接工程费，再在直接费的基础上计算各种相关费用及利润和税金，最后汇总形成建筑产品的造价。定额计价的基本方法有"单位估价法"和"工料估价法"两种。

（1）单位估价法。计价模式的基本数学模型可表述为：

$$建筑装饰装修工程造价 = [\sum(分项工程量 \times 分项定额基价) + \sum(计费基础 \times 各种费用的费率和利润率)] \times (1 + 税金率) \quad (1-1)$$

（2）工料估价法。计价模式的基本数学模型可表述为：

$$建筑装饰装修工程造价 = [\sum(分项工程量 \times 分项定额资源消耗量 \times 资源单价) + \sum(计费基础 \times 各种费用的费率和利润率)] \times (1 + 税金率) \quad (1-2)$$

2. 工程造价工程量清单计价方法

按照《建设工程工程量清单计价规范》的规定：工程量清单计价由分部分项工程费、措施项目费、其他工作项目费、规费、税金等组成。《建设工程工程量清单计价规范》规定采用综合单价计价。综合单价是指完成工程量清单中一个规定计量单位项目所需的人工费、材料费、机械使用费、管理费和利润，并考虑风险因素。

由于分部分项清单项目的项目特征、工程内容因工程不同而不同，《建设工程工程量清单计价规范》中分部分项清单项目相比基础定额综合，因此无论编制标底或是投标报价均应进行组量组价。编制标底是根据清单规范的相应要求、工程实际情况、政府部门制定的消耗量参考定额（目前为《全国统一建筑装饰装修工程消耗量定额》）及当地主管部门计价办法来形成综合单价；投标报价是根据清单规范要求、工程实际情况、企业定额及人、材、机市场价按企业的计算方式组成综合单价。施工单位还需在所报的综合单价中，将可能发生且需由自身承担的风险（可能为工资涨价、材料上涨、燃料费上涨等）按预测情况，考虑到综合单价中。

此时工程总造价计算为：

$$分部分项工程费 = \sum 分部分项清单工程量 \times 分部分项工程综合单价 \quad (1-3)$$

$$措施项目费 = \sum 措施项目工程量 \times 措施项目综合单价 \quad (1-4)$$

$$其他工作项目费 = \sum 其他项目清单工程量 \times 其他项目综合单价 \quad (1-5)$$

$$规费 = (分部分项工程费 + 技术措施项目费 + 其他工作项目费) \times 费率 \quad (1-6)$$

$$税金 =（分部分项工程费 + 技术措施项目费 + 其他工作项目费 + \\ 规费）\times 税率 \qquad (1-7)$$

$$单位工程报价 = 分部分项工程费 + 措施项目费 + 其他项目费 + \\ 规费 + 税金 \qquad (1-8)$$

$$建筑装饰装修单项工程报价 = \sum 单位工程报价 \qquad (1-9)$$

特别要说明的是，工程量清单计价已逐渐成为市场计价的主流。工程量清单计价是改革和完善工程价格管理体制的一个重要的组成部分。工程量清单计价方法相对于传统的定额计价方法是一种新的计价模式，或者说，是一种市场定价模式，是由建筑市场的买方和卖方在建设市场上根据供求状况、信息状况进行自由竞价，从而最终能够签订工程合同价格的方法。因此，国家大力推行工程量清单计价。

第 2 章

建筑装饰装修工程识图的基础知识

2.1 建筑装饰装修工程施工图概述

建筑装饰装修工程施工图是设计人员按照三视图的投影原理，用线条、数字、文字和符号在纸上画出的图样，用来表达设计思想、装饰结构、装饰造型及饰面处理要求。建筑装饰装修工程施工图是装饰施工的技术语言，是施工管理和工人施工及验收的依据。建筑装饰装修工程施工图包括：平面图（包括平面布置图、吊顶平面图）、立面图、剖面图、详图、节点大样图、辅助施工的效果图、家具图、水电施工图等。

建筑装饰装修工程涉及面较宽，涉及的专业较多，它不仅与建筑有关，也与各种钢、铝、木结构有关，还与室内陈设、家具及各种配套产品相关。所以在装饰施工图的表达中，既要满足建筑制图的要求，又要满足家具制作、机械零部件加工等制图的要求，形成装饰装修施工图纸自身的特点。本章仅从识图的需要，对读、看装饰装修施工图的要点给予阐述。

1. 表达建筑室外装饰的内容

建筑室外立面空间要满足一定的艺术要求，这就要通过外立面装修设计和施工来实现。建筑外立面有丰富的内容，如檐头、外墙、幕墙、门头、门面、门窗、阳台、招牌灯箱、灯光、字体等。

（1）檐头即屋顶檐口的立面，常用 GRC 材料、挤塑苯板制作檐口装饰线修饰檐口，也常在檐口结构上镶贴琉璃、面砖等材料修饰。

（2）外墙是室内外空间的界面，除了要满足保温隔热要求外，还要满足美观要求。一般常用面砖、涂料、陶瓷马赛克、石渣、石材等材料饰面。

（3）幕墙是指悬挂在建筑结构表面的非承重墙。它的自重及受到的风荷载是通过连接件传给建筑结构框架的。幕墙饰面材料通常有玻璃、铝塑板、铝板、石材、人造板材等。幕墙结构骨架材料有角钢、槽钢、铝合金型材等。幕墙饰面材料常采用玻璃、铝塑板、铝板、石材、人造板材，一方面是为了减轻建筑物的自重；另一方面是使建筑物显得明快、挺拔，具有现代感。

（4）门头是建筑物的主要入口部分，它包括雨篷、外门、门廊、台阶、花台或花池等部分。装饰内容也很丰富，使用的材料种类也很多。

（5）门面特指商业性用房，它除了包括主入口的有关内容以外，还包括招牌和橱窗。

除此之外，室外装饰一般还包括阳台、门窗头、遮阳板、栏杆、围墙、大门和其他建筑装饰小品等内容。

2. 表达室内装饰的内容

楼地面是室内空间的低界面，通常是指在普通水泥或混凝土楼地面层和其他地层表面上所作的饰面层。

（1）顶棚是室内空间的顶界面。顶棚装饰也是室内装饰装修的重要组成部分，它的设计通常要从审美要求、物理功能、建筑照明、设备安装、管线敷设、通风空调、检修维修、防火安全等多方面综合考虑。

（2）内墙（包括柱）是室内空间的侧界面，通常处于人们的视觉直接范围内，是人们在室内接触最直接的部位，是三维空间中所占面积最大的部分，也是装饰的重点。因而其装饰除了要满足使用功能、防火及管线敷设等方面的要求外，还要更加注重装饰艺术效果。

内墙装饰形式非常丰富，与其相关联的构配件很多，装饰的内容和形式多样。如建筑内部起到隔声和分割空间要求的封闭性非承重墙，在室内起到遮挡视线而不隔声的不封闭的非承重隔断墙。要求较高的隔断制作比较精致，多做成镂空花格或可折叠式，有固定和非固定两种形式。

在很多公共建筑室内装修中，在内墙1.5~2m高处范围内，习惯用装饰面板（或各种饰面砖）作围护和装饰饰面，1.5m高以内通常称墙面墙裙，2m高处范围内通常称墙面护壁。在墙体上凹进去一块的装饰形式称为壁龛。内墙面下部与地面交界处的起保护墙脚面层作用的构件称踢脚，常采用不锈钢、石材、各种饰面板材、镶贴块料作为踢脚线装饰材料。

内墙面上常常还有各种形式的门窗，也是装饰的重要部位。门窗按材料分为铝合金门窗、不锈钢门窗、木门窗、塑钢门窗、彩板门窗等；按开启方式分为平开门、推拉门、内外开门、弹簧门、转门、折叠门等，窗有固定、平开、推拉窗等。

门窗的装饰装修内容有贴脸板（门窗洞口正面）、筒子板（门窗洞口侧面）、窗台板（在窗下槛内侧部位安装，起保护窗台和装饰窗台面的作用）。贴脸板和筒子板又统称门窗套。此外，窗上口部位还有窗帘盒，是用来安装窗帘轨道，起遮挡窗帘轨道和装饰美观的作用。

室内装饰内容还有挂镜线、腰线、楼梯踏步、楼梯栏杆（板）、壁柜和服务台、柜(吧)台、室内雕塑、壁画、景观等。装饰装修的内容名目繁多，在此就不一一赘述。

以上这些室内三维空间装饰的部位，可以通过图2-1来说明。

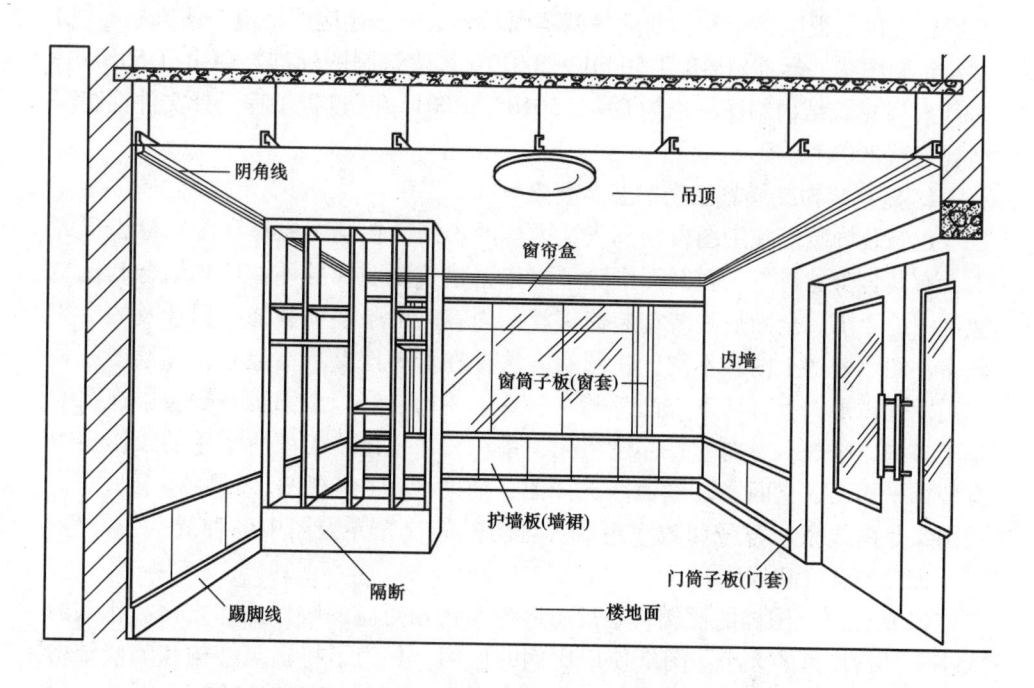

图2-1 室内三维空间装饰的部位

3. 建筑装饰装修施工图的内容及要求

建筑装饰装修施工图是在确定了装饰装修平面图、立面图、剖面图初步设计的基础上绘制的，它必须满足施工的要求。建筑装饰装修施工图是表示建筑物的外部装饰造型、内部装修布置、细部构造做法以及一些固定设施和施工要求的图样，它所表达的建筑装饰构配件、材料、轴线、尺寸(包括标高)和固定设施等都必须以建筑结构、建筑设备图取得一致，并互相配合与协调。总之，建筑装饰装修施工图主要用来作为施工放线、安装门窗、室内外装饰装修以及编制预算和施工组织设计等的依据。

建筑装饰装修施工图应由效果图、建筑装饰装修施工图和室内设备施工图组成，本书主要对建筑装饰装修施工图进行讲述。效果图是用于辅助施工的图纸，在施工制作中，它是形象、材质、色彩、光影与氛围等艺术处理的重要依据，是建筑装饰施工所特有的、必备的施工图样。它所表现出来的直观的观感整体效果，不仅是为了招投标时引起建设单位的注意，也是施工生产者所刻意追求最终应该达到的目标。

建筑装饰装修施工图一般包括施工总说明、总平面图、装饰平面图、装饰立面图、装饰剖面图，装饰详图包括构配件详图和节点详图。

建筑装饰装修施工图在绘制时要符合制图的有关规定。除了要符合一般的投影原理以及视图、剖面和断面等基本图示方法外，还应严格遵守国家标准《房屋建筑制图统一标准》（GB/T 50001—2001）、《建筑制图标准》（GB/T 50104—2001）、《建筑结构制图标准》（GB/T 50105—2001）和《建筑工程设计文件编制深度规定》（2003）的规定。

4. 建筑装饰装修施工图的基本要素

建筑装饰装修施工图根据其表达内容的不同，在绘图原理和图示标识形式上，有其自身的特点。在制图中除了要依据建筑制图标准外，还要结合其他专业制图的要求，全面反映装饰装修工程的内容。由于装饰装修工程涉及的专业较多，图示表达上内容不同，在图示方法存在着一定差异。但是，在绘图原理和图示标识形式上有许多方面都基本一致。装饰装修施工图也是按投影视图的基本方法，来表示室内的各部位相互关系。装饰装修施工图所采用的投影视图有装饰平面图、立面图、剖面图、详图、辅助视图（俯视图、效果图）等，而这些图又是由线条、符号和数字组成。看图时应首先弄懂图中各种线条、符号、尺寸标注的含义和规定。

（1）比例。图样的比例，是指图形与实物相对应的线性尺寸之比。比例的大小，是指比值的大小。图纸使用比例的作用，是为了将建筑结构和装修结构按原样地缩小在图纸上。图纸比例用阿拉伯数字，比用比例符号表示。如1:100、1:50、1:5 等。1:100 表示图纸上所画物体比实物缩小 100 倍，1:1 表示图纸上所画物体与实物一样大。

比例符号标注在图名的右侧，当整张图纸上只用一种比例时，可注写在标题栏内。

（2）线条。在施工图上为了表示图中不同的内容，分清主次关系，在图上使用不同的线型及不同粗细的线条来表达。

1) 实线。表示看得见物体的轮廓线或两个面的相交线（棱）。为了在图上区分主次关系，实线又分为粗、中、细三种。粗实线常用于建筑结构轮廓线，物体平面、立面的轮廓线，剖面结构的轮廓线。中实线用于家具和装饰结构的轮廓线。细实线用于尺寸线、引出线、剖面线。

2) 点划线。点划线表示通过物体的中心线，圆或圆孔的中心线，定位轴线或建筑结构梁柱的轴线。

3) 双点划线。表示物体移动位置的假想轮廓线。

4) 虚线。表示投影面看不见的轮廓线与棱线。

5) 折断线。表示假想断开线，或不必全画出来的省略部分。用于建筑结构和装饰结构的剖面图中。

6）尺寸线和引出线。尺寸线和引出线均为细实线，用来指示所注尺寸的长度范围。它的两端用斜短线来表示尺寸的起止点。引出线是指示标注的位置。

(3) 符号。

1）剖切面符号。为了清楚表示建筑内部空间和装饰结构、装饰节点结构，装饰施工图中经常使用剖面图。剖面图所剖切的部位用剖切符号表示。剖切符号可用英文字母或阿拉伯数字表示。如 A—A 剖面，6—6 剖面。英文字母或数字是表示剖切面两端的位置。一项工程需要剖开的地方有多处。因而每个剖面图要用不同的字母或数字区分。看图时根据不同的字母或数字就可在图中找出对应的剖面图。当有局部剖切时，如需放大为详图，则需要索引符号来标注。

2）索引符号。表示图上某一构件在本张图上或另张图纸上另有详图。在索引符号连线下加一粗实线，就表示另有剖面详图。如 2-2 索引符号圆圈内分子表示详图编号，分母为详图所在的图纸编号，如分母为横线时，表示即在本张图上有此详图。

3）标高符号。表示地面的相对高度，相对高度一般以地面一层的室内地坪为零点即 ±0.00。

4）对称符号。图形对称时，在图形对称线上使用对称符号就可以省去其对称部分不画出，从而减少绘图工作量。

5）连接符号。当图纸位置不够画出一个构件的全长时，可将该构件分成两个部分绘制，用连接符号表示相连接。

6）投影符号。为了表明一些视图的投影方向，而采用投影符号来指明。箭头方向表示该方向的投影面，圆圈内的字母表示投影面的编号，并在该投影图上相对应标注有 A 向视图、B 向视图等。

(4) 尺寸标注和文字说明。施工图是施工的依据。图纸中的图形都要标注尺寸数字。施工时以所标注尺寸数字为依据进行施工。尺寸用阿拉伯数字写在尺寸线中部的上方。

文字说明在引出线的上面，如写不完也可在下面继续写。说明引出线端头所指向的装修面，是说明该面所需的工艺方法。有的文字说明注写在图纸的右下角或右上角，这样的说明往往是对整个图纸而言的。

(5) 标题栏。每张图纸右下方都有标题栏，其中写明图纸名称、图纸类别、图纸编号、设计单位、工程名称及设计者签名等内容。根据标题栏可了解到图纸的基本内容和分类，以及该图纸在全部施工图中的前后关系。所以在看图时有必要先看一下标题栏，以便对工程基本情况有所掌握。

2.2 建筑装饰装修识图基本知识

装饰装修平面图包括装饰装修平面布置图和吊顶平面图。

装饰装修平面布置图是假想有一个水平的剖切平面，在窗台上适当位置，将经过内外装饰的房屋整个剖开，移去以上部分后向下所作的水平投影图。它的作用主要是用来表明建筑室内外各种装饰装修布置的平面形状、位置、大小和所用材料；表明这些布置与建筑主体结构之间，以及这些布置之间的相互关系。

吊顶平面图有两种形成方法：一是假想房屋水平剖开后，移去下面部分向上作直接正投影而成的视图；二是采用镜像投影法，将地面视为镜面，对镜中吊顶的形象作正投影而成。吊顶平面图一般可用镜像投影法绘制。吊顶平面图的作用主要是用来表明吊顶装饰的平面形式、尺寸和材料，以及灯具和其他各种室内顶部设施的位置和大小等。

装饰装修平面布置图和吊顶平面图，都是建筑装饰施工放样、制作安装、预算和备料，以及绘制室内有关设备施工图的重要依据。

上述两种平面图中，平面布置图的内容尤为繁杂，加上它便可控制水平向纵横两轴的尺寸数据，而其他视图多由它引出，因而是我们识读建筑装饰装修施工图的重点和基础。

2.2.1 建筑装饰平面布置图

1. 装饰平面布置图的主要内容和表示方法

（1）建筑平面基本结构和尺寸。装饰平面布置图是依据原建筑施工平面图，在尽可能不改变原有建筑结构的基础上，对建筑平面所重新进行功能分区和细化布置，从而使建筑平面更符合装修要求。装饰平面布置图包括建筑平面图上由剖切引起的墙柱断面和门窗洞口、定位轴线及其编号、建筑平面结构的各部尺寸、室外台阶、雨篷、花台、阳台及室内楼梯和其他细部布置等内容。这些图形、定位轴线和尺寸，标明了建筑内部各空间的平面形状、大小、位置和组合关系；标明了墙柱和门窗洞口的位置、大小和数量；标明了上述各种建筑构配件和设施的平面形状、大小和位置，是建筑装饰平面布置设计定位、定形的依据。上述内容在无特殊要求的情况下，均应按照原建筑平面图套用，具体表示方法与建筑平面图相同。

当然，装饰平面布置图应突出装饰结构与布置，对建筑平面图上的内容不是丝毫不漏地完全照搬。为了使图面不过于繁杂，一般与装饰平面图示关系不大或完全没有关系的内容均应予以省略，如指北针、建筑详图的索引标志、建筑剖面图的剖切符号,以及某些大型建筑物的外包尺寸等。

(2) 建筑装饰结构的平面型式和位置。装饰平面布置图需要表明楼地面、门窗和门窗套、护壁板或墙裙、隔断、装饰柱等装饰结构的平面形式和位置。

其中地面(包括楼面、台阶面、楼梯平台面等)装饰的平面形式要求绘制准确具体,按比例用细实线画出该形式的材料规格、铺贴方式和构造分格线等,并标明其材料品种和工艺要求。如果地面各处的装饰做法相同,可不必满堂都画,一般选图形相对疏空处画出局部示意即可,构成独立的地面图案则要求表达完整。

门窗的平面形式主要用图例表示,其装饰应按比例和投影关系绘制。平面布置图上应标明门窗是靠里皮安装、靠外皮安装或距中安装,并应注明它们的设计编号。

平面布置图上表示垂直装饰构件的位置,可用中实线画出它们的水平断面外轮廓,如门窗套、窗台板、包柱、壁饰、隔断、隔墙等。墙柱的一般饰面则用细实线表示。

(3) 室内外装饰设置的平面形状和位置。装饰平面布置图还要标明室内家具、陈设、绿化、配套产品和室外水池、装饰小品等配套设置体的平面形状、数量和位置。这些布置当然不能以实物原形画在平面布置图上,只能借助一些简单、明确的图例来表示。目前尚无统一的装饰平面图例,很多图例都是用较形象的图形来表示,只要便于识别就可以使用。表2-1列举了一部分目前比较流行的室内常用平面图例,供大家学习参考。

表2-1　　　　　　　　室内常用平面图例

图 例	说 明	图 例	说 明
	双人床		立式小便器
	单人床		装饰隔断(应用文字说明)
			玻璃拦河
	沙发(特殊家具根据实际情况绘制其外轮廓线)	ACU	空调器
			电视
	坐凳	W	洗衣机

续表

图例	说明	图例	说明
	桌	WH	热水器
	钢琴		灶
			地漏
	地毯		电话
			开关（涂墨为暗装，不涂墨为明装）
	盆花		插座（同上）
	吊柜		配电盘
食品柜 茶水柜 矮柜	其他家具可在柜形或实际轮廓中用文字注明		电风扇
	壁橱		壁灯
			吊灯
	浴盆		洗涤槽
			污水池
	坐便器		淋浴器
	洗脸盆		蹲便器

由于大部分家具与陈设都在水平剖切面以下，因此，它们的顶面正投影轮廓线用中实线绘制，轮廓内的图线用细实线绘制。

(4) 装饰结构与配套平面布置的尺寸标注。平面布置的尺寸标注也分为外部尺寸和内部尺寸。外部尺寸一般是套用建筑平面图的轴间尺寸和门窗洞、窗间墙尺寸，而装饰结构和配套布置的尺寸主要在图形内部标注。内部尺寸一般比较零碎，直接标注在所示内容附近。若为重复相同的内容，其尺寸可代表性地标注。

　　为了区别平面布置图上不同平面的上下关系，必要时也要标注标高。为了简化计算、方便施工起见，装饰平面布置图一般取各层室内主要地面为标高零点。

　　平面布置图上还应标注各种视图符号，如剖切符号、索引符号、投影符号等。这些符号除投影符号外，其他符号的标识方法均与建筑平面图相同。

　　投影符号可以说是装饰平面布置图所特有的视图符号，它用来标明室内各立面的投影方向和投影面编号。

　　投影符号的标注一般有以下规定：室内空间的构成比较复杂，或只需要图示其中某几个立面时，可分别在相应位置画上图 2 – 2（a）形式的投影符号，三角形尖端所指的是该立面的投影方向，圆内字母表示该投影面的编号；当室内平面形状是矩形，并且各立面大部分都要图示时，可仅用一个图 2 – 2（b）、（c）

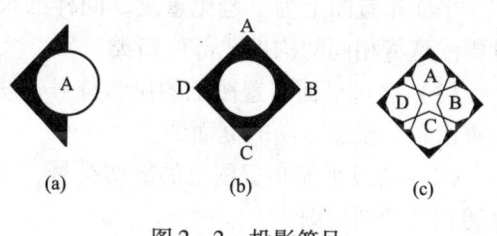

图 2 – 2　投影符号

形式的投影符号，四个尖端标明四个立面的投影方向，四个字母表示四个投影面的编号。

　　编制投影符号时，应注意三角形的水平边或正方形的对角中心线应与投影面平行。投影符号编号一般用大写拉丁字母表示，并将投影面编号写在相应立面图的下方作为图名，如 A 立面图、B 立面图等。

　　为了使图面的表达更为详细周到，必要的文字说明是不可缺少的，如房间的名称、饰面材料的规格品种和颜色、工艺作法和要求、某些装饰构件与配套布置的名称等。

　　平面布置图上还应有图名，随图名后还有图的比例等。

2. 装饰平面图的阅读要点

　　看装饰平面布置图要先看图名、比例、标题栏，认定该图是什么平面图，再看建筑平面基本结构及其尺寸，把各房间名称、面积，以及门窗、走廊、楼梯等的主要位置和尺寸了解清楚。然后看建筑平面结构内的装饰结构和装饰设置的平面布置等内容。通过对各房间和其他空间主要功能的了解，明确为满足功能要求所设置的设备与设施的种类、规格和数量，以便于统计计算工程量。通过图中对装饰面的文字说明，了解各装饰面对材料规格、品种、色彩和工艺制作的要求，明确各装饰面的结构材料与饰面材料的衔接关系与固定方式，并结合工程量作材料计划和施工安排计划等。

　　面对平面图中众多的尺寸，要注意区分建筑尺寸和装修尺寸。在装饰尺寸中，又要能分清其中的定位尺寸、外形尺寸和结构尺寸。

（1）定位尺寸是确定装饰面或装饰物在平面布置图上位置的尺寸。在平面图上需两个定位尺寸才能确定一个装饰物的平面位置，其基准往往是建筑结构面。

（2）外形尺寸是装饰面或装饰物的外轮廓尺寸，由此可确定装饰面或装饰面的平面形状与大小。

（3）结构尺寸是组成装饰面和装饰物各构件及其相互关系的尺寸。由此可确定各种装饰材料的规格，以及材料之间和材料与主体结构之间的连接固定方法。

平面布置图上为了避免重复，同样的尺寸往往只代表性地标注一个，读图时要注意将相同的构件或部位归类。

（1）通过平面布置图上的投影符号，明确投影面编号和投影方向，并进一步查出各个投影方向的立面图。

（2）通过平面布置图上的剖切符号，明确剖切位置及其剖视方向，进一步查阅相应的剖面图。

（3）通过平面布置图上的索引符号，明确被索引部位及详图所在位置。

概括起来，阅读施工平面布置图应抓住面积、功能、装饰面、设施以及与建筑结构的关系这五个要点。

3. 装饰平面布置图的识读

现以图2-3为例，识读如下：该图为某会议室平面布置图，比例为1:50。平面布置为22人的会议室，开间为10120mm，进深为8160mm，左侧为一樘1.5m宽双开门，右侧为一樘0.8m宽单开门。地面满铺蓝灰色地毯。平面图上布置了会议桌、椅等。

图中注有投影符号，表明这些立面有剖视图。从投影符号可知，本图有 A、B、C、D 四个方向的立面图，视图方向如箭头所示。

2.2.2 吊顶平面图

1. 吊顶平面图的基本内容与表述方法

1）吊顶平面图一般都采用镜像投影法绘制。用镜像投影法绘制的吊顶平面图，其图形上的前、后、左、右位置与装饰平面布置图完全相同，轴线的位置没有变化。门窗洞口位置与平面图相同，但不图示开启方向。可对照平面图阅读。

2）吊顶图表明装饰吊顶的平面形式和尺寸，并通过附加文字说明其所用材料、色彩及工艺要求等。

3）吊顶的迭级变化应结合造型平面分区线用标高的形式来表示，由于所注

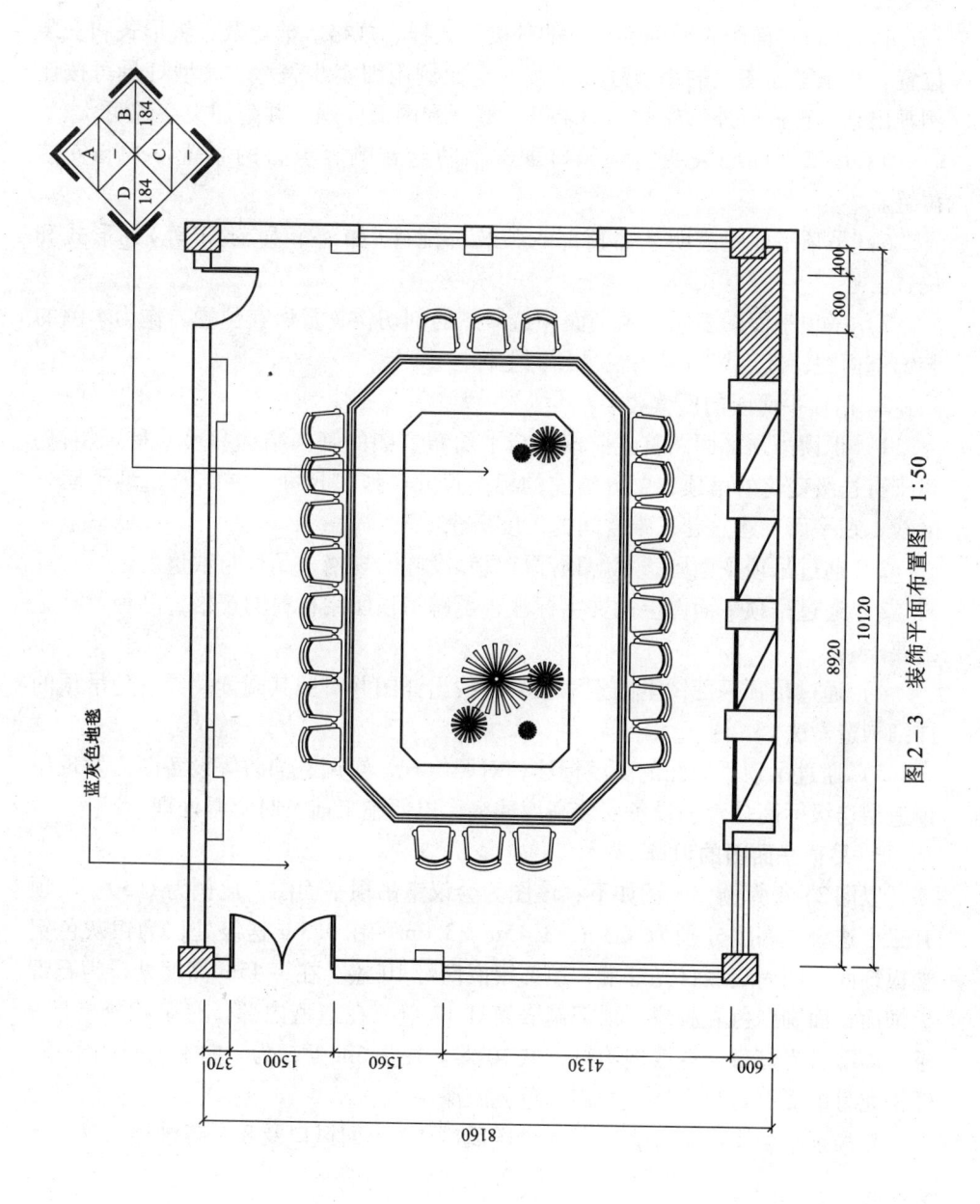

图 2-3 装饰平面布置图 1:50

的是吊顶各个构件底面的高度，因而标高符号的尖端应向上标注，也可用"CH3300"这样的表达方式来表示各构件相对楼地面的净高度，以示各层次迭级变化的不同。

4) 吊顶平面图表明顶部灯具的种类、式样、规格、数量及布置形式和安装位置。吊顶平面图上的小型灯具是按一定比例用细实线表示，大型灯具可按比例画出它的正投影外形轮廓，力求简明概括和图形美观，并附加文字说明。

5) 吊顶平面图表明空调风口顶部消防与音响等设备的布置形式与安装位置。

6) 吊顶平面图表明墙体顶部有关装饰配件（如窗帘盒、窗帘等）的形式和位置。

7) 吊顶平面图表明吊顶剖面构造详图的剖切位置及所在位置。作为本图的装饰剖面图，其剖切符号不在吊顶图上标注。

2. 吊顶平面图的阅读要点

1) 识读吊顶平面图首先要核对与平面布置图的基本结构和尺寸是否相符。对于有迭级变化的吊顶，要分清它的标高尺寸和线型尺寸，并结合造型平面分区线，在平面上建立起三维空间的尺度概念。

2) 通过吊顶平面图，了解顶部灯具和设施的规格、品种与数量。

3) 通过吊顶平面图上的文字标注，了解吊顶所用材料的规格、品种及其施工要求。

4) 通过吊顶平面图上的索引符号，找出详图并对照其阅读，弄清楚吊顶的详细构造做法。

5) 通过吊顶平面图的高度标注，对照电气、空调、消防等设备图，发现吊顶造型迭级标高是否和设备安装高度冲突，以便施工前及时协调处理。

3. 吊顶平面图的识读

以图2-4为例，识读如下：该图为会议室吊顶平面图，比例为1:50。吊顶有三个迭级，高度分别为3.3m、3.45m、3.6m。在3.3m迭级处，为银灰色铝塑板饰面，四周暗藏日光灯带，顶部镶嵌筒灯10盏。在3.45m高度处，为石膏板饰面，面刷白色乳胶漆，顶部镶嵌筒灯17盏。在造型内部，有条状分格带9条，内藏日光灯带，并镶嵌筒灯，共10盏。在3.6m处，为一向上的封闭平顶，轻钢龙骨纸面石膏板面层，面刷白色乳胶漆。

在吊顶平面图中，还表示了4个送风口、2个回风口及8个喷淋器。

2.2.3 装饰立面图

装饰立面图有室外装饰立面图和室内装饰立面图。室外装饰立面图是将建筑物经装饰后的外观形象，向垂直投影面所作的正投影图。它主要表达屋顶檐

图 2-4 吊顶平面图 1:50

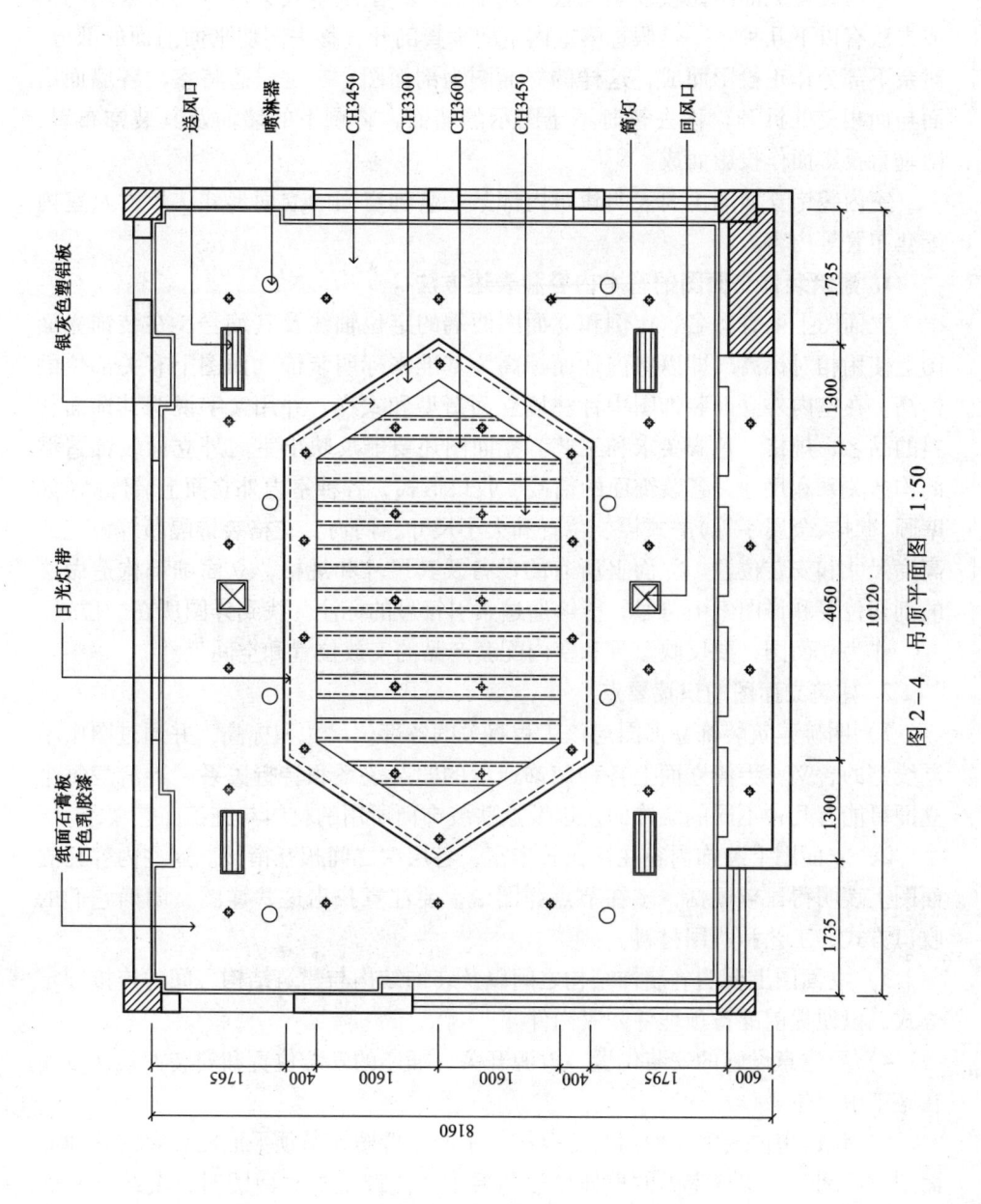

口、外墙面、门头与大门等部位的装饰造型、装饰尺寸和饰面处理，以及装饰门面、灯箱、广告牌、橱窗等内容。

室内装饰立面图比较复杂，且形式不统一，图纸量较大。目前常采用的形成方法有以下几种：一是假想将室内空间垂直剖开，移去剖切平面前面的部分，对余下部分作正投影而成，这样的立面图为剖面图；二是假想将室内各墙面沿面与面相交处拆开，移去暂时不予图示的墙面，将剩下的墙面及其装饰布置，向垂直投影面作投影而成。

室内装饰立面图主要表明建筑内部某一装饰空间的立面形式、尺寸及室内配套布置等内容。

1. 建筑装饰立面图的基本内容和表述方法

立面图上要有图名、比例和立面图两端的定位轴线及其编号。在装饰立面图上使用相对标高，即以室内地面标高为基准来标明装饰立面图上有关部位的标高。在室内外立面装饰图中标注墙立面造型和式样，并用文字说明其饰面材料的品名、规格、色彩要求和工艺。立面图还要能反映出室内外立面装饰造型的构造关系和尺寸，各装饰面的衔接、收口形式，各种室内外立面上装饰品（如壁画、壁挂、金属字等）的式样、位置和大小尺寸，门窗、花格装饰隔断等设施的高度尺寸和安装位置。立面上所有的设备及其尺寸和规格，立面细部构造做法的剖切位置和详图索引符号，能够通过索引符号的标注，找到详图所在的位置。

作为立面图，要反映家具和室内配套产品的安放位置和空间尺寸。

2. 建筑立面图的识读要点

1）明确建筑装饰立面图与该工程有关的各部位尺寸和标高，并通过图中不同线型的含义，弄清立面上各种装饰造型的凹凸关系和转折关系，弄清楚每个立面可能有几种不同的装饰面，以及这些装饰面所用的材料与施工工艺要求。

2）立面图上装饰内容往往比较丰富，各层次之间相互衔接。这些内容在立面图上表明得比较概括，多在节点详图中，要注意找出这些详图，明确它们的收口方式、工艺和所用材料。

3）立面图上要明确装饰结构之间以及装饰结构与建筑结构之间的连接固定方式，以便提前准备预埋件和紧固件。

4）要注意设施的安装位置、电源开关，插座的安装位置和安装方式，以便在施工中留位。

5）识读室内装饰立面图时，要结合平面布置图、吊顶平面图和室内其他立面图对照阅读，明确室内的整体做法与要求。阅读室外立面图时，要结合平面布置图和该部位的装饰剖面图综合阅读，全面弄清楚它们的构造关系。

3. 建筑装饰立面图的识读

以图2-5为例，识读如下：

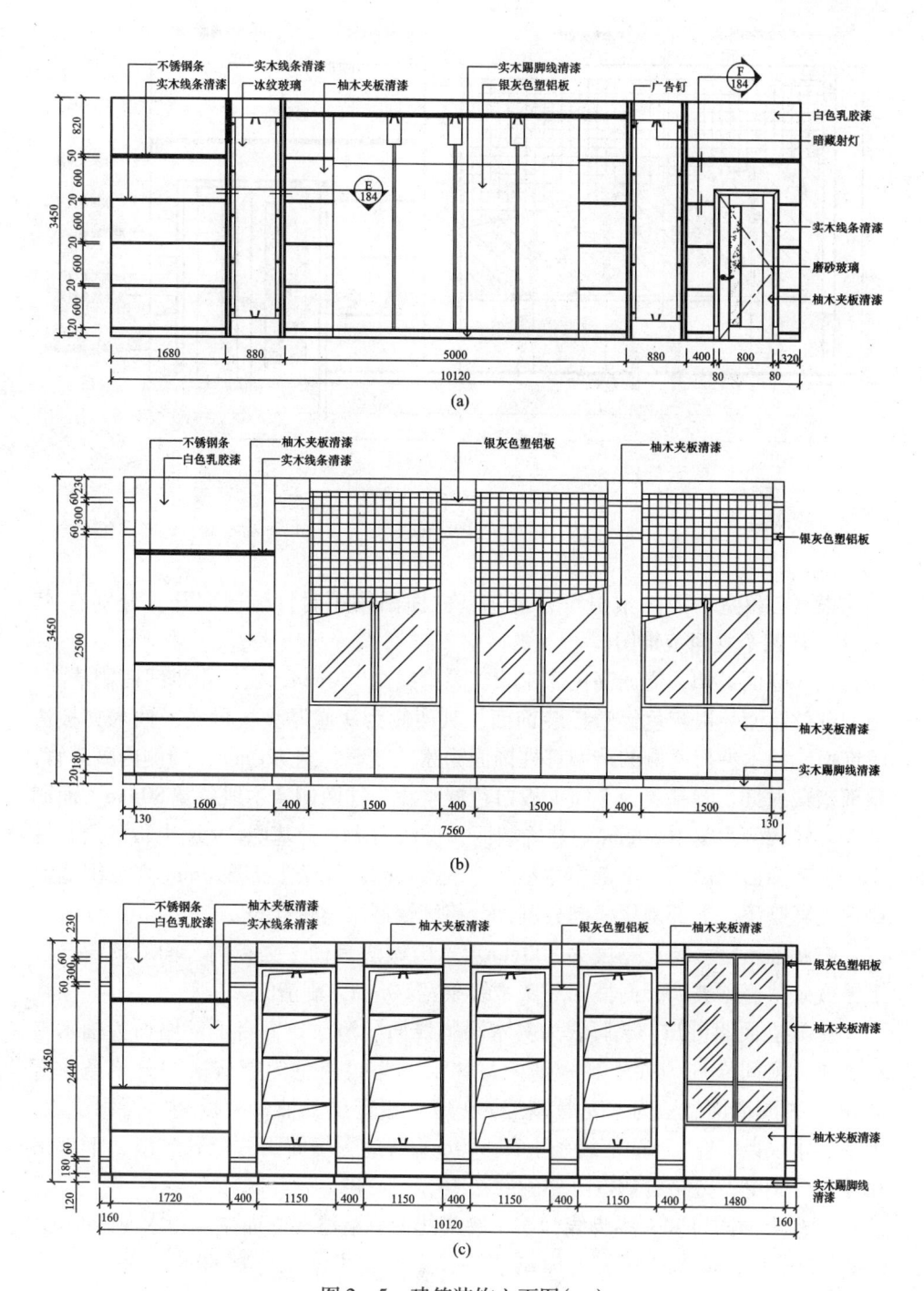

图 2-5　建筑装饰立面图（一）

(a) A 立面图；(b) B 立面图；(c) C 立面图

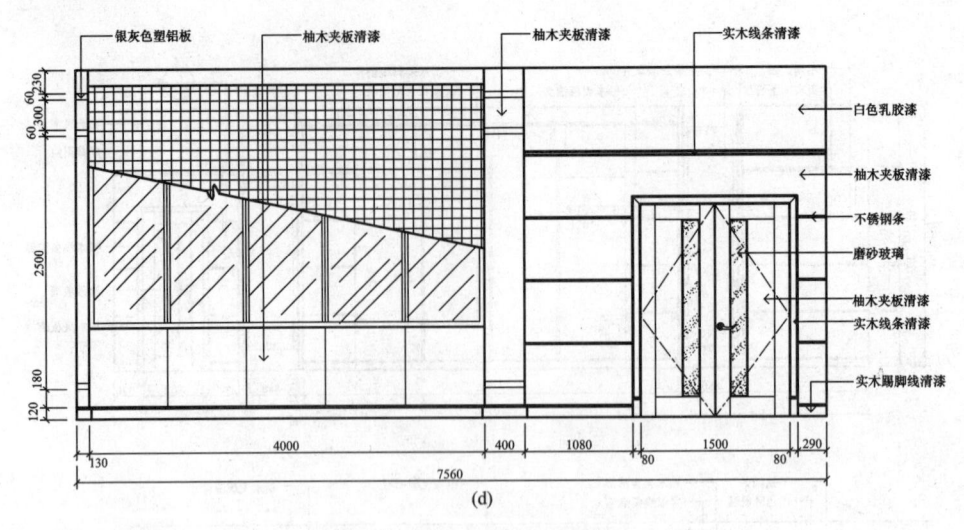

图 2-5　建筑装饰立面图(二)
(d) D 立面图

　　根据会议室平面图索引符号可知，立面图按顺时针方向展开，分别有 A、B、C、D 四个立面装饰图。

　　从 A 立面可知，立面高度 3.45m，踢脚线高 120mm，实木踢脚线面刷清漆，中间部位墙面为银灰色铝塑板装饰面，其两侧为 9 厘厚夹板衬底，柚木夹板清漆饰面，柚木夹板两侧的造型灯柱饰面为冰纹玻璃，宽 720mm，两侧内藏灯管，顶部暗藏射灯。墙基层为 5 厘夹板白色混水漆，柱两侧实木线条宽 80mm，面刷清漆。柱两侧为宽 1680mm 的装饰墙面，做法为木龙骨基层，9 厘夹板基层，柚木夹板装饰面刷清漆，上部实木线条，宽 40mm，线条上部 820mm 高范围墙面刷白色乳胶漆，下部采用横向分割，分格缝镶嵌不锈钢线条。

　　右侧柚木门一樘，宽度为 800mm。木门做法是柚木夹板门，面刷清漆，门上镶嵌条状磨砂玻璃，门框四周实木线条宽 80mm，刷清漆。

　　从 B 立面图可知，踢脚线为实木踢脚线面刷清漆，窗台下部墙面为柚木夹板清漆，窗间立柱为柚木夹板清漆，柱上下为银灰色铝塑板横向分格条，宽 60mm。左侧墙面做法为木龙骨基层，9 厘夹板基层，柚木夹板装饰面刷清漆，上部实木线条，宽 40mm，线条上部 820mm 高范围墙面刷白色乳胶漆，下部采用横向分割缝，分格缝镶嵌不锈钢线条。

　　从 C 立面图可知，踢脚线为实木踢脚线面刷清漆，立面左侧为木龙骨基层，9 厘夹板基层，柚木夹板装饰面刷清漆，上部实木线条，宽 40mm，线条上部 820mm 高范围墙面刷白色乳胶漆，下部采用横向分割缝，分格缝镶嵌不锈钢线条。中间部位为 5 根立柱，柱上下银灰色铝塑板横向分格条，宽 60mm。立柱之间为分格板隔档，上、下有柚木夹板清漆饰面。右侧有一窗户，宽1480mm，窗下部为柚木夹板清漆饰面。

从 D 立面图可知，踢脚线为实木踢脚线面刷清漆，中部有一根装饰柱，柱上下为银灰色铝塑板横向分格条，宽 60mm。柱左侧为有一窗户，宽 4000mm，窗下部为柚木夹板清漆饰面。右侧墙面做法为木龙骨基层，9 厘夹板基层，柚木夹板装饰面刷清漆，上部实木线条，宽 40mm，线条上部 820mm 高范围墙面刷白色乳胶漆，下部采用横向分割，分格缝镶嵌不锈钢线条。在墙面上有双开门一樘，宽度为 1500mm。木门做法是柚木夹板门，面刷清漆，门上镶嵌条状磨砂玻璃，门框四周实木线条宽 80mm，刷清漆。

2.2.4　建筑装饰装修剖面图

装饰剖面图是用假想平面将室内外某装饰部位沿垂直或水平方向剖开而得到的正投影图。它主要表明上述部位或空间的内部构造情况，或者说装饰结构与建筑结构、结构材料与装饰基层、饰面材料之间的构造关系。

1. 建筑装饰剖面图的基本内容

建筑装饰剖面图的表示方法与建筑剖面图相一致，投影关系没有区别，不同线型代表的意义同建筑制图规范。

装饰剖面图表明建筑剖面的基本结构和剖切空间的基本形状，并注出所需的建筑主体结构的有关尺寸和标高，装饰结构与建筑主体结构之间的衔接尺寸与连接方式，剖切空间内可见物的形状、大小与位置，装饰结构和装饰面上的设备安装方式或固定方法，装饰构配件的尺寸、工艺做法与施工要求，同时反映出节点详图和构配件详图的所饰部位与详图所在的位置。

2. 建筑装饰剖面图的识读要领

阅读建筑装饰剖面图时，首先要对照平面布置图，看清楚剖切面的位置、剖视方向和编号是否一致。通过对剖面图中所示内容的阅读，要明确装饰工程各部位的构造方法、构造尺寸、材料要求与工艺要求。

建筑装饰的形式变化多，固定的构造做法不多，可选用的标准构造图集不多，往往很多装饰构造由设计人员设计，作为装饰剖面图只能表明原则性的技术构成问题，对细部构造要借助局部剖切详图来补充。因此，在阅读建筑装饰剖面图时，要注意按图中所引符号所示方向，找出各部位节点详图来仔细阅读，不断对照着看，弄清楚各连接点或装饰面之间的衔接方式，以及收口、盖缝、包边等细部的材料、尺寸和详细做法。

阅读建筑装饰剖面图要结合平面图和吊顶平面图进行，室外装饰剖面图还要结合装饰立面图来综合阅读，只有这样，才能全方位地理解剖面图示内容。

3. 建筑装饰剖面图的识读

以图 2-6 为例，识读如下：图示 2-6 为沿水平方向剖切的装饰剖面图，剖切的目的是表明墙立面图中的造型灯光柱的做法,从剖面图中可知,柱宽880mm,厚度200mm,用木龙骨架做出基本造型,9厘夹板衬底,两侧面柚木夹板饰面刷清漆,磨砂玻璃宽720mm,玻璃用广告钉与不锈钢角钢固定。柱内部与墙相接的部分为木龙骨5厘夹板混水漆,两侧安装有暗藏日光灯管。磨砂玻璃收边采用80mm宽的实木线条面刷清漆。

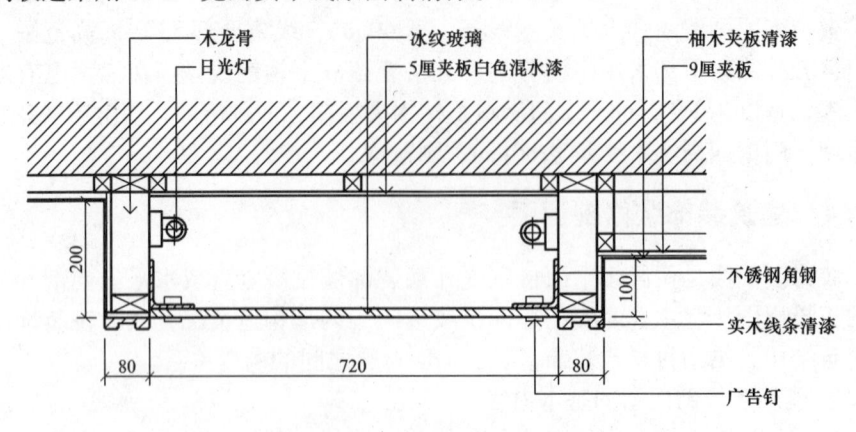

图 2-6 建筑装饰剖面图

图示 2-7 为墙面垂直剖切的装饰剖面图,反映墙面与装饰面的关系和工艺做法。从剖面图可知,装饰墙面的做法为与结构墙面采用木龙骨架连接,骨架上铺设9厘的基层板,基层板上粘贴柚木夹板,面刷清漆,装饰面上口正面采用40宽实木线条收口,水平面收口采用柚木夹板处理。

2.2.5 建筑装饰装修详图

1. 装饰节点详图

装饰节点详图是将两个或多个装饰面的交汇点或构造的连接部位,按垂直和水平方向剖开,并以较大比例绘出的详图。它是装饰工程中最基本和最具体的施工图。

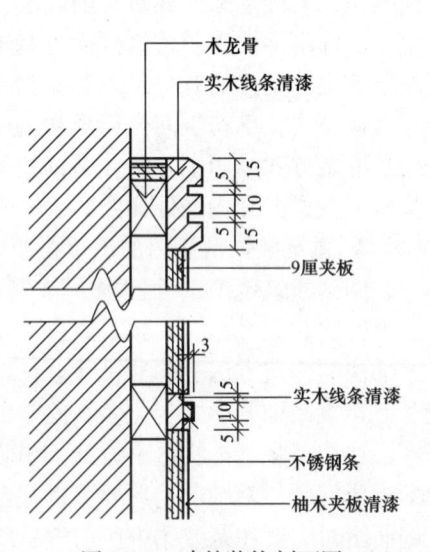

图 2-7 建筑装饰剖面图

详图是局部剖面图,反映的是某一部分的详细装饰构造,节点详图虽表示的范围小,但牵涉面大,特别是有些在改建工程中带有普遍意义的节点图,虽表明的是一个连接点或交汇点的构造详图,却代表各个相同部位的构造做法。因此,我们在识读节点详图时,要做到准确无误,从而保证施工操作中的准确性。

节点详图的比例常采用1:1、1:2、1:5、1:10,其中比例为1:1的详图又称为足尺图，反映的是真实大小。

2. 装饰构配件详图

建筑装饰所属的构配件项目很多。它包括各种室内外配套设置体，如酒吧柜、酒吧台、服务台、商品展示台和各种现场制作的家具等；室外有点玻幕墙钢架铰接支撑点、外立面不锈钢造型钢架石材干挂骨架制作等。这些配置体和构件受图幅和比例的限制，在基本图中无法表达精确，都要根据设计意图另行作出比例较大的图样，来详细表示它们的式样、用料、尺寸和工艺做法，这些图样即为装饰构配件详图。

装饰构配件详图的主要内容有详图符号、图名、比例；构配件的形状、详细构造、层次、详细尺寸和材料图例；构配件各部分所用材料的品名、规格、色彩以及施工做法和要求；需要放大比例详示的索引符号和节点详图。

在阅读装饰构配件详图时，应先看详图符号和图名，弄清楚从何图索引而来。有的构配件详图配有立面图或平面图，有的装饰构配件图的立面形状或平面形状及其尺寸就在被索引图样上，不再另行画出。因此，阅读时要注意联系被索引图样，并进行周密的核对，检查它们之间在尺寸和构造方法上是否相符。通过阅读，了解各部件的装配关系和内部结构，紧扣尺寸、详细做法和工艺要求三个要点。下面以图2-8和图2-9楼梯的装饰详图为例，来说明装饰构配件详图的内容和识读方法。

在楼梯的立面图中，有A、B、C三个索引符号，分别表示楼梯栏杆、扶手、踏步、楼梯起始端部详细的构造做法大样。

由A大样详图可知，楼梯扶手断面为$116mm \times 80mm$，实木扶手清漆饰面，扶手与栏杆的连接是通过栏杆顶部的扁钢，由高强螺钉与木扶手连接固定。栏杆用25×25金属方管制作，面刷黑漆，栏杆之间为扁钢铁艺造型面刷黑漆，栏杆根部与楼梯的连接固定采用膨胀螺栓焊接固定，楼梯侧边包木夹板，面刷乳胶漆。

由B大样图可知，楼梯踏面宽$300mm$，梯面高$150mm$，水泥砂浆粘贴米黄石材，踏面前口磨$R15$圆角，$30mm$宽的黄铜防滑条凸出踏面$3mm$。

由C大样图可知，楼梯起始端部做法为大花绿石材灯座，高$1300mm$，直径$630mm$，圆柱灯架采用$L30 \times 30$角钢，外挂钢网，抹水泥砂浆麻刀灰，灯柱身粘贴大花绿石材，底座是大花绿石材线条，上部用$80mm$宽榉木线条与大花白石材线条相间装饰，灯柱顶部台面为大花白石材，台面上固定钛金灯具。

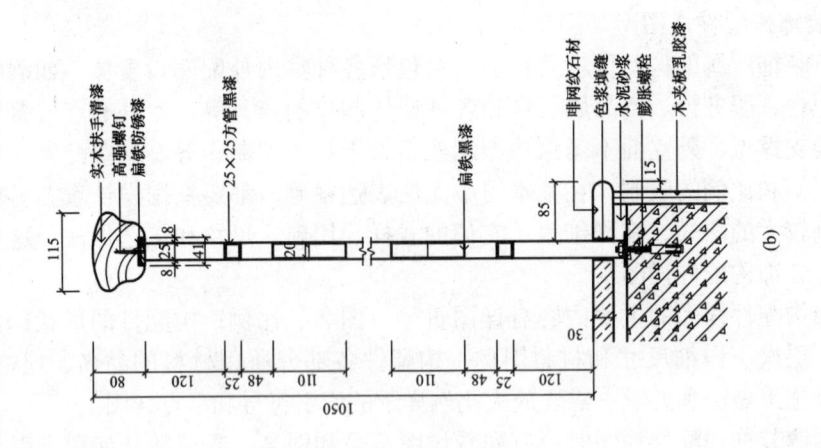

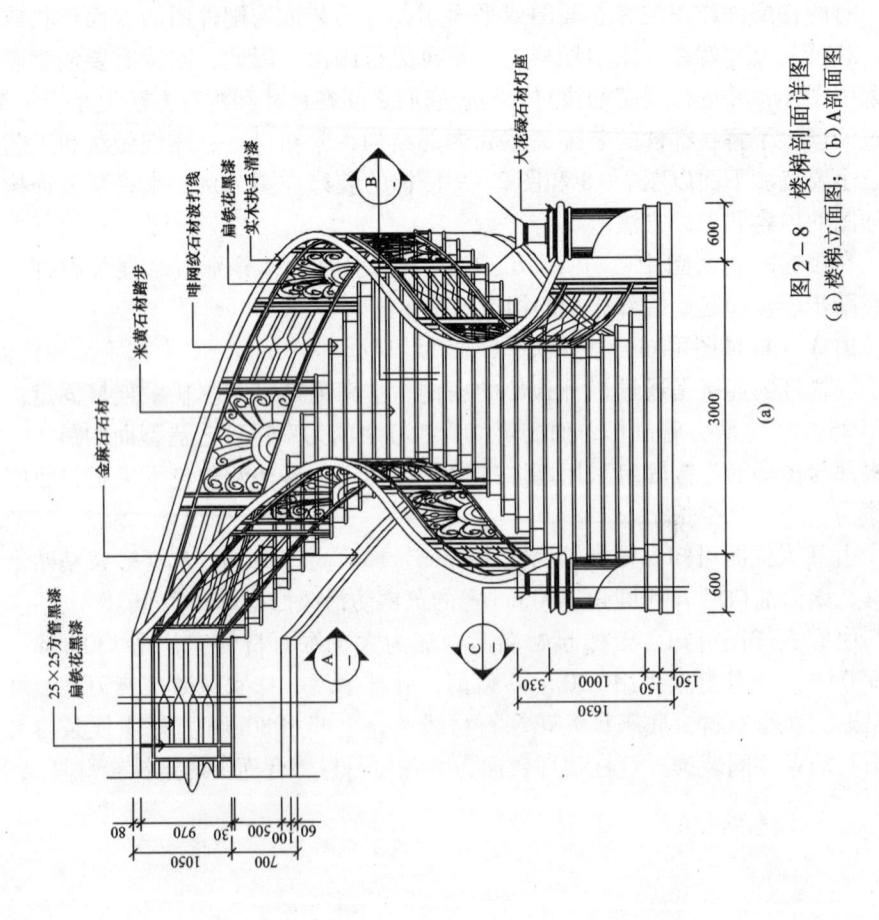

图 2-8 楼梯剖面详图
(a) 楼梯立面图；(b) A 剖面图

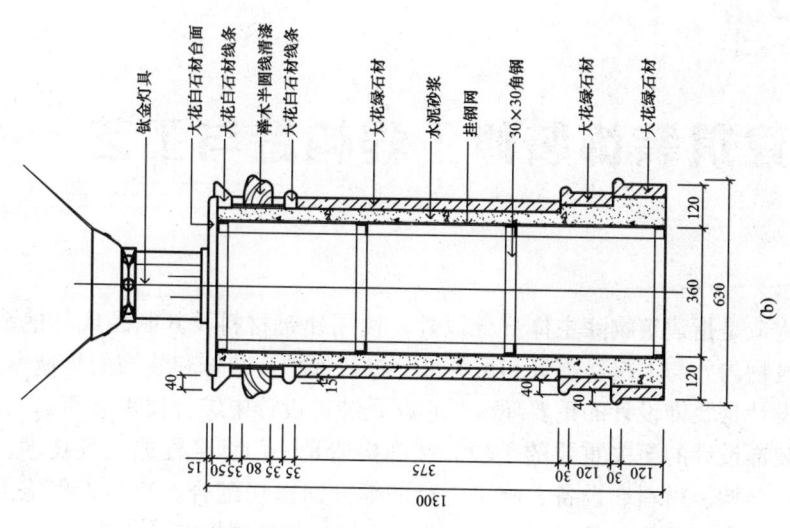

图 2-9 楼梯剖面详图
(a) B剖面图；(b) C剖面图

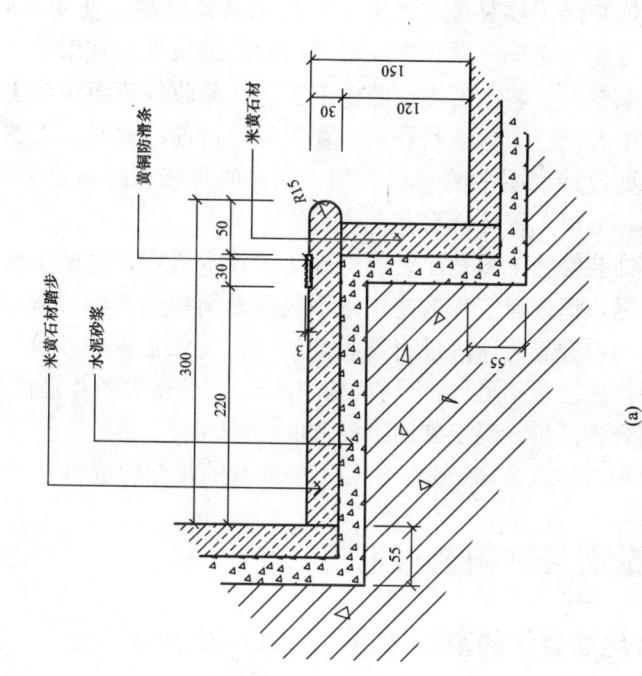

第3章 建筑装饰装修工程构造与工艺

装饰构造是指建筑物除主体部分以外，使用建筑材料及其制品或其他装饰材料对建筑物内外与人接触部分和可见部分进行保护、装修和装饰的构造做法。装饰构造设计是装饰设计的重要环节，它既是装饰设计中综合技术方面的依据，又是实施装饰设计的至关重要的手段。装饰构造是一门综合性的工程技术，与建筑艺术、结构、材料、设备、施工、经济等方面密切配合。装饰工程施工图中的构造设计内容很多，通过剖面图、节点大样、构造详图表达出来。

建筑装饰装修主要是施工工艺。不同的装饰标准，使用不同的装饰材料，施工工艺都可能不完全一样。要取得理想的装饰效果，施工工艺正确与否，对装饰效果影响较大。装饰工程按照施工工艺、验收规范组织施工，这在装饰施工图总说明中有执行的标准和要求。在工程计价前，要对施工图中的设计说明认真阅读，如设计说明中的基层处理、钢材的焊接、防腐要求等对预算列项、计算工程量、分项工程计价都有直接的关系。

建筑装饰装修施工图是建筑装饰施工的技术语言，是施工管理和工人施工及验收的依据。识读建筑装饰施工图不仅仅是简单的读图过程，同时也是对装饰工程构造和各种工艺作法进行熟悉的过程。装饰工程的计价与装饰工程的构造做法及制作工艺密不可分，只有明确装饰工程各部分的构造做法和工艺要求，才能够做到合理计价，确定装饰工程造价的目的。

下面分别对建筑装饰装修工程施工中涉及的装饰构造和工艺进行阐述。

3.1 楼地面装饰构造与工艺

3.1.1 楼地面装饰的基本构造、作用、要求与分类

楼地面是底层地面和楼层地面的总称。楼地面面层，是指在基本地面，如普通的水泥砂浆地面、混凝土地面、灰土垫层地面等各种地面的表面上所加做的饰面层。

1. 楼地面的组成

楼地面的基本组成是基层垫层和面层。

(1) 基层承受面层传来的荷载。因此，要求坚固、稳定。底层地面的基层是回填土。回填土采用素土分层夯实。楼层地面的基层是楼板。

(2) 垫层是承受和传递面层荷载的构造层。根据垫层所用材料的不同，分刚性和柔性两类。刚性垫层有足够的整体刚度，受力后不产生塑性变形。一般采用 C7.5、C10 混凝土，厚度为 50~100mm，这种垫层多用以整体面层地面和要求平整度高的铺砌地面。柔性垫层由松散材料组成。柔性垫层无整体刚性，受力后产生塑性变形。常用材料为碎石、砂、炉渣、灰土等，厚度为 70~100mm。这种垫层多用于平整度要求不高的块料面层地面。楼层地面由于楼板强度高，一般不设垫层。

(3) 面层是供人们生活、工作、学习直接接触的楼地面层次，也是楼地面承受各种物理、化学作用的表面层。因此，根据不同的使用要求，面层的构造也各不相同，但无论何种构造的面层都应具有耐磨、不起灰、平整、防水、有弹性、导热系数小等性能。

楼地面的基本层次不能满足使用要求时，要增加相应的构造层。如找平层、结合层、防潮层、保温(隔热)层、隔声层等。图 3-1 为楼地面构造层示意图。

2. 楼地面的作用、要求

楼地面饰面的作用主要有保护作用、使用作用和装饰作用三个方面。

(1) 楼地面的饰面层的保护作用。往往需要面层来解决诸如耐磨损、防磕碰以及防止水渗漏应起楼板内钢筋锈蚀等问题。

(2) 楼地面的饰面层的使用作用。往往需要面层能够隔声、防滑、吸音、保温和弹性，除此之外，还有其他特殊要求，如抗潮湿、不透水、防火、耐燃烧、耐酸碱、防腐蚀等。

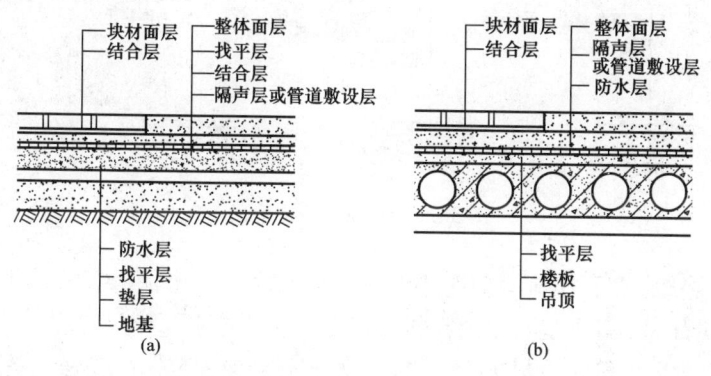

图 3-1 楼地面构造层示意图
(a)地面个构造层；(b)楼面各构造层

(3) 楼地面的饰面层的装饰作用。地面装饰是整个装饰工程的重要组成部分，通常结合空间形态、家具饰品的布置、人的活动状况及心理感受、色彩环境、图案设计、传感效果和该建筑的使用性质等因素综合考虑，妥善处理好楼地面的装饰效果和使用要求之间的关系。

3. 楼地面的分类

楼地面的名称是依据面层所用的材料的名称来称谓的。楼地面饰面的种类很多，可以从不同的角度来分。根据材料的不同，常把楼地面饰面分为水泥砂浆地面、细石混凝土地面、天然石材地面、人造地板砖木地面、塑料地面、涂料地面等。根据施工方式不同，饰面又可分为现浇地面和预制块料地面。根据面层的材料和施工方式不同，将常用楼地面分为以下几类：整体类楼地面、块材类楼地面、木材类楼地面、铺贴类楼地面。

3.1.2 楼地面装饰构造与工艺分析

1. 整体类楼地面

整体类楼地面，主要是指在施工现场整体浇注面层的一种做法。常见的有水泥砂浆楼地面、现浇水磨石楼地面、涂布楼地面等。

（1）水泥砂浆楼地面。水泥砂浆楼地面是当前大量采用的一种地面。它的特点是构造简单、强度较高、耐磨性较好、造价低。

水泥砂浆楼地面面层做法是：抹 15~20mm 厚 1:2.5 水泥砂浆，待其终凝前用铁板抹光。有时，为使楼地面美观，也可在面层砂浆中掺入颜料，如加入 5% 的氧化铁红（按一定比例）或其他颜料。为提高楼地面的耐磨性和光洁度，可采用磨光水泥地面，即面层为 20~25mm 厚 1:1.5~1:2 水泥砂浆，用 16 号或 24 号砂轮磨光机磨光而成。图 3-2 为水泥砂浆楼地面构造。

图 3-2 水泥砂浆楼地面

（2）现浇水磨石楼地面。现浇水磨石楼地面饰在水泥砂浆垫层上按设计分格，用大理石等中等硬度石料的石屑与水泥拌合、抹平，硬化后磨光露出石碴并经过补浆、细磨、打蜡后制成的楼地面。水磨石楼地面整体性能好，坚固、光滑、耐磨、美观，不易起灰，易于清洁、防水，一般用于大厅、走廊、卫生间等处。

现浇水磨石按面层效果可分为普通水磨石和美术水磨石。面层用普通水泥掺石子所制成的水磨石,为普通水磨石;以白水泥或彩色水泥为胶结料,掺入不同粒径、形状和色彩的石子所制成,称美术水磨石。

现浇水磨石楼地面的构造做法是:选择石子粒径大小随面层厚度而变化,当石子粒径为 4~12mm 时,厚度为 10~15mm 即可。面层配合比为 1∶1.5~2.5 的水泥石子。底层为 10~20mm 厚 1∶3 水泥砂浆找平。在找平层上为美观常用铜条、铝条、玻璃条分成方格或做成各种图案,用以划分面层,防止面层开裂。分格条的厚度,通常为 1~3mm,宽度根据面层的厚度而定,分格条用水泥砂浆粘牢在找平层上。图 3-3 为现浇水磨砂楼地面。

现浇水磨石在施工过程中,湿作业量大,工期也由工序多而加长。

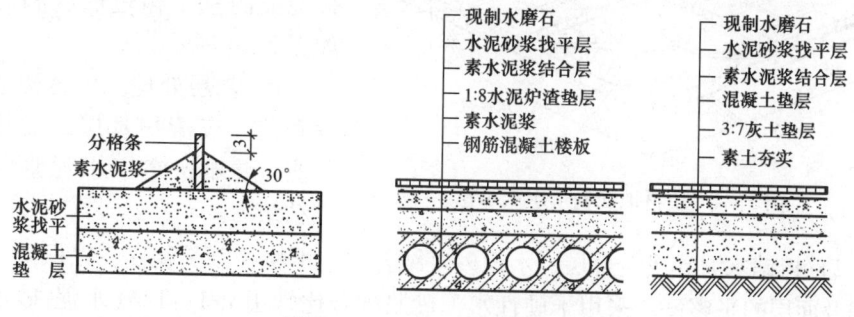

图 3-3 现浇水磨砂楼地面

(3) 涂布楼地面。涂布楼地面主要是由合成树脂代替水泥或部分水泥,加入填料、颜料等混合调制而成的材料,加入涂布施工,硬化以后形成整体无接缝的地面。它具有无接缝,易于清洁,施工简便,工效高,更新方便,造价低等优点。

涂布楼地面根据胶凝材料可以分为两大类:一类是单纯的合成树脂为胶凝材料的溶剂型合成树脂涂布材料,如环氧树脂涂布地面、不饱和聚酯涂布地面、聚氨酯涂布地面等;另一类是以水浓性树脂或乳液,与水泥复合组成胶凝材料的聚合物水泥涂布地面,如聚醋酸乙烯乳液涂布地面,聚乙烯醉甲醛胶涂布地面等。

涂布楼地面一般采用涂刮方式施工,故对基层要求较高,基层必须平整、光洁,充分干燥。基层的处理方法是清除浮砂、浮灰及油污,地面含水率控制在 6% 以下(采用水溶性涂布材料者可略高)。为保证面层质量,基层还应进行封闭处理。一般根据面层涂饰材料调配腻子,将基层孔洞及凸凹不平的地方填嵌平整,而后在基层满刮腻子若干遍,干后用砂纸打磨平整,清扫干净。面层根据涂饰材料及使用要求,涂刷若干遍面漆,层与层之间前后间隔时间以前一层面漆干透为准,并进行相应的处理。面层厚度应均匀,不宜过厚或过薄,应控制在 1.5mm 左右。后期可根据需要,进行装饰处理,如磨光、打蜡、涂刷罩光剂等。

2. 块材类楼地面

块材地面，是指由各种不同形状的块状材料做成的装修地面，主要包括陶瓷锦砖、瓷砖、缸砖、水泥砖以及预制水磨石板、天然大理石、花岗石、碎拼大理石等。这类地面属于中高档做法，应用十分广泛。其特点是花色品种多样、耐磨损、易清洁、强度高、刚性大。但具有造价偏高、工效偏低的缺点，一般适用于人流活动较大、地面磨损频率高的地面以及比较潮湿的场所。块材地面属于刚性地面，适宜铺在整体性、刚性较好的细石混凝土或混凝土预制板基层上。块材类楼地面的基本构造层次和做法如图 3-4 所示。

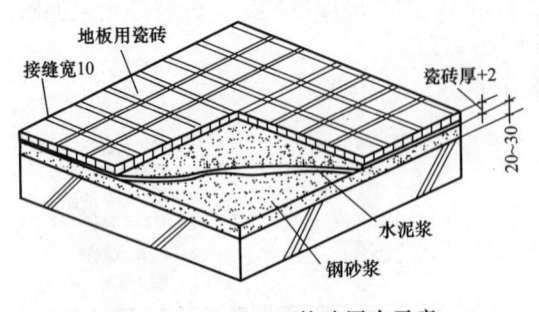

图 3-4 块材地面构造层次示意

1) 基层处理。块材楼地面铺砌前，应清扫基层，使其无灰渣，并刷一道素水泥浆以增加粘结力。

2) 摊铺水泥砂浆结合层。水泥砂浆结合层应严格控制其稠度，以保证粘结牢固及面层的平整度。采用干硬性水泥砂浆配合比常用 1:1～1:3（水泥:砂子），针入度为 2～4mm，铺至厚度为 10～15mm。

3) 面砖铺贴。首先进行试铺。试铺的目的有以下四点：

① 检查板面标高是否与构造设计标高相吻合。

② 砂浆面层是否平整或达到规定的泛水坡度。

③ 调整块材的纹理和色彩避免过大色差。

④ 检查板面尺寸是否一致，并调整板缝（板缝处理形式有密缝和离缝两种）。

4) 细部处理。板缝修饰，贴踢脚板，磨光打蜡养护。

(1) 预制水磨石板、水泥砂浆砖、混凝土预制块地面。这类预制板块具有质地坚硬、耐磨性能好等优点，是具有一定装饰效果的大众化地面的饰面材料。主要适用于室外地面。

预制板块与基层铺贴的方式一般有两种：一种做法是在板块下干铺一层 20～40mm 厚的砂子，待校正平整后，与预制板块之间用砂子或砂浆填缝，如图 3-5(a)所示；另一种做法是在基层上抹以 10～20mm 厚 1:3 的水泥砂浆，然后在其上铺贴块材，再用 1:1 水泥砂浆嵌缝，如图 3-5(b)所示。

(2) 大理石板、花岗岩板楼地面。大理石、花岗岩是从天然岩体中开采出来的。经过加工成块材或板材，再经粗磨(细磨)、抛光、打蜡等工序，就可加工成各种不同质感的高级装饰材料，一般用于宾馆的大厅或要求较高的卫生间，

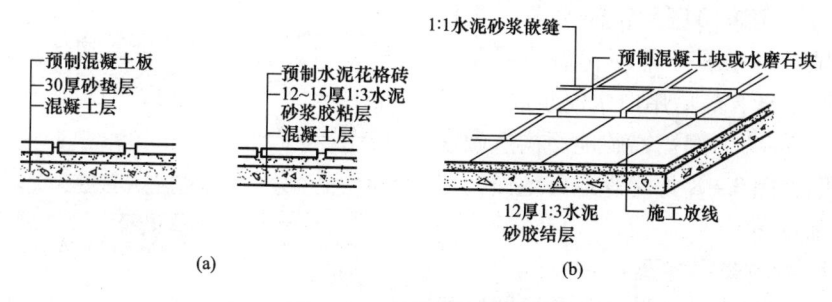

图 3-5 预制块地面构造
(a) 干铺做法；(b) 胶结做法

公共建筑的门厅、休息厅、营业厅等房间楼地面。

大理石板、花岗岩板一般为 20～30mm 厚，每块大小一般为 300mm×300mm～600mm×600mm，其构造做法是先在刚性平整的垫层上抹 30mm 厚 1:3 的干硬性水泥砂浆，然后在其上铺贴板、块，并用素水泥浆填缝，如图 3-6 所示。

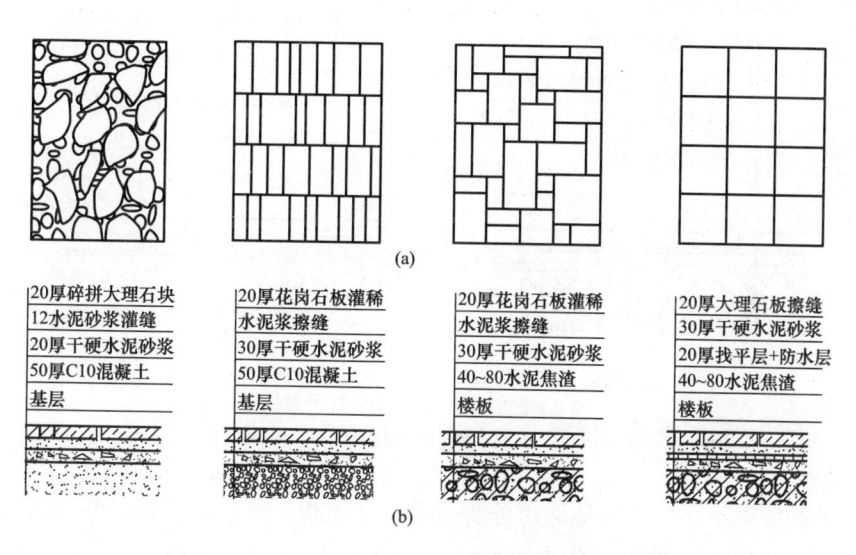

图 3-6 大理石花岗岩块料装饰楼地面构造示意图
(a) 平面形式；(b) 立面构造

(3) 陶瓷锦砖、缸砖楼地面。陶瓷锦砖（又称马赛克）、缸砖均为高温烧成的小型块材，它们的共同特点是表面致密光滑、坚硬、耐酸耐碱，防水性好，一般不易变色。其构造做法为：在基层上做 10～20mm 厚 1:3～1:4 水泥砂浆找平层，然后浇素水泥浆一道，以增加其表面粘结力。缸砖等较大块材的背面应另刮素水泥浆，然后粘贴拍实，最后用水泥砂浆嵌缝。陶瓷锦砖（马赛克）整张铺贴后，用滚筒压平，使水泥砂浆挤入缝隙。待水泥砂浆硬化后，用草酸洗去牛皮纸，然后用白水泥浆嵌缝。

图3-7为陶瓷锦砖地面构造做法示意图，图3-8为陶瓷地砖地面构造做法示意图。

3. 木材类楼地面

木楼地面是指表面由木板铺钉或胶合而成的地面。它的优点是富有弹性、耐磨，不起灰，易清洁，不泛潮，纹理及色泽自然美观，蓄热系数小。但也存在耐火性差，潮湿环境下易腐朽，易产生裂缝和翘曲变形等缺点。木楼地面常用于高级住宅、宾馆、剧院舞台等室内装饰。

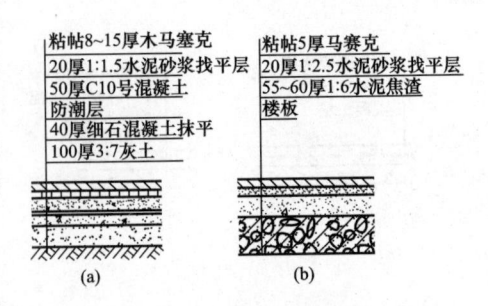

图3-7 陶瓷锦砖楼地面构造示意图
(a)地面；(b)楼面

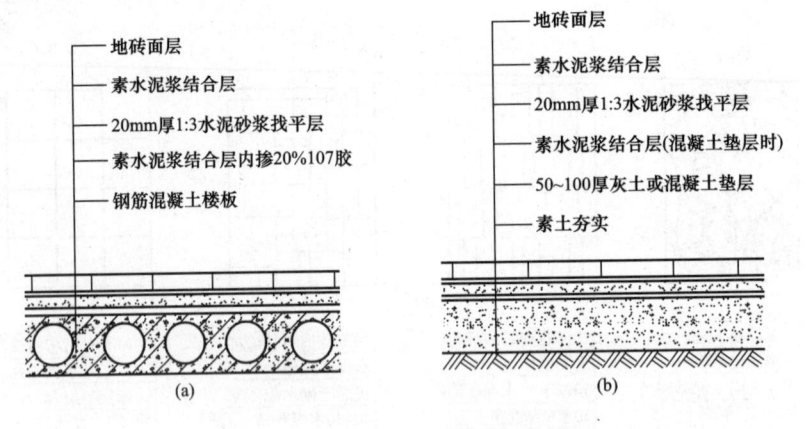

图3-8 地砖楼地面构造示意图
(a)楼板；(b)地面

根据材质不同，木楼地面可分为普通纯木地板、复合木地板、软木地板。

(1) 普通纯木地板。普通纯木地板可分为条形地板、拼花地板。常用普通条形地板多选用优质松木加工而成，不易腐朽、开裂和变形，耐磨性尚好，但装饰效果一般。普通拼花地板多选用水曲柳、柞木、枫木、柚木、榆木、樱桃木、核桃木等硬质树种加工而成，其耐磨性好，纹理优美清晰，有光泽，经过处理后，耐腐性尚好，开裂和变形可得到一定的控制。

拼装地板可以在现场拼装，也可以在工厂预制成200mm×200mm～400mm×400mm的板材，然后运到工地进行铺钉，拼花形式如图3-9所示。拼板应选择耐久、防腐的胶水粘贴。

(2) 复合木地板。复合木地板是一种两面贴上单层面板的复合构造的木板，如图3-10所示。复合木地板克服了普通纯木地板易腐朽、开裂和变形的缺点，装饰效果多样，耐磨性较好，纹理优美清晰。这种地板由树脂加强，又是热压成型，因此质轻高强，收缩性小，克服了木材易于开裂、翘曲等缺点，且保持了木地板的其他特性。

图3-9　硬木拼花形式

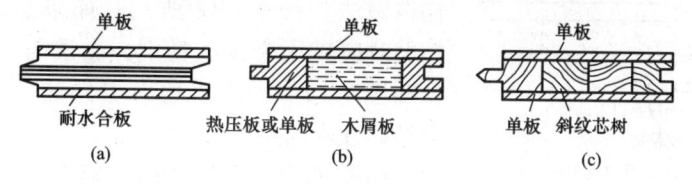

图3-10　复合木地板结构构造示意图
(a)合板芯；(b)木屑板芯；(c)斜纹板芯

(3) 软木地板。软木地板具有更好的保温性、柔软性与吸声性，其吸水率接近于零，防滑效果好，但造价较高，产地较少，产量亦不高。目前国内市场上的优质软木地板上要依靠进口。

(4) 木楼地面的构造层次。木楼地面的构造层次是由面层和基层组成的。

面层是木楼地面直接承受磨损的部位，也是室内装饰的重要组成部分。因而要求面层材料的耐磨性好，纹理优美清晰，有光泽，不易腐朽、开裂和变形，并利用板块形状，通过不同的组合，创造出多种多样的拼板图案。

基层是承托和固定面层的结构构造层。基层可分为水泥砂浆(或混凝土)基层和木基层。水泥砂浆(或混凝土)基层，一般多用于粘贴式木地面。木基层有架空式和实铺式两种。木基层由木格栅、剪刀撑、垫木、压檐木和毛地板等部分组成。木基层一般选用松木和杉木作为用料。

木楼地面根据结构构造形式和铺贴工艺不同，可分为三种形式：粘贴式木地板、架空式木地板和实铺式木地板。

(1) 粘贴式木楼地面。这种木地板是在钢筋混凝土结构层(楼层)上，或底层地面的素混凝土结构层上，做好找平层。然后用粘结材料将木板直接粘贴上，如图3-11所示，这是木地板施工中最简便实用的构造做法。这种做法省去了木龙骨，降低了造价，还可减少了木地板所占的空间高度。

粘贴式木楼地面通常做法是：先在钢筋混凝土结构层上或底层地面的素混凝土结构层上用15mm厚1∶3水泥砂浆找平，刮胶粘剂，最后粘贴木地板。常

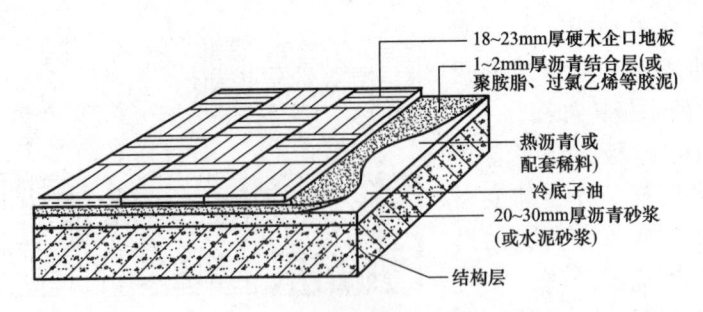

图 3-11 粘贴式木地板构造组成示意图

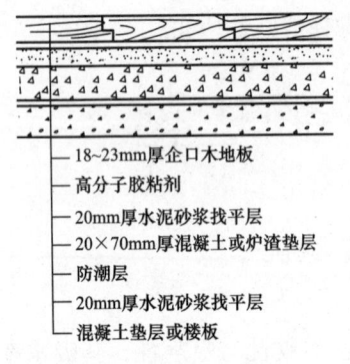

图 3-12 粘贴式实木地板固定构造示意图

用木地板为拼花小木块板，长度不大于450mm，构造做法如图 3-12 所示。如果是软木地面，粘贴时应采用专业胶粘剂，做法与木地板面层粘贴固定相似。高级地面可先铺钉一层夹板，再粘贴软木面层。

（2）架空式木楼地面。架空式木楼地面主要用于舞台地面。为满足使用的要求，通常通过地垄墙或砖墩的支撑，使木地面达到设计要求的标高。架空式木楼地面是由木格栅、剪刀撑和木面板等组成的。为了防潮，其木格栅、沿椽木、垫木及地板底面，均应涂刷焦油沥青两道或防潮涂料。楼层房间内的木地板，其木格栅两端搁置在墙内沿椽木上，格栅之间设剪刀撑，在格栅上铺设企口板。

架空木地板面层可做成单层或双层。单层架空木地板的构造做法是在预先固定好的梯形截面小格栅上钉 20～30mm 厚硬木长条企口板，板宽一般为 70mm。双层架空木地板的构造做法是在预先固定好的梯形截面小格栅上铺一层毛板，毛板可用柏木或松木，20～25mm 厚。在毛板上铺油毡或油纸一层，最后上面再铺钉 20mm 厚硬木长条企口板或拼花地板，板宽一般为 50～70mm。在铺设木地板面层时应注意两点：

1）毛地板的铺设方向。毛地板的铺设方向与面层地板的形式及铺设方法有关。当面层采用条形木板或硬木拼花地板的席纹方式铺设时，毛地板宜斜向铺设，与木格栅的角度一般为 30°或 45°；当面层采用硬木拼花地板且人字纹图案时，则毛地板与木格栅成 90°垂直铺设。铺贴结构如图 3-13 所示。

2）板与板之间的拼缝。板与板的拼缝有企口缝、销板缝、压口缝、平缝、截口缝和斜企口缝等形式。为了防止地板翘曲，在铺钉时应于板底刨一凹槽，并尽量使向心材的一面向下，如图 3-14 所示。

（3）实铺式木地板。实铺式木楼地面是直接在实体上铺设的地面。这种地

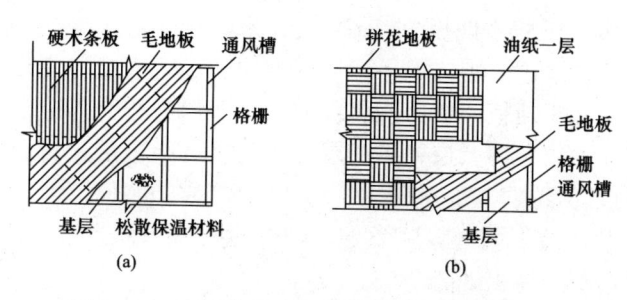

图 3-13 硬木条板及硬木拼花地板的铺贴做法
(a)硬木条板；(b)硬木拼花地板

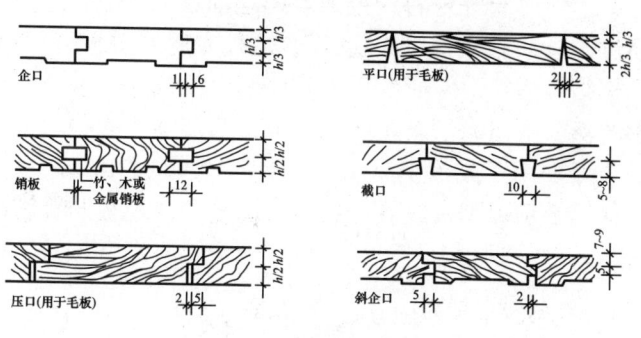

图 3-14 板面拼缝形式

面不设地垄墙或砖墩及剪刀撑等，只设木格栅。由于木格栅直接放在结构层上，所以格栅截面小，一般为 50mm×50mm，中距一般为 400mm。格栅可借预埋在结构层内的 U 形铁件嵌固或用镀锌钢丝扎牢。有时为提高地板弹性质量，可做纵横两层格栅，格栅下面可以放入垫木，以调整不平坦的情况。为了防止木材受潮而产生膨胀，需在结构找平层上涂刷冷底子油和热沥青各一道。同时为保证格栅层通风干燥，通常在木地板与墙面之间留有 10~20mm 的空隙。踢脚板或木地板上，也可设通风洞或通风箅子，如图 3-15 所示。

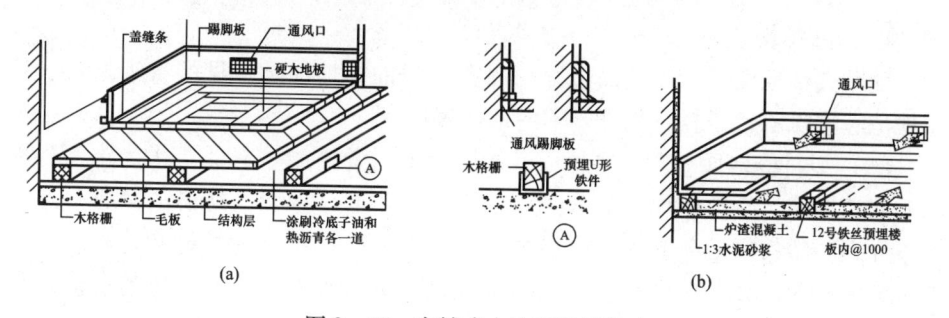

图 3-15 实铺式木地面通风做法
(a)双层木地面；(b)单层木地面

（4）新型复合强化木地板的铺装。近年来，新型复合地板（金刚板），以其优异的使用特性，理想的装饰效果，快捷方便的施工安装等突出优点，受到广大用户的青睐。这类地板一般由四层组成：第一层为透明人造金刚砂的超强耐磨层；第二层为木纹装饰纸层；第三层为高密度纤维板的基材层；第四层为防水平衡层。经过高性能合成树脂浸渍后，再经高温、高压压制，四边开榫而成。这种地板精度高，特别耐磨，阻燃性、耐沾污性好，而且在感观上以及保温、隔热等方面可与实木地板媲美。

复合强化木地板的规格一般为8mm×190mm×1200mm。复合强化木地板只能悬浮铺装，不能将地板粘固或者钉在地面上。铺装前需要铺设一层防潮层作为垫层，例如聚乙烯薄膜等材料。被铺装的地面必须保持平直，在1m的距离内高差不应超过3mm。在对接口施胶（复合地板专用的防水胶）时必须保持从上方溢出，且榫槽结合密封，保证不让水分从地面浸入。为保证地板在不同湿度条件下有足够的膨胀空间而不至于凸起，地板与墙面、立柱、家具等固定物体之间的距离必须保证大于或等于10mm。如果跨度超过10mm，应加过渡压条，而这些空隙可使用专用踢脚板或装饰压条加以掩盖。地板与踢脚板的常见构造如图3－16所示。

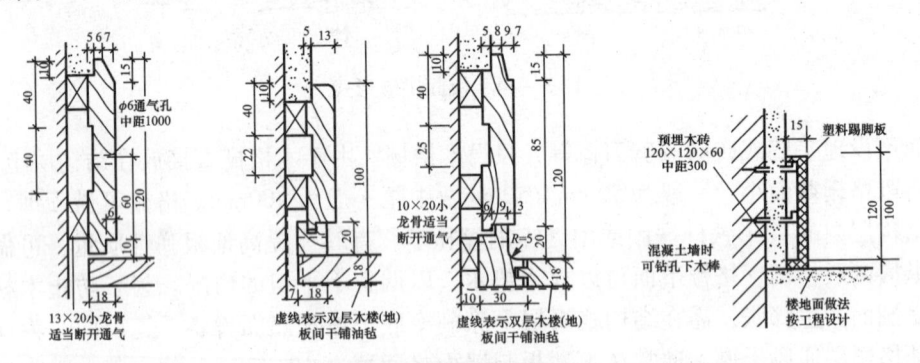

图3－16 木制踢脚板与塑料踢脚板构造示意图

4. 铺贴类楼地面

铺贴类楼地面是指以地面覆盖材料所形成的楼地面。常见的有油地毡、橡胶地毡、聚氯乙烯塑料、化纤、羊毛地毯楼地面。

（1）塑料楼地面。塑料楼地面是指用聚氯乙烯树脂塑料地板作为饰面材料铺贴的楼地面。塑料楼地面具有美观、柔韧、耐磨、保温，易清洁和有一定弹性等优点。塑料楼地面的种类很多。按成品的形状，可分为卷材和块材；按厚度可分为厚地面和薄地面；按表面装饰效果可分为印花、压花、发泡、仿各种材质的饰面地面等。

塑料地板的铺贴有两种方式，即直接铺设与胶贴铺贴。

1)直接铺设,适用在人流量小及潮湿房间的地面铺设。大面积塑料卷材要求定位截切,足尺铺贴。同时应注意在铺设前3~6天进行截边,并留有0.5%的余量。对不同的基层采取一些相应的措施。例如,在金属基层上,应加设橡胶垫层;在首层地坪上,则应加做防潮层。

2)胶粘铺贴,主要适用于半硬质塑料地板。胶粘铺贴采用粘贴剂与基层固定,胶结剂可使用氯丁胶、白胶、白胶泥(白胶与水泥配合比为1:2~1:3)、醛水泥胶、8123胶、404胶等。当有其他固定方法可以适用时,设计中应尽量考虑不采用粘贴式,因为粘贴式封闭了地面潮气,容易导致卷材的局部破损。

塑料地板无论采用哪种方式,在铺贴前都应先处理基层,一般基层多为水泥地面。要求干燥、平整、无凸凹,这是保证整个铺贴施工质量优劣的基础。对基层的要求是:平整、密实,有足够的强度,各阴阳角必须方正,无污垢灰尘和砂粒,基层干燥。图3-17为塑料块材地板楼地面构造示意图。

(2)地毯楼地面。地毯是一种高档的楼地面覆盖材料。它分为纯毛地毯和化纤地毯两类。纯毛地毯柔软、温暖、舒适、豪华、富有弹性,但价格昂贵,易虫蛀霉变。化纤地毯经改性处理,可得到与纯毛地毯相近的耐老化、防污染等特性,价格较低,资源丰富,因此化纤地毯已成为较普及的地面铺装材料。另外化纤地毯颜色从鲜艳到淡雅;毯面从柔软到强韧;质感从羊绒到浮雕,在各方面都超过纯毛地毯的应用范围。

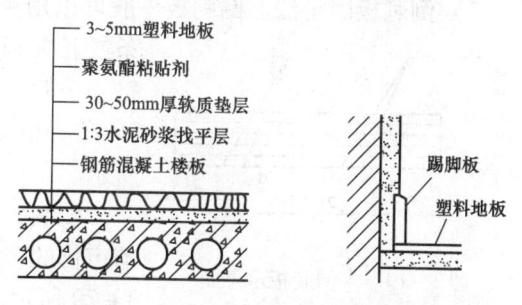

图3-17 塑料地板楼地面构造做法示意图

地毯按材料分,有羊毛地毯、混纺地毯、化纤地毯、剑麻地毯、橡胶绒地毯、塑料地毯等。按编织方式分,有手工地毯、簇绒地毯、无纺黏合地毯、编织地毯等多种类型。

地毯铺设可分为满铺与局部铺设两种,如图3-18所示。铺设方式有固定式与不固定式之分。不固定式铺设是将地毯直接敷在地面上,不需要将地毯与

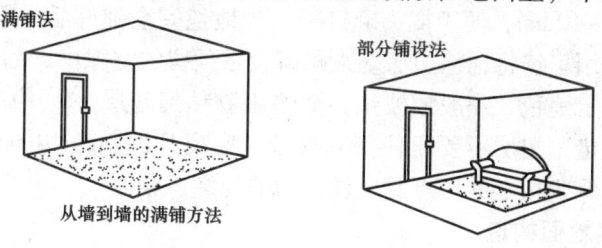

图3-18 地毯的铺设形式

基层固定。而固定式铺设是将地毯裁边，粘结拼缝成为整片，摊铺后四周与房间地面加以固定。固定方法又分为粘贴法与倒刺板固定法。

1）粘贴式固定法。用胶粘剂粘结固定地毯，一般不放垫层，把胶刷在基层上，然后将地毯固定在基层上。刷胶有满刷和局部刷两种，不常走动的房间多采用局部刷胶。在公共场所，由于人活动得频繁，所用的地毯磨损较大，应采用满刷胶；当用胶粘固定地毯时，地毯一般要具有较密实的基底层，常见的基底层是在绒毛的底部粘上一层2mm左右的胶，有的采用橡胶，有的采用塑胶，有的则使用泡沫胶层，不同的胶底层，对耐磨性影响较大。有些重度级的专业地毯，胶的厚度为4~6mm，而且在胶的下面还要再贴一层薄毡片。

2）倒刺板固定法。倒刺板一般可以用4~6mm厚、24~25mm宽的三夹板条或五夹板条制作，板上平行地钉两行斜铁钉。一般宜使钉子按同一方向与板面成60°或75°角。市场有成品倒刺木卡条，如图3-19所示。

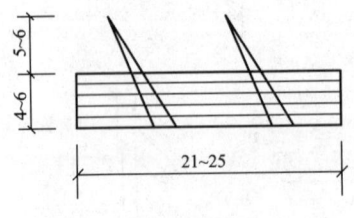

图3-19 木倒刺板示意图

倒刺板固定板条也可采用市售的产品。目前市售的多为L形铝合金倒刺、收口条，如图3-20所示。

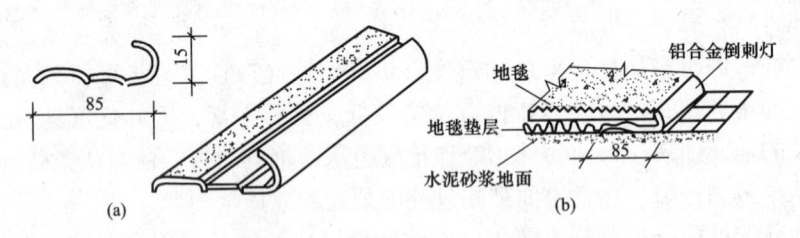

图3-20 地毯收口固定示意图
(a)铝合金L形倒刺收口条；(b)固定地毯示意图

使用倒刺板固定地毯的做法是：首先将要铺设房间的基层清理干净，然后沿踢脚板的边缘用高强水泥钉将倒刺板钉在基层上，间距40cm左右，倒刺板要离开踢脚板8~10mm，便于榔头砸钉子，当地毯完全铺好后，用剪刀裁去墙边多出部分，再用扁铲将地毯边缘塞入踢脚板下预留的空隙中，如图3-21所示。采用倒刺板固定地毯，一般放波垫，波垫用胶粘到基层，用107胶或白乳胶均可。将波垫固定，垫层不要压住倒刺板条，应离开倒刺板10mm左右，以防铺设地毯时影响倒刺板上的钉点对地毯地面的勾结。

5. 特种楼地面构造

（1）防水楼地面。建筑中的某些房间，如盥洗室、厕所、浴室、厨房等，其使用功能决定了地面必须做防水处理。

防水地面的做法有很多。常见的处理方法有两种：一种是以防水水泥砂浆做防水层配处理，即在水泥砂浆中混合防水剂或具有防水性能的水泥砂浆，然后将防水水泥砂浆铺在楼板基层上；另一种是在地面基层上粘贴铺设油毡或 PVC 等卷材防水层，并灌注轻质混凝土，以保护防水层，然后在上面再做地面面层。类似的做法还有塑胶防水层，沥青也可用作室内地面防水层。施工时应保证底层干燥，充分清扫之后涂上沥青底油，并在其上加设轻质混凝土保护层。

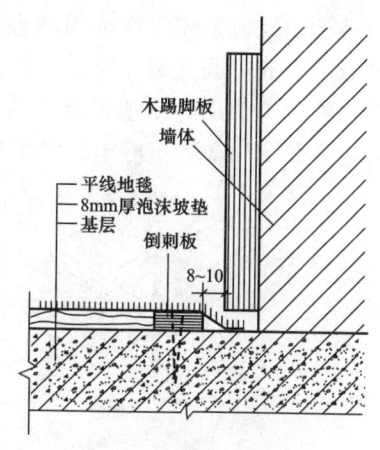

图 3-21 倒刺板踢脚板与地毯的固定示意图

另外，为防止水沿房间四周浸入墙身，应将防水层沿房间四周墙壁上卷埋入墙面构造层内，上卷高度不少于 150~300mm，浴室间上卷至 1500~1800mm 高。

（2）发光楼地面。发光楼地面是指地面采用透光材料，光线由架空地面的内部向室内空间透射的一类地面。发光楼地面主要用于舞厅的舞台和舞池，歌剧院的舞台，大型高档建筑的局布重点处理地面。常用的透光材料有双层中空钢化玻璃、双层中空彩绘钢化玻璃、玻璃钢等。

发光楼地面的构造做法是：首先制作地面支撑钢骨架，骨架材料一般为角钢、槽钢、金属方管等，金属表面要做防腐处理；其次布置照明线路，安装发光材料，一般有 LED 灯光管、普通彩色日光灯带、星光灯等；再次，放置并固定玻璃，玻璃的固定有卡槽式、粘贴式，玻璃的固定形式要考虑今后检修灯具的方便。

（3）活动地板。活动地板被广泛应用于计算机机房、电话程控机房实验室等建筑中。按面层层材料分，活动地板有复合贴面活动地板、金属活动地板两大类。为防止静电积聚，表面可贴以抗静电贴面板。

活动地板是设在已做好的地面上，由特制可调支架和桁条组成地板骨架，上面铺设面板，形成架空地板。需要时铺设，不需要时可拆卸移走，故称活动地板。活动地板的规格有 600mm×600mm×20mm；600mm×600mm×32mm，500mm×500mm×32mm 等，类型有普通平板，回风型面板。可调支架由铸铝或镀锌钢的头和底及双头螺杆组成。一般架空高度为 150~350mm，若在空调通风静压室使用时，高度要求大于 400mm。

43

安装活动地板事先应将地面清理干净、平整，按面板尺寸弹网格线，网格的交叉点上安放可调支架，架设桁条，调整水平度，摆放活动面板，调整缝隙，面板与墙面的缝隙用泡沫塑料条填实。金属活动地板要有接地线，可防静电积聚和触电。图3-22为抗静电活动地板。

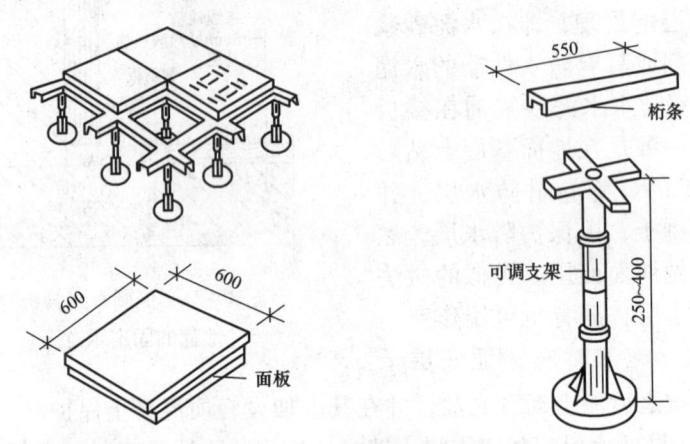

图3-22 抗静电活动地板

3.2 墙面装饰构造与工艺

3.2.1 墙体装饰的基本构造、作用、要求与分类

墙体装饰工程分为内墙装饰工程和外墙装饰工程两部分。它们都是空间垂直面的装饰，包括墙面及柱面。室内外由于所处的环境不同，在装饰材料的选用上，往往差别很大。不同的墙面有不同的使用和装饰要求，应根据不同的要求选择不同的构造方法、材料和工艺。

1. 墙面装饰的基本构造

是指在建筑墙体、柱体表面覆盖一层面层而起到保护和美化墙面和柱面的构造形式。墙、柱饰面构造根据材料的加工性能和饰面施工工艺等特点，可分为三大类：罩面类、贴面类和挂钩类。

（1）罩面类：可分为涂料罩面和抹灰罩面。
（2）贴面类：可分为铺贴、胶结和钉嵌贴面。
（3）挂钩类：分为系挂和钩挂两种。

2. 墙面装饰的作用、要求

（1）保护墙体。外墙是建筑物的重要组成部分，起着维护建筑主体和承担结构荷载的作用。因此，外墙饰面保护墙体的作用应包括提高墙体的耐久性、弥补和改善墙体材料在功能方面的不足，外墙装饰不能以破坏建筑墙体为代价。

（2）美化建筑和环境。立面装饰所表现才出来的质感、色彩、线条等是构成建筑物外观总体效果的重要因素，采用不同的外墙装饰材料和构造形式，会产生风格不同的装饰效果。

（3）内墙装饰可以改善使用条件、美化室内空间。室内墙面要求平整光滑易于清洁。对一些特殊声学要求的场所，如吸声、隔声、反射声波的构造措施，可大大地改善原有的建筑功能不足，满足使用要求。

3. 墙体饰面的分类

墙体饰面分类的方法很多，这里主要从施工角度，按材料来划分的方法，把墙体饰面分为抹灰类、涂料类、贴面类、卷材类、板材类、罩面类等。

3.2.2 墙面装饰构造与工艺分析

1. 抹灰类饰面

抹灰类饰面亦称水泥灰浆类饰面、砂浆类饰面。它是用水泥砂浆、石灰砂浆、混合砂浆、石膏砂浆、石灰膏以及水泥石渣等做成的各种饰面抹灰层，这种饰面造价低廉，在建筑墙体饰面中得到广泛采用。

抹灰类墙面通常可分为一般饰面抹灰、装饰抹灰和石渣类饰面三种。

（1）一般抹灰饰面。一般抹灰饰面是指石灰砂浆、混合砂浆、聚合物砂浆、麻刀灰、纸筋灰、石膏浆等对建筑物的面层抹灰。

普通抹灰通常分底层、面层两层，中级抹灰分底层、中层、面层三层。底层抹灰的作用是与基层粘结和初步找平，一般室内砖墙多采用1:3石灰砂浆或水泥砂浆打底灰。中层抹灰除找平作用外还可弥补底层砂浆的干缩裂缝，中层所用材料与底层基本相同。面层抹灰的作用是装饰，要求平整均匀，所用材料为各种砂浆或水泥石渣浆。

抹灰层的厚度可按设计大样或建筑标准大样确定，一般室外抹灰为15～25mm厚，室内抹灰为15～20mm厚。

一般抹灰类的构造做法：

1）墙体表面进行抹灰前的处理。对于砖墙面，要对其砖的灰缝进行清理平整，并对墙洒水润湿；对于混凝土墙面，为了增加抹灰层与混凝土墙体表面的粘结力，可采取凿毛、刷水泥浆、刷结合层胶粘剂等方法处理墙体表面。

2）确定抹灰层做法。墙面抹灰要分层进行，一方面是利于找平，另一方面是防止抹灰过厚坠灰空鼓。不同的抹灰要求，在抹灰前要求定抹灰层数。

3）面层的分格与设缝。为防止水泥砂浆或混合砂浆的干缩变形而出现裂缝，通常将抹灰分成小块进行。这种分格与设缝，即是构造要求，也有利于日后维修。分格缝多为凹缝，其断面分 10mm×10mm，20mm×10mm 等，一般在抹面层时做出，如图 3-23 所示。

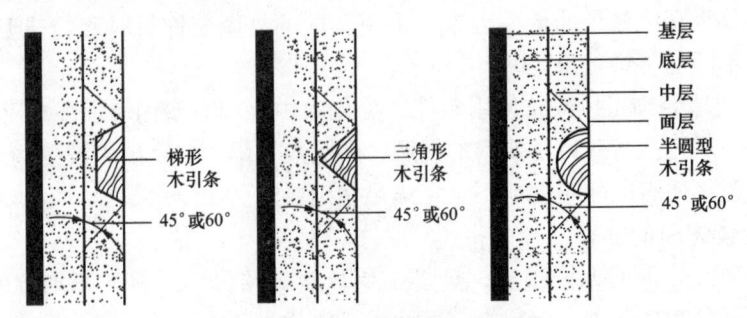

图 3-23 抹灰面的分块与设缝

（2）装饰抹灰。装饰抹灰是在一般抹灰的基础上，对抹灰表面进行装饰性加工，常见的有弹涂抹灰、拉毛饰面、拉条抹灰饰面、扫毛抹灰饰面等几种。

2. 粘贴类饰面

贴面类饰面是指用小规格的某些天然或人造的材料，采用直接粘贴的工艺所形成的饰面，具有保护和装饰墙体的作用。

（1）釉面砖饰面。釉面砖又称瓷砖、瓷片、釉面陶土砖等，主要用于室内需经常擦洗的粉墙面和水池等装饰。单色釉面砖的主要尺寸为：152mm×152mm，108mm×108mm，152mm×75mm，厚度为 5mm 或者 6mm。此外，在转弯或结束部位，均另有阳角条、阴角条、压条或带边的釉面砖配件供选用。

釉面砖粘贴的一般构造是：用 7~10mm 厚 1:3 水泥砂浆打底，再抹 7~10mm 厚 1:0.3:3 水泥石灰膏混合砂浆（或 1:2 水泥砂浆）粘结层，也可用 2~3mm 厚掺 5%~7%107 胶的水泥素浆做粘结层，并贴釉面砖。釉面砖贴好后，用清水将表面擦洗干净，然后用白水泥擦缝。饰面构造如图 3-24 所示。

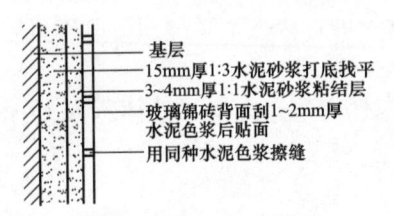

图 3-24 釉面砖饰面构造

（2）外墙面砖饰面。外墙面砖可分为许多不同的类型，有上釉的、不上釉的；砖的表面有平滑的和带纹理质感的。色泽及规格繁多，如彩釉砖、麻石墙砖（仿天然石材）、色胎光面砖等。

其构造做法是：先在基层上抹 15mm 厚 1:3 水泥砂浆底灰，分两遍完成，再抹 10~12mm 厚 1:2.5 水泥砂浆或 1:0.2:2.5 水泥混合砂浆粘结层，也可用掺 5%~10%107 胶的 1:2.5 水泥砂浆做结合层，然后再其上粘贴面砖，并用 1:1 水泥砂浆勾缝，如图 3-25 所示。面砖的断面形式选用背部带凹槽的，以增强面砖和砂浆之间的结合力，如图3-26所示。

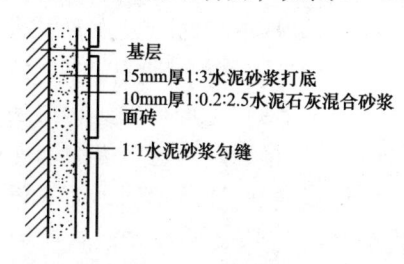

图3-25 面砖饰面构造

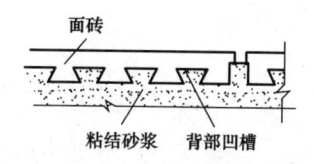

图3-26 面砖的粘贴示意图

（3）陶瓷锦砖饰面。陶瓷锦砖又称"陶瓷马赛克"、"纸皮砖"，是以优质瓷土烧制成的片状小瓷砖拼成各种图案贴在纸上的饰面材料，有挂釉和不挂釉两类。它的质地坚硬，经久耐用，色泽多样，耐酸、耐碱、耐火、耐磨，不渗水，抗压力强，吸水率小，在±20℃温度下无开裂现象。用于地面和内、外墙饰面。

陶瓷锦砖的断面有凹面和凸面两种。凸面多用于墙面装修，凹面多铺设地面。其做法是：一般用1:3水泥砂浆做底灰，厚度为15mm，然后用厚度为2~3mm，配合比为纸筋：石灰青：水泥=1:1:8的水泥浆粘贴，或用掺水泥量为5%~10%的107胶或聚醋酸乙烯乳胶的水泥浆粘贴。

（4）玻璃锦砖饰面。玻璃锦砖饰面又称"玻璃纸皮砖"，是以玻璃烧制而成的小块贴于纸上的饰面材料。有金属透明和乳白色、灰色、蓝色、紫色、肉色、枯黄色等多种花色。其特点是质地坚硬。玻璃锦砖饰面是用掺胶水的水泥浆作胶粘剂，把玻璃锦砖贴于外墙粘结层表面的一层装饰饰面。其构造层次是：先抹15mm厚1:3水泥砂浆做底层并刮糙，一般分层抹平，两遍即可；若为混凝土墙板基层，在抹水泥砂浆前，应先刷一道素水泥浆（掺水泥重为8%的107胶），在此基础上，抹3mm厚1:1~1:1.5水泥砂浆粘结层，在粘结层水泥砂浆凝固前，适时地粘贴玻璃锦砖。粘贴玻璃锦砖时，在其麻面上抹一层2mm左右厚的水泥浆，然后纸面朝外，把玻璃锦砖镶贴在粘结层上。为了使面层粘结牢固，应在白水泥素浆中掺水泥重量的4%~5%白胶及掺适量的与面层颜色相同的矿物颜料，然后用同种水泥色浆擦缝。玻璃锦砖饰面构造如图3-27和图3-28所示。

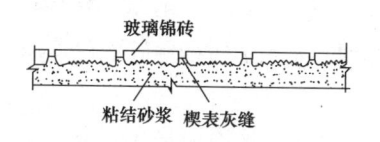

图3-27 玻璃锦砖粘结状况

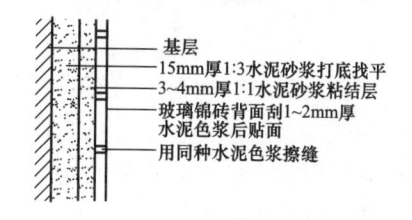

图3-28 玻璃锦砖饰面构造

3. 贴挂类饰面

贴挂类饰面构造是贴面类饰面构造的延续，两者基本相同，它分为湿法挂贴（或称贴挂整体法构造）和干挂法固定（或称钩挂件固定法构造）两种常见做法。贴挂法的构造层次是基层、浇注层（找平层和粘结层）、饰面层。浇注层有时也称粘贴填充层。在饰面层与基层之间用挂接件连接固定。这是因为饰面的板材、块材尺度大、重量重，为了加强饰面材料与基层的连接牢固，而采用的"双保险"的连接手法。所谓"双保险"就是板材与基层绑或挂，然后灌浆固定。

（1）各种贴挂类饰面板安装构造。

1）天然石材饰面。天然石材可以加工成板材、块材和面砖而用作饰面材料。它具有强度高、质地密实、坚硬和色泽雅致等优点。常用于高级建筑装饰。天然石材按其厚度可分为厚型和薄型两种。通常厚度在 30~40mm 以下的称板材，厚度在 40~130mm 以上的称为块材。常用的饰面石料有大理石、花岗石、青石板、石灰岩、凝灰岩、白云岩等。

2）大理石饰面。大理石是一种变质岩，属于中硬石材，主要由方解石和白云石组成。其质地密实，可以锯成薄板，多数经过磨光打蜡，加工成表面光滑的板材。一般厚度为 20~30mm。由于大理石板材表面硬度并不大，而且化学稳定性和大气稳定性不是太好，一般宜用于室内。大理石的颜色有纯黑、纯白、纯灰等色泽，也有各种混杂花纹色彩。

大理石饰面板材安装时，首先在砌墙时预埋镀锌铁钩，并在铁钩内立竖筋，间距为 500~1000mm，然后按面板位置在竖筋上绑扎横筋，构成一个 $\phi 6$ 的钢筋网。如果基层未预埋钢筋，可用金属胀管螺栓固定预埋件，然后进行绑扎或焊接竖筋和横筋。板材上端两边钻以小孔，用铜丝或镀锌铁丝穿过孔洞将大理石板绑扎在横筋上。大理石与墙身之间留 30mm 缝，施工时将活动木楔插入缝内，以调整和控制缝宽。上下板之间用"Z"形铜丝钩钩住，待石板校正后，在石板与墙面之间分层浇灌 1:2.5 水泥砂浆。灌浆宜分层灌入，每次灌注高度不宜超过板高的 1/3，每次间隔时间为 1~2h，大理石墙面安装如图 3-29 所示。

大理石板的阴角、阳角的拼接，如图 3-30 所示。

3）花岗岩饰面。花岗岩是火成岩中分布最广的岩石，是一种典型的深成岩，属于硬石材。它是由长石、石英和云母组成的。其构造密实，抗压强度较高，孔隙率及吸水率较小，抗冻性和耐磨性能均好，并具有良好的抵抗风化性能。花岗岩饰面常用于重要的场所。

花岗岩有不同的色彩，如墨、白、灰、粉红等，纹理多呈斑点状，其外观色样可以保持百年以上，因而多用于重要建筑的外墙饰面。花岗岩外饰面从装

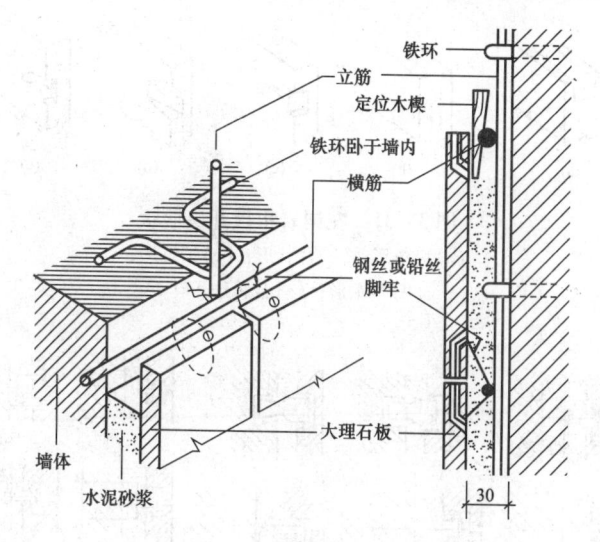

图 3-29 大理石墙面安装示意图

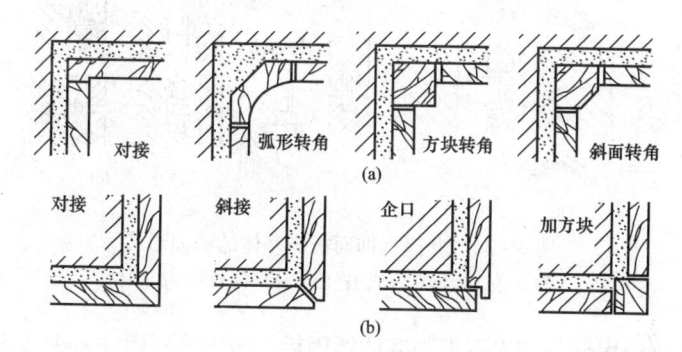

图 3-30 大理石墙面阴阳角的构造处理
（a）阴角处理；（b）阳角处理

  饰质感分有剁斧、蘑菇石和磨光三种，其饰面耐久性都很好。对花岗岩的质量要求是棱角方正，规格符合设计要求，颜色一致，无裂纹、隐伤和缺角等现象。

  花岗岩块材的安装构造，因石材较厚，质量大，铅丝绑扎的做法已不能适用，而是采用连接件搭钩等方法。板与板之间应通过钢销、扒钉等相连。在块材较厚的情况下，也可以采用嵌块、石榫，还可以开口灌铅或用水泥砂浆等加固。板材与墙体一般通过镀锌锚固件连接锚固。锚固件有扁条锚件、圆杆锚件和线型锚件等。因此，根据其采用的锚固件的不同，所采用板材的开口形式也各不相同，如图 3-31 所示。

  常用的扁条锚固件的厚度为 3mm、5mm、6mm，宽为 25mm、30mm；圆杆锚固件常用直径为 6mm、9mm；线形锚固件多用 $\phi 3 \sim \phi 5$ 钢丝。锚固件形状及锚固形式，如图 3-32 所示。

49

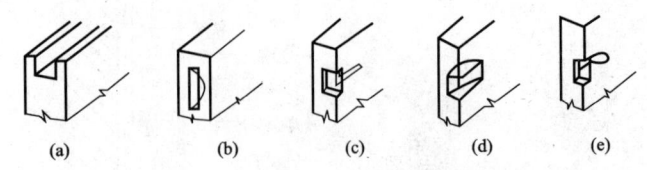

图 3-31 花岗岩粗板开口形状

(a)扁条形；(b)片状形；(c)销钉形；
(d)角钢形；(e)金属丝开口

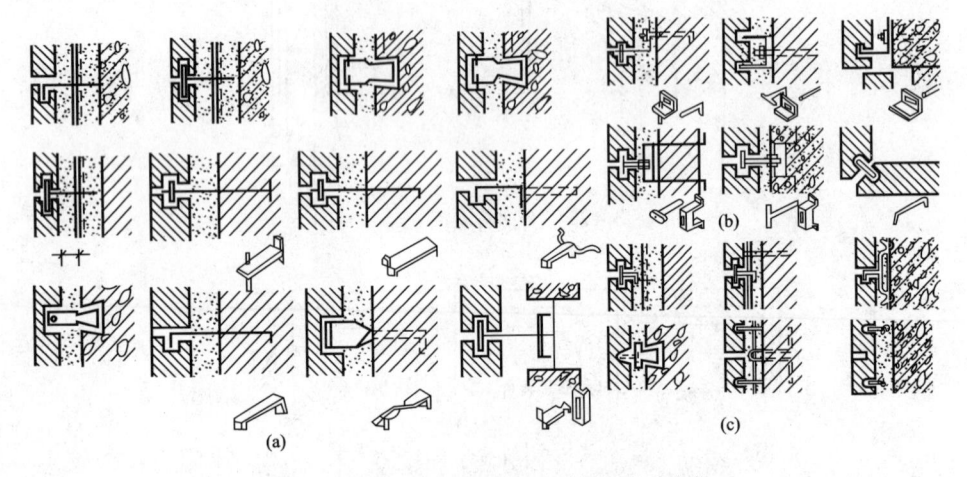

图 3-32 花岗岩饰面板与基体的锚固形式

(a)扁条锚固体；(b)圆杆锚固体；(c)线形锚固体

用镀锌钢锚固件将花岗石板与基体锚固后，缝中分层灌注入1:2.5水泥砂浆，灌浆层的厚度为25~40mm，其他做法和大理石板材相同，如图3-33所示。

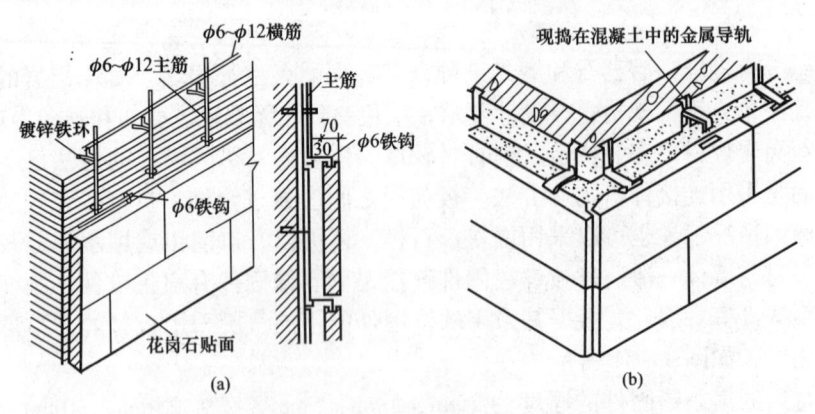

图 3-33 花岗石饰面连接构造示意图

(a)砖墙基层；(b)混凝土墙基层

（2）饰面石材干挂法构造。近几年来在一些高级建筑装修中，室内外墙面装修广泛地采用干挂法安装固定饰面板，其工效和装饰质量均取得了明显的效果。

干挂法是用不锈钢型材或连接件将板块支托并锚固在墙面上，连接件用膨胀螺栓（或化学螺栓）固定在墙面上，上下两层之间的间距等于板块的高度。板块上的凹槽应在板厚中心线上，且应与连接件的位置相吻合，干挂法构造做法如图3-34所示。

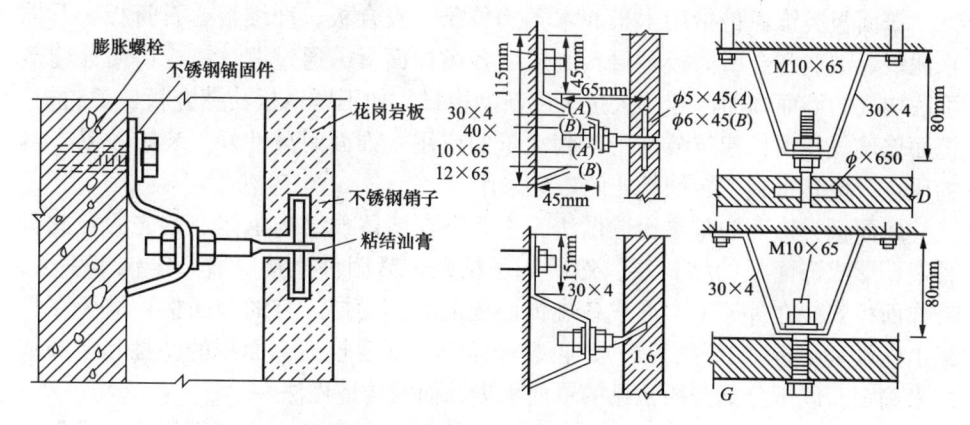

图3-34 干挂法构造示意图

干挂法的安装工艺如下：

1）石材的规格。由于干挂法对板材尺寸、规格要求较严，故大多数都是由工厂定型生产，或者按设计尺寸加工定做的。板材的挂孔、位置、形式是根据板材的安装位置，划分不同型号并进行编号。现场安装时按编号就位，不得换位。在工厂生产时应将板材的花纹图案、颜色搭配得当。板材的平整度和公差必须符合国家标准。平整度和尺寸公差是影响安装质量的重要指标。

2）不锈钢锚固件。在外墙饰面的不同部位，有各种不同的锚固件，如转角锚固件、平面墙体锚固件等，品种复杂、类型繁多。同时不同的厂家锚固件也不相同，其型号必须和板材挂孔相匹配，锚固件的品种可按产品样本选用。

3）安装工艺。安装时应先在基层上按板材尺寸弹线，（基层要作找平层抹灰），竖向板缝为4~10mm，横向板缝为10mm，隔一定距离竖向板缝要留温度缝，缝宽为10mm（一般每4~5块板设温度缝），板缝用密封胶填缝作防水处理。弹线要从外墙饰面的中心向两侧及上下分格，误差要匀开。墙面上应标出每块板的钻孔位置，然后钻孔。用胀管螺栓作锚固件，一端插入钻好的孔中，另一端与饰面板材连接好。饰面的平整度用锚固件来调节，待就位后将板材上锚固件用特种胶填堵固定。

4) 密封胶填缝。先用泡沫塑料条填实板缝一半,另一半用打胶枪填满密封胶,要防止密封胶污染板面,发现后必须立即擦净,否则密封胶很快凝固难以清除,将会影响装饰效果。

5) 注意事项。板材要严格验收和校对,锚固件必须触墙贴切,锚固支架不宜太平,密封胶必须填满填实而不渗漏,板缝要均匀,安装后草酸水溶液擦洗板面并用水冲净溶液,最后按设计要求对面层进行防护处理。

4. 罩面板类饰面

罩面板类饰面是指用木板、木条、竹条、胶合板、纤维板、石膏板、石棉水泥板、玻璃和金属薄板等材料制成的各类饰面板,通过镶、钉、拼贴等构造手法构成的墙面饰面。随着大量采用新型板材,如不锈钢板、搪瓷板、塑料板、镜面玻璃等在现代建筑装饰中得到大量的应用,饰面耐久性好,装饰效果丰富的优点,使其得到了装饰行业的广泛采用。

罩面板类饰面的基本构造做法,主要是在墙体或结构主体上首先固定龙骨骨架,形成饰面板的结构层,然后利用粘贴、紧固件连接、嵌条定位等手段,将饰面板安装在骨架上,形成各类饰面板的装饰面层。有的饰面板还需要在骨架上先设基层板(如纤维板等),再装饰面板,这要根据饰面板的特性和装饰部位来确定。以下分别介绍常见的罩面板类饰面的构造做法。

(1) 竹、木罩面板饰面构造。竹、木罩面板可用于室内墙面饰面,经常被做成护壁或其他有特殊要求的部位。因为这类饰面使人感到温暖亲切、舒适,外观若保持本来的纹理和色泽更显质朴、高雅。作为墙面护壁,常选用原木、木板、胶合板、装饰板、微薄木贴面板、硬质纤维板、例竹、劈竹等;作为有吸声、扩声、消声等物理要求的常用墙面,常选用穿孔夹板、软质纤维板、装饰吸声板、硬木格条等。

1) 木护壁。木护壁是一种高级的室内装饰。它常用于人们容易接触的部位,一般高度为1~1.8mm,甚至与吊顶做平。一般构造做法是:先在墙面预埋防腐木砖,再钉立木骨架,木骨架的断面采用(20~45)mm×(40~45)mm,木骨架由竖筋和横筋组成,竖筋间距为400~600mm,横筋间距可稍大些,取600mm左右(木骨架网间距视面板规格而定)。为了防止墙体的潮气使面板产生翘曲,应采取防潮构造措施。一般做法是先用防潮砂浆抹面,干燥后刷一道冷底子油,然后贴上油毡防潮层,必要时在护壁板上、下留透气孔通风,以保证墙筋及面板干燥。也可以通过埋在墙体内木砖的出挑,使面板、木筋和墙面之间离开一段距离,避免墙体潮气对面板的影响,如图3-35和图3-36所示。

木护壁的细部构造处理,也是影响木装修效果及质量的重要因素,常见的拼缝细部构造处理如图3-37所示。

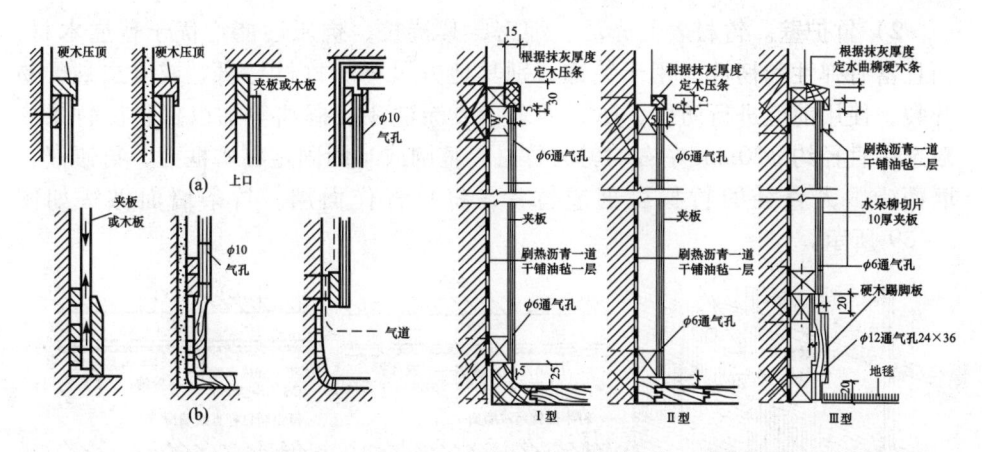

图 3-35 护壁板上、下部位构造示意图
(a)上部位；(b)下部位

图 3-36 护壁板与下部踢脚线的构造示意图

图 3-37 木护壁板板缝处理

木护壁和木墙裙的做法没有多大的区别，只是护壁板是做到顶的，上面的压顶可以与顶角的线条结合收口，木墙裙一般较低，高度在 0.6~1.2mm 之间，通常上面采用压顶条收口处理。

当采用胶合板、硬质纤维板、装饰吸声板等材料做吸声墙面时，一般在饰面板上打洞，使之成为多孔板（孔的部位与数量根据声学要求确定），基本构造与上述木护壁板相同。但是，板的背后与木筋之间要求填玻璃棉、矿棉、石棉或泡沫塑料块等吸声材料。木条墙面的一般做法如图 3-38 所示。

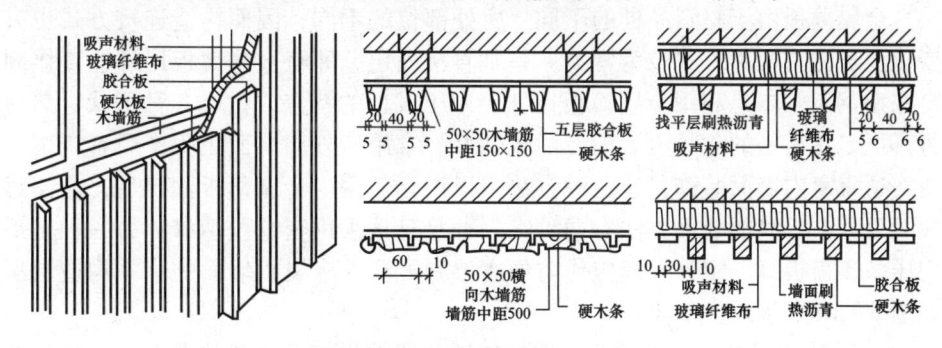

图 3-38 木条墙面构造示意图

2）竹护壁。竹材表面光洁、细密，其抗拉、抗压性能均优于普通木材，而且富有弹性和韧性，用于装饰，别具地方风格。竹材易腐烂或受虫蛀，易开裂，使用前应进行防腐、防裂处理，或涂油漆、桐油等加以保护。竹条一般选用直径约 $\phi 20mm$ 左右均匀的竹材，整圆或半圆固定在木框上，再镶嵌在墙面上，大直径的竹材可剖成竹片，将竹青作面层。竹条墙面做法如图 3-39 所示。

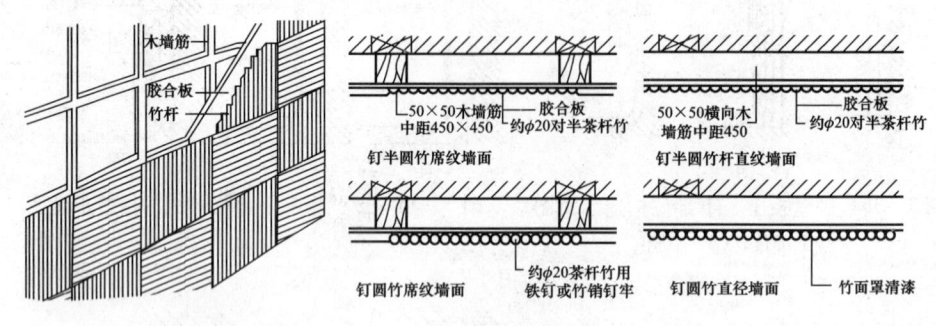

图 3-39 竹条墙面构造

（2）金属薄板饰面。金属薄板饰面是利用一些轻金属（如铝、铜、铝合金、不锈钢等），经加工制成薄板，也可在这些薄板上作烤漆、喷漆、镀锌、搪瓷、电化覆盖塑料等处理，然后用来做室内外墙面装饰。用这些材料做成墙面饰面，坚固耐久，美观新颖，装饰效果好。特别是各种铝合金装饰板，花纹精巧、别致，色泽美观大方。

金属薄板表面可以制成平形，可以做成波形、卷边或凹凸条纹，也可用穿孔铝板做吸声墙面。金属薄板一般安装在型钢或铝合金型材所构成的骨架上。骨架包括横杆、竖杆。由于型钢强度高、焊接方便、价格便宜、操作简便，所以用型钢做骨架的较多。型钢、铝材骨架均通过连接件与主体结构固定。连接件一般通过在墙面上打膨胀螺栓或与结构物上的预埋铁件焊接等方法固定。

金属薄板由于材料品种的不同，所处部位的不同，因而构造连接方式也有变化。通常有两种方式较为常见：一是直接固定，即将金属薄板用螺栓直接固定在型钢上；二是利用金属薄板拉伸、冲压成型的特点，做成各种形状，然后将其压卡在特制的龙骨上。前者耐久性好，常用于外墙饰面工程；后者施工方便，适宜室内墙面装饰。这两种方法可以混合使用。金属薄板固定后，应注意板缝处理。板缝的处理方法有两种：一种是直接采用密缝胶填缝；另一种是采用压条遮盖板缝。室外板缝应作防雨水渗漏处理。金属板墙面的基本构造层次如图 3-40 所示。

（3）玻璃墙饰面。玻璃墙饰面是选用普通平板镜面玻璃或茶色、蓝色、灰

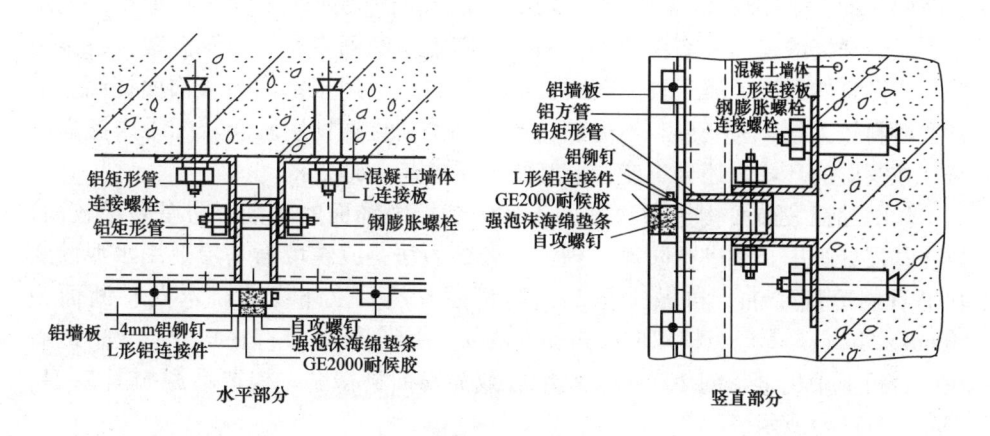

图 3-40 金属板墙面的基本构造

色的镀膜镜面玻璃等作墙面。玻璃墙面光滑易清洁，用于室内可以起到活跃气氛，扩大空间等作用。玻璃墙饰面的构造做法是首先在墙基层上设置一层隔气防潮层，然后按要求立木筋，间距按玻璃尺寸，做成木框格，木筋上钉一层胶合板或纤维板等衬板，最后将玻璃固定在木边框上。固定方法主要有四种：一是在玻璃上钻孔，用不锈钢螺钉或铜螺钉直接把玻璃固定在木筋上；二是用压条压住玻璃，而压条是用螺钉固定于木筋上的，压条用硬木、塑料、金属（铝合金、不锈钢、铜）等材料制成；三是在玻璃的交点用嵌钉固定；四是用环氧树脂把玻璃直接粘在衬板上，构造方法如图 3-41 所示。

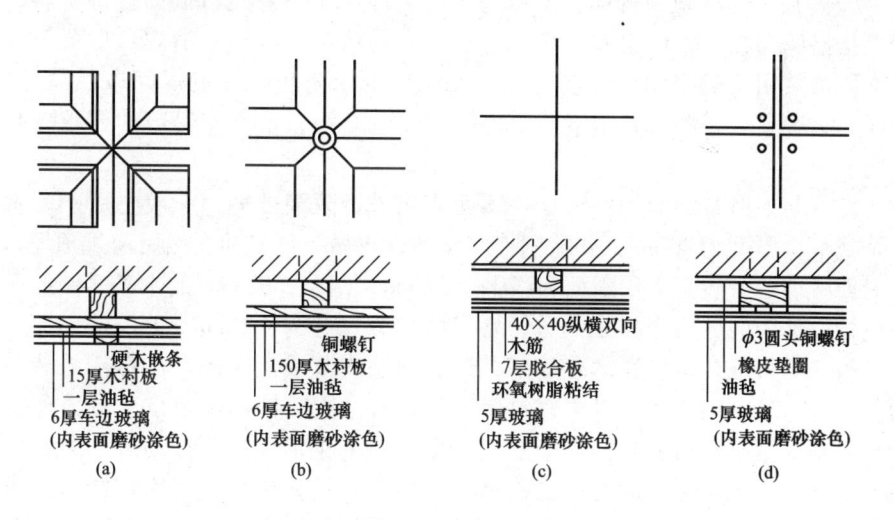

图 3-41 玻璃墙饰面构造
(a)嵌条；(b)嵌钉；(c)粘贴；(d)螺钉

(4) 玻璃纤维布、无纺布、壁纸、丝绒和锦缎饰面。玻璃纤维布、无纺布、丝绒和锦缎是一种墙面装饰材料。其特点是绚丽多彩、质感温暖、古雅精致，色泽自然逼真，属于较高级的饰面材料，只适用于室内高级饰面裱糊。但这类材料较柔软、易变形、不耐脏，不能擦洗，且裱糊用胶会从纤维中渗露出来，在潮湿的环境中还会霉变，故对使用环境有一定要求。

丝绒和锦缎饰面构造做法是由于丝绒和锦缎饰面的防潮、防腐要求较高，故在基层处理中必须进行防潮处理。一般的做法是：在墙面基层上用水泥砂浆找平后刷冷底子油，再做一毡二油防潮层，然后立木龙骨，木龙骨断面为50mm×50mm，骨架纵横双向间距为450mm，胶合板直接钉在木龙骨上，最后在胶合板上用化学浆糊107胶、墙纸胶或淀粉面糊裱贴，构造示意如图3-42（a）、（b）（c）所示。

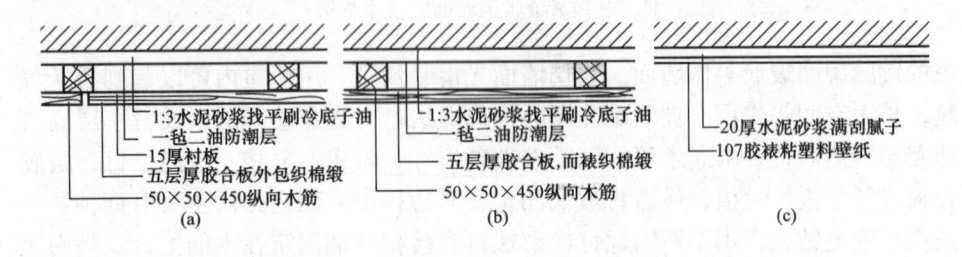

图 3-42 卷材墙面构造
(a)分块式锦缎；(b)锦缎；(c)壁纸或壁布

(5) 皮革与人造革饰面。皮革与人造革饰面是一种高级墙面装饰材料，其特点是格调高雅、质地柔软、保温、耐磨、易清洁、吸声、消震。皮革与人造革饰面常被用于健身房、练功房、幼儿园等要求防止碰撞的房间以及酒吧台、餐厅、会客室、客房、起居室等，也适用于电话间、录音室等声学要求较高的房间。

皮革与人造革饰面的做法是：墙面应先进行防潮处理，一般先用1:3水泥砂浆找平，厚度为20mm，并涂刷冷底子油，再做一毡二油，然后通过预埋木砖立墙筋，墙筋一般是采用断面为(20~50)mm×(40~50)mm的木条，墙筋间距一般按设计中的分格需要来划分，常见的划分尺寸为450mm×450mm，而后固定衬板，即将五合板钉在木墙筋上，最后铺贴皮革或人造革。皮革或人造革里面包棕丝、玻璃棉、矿棉等柔软材料覆于衬板之上。铺贴固定皮革的方法有两种：一是采用暗钉口将其钉在墙筋上，最后用电化铝帽头钉按划分的分格尺寸在每一分块的四角钉入即可；二是将木装饰线条沿分格线位置固定或者用小木条固定，再在小木条表面包裹不锈钢之类的金属装饰线条。图3-43为皮革或人造革饰面构造示意图。

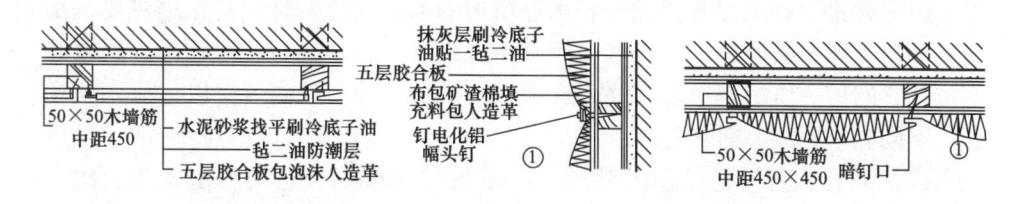

图 3-43 皮革或人造革饰面构造

3.3 吊顶装饰构造与工艺

吊顶装饰工程是装饰工程专业体系的一个重要组成部分，它是伴随着装饰工程和装饰材料一同发展的。在有些方面其发展较其他组成部分更为突出。尤其在吊顶的造型方面，打破了许多传统的设计理念，充分利用各种建筑材料的性质以及灯具的光影效果，使吊顶在装饰中的作用更为突出。吊顶装饰工程的发展，在材料方面，由木质材料发展为金属、塑料以及金属塑料复合材料；在造型方面，由单一的平面式发展为立体式、自由式以及发光吊顶；在材料的应用方面，由硬质材料吊顶发展为软吊顶。

吊顶是位于建筑物楼盖或屋盖下表面的装饰构件，也称天花或吊顶，它是构成建筑室内空间三大界面的顶界面，在室内空间中占据十分重要的位置。

吊顶装饰既要考虑技术要求，如保温、隔声、隔热；又要考虑艺术要求，如造型形式、材料的质感、色彩以及光影声效果等。

3.3.1 吊顶的基本组成和要求

1. 吊顶的基本组成

吊顶一般由吊筋、龙骨和面层三部分组成，如图 3-44 所示。

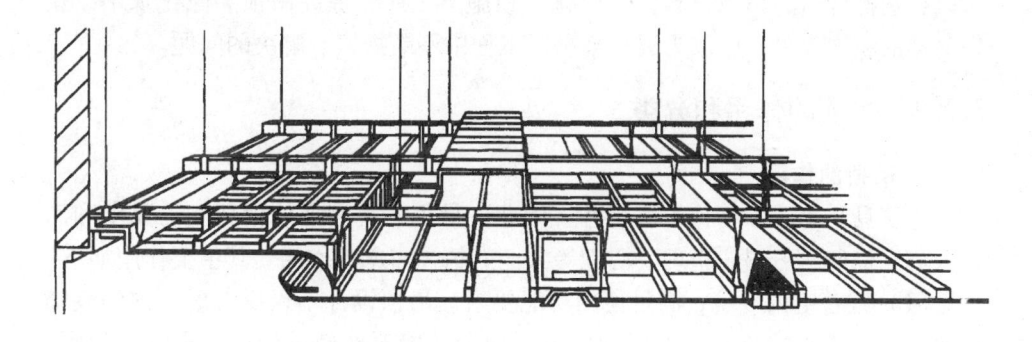

图 3-44 吊顶的基本组成

（1）吊筋。吊筋是连接龙骨和承重结构的承重受力构件。其作用主要是承受下部龙骨和面层荷载，并将这一荷载传递给屋面板、楼板、屋顶梁、屋架等部位。它的另一作用是用来调整、确定悬吊式吊顶的空间高度，以适应不同场合、不同艺术处理上的需要。

（2）龙骨。龙骨是吊顶的基层，即吊顶的骨架层。它是由主龙骨、次龙骨、小龙骨（或称为主格栅、次格栅）组成的网格骨架体系。其作用主要是承受吊顶的荷载，并由它将荷载通过吊筋传递给楼盖或屋盖。在有设备管道或检修设备的马道吊顶中，龙骨还承担由此产生的荷载。

（3）面层。面层的作用是装饰室内空间，一般还兼有其他功能，如吸声、反射等。面层的做法主要有湿作业面层和干作业面层两种。在选择面层材料及做法时，应综合考虑重量轻、湿作业少、便于施工、防火、吸声、保温、隔热等要求。

2. 吊顶的基本要求

吊顶装饰除了满足承受荷载要求和艺术要求外，还应满足以下要求：

（1）吊顶的燃烧性能和耐火极限应满足防火规范要求。

（2）对于有声学要求的房间吊顶，其造型形式及面层材料应根据音质的要求选用，并符合声学要求。

（3）由于悬吊式吊顶常用来隐藏各种设备管道和装置，要求应有足够的净空高度满足设备及管道的安装和维修。

（4）吊顶上的灯具、通风口、消防设施以及扩音系统应成为吊顶装修的有机组成部分。

（5）吊顶应满足工业化要求，尽量避免湿作业。

（6）悬吊式吊顶应满足自重轻、适用、经济等要求。

此外，在整个室内装修工程中，吊顶在造价及工期方面都占有较大的比重。在工艺方面的要求也比较高，且技术难度较大，同其他部位相比其工期较长。所以，选择合适的吊顶材料，以简化吊顶施工工序，提高吊顶装配化水平，获得最佳的装饰效果，已成为近年来吊顶工程中不断探索、解决的问题。

3.3.2　吊顶的作用和分类

1. 吊顶的作用

建筑具有物质和精神的双重性。因此，吊顶兼具满足使用功能的要求和满足人们在信仰、习惯、生理、心理等方面的精神需求的作用。其主要作用如下：

（1）改善室内环境，满足使用功能要求。吊顶设计不仅要考虑室内的装饰效果和艺术风格的要求，也要考虑房屋使用功能对建筑的照明、通风、保温、隔热、吸声或反射声、音响、防火等技术性能的要求，它直接影响室内的环境与使用。例如剧场的吊顶，要综合考虑光学、声学设计方面的诸多问题。

（2）装饰室内空间。吊顶是室内装饰的一个重要组成部分，除墙面、地面之外，它是围成室内空间的另一个大面。它从空间、光影、材质等诸方面，对房间有着渲染环境，烘托气氛的重要作用。

2. 吊顶的分类

吊顶的种类很多。近年来，随着建筑材料的快速发展，出现了许多新型吊顶。其分类方式多种多样，本书主要介绍以下几种分类。

（1）按外观形式分类。有平面式、立体式（凹凸式、曲面式、分层式、井格式）、软吊顶、自由式、发光吊顶等。

（2）按面层施工方法分类。有整体式吊顶（如钢板网板条抹灰吊顶）、装配式吊顶（如轻钢龙骨石膏板吊顶、铝合金龙骨吊顶）等。

（3）按龙骨所用材料分类。柚木龙骨吊顶、轻钢龙骨吊顶、铝合金龙骨吊顶、型钢龙骨吊顶以及混合龙骨（指钢木混合的龙骨）吊顶。

（4）按饰面层和龙骨的关系分类。有活动装配式吊顶、固定式吊顶。

（5）按吊顶面层的状态分类。有开敞式吊顶、封闭式吊顶或明龙骨吊顶、暗龙骨吊顶等。

（6）按吊顶面层材料分类。有水泥砂浆抹面吊顶、木或木夹板吊顶、石膏板吊顶、钙塑板吊顶、矿棉板吊顶、金特板吊顶、塑料扣板吊顶、金属扣板吊顶等。

3.3.3　吊顶的基本构造

吊顶的构造，通俗地说就是吊顶的组成及做法。吊顶的构造与吊顶的造型形式密不可分，不同的造型形式其构造组成也有所不同。吊顶的构造与吊顶采用的材料也是密不可分的，不同的材料，尽管造型形式相同，其构造做法也不尽相同。

尽管吊顶的造型形式千变万化，但是，吊顶的基本构造是由面层、木龙骨和吊筋三部分构成的，其区别主要是龙骨、面层材料、位置的变化。

3.3.4　直接式吊顶

直接式吊顶是将吊顶材料直接固定在建筑物楼板、屋面板或屋架的底部，吊顶的造型形式多为平面式，结构式吊顶也属于此类，它分为有龙骨吊顶和无龙骨吊顶两种。基本构造组成如图3-45所示。

直接式吊顶具有构造简单、构造层厚度小、可充分利用空间，处理手法简要，装饰效果多样化，材料用量少，施工方便，造价较低等特点。直接式吊顶适用于没有隐藏管线设备、设施的普通建筑以及室内建筑高度空间受到限制的场所。

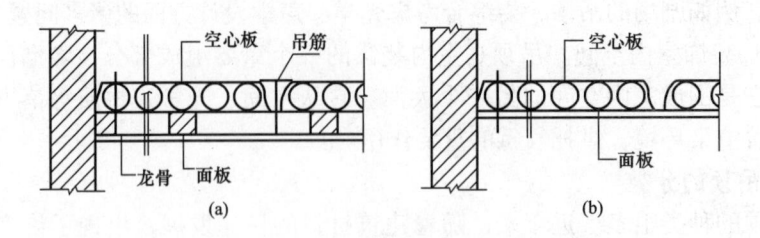

图3-45 直接式吊顶构造
(a)有龙骨吊顶；(b)无龙骨吊顶

3.3.5 悬吊式吊顶

悬吊式吊顶是指吊顶的装饰表面与屋面板、楼板等结构构件之间有一定的距离，在这段空间中，通常要结合布置各种管道和设备，如灯具、空调、灭火器、烟感器等。悬吊式吊顶通常还利用这段悬挂高度，使吊顶在空间高度上产生变化，形成一定的立体感。悬吊式吊顶的装饰效果较好，形式变化灵活丰富，适用于中、高档的建筑吊顶装饰。

悬吊式吊顶内部空间的高度，在没有功能要求以及室内空间体量无特殊要求时，宜小不宜大，以节约材料和造价。若需利用吊顶内部空间作为敷设管线管道、安装设备等的技术空间，以及有隔热通风层的需要时，则可根据不同情况适当加大，必要时应铺设检修走道以便检修，防止踩坏面层，保障安全。

1. 悬吊式吊顶的基本构造

悬吊式吊顶一般由基层、面层、吊筋三大基本部分组成。它分为上人吊顶和不上人吊顶两种。常见的构造做法如图3-46所示。

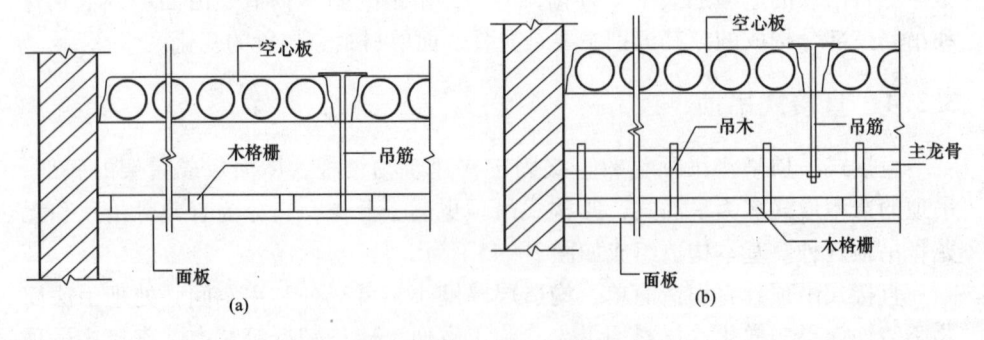

图3-46 悬吊式吊顶构造
(a)木格栅龙骨吊顶；(b)主次龙骨吊顶

2. 吊顶的基层

悬吊式吊顶的基层是指吊顶骨架层，它是由主龙骨、次龙骨、小龙骨（或称为主格栅、次格栅）组成的网格骨架体系。其作用主要是承受吊顶的荷载，并由它将荷载通过吊筋传递给楼盖或屋盖。在有设备管道或检修设备的马道吊顶中，龙骨还承担由此产生的荷载。悬吊式吊顶基层按其材料柚木龙骨基层和金属龙骨基层两大类。

（1）木龙骨基层。木龙骨基层有格栅式和主次式两种形式。格栅式基层多为不上人吊顶；主次式基层多为上人吊顶或承受较大荷载的吊顶。其构造组成如图 3-47 所示。

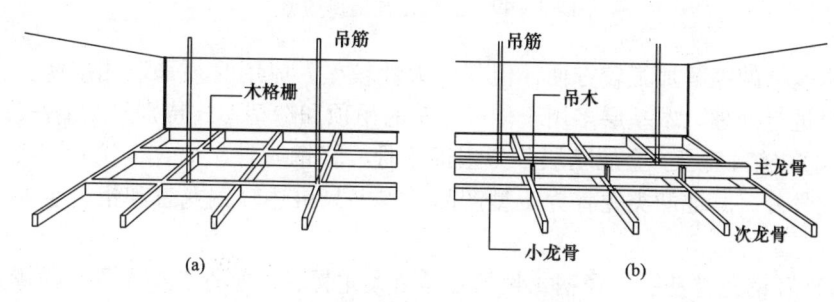

图 3-47 木龙骨构造示意图
（a）格栅式龙骨；（b）主次式龙骨

格栅式基层是由纵横交错，截面尺寸为 50mm×50mm（或 40mm×50mm）的方木构成的整体网格，网格为正方形或长方形，其边长尺寸为 400~600mm（具体尺寸视面板尺寸而定，应使面板接缝位于格栅处），方木在纵横交错点做成半开槽，采用胶结和钉接处理，其做法如图 3-48 所示。

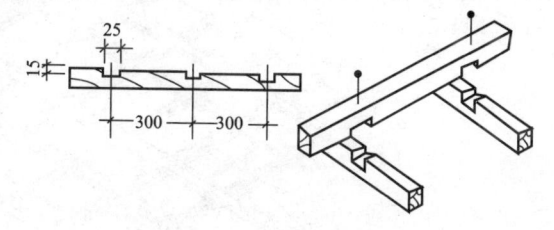

图 3-48 木格栅节点示意图

主次式基层是由主龙骨、次龙骨、小龙骨三部分组成。主龙骨沿房屋的短向布置，其间距一般为 1.2~1.5m，断面尺寸为 50mm×70mm，钉接或者拴接在吊杆上；次龙骨的做法有以下两种：

1）次龙骨与主龙骨垂直，通常采用 50mm×50mm 的方木吊挂钉牢在主龙骨的底部，并用 8 号镀锌铁丝绑扎，断面尺寸一般为 50mm×50mm，其间距如下：抹灰面层一般为 400mm；对板材面层一般不大于 600mm。

小龙骨与次龙骨垂直，采用钉接固定在次龙骨之间，其断面尺寸、间距与次龙骨相同。如图 3-47（b）所示。

2）将木格栅通过吊木直接固定在主龙骨的底部或与主龙骨底部保持一定距

离，如图3-49所示。

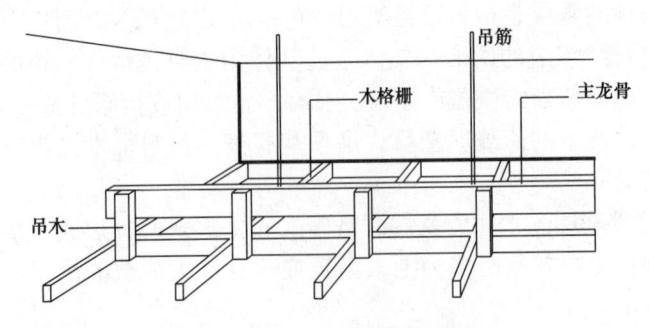

图3-49 主次龙骨吊顶构造

木基层的锯解加工较方便，但其耐火性较差，应用时须采取相应防火措施对木材进行处理。木基层多用于传统建筑的吊顶和造型形式特别复杂的吊顶。

（2）金属基层。金属基层分为型钢龙骨、轻钢龙骨、铝合金龙骨三类。除型钢龙骨外，其他两类龙骨为定型产品，本书只讲述轻钢龙骨和铝合金龙骨的构造。

1）轻钢龙骨基层。轻钢龙骨基层是由大龙骨、中龙骨、小龙骨、横撑龙骨及各种连接件组成。其构造组成如图3-50所示。

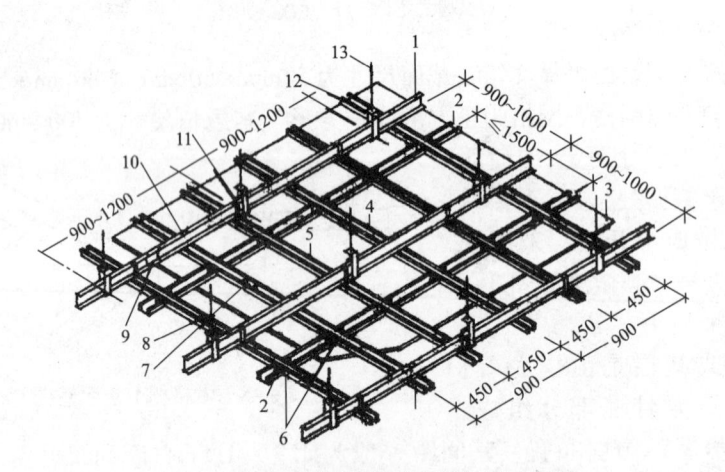

图3-50 U型轻钢龙骨构造组成示意图
1—BD大龙骨；2—UZ横撑龙骨；3—吊顶面板；4—UZ龙骨；5—UX龙骨；
6—UZ3支托连接；7—UZ2连接件；8—UX2连接件；9—BD2连接件；10—UX1吊挂；
11—UX2吊件；12—BD1吊件；13—UX3吊杆($\phi 8 \sim \phi 10$）

轻钢龙骨一般用特制的型材制成，断面多为U形，故又称为U形龙骨。其中大龙骨，按其承载能力分为轻型、中型、重型三级，轻型大龙骨不能承受上人荷载；中型大龙骨能承受偶然上人荷载，亦可在其上铺设简易检修走道；重型大龙骨能承受上人的800N检修集中荷载,并可在其上铺设永久性检修走道。大龙骨的高度分别为30~38mm、45~50mm、60~100mm。中龙骨和小龙骨断面也为U形,中龙骨截面宽度为50mm或60mm。小龙骨截面宽度为25mm。

2)铝合金龙骨基层。铝合金龙骨是目前在各种吊顶中用得较多的一种吊顶龙骨。常用的有T形、U形、LT型以及采用嵌条式构造的各种特制龙骨。其中,应用最多的是LT型龙骨。LT型龙骨主要由大龙骨、中龙骨、小龙骨、边龙骨及各种连接件组成。其构造组成如图3-51所示。

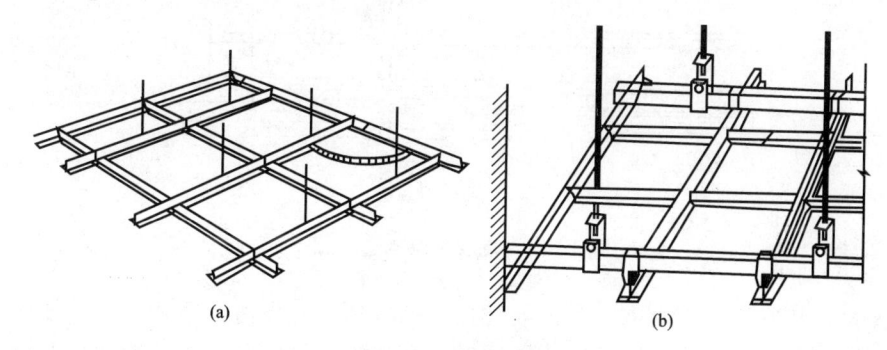

图3-51　LT铝合金龙骨构造示意图
(a)不上人吊顶; (b)上人吊顶

LT型大龙骨也分为轻型系列、中型系列、重型三个系列。轻型系列龙骨高30mm和38mm,中型系列龙骨高45mm和50mm,重型系列龙骨高60mm。中部中龙骨的截面为倒T形,边部中龙骨的截面为L形,中龙骨的截面高度为32mm和35mm。小龙骨的截面为倒T形,截面高度为22mm和23mm。

当吊顶的荷载较大或者悬吊点间距很大,以及在特殊环境下使用时,必须采用普通型钢做基层,如角钢、槽钢、工字钢等。

(3)混合基层。混合基层是指钢木混合的基层、型钢轻钢龙骨基层或型钢铝龙骨基层。通常主龙骨为型钢或轻钢,即其下方吊挂木格栅、轻钢或铝龙骨。混合基层具有承受较大荷载的特点,适用于空间跨度大、设备重量大的吊顶工程。图3-52为型钢与木格栅的混合基层构造。

3. 吊筋

(1)吊筋与吊点设置。吊筋的形式和材料的选用,与吊顶的自重及吊顶所承受的灯具、通风口等设备荷载的质量有关,也与龙骨种类、屋顶承重结构的形式和材料等有关。

吊筋可采用钢筋、型钢或木方等加工制作。钢筋用于一般吊顶;型钢一般用于重型吊顶或整体刚度要求特别高的吊顶;木方一般用于木基层吊顶,并采用金属连接件加固。

采用钢筋做吊筋,其直径一般不小于$\phi 6mm$,吊筋的一端与屋顶或楼板结

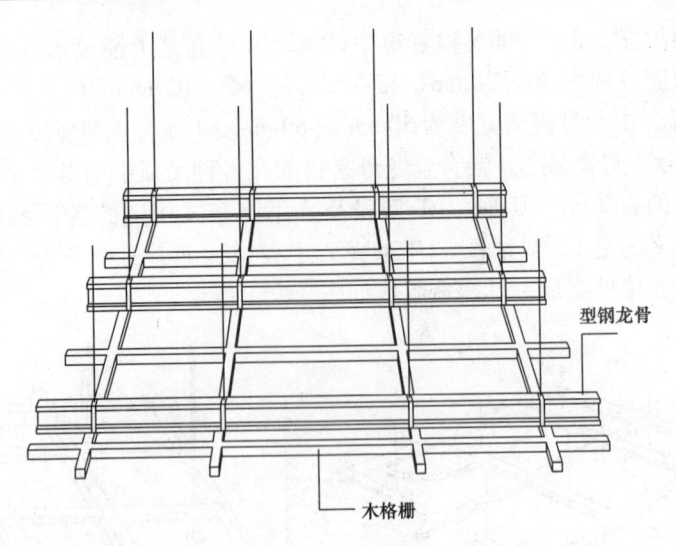

图 3-52 混合基层构造示意图

构连接，其连接形式取决于屋顶或楼板的结构形式，设置点以牢固、施工方便为基本要求，设置间距根据吊顶的质量计算确定。吊筋与屋顶或楼板结构连接的方式详述如下：

1) 直接插入预制板的板缝吊筋，采用 C20 细石混凝土将板缝灌实，如图 3-53(a)所示。

2) 将吊杆绕于钢筋混凝土板底预埋件焊接的半圆环上，如图 3-53(b)所示。

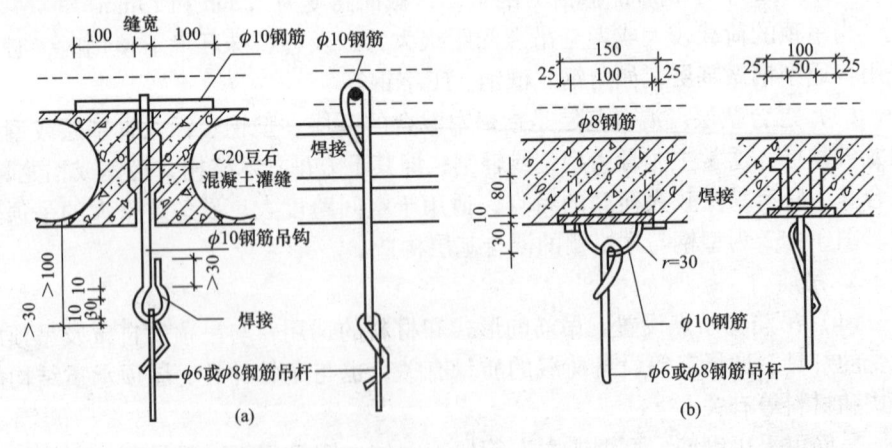

图 3-53 钢筋吊筋与楼板连接构造（1）

3) 将吊杆绕于焊有半圆环的钢板上，并将此钢板用射钉固定于钢筋混凝土板底，如图 3-54(a)所示。

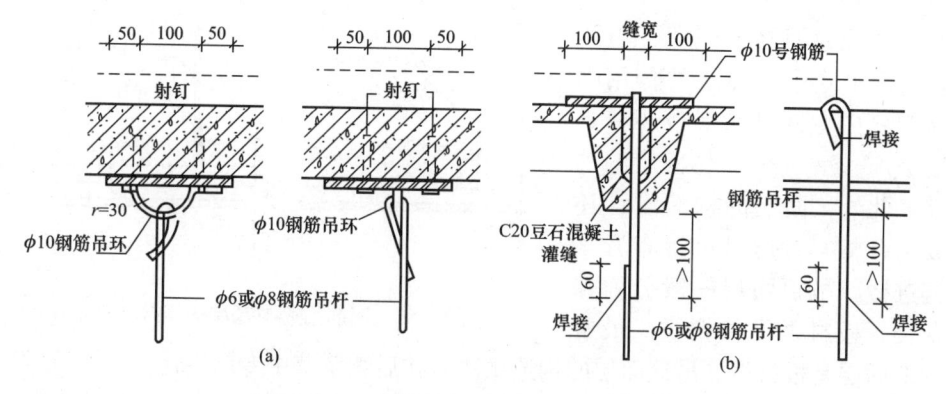

图 3-54 钢筋吊筋与楼板连接构造（2）

4）在预制板的板缝中先埋下 ϕ10 钢筋，并将吊顶的吊杆作焊接处理，板缝中用 C20 细石混凝土灌实，如图 3-54(b) 所示。

5）在钢筋混凝土板底预埋铁件、钢板，焊 ϕ10 连接钢筋，并把吊杆焊于连接钢筋上，如图 3-55(a) 所示。

6）将吊杆缠绕于板底附加的 L50×5 的角钢上，角钢用射钉固定于钢筋混凝土板底，如图 3-55(b) 所示。

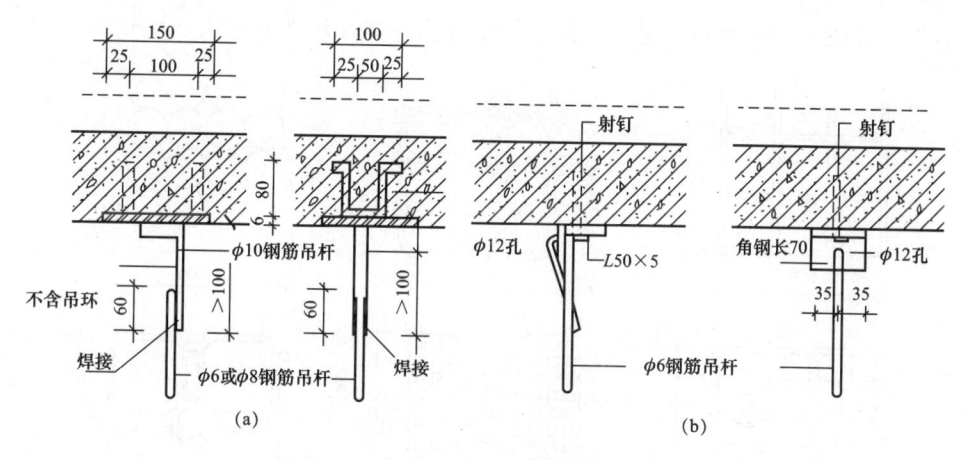

图 3-55 钢筋吊筋与楼板连接构造（3）

在吊顶龙骨被截断或荷重有变化的位置，应增设吊点。

（2）吊筋与龙骨的连接。钢筋的另一端与骨架相连接，连接方法取决于吊顶基层材料、吊筋的材料及形式。连接方式主要有螺栓连接，吊挂件连接、钉接、焊接等。钢筋与骨架的连接构造如图 3-56 所示。

木龙骨基层可采用 50mm×50mm 的方木作吊杆，顶部固定木块或角铁，并将吊杆钉接或拴接在木块或角铁的侧面，下端钉接在木龙骨基层的侧面。

4. 吊顶面层

悬吊式吊顶面层的作用除装饰室内空间外，常常还要具有吸声、反射等一些特定的功能。此外，面层的构造设计还要结合灯具、通风口等布置一起进行。吊顶面层一般分为抹灰类、板材类及格栅类。最常用的面层是板材类。吊顶面层的构造做法将在后续章节中专门讲述。

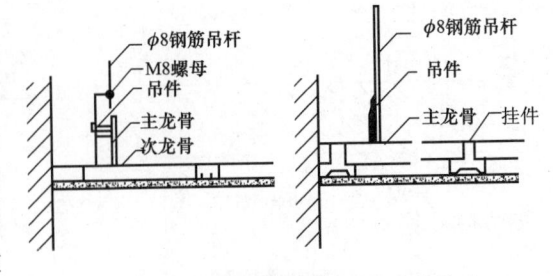

图 3-56 钢筋吊筋与基层的连接构造

3.3.6 开敞式吊顶的基本构造

开敞式吊顶是在藻井式吊顶的基础上发展形成的一种独立的吊顶体系。其表面开口具有既遮又透的感觉，减少了吊顶的压抑感，也称格栅吊顶。另外，开敞式吊顶是通过一定的单体构件组合而成的，可表现出一定的韵律感。

1. 单体构件的种类

组成吊顶的单体构件，从制作材料的角度来分，柚木制格栅构件、金属格栅构件、灯饰构件及塑料构件等。其中，尤以木制格栅构件、金属格栅构件最为常用。图 3-57 所示的是开敞式吊顶单体构件的几种平面形式。

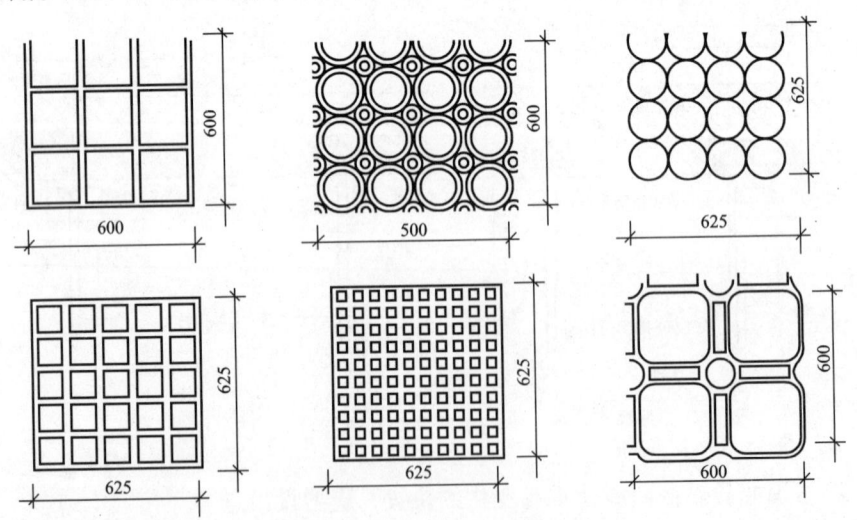

图 3-57 单体构件平面构造形式

2. 开敞式吊顶的安装构造

单体构件的连接构造，在一定程度上影响单体构件的组合方式，以至整个吊顶的造型。标准单体构件的连接，通常是采用将预拼安装的单体构件插接、挂接或榫接在一起的方法，如图 3-58 所示。

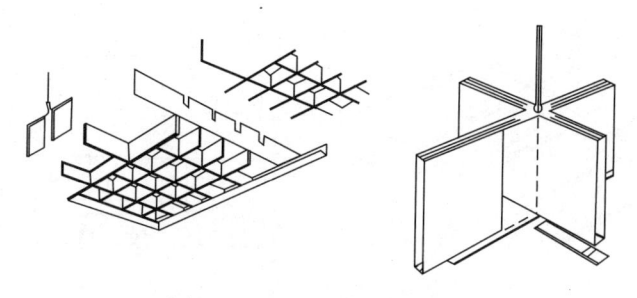

图 3-58 单体构件连接构造

3.3.7 金属板吊顶

金属板吊顶是指采用铝合金板、薄钢板等金属板材为面层的吊顶。铝合金板表面作电化铝饰面处理，薄钢板表面可用镀锌、涂塑、涂漆等防锈饰面处理。两类金属板都有打孔和不打孔的条形、矩形等形式的型材。金属板吊顶具有自重小，色泽美观大方。其不仅具有独特的质感，而且具有平挺、线条刚劲而明快、构造简单、安装方便、耐火、耐久、应用广泛等特点。这种吊顶的龙骨除是承重杆件外，还兼有卡具的作用。

1. 金属条板吊顶

铝合金和薄钢板轧制而成的槽形条板，有窄条、宽条之分。根据条板类型的不同、吊顶龙骨布置方法的不同，可以有各式各样的变化丰富的效果，根据条板与条板相接处的板缝处理形式，可分为开放型条板吊顶和封闭型条板吊顶。开放型条板吊顶离缝间无填充物，便于通风；也可在上部另加矿棉或玻璃棉垫，作为吸声吊顶用；还可用穿孔条板，以加强吸声效果。封闭型条板吊顶在离缝间可另加嵌缝条或条板单边有翼盖没有离缝，如图 3-59 所示。

金属条板一般多用卡口方式与龙骨相连。但这种卡口的方法，通常只适用于板厚为 0.8mm 以下，板宽在 100mm 以下的条板。对于板宽超过 100mm，板厚超过 1mm 的板材多采用螺钉等来固定，配套龙骨及配件各厂家均自成体系，可根据不同需要进行选用，以达到美观实用的效果。金属条板的断面形式很多，其配套件的品种也是如此，当条板的断面不同、配套件不同时，其端部处理的方式也是不尽相同的，图 3-60 所示的是几种常用条板及配套副件组合时其端部处理的基本方式。

2. 金属方板吊顶

金属方板吊顶在装饰效果上别具一格，在吊顶表面设置的灯具、风口、喇叭等与方板协调一致，使整个吊顶组成有机整体。另外，采用方板吊顶时，与柱、

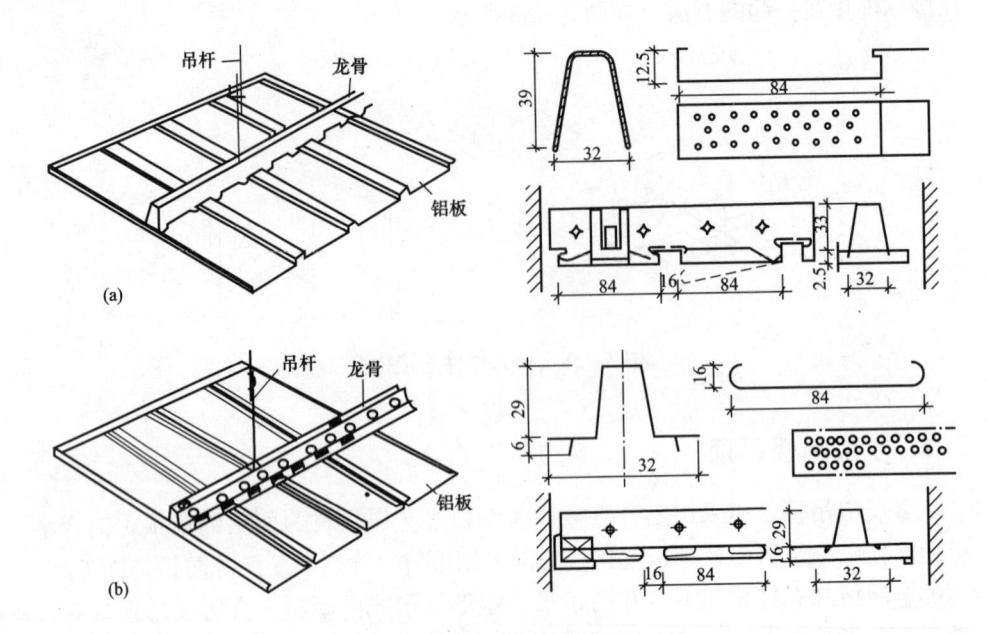

图 3-59 金属条板吊顶
(a)封闭型；(b)开敞型

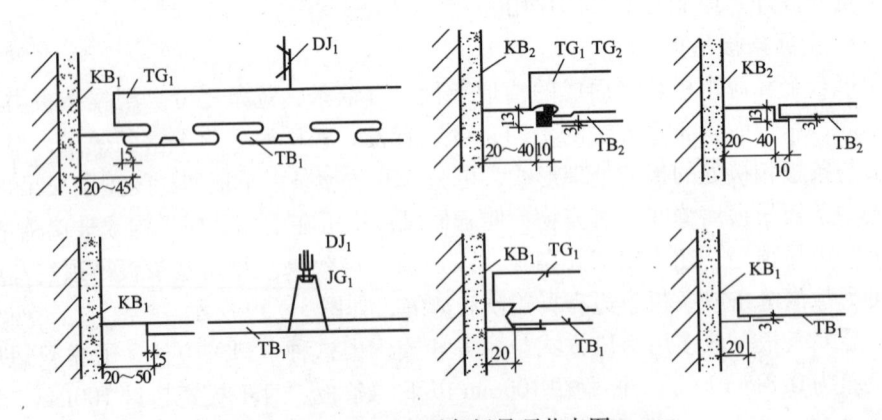

图 3-60 金属条板吊顶节点图

墙边处理较为方便合理。如果将方板吊顶与条板吊顶相结合，可取得形状各异、组合灵活的效果。若方板吊顶采用开放型结构时，还可兼作吊顶的通风效能。

金属方板安装的构造有搁置式和卡入式两种。搁置式多为 T 形龙骨，方板四边带翼缘，搁置后形成格子形离缝；卡入式的金属方板卷边向上，形似有缺口的盒子形式，一般边上扎出凸出的卡口，卡入有夹翼的龙骨中。方板可以打孔，上面衬纸再放置矿棉或玻璃棉的吸声垫，形成吸声吊顶，如图 3-61 所示。

方板也可压成各种纹饰，组合成不同的图案。

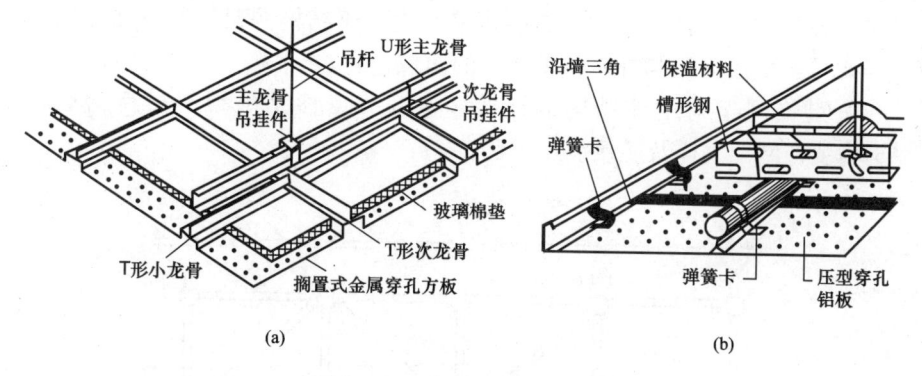

图 3-61　金属方板吊顶构造
(a)搁置式；(b)卡入式

在金属方板吊顶中，当四周靠墙边缘部分不符合方板的模数时，可以改用条板或纸面石膏板等材料处理，如图 3-62 所示。

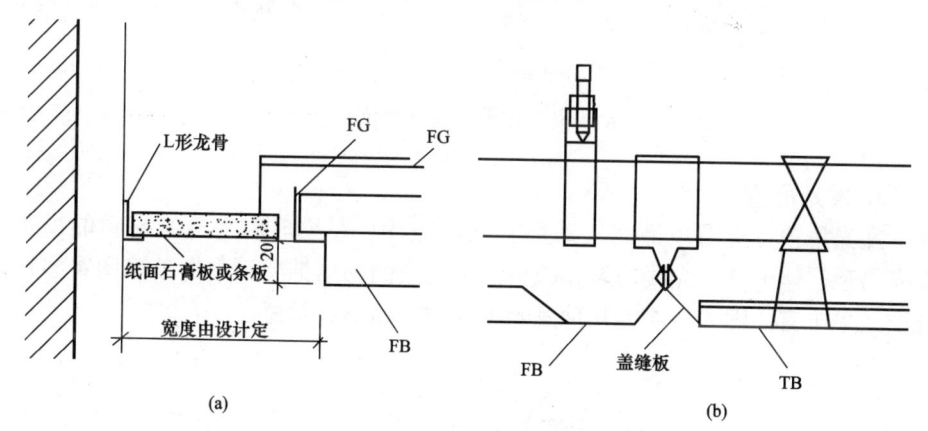

图 3-62　金属方板吊顶端部处理
(a)端部处理；(b)条板处理

3.3.8　其他吊顶的装饰构造

1. 装饰网架吊顶

装饰网架吊顶一般采用不锈钢管、铜合金管等材料加工制作。这类吊顶具有造型简洁新颖、结构韵律美、通透感强等特点。若在网架的顶部铺设镜面玻璃，并于网架内部布置灯具，则可丰富吊顶的装饰效果。装饰网架吊顶造价较高，一般用于大厅、门廊、舞厅等需要重点装饰的部位。

(1) 装饰网架吊顶的主要构造要点。网架杆件组合形式与杆件之间的连接

由于装饰网架一般不是承重结构,所以杆件的组合形式主要根据装饰所要达到的效果来设计布置。杆件之间的连接可采用类似于结构网架的节点球连接,也可直接焊接,然后再用与杆件材质相同的薄板包裹。

(2) 装饰网架与主体结构的连接。连接节点参见吊顶的吊点构造。图3-63为装饰网架大样及连接节点构造。

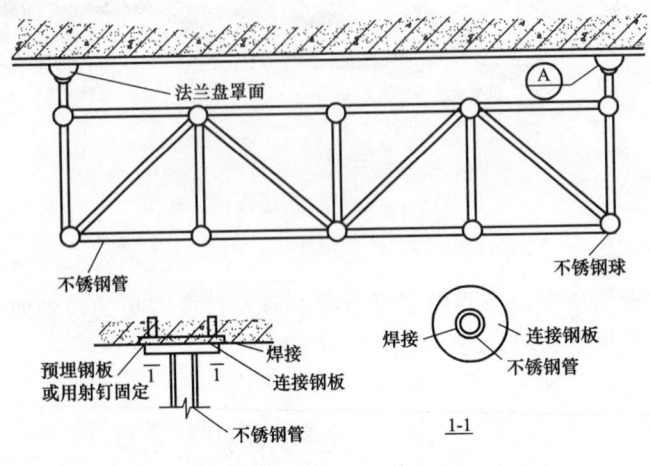

图3-63 装饰网架大样及连接节点构造

2. 发光吊顶

发光吊顶是指吊顶饰面板采用有机灯光片、彩绘玻璃等透光材料的吊顶。发光吊顶整体透亮,光线均匀,减少了室内空间的压抑感;彩绘玻璃图案多样,装饰效果丰富。图3-64为几种发光吊顶的截面形状示意。

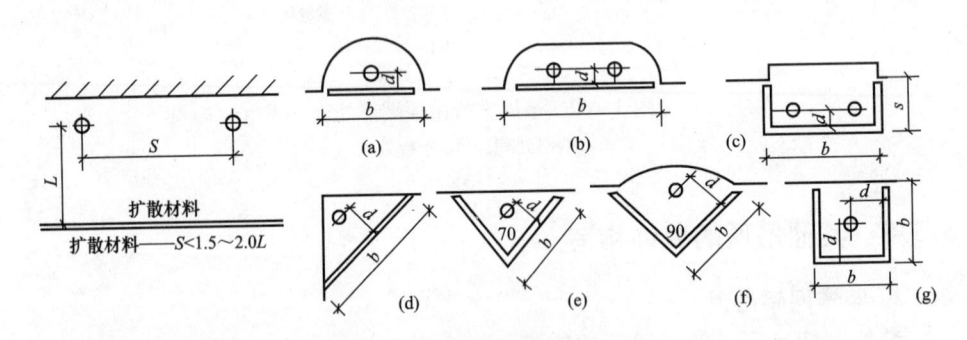

图3-64 发光吊顶的截面形状示意图
(a)、(b)弧形;(c)、(g)矩形;(d)、(e)、(f)三角形

发光吊顶的主要构造要点:
(1) 面层透光材料一般采用搁置、承托或螺钉固定的方式与龙骨连接,如

图3-65所示，以方便检修及更换吊顶内的灯具。如果采用粘贴的方式，则应设置进入孔和检修走道，并将灯座做成活动式，以便拆卸检修。

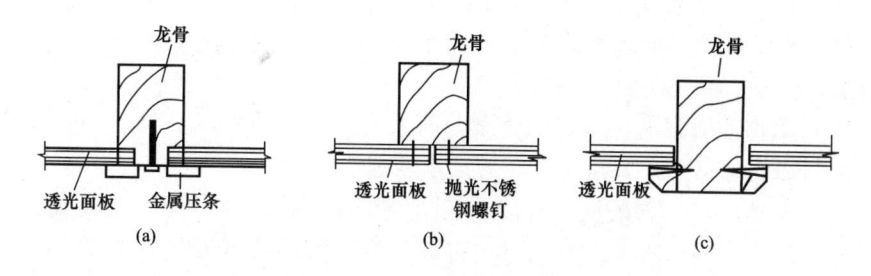

图3-65 透光板与龙骨的连接构造

（2）吊顶骨架的布置。由于吊顶骨架需支承灯座和面层透光板两部分，所以骨架必须双层设置。上下层之间通过吊杆连接。

（3）吊顶骨架与主体结构的连接一般将上层骨架通过吊杆连接到主体结构上，具体构造同一般吊顶。图3-66为一般发光吊顶的构造示意图。

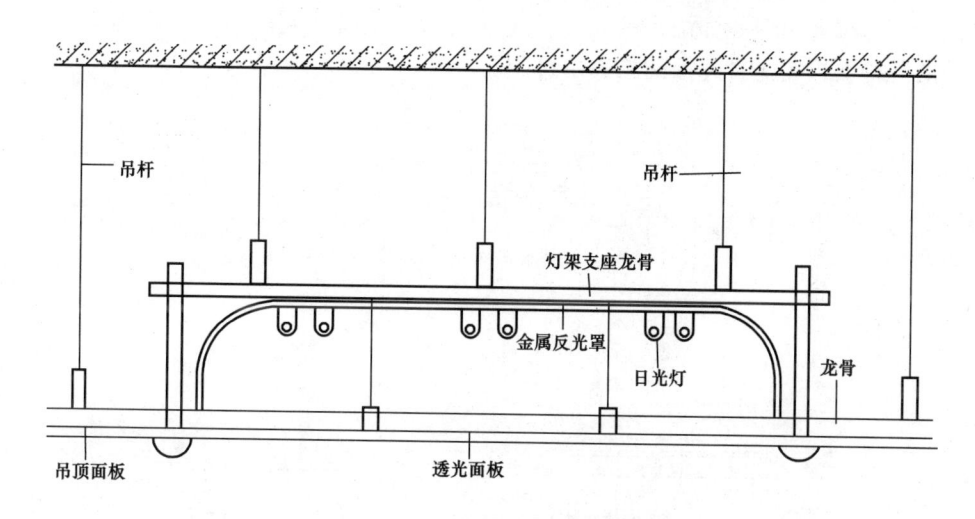

图3-66 发光吊顶构造示意图

3. 软吊顶

软吊顶是指用绢纱、布幔等织物或充气薄膜等材料装饰室内空间的吊顶。这类吊顶可以自由地改变吊顶的形状，别具装饰风格，能够营造多种环境气氛，具有丰富的装饰效果。例如，在卧室上空悬挂的帐幔能增加静谧感，催人入睡；在娱乐场所上空悬挂彩带布幔作吊顶能增添活泼热烈的气氛；在临时的、流动的展览馆用布幔做成吊顶，可以有效地改善室内的视觉环境，并起到调整空间尺度、限定界面等作用。但软质织物一般易燃烧，设计时宜选用阻燃织物。软吊顶的主要构造要点是：

（1）吊顶造型的控制。软吊顶造型的设计应以自然流线形为主体。由于织物柔软，对于需要固定造型的控制较困难。因此，必要时应采用钢丝、钢管等材料加以衬托。

（2）织物或薄膜的选用。织物或薄膜一般应选用具有耐腐蚀，防火，较高强度的织物或薄膜。必要时应作相关技术处理。

（3）悬挂固定。软吊顶可直接悬挂固定在建筑物的楼屋盖下或侧墙上，或悬挂固定在龙骨上。通常，为了方便拆装织物、薄膜或改变吊顶形状，应在悬挂点设置活动夹具或轨道。

4. 镜面吊顶

镜面吊顶采用镜面玻璃、镜面不锈钢片条作饰面材料，以便室内空间的上界面空透开阔，可产生一种扩大的空间感，生动而富于变化，常用于公共建筑中。

镜面吊顶的基本构造是将镜片通过专用胶粘剂贴在基层上，再用螺钉安装固定。为确保玻璃镜面吊顶的安全，应采用安全镜面玻璃。图3-67为镜面吊顶的几种面板与龙骨连接的构造示意图。

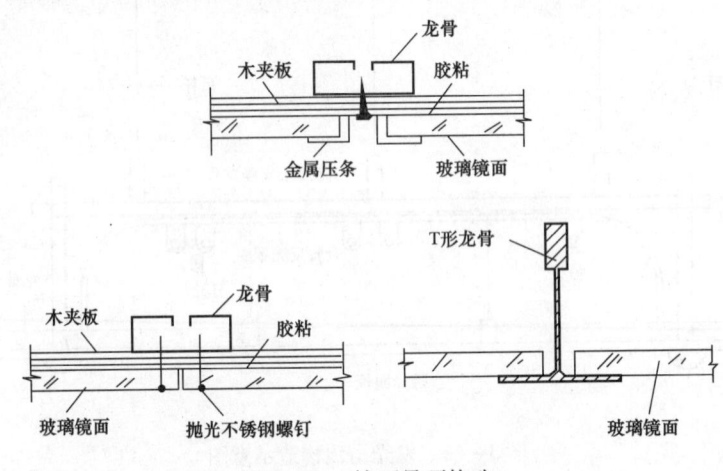

图3-67 镜面吊顶构造

3.3.9 吊顶面层构造

吊顶面层材料种类很多，除抹灰类面层外其他均为装配式面层。吊顶面层所在的位置是由吊顶的造型形式和构造要求决定的，一般位于龙骨底部、顶部和镶嵌在龙骨中部。镶嵌又分为全部镶嵌和部分镶嵌。如图3-68所示。

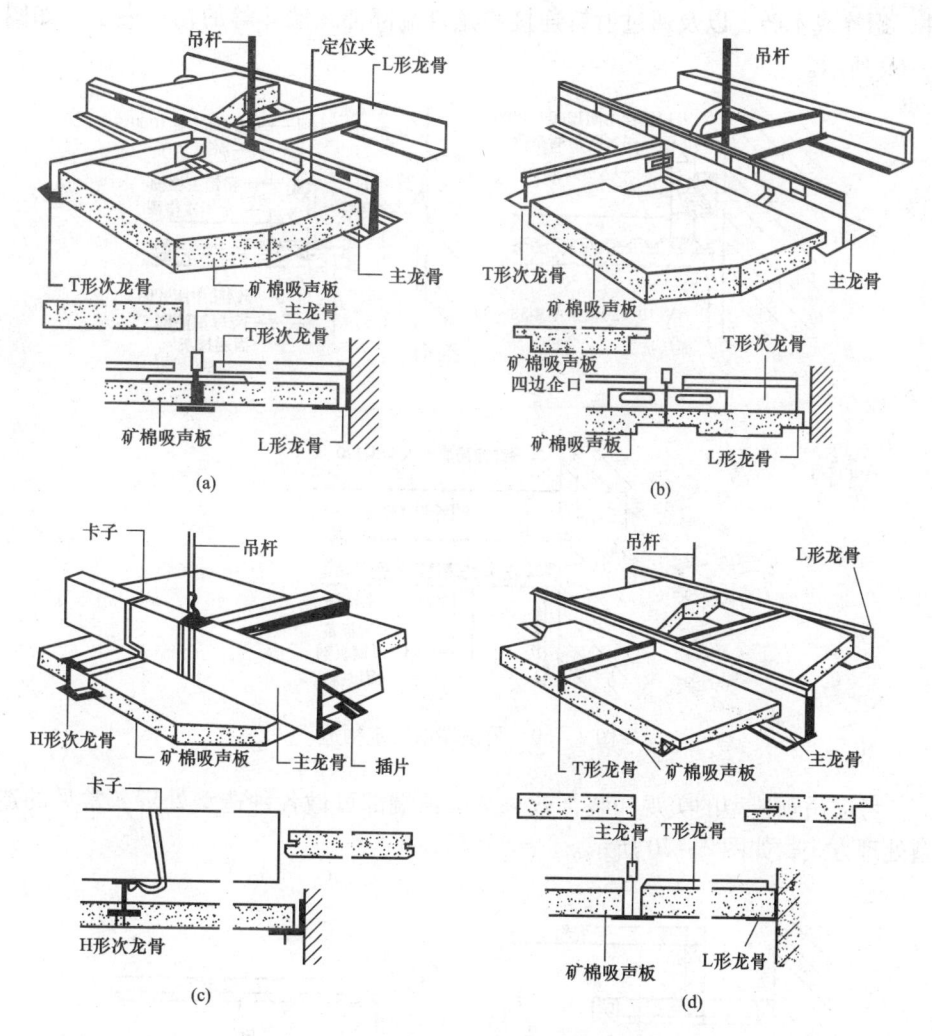

图 3-68 吊顶面层与龙骨位置示意图
(a)、(d)全部镶嵌；(b)、(c)位于龙骨底部

3.3.10 吊顶特殊部位的装饰构造

吊顶的特殊部位是指吊顶的端部、灯槽、通风口、高低面变化处等部位。这些特殊的位置需要进行固定和装饰处理。吊顶特殊部位的处理，在吊顶装饰中尤为重要，处理的好坏直接影响吊顶的整体效果。

1. 吊顶端部的构造处理

吊顶端部是指吊顶与墙体的交接部位。在吊顶与墙体交接处，吊顶边缘龙骨与墙体的固定方式因吊顶形式和类型的不同而不同，通常采用在墙内预埋铁件、螺栓或木砖，以及通过射钉连接和龙骨端部伸入墙体等的构造做法，如图3-69所示。

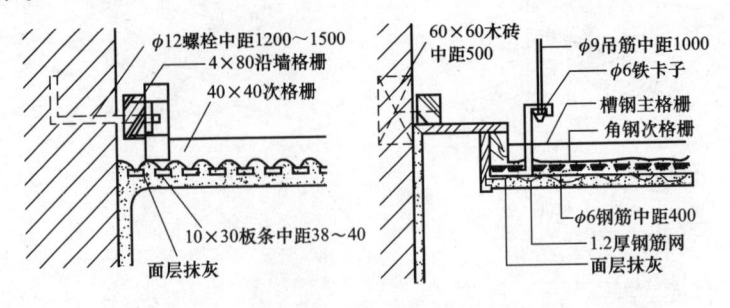

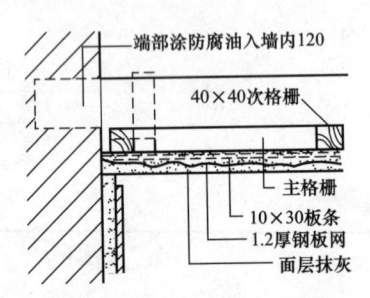

图 3-69 吊顶端部固定构造

考虑吊顶造型的美观和装饰效果，吊顶端部可做各种造型处理，常见的造型处理方式，如图 3-70 所示。

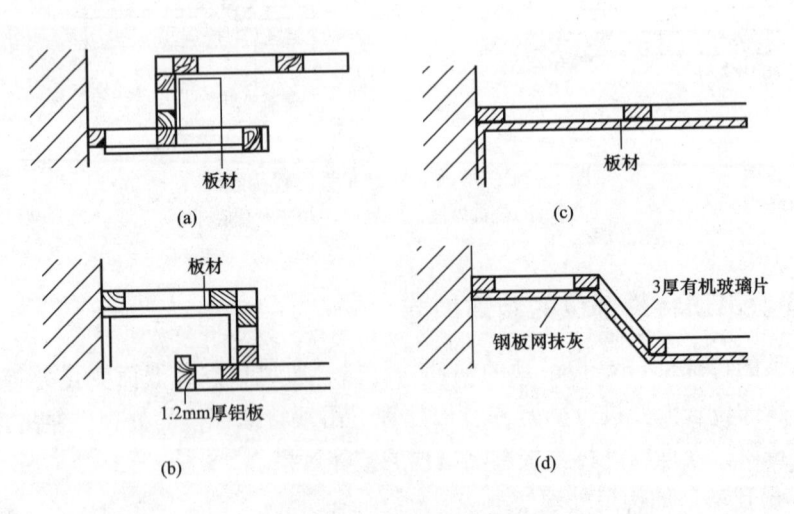

图 3-70 吊顶端部处理形式
(a)、(b)凹角；(c)直角；(d)斜角

图3-70中(a)、(b)、(c)三种形式,使吊顶边缘作凹入或凸出处理,不需再做其他的处理;采用(d)方式,交接处的边缘线条一般还需另加木制、石膏或金属装饰压条处理,可与龙骨相连,也可与墙内预埋件连接。图3-71所示的是边缘装饰压条的几种做法。

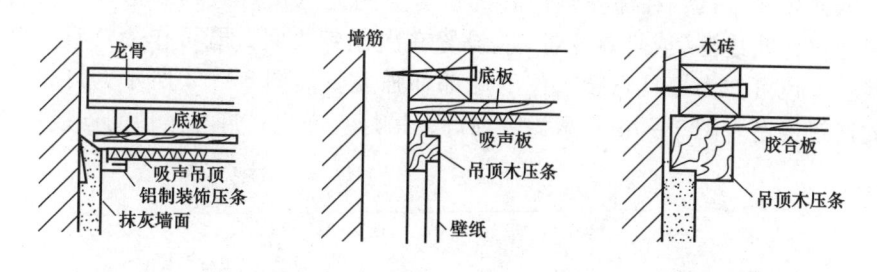

图3-71 吊顶装饰压条

2. 迭级吊顶的高低交接构造处理

为了满足特定的功能要求,吊顶常常要通过高低差变化来达到空间限定,丰富造型,满足音响、照明设备的安置及满足特殊效果的要求等目的。高低差构造处理的关键是吊顶不同标高的部分能够整体连接牢固,保证吊顶的整体刚度,避免因变形而导致的吊顶饰面破坏。图3-72为迭级吊顶高低交接处的典型构造做法。

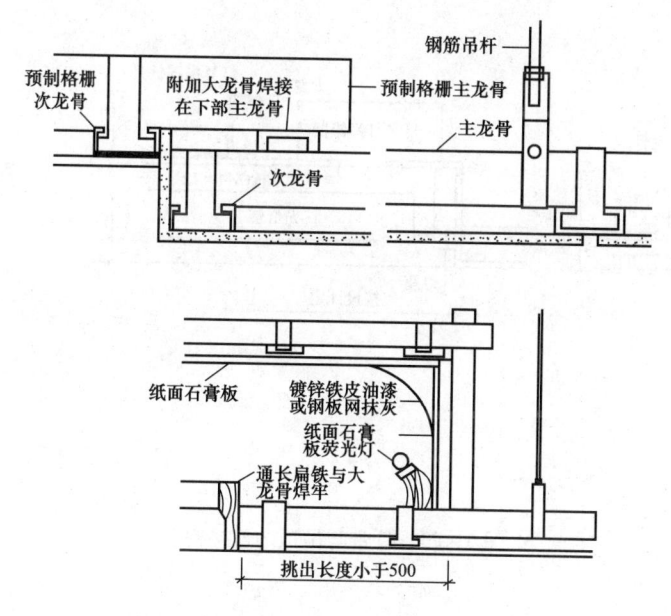

图3-72 迭级吊顶的高低交接构造处理

3. 灯饰、通风口及扬声器的构造处理

吊顶中的灯饰、通风口及扬声器等设备，有的直接悬挂在吊顶下面（如吊灯等），有的必须嵌入吊顶内部（如通风口、灯带等）。构造处理方式有较大区别。

灯具安装的基本构造应根据灯具的种类、吊顶的构造形式选用适当的方式。如嵌入式灯具，在需安装灯具的位置，用龙骨按灯具的外形尺寸围合成孔洞边框，此边框（或灯具龙骨）应设置在次龙骨之间，既可作为灯具安装的连接点，也可作为灯具安装部位的局部补强龙骨。图 3-73 所示为灯带与吊顶的连接构造。图 3-74 所示为吸顶灯、吊灯、嵌入式灯与吊顶的连接构造。

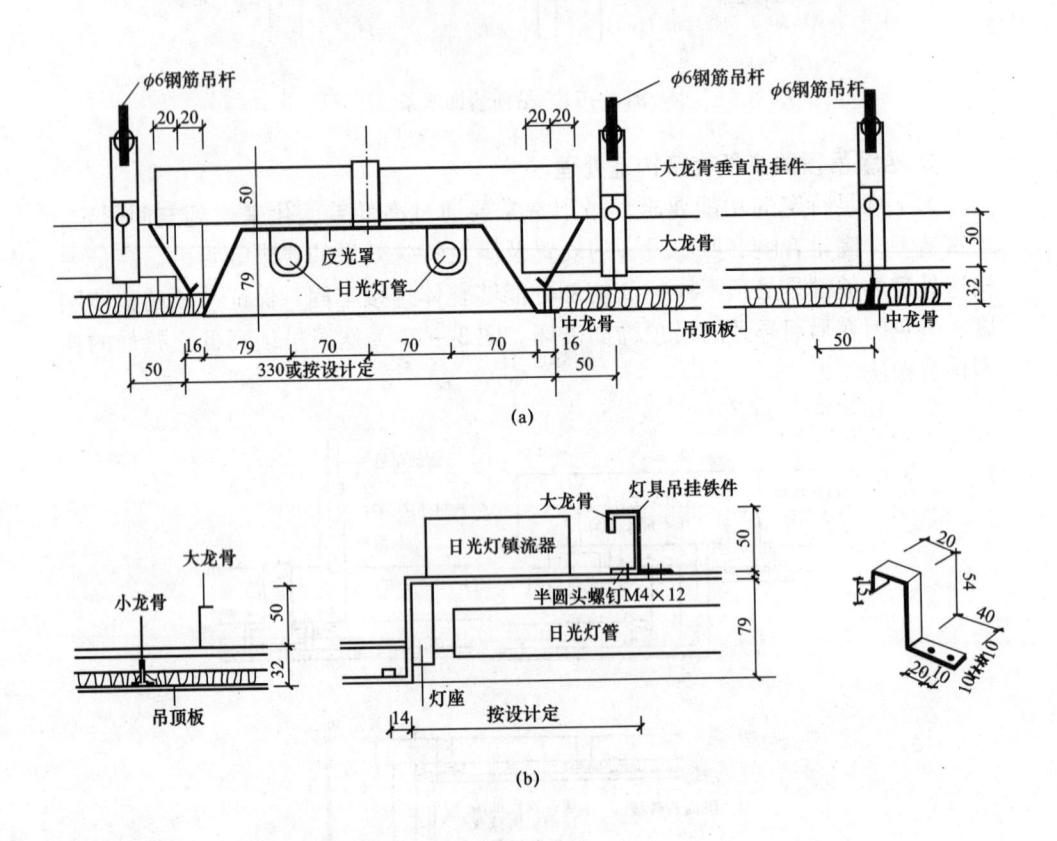

图 3-73 灯带与吊顶的连接构造

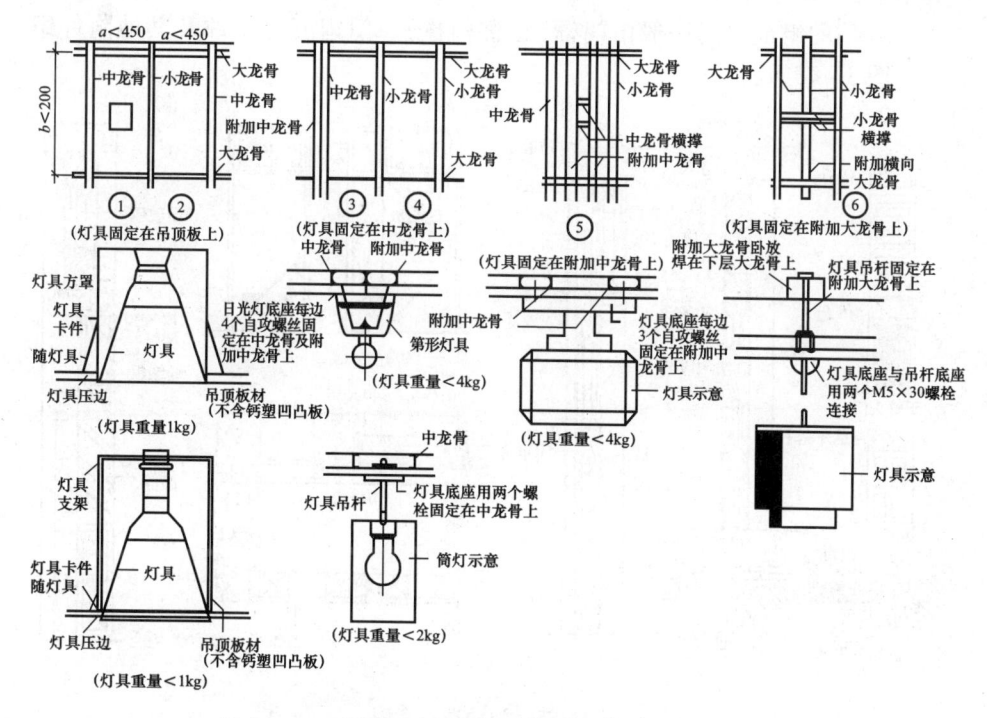

图 3-74 吸顶灯、吊灯、嵌入式灯与吊顶的连接构造

注：1. 图内灯具及安装仅供示意，设计人须根据各工程采用的灯具重量，灯具的形状，吊挂方式等条件选用相应节点。
2. 超重型装饰灯具以及有振动的电扇等设备，均须自行吊挂，不得与吊顶龙骨发生受力关系(灯具小于8kg除外)。

3.4 门窗装饰构造与工艺

3.4.1 门窗装饰的基本构造、作用、要求与分类

门窗的基本构造主要由门、窗框、扇、五金配件等组成。窗和门是建筑维护结构的两个重要组成部分。门的作用是供内外通行和分隔房间。窗的作用是采光、通风、接受日照以及供人眺望等。由于门窗是维护结构的一部分，所以不同情况下它们还应具有保温、隔声、防风沙、防风雨、防射线等作用。

（1）窗的分类。以开启方式的不同分为固定窗、平开窗、悬窗和推拉窗、百叶窗、折叠窗等几种类型，以材料不同分为木窗、钢窗、铝合金窗、塑料窗等类型。

（2）门的分类。按其位置分为外门和内门；按材料分为木门、钢门、塑料门、铝合金门等；按开启方式分为平开门、弹簧门、推拉门、折叠门等；按用途分为普通门、纱门、百叶门以及特殊用途的保温门、隔声门、防风沙门、防火门等。

（3）门的组成。门一般由门框（也称门樘）、门扇五金零件及其他附件组成。如图3-75所示。

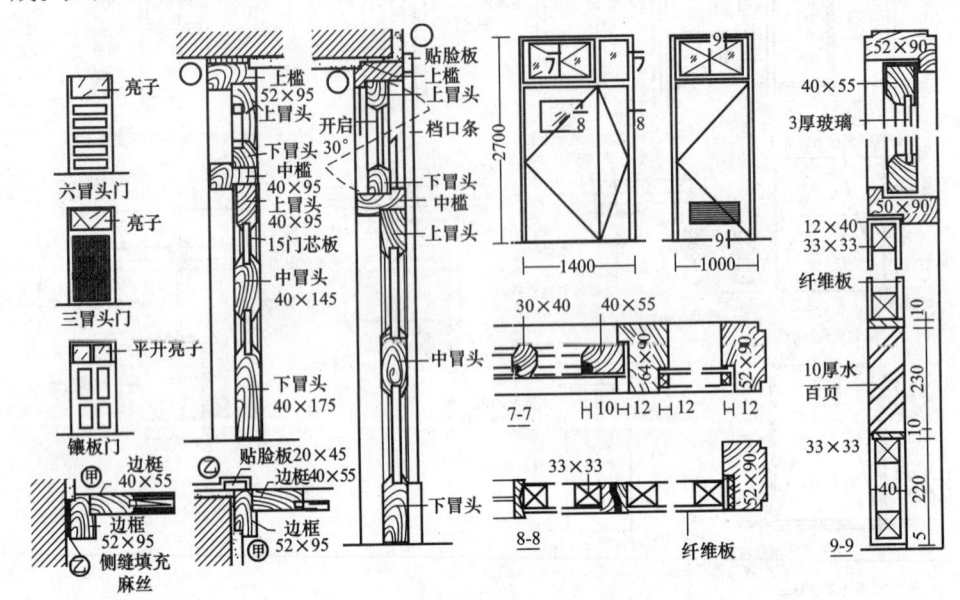

图3-75 门构造示意图

（4）窗的组成。窗是由窗框（或称窗樘）、窗扇及五金零件等组成。此外，窗还有其他附件，如窗帘盒、窗台板、贴脸等。如图3-76所示。

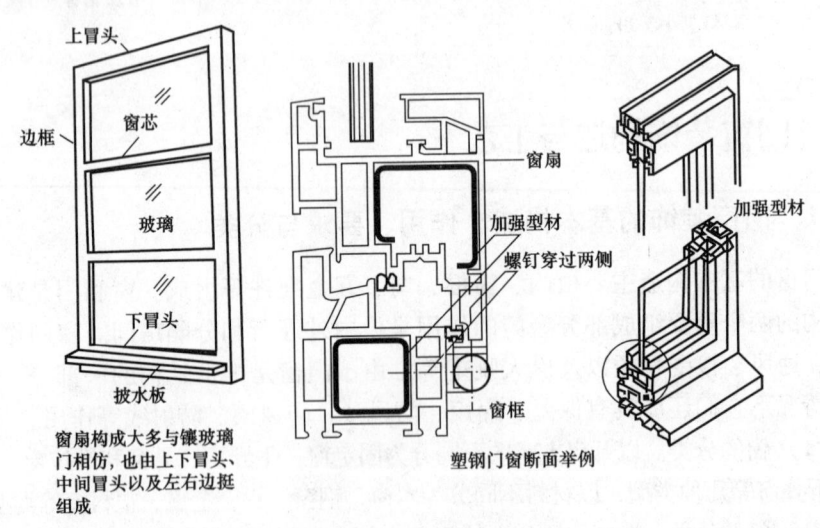

图3-76 窗构造示意图

门窗五金是门窗工程的重要内容，在门窗各组成部件之间以及门窗与建筑主体之间起到连接、控制以及固定的作用。门的五金主要有把手、门锁、铰链、闭门器和门挡等；窗的五金有铰链、风钩、插销、拉手以及导轨、转轴、滑轮等。门窗常用五金零件见图 3-77。

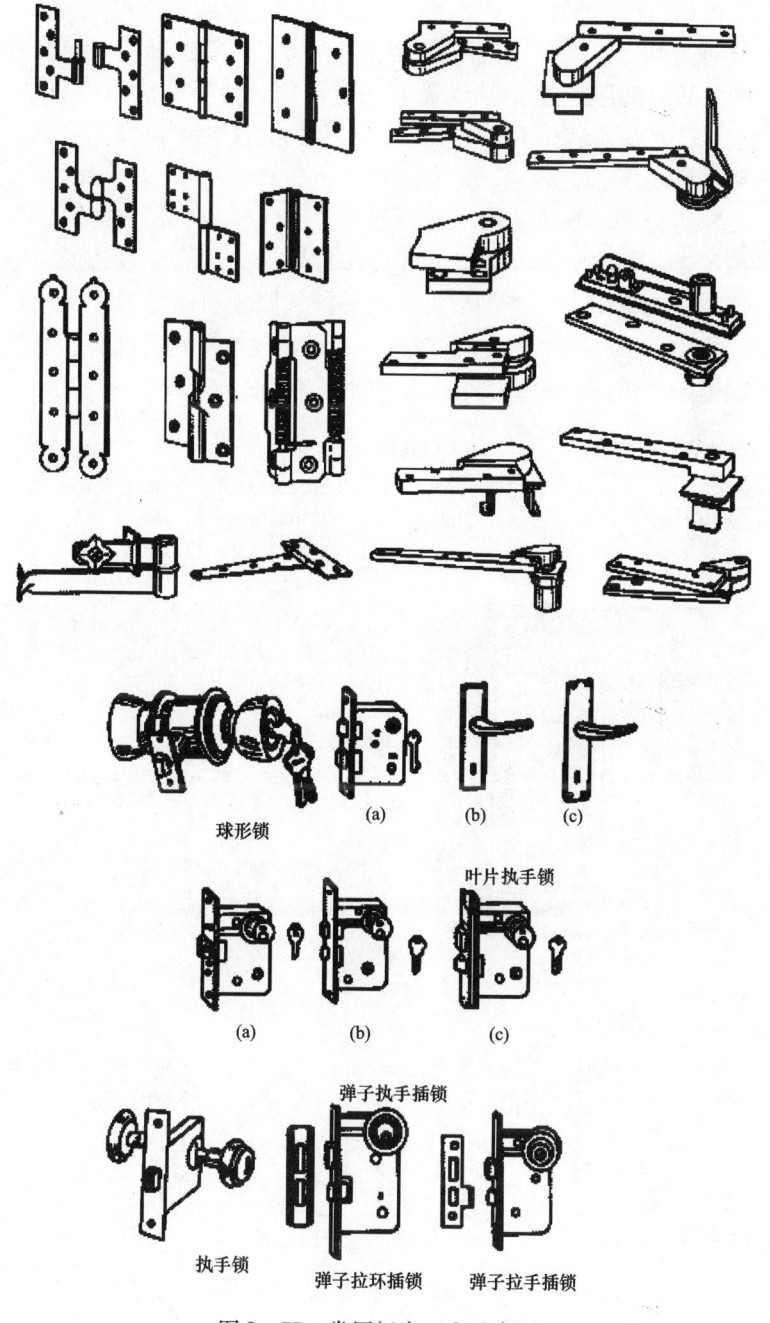

球形锁　(a)　(b)　(c)

叶片执手锁
(a)　(b)　(c)

执手锁　弹子执手插锁
弹子拉环插锁　弹子拉手插锁

图 3-77　常用门窗五金示意图

3.4.2 特种装饰门的装饰构造与工艺

普通门窗本书不再赘述,以下主要针对高级装修工程中常见的旋转门、感应门、无框玻璃门作介绍。

(1) 普通旋转门。转门主要用于宾馆、机场、商店、邮政、银行等中高级公共建筑中。转门对隔绝室内外气流有一定作用。转门不能作为疏散门使用,转门的构造比较复杂。转门有四扇固定、四扇折叠移动和三扇等形式,转门常见的规格尺寸见表3-2。

普通旋转门为手动旋转结构,转门起到控制人流通行量、防风、保温的作用。其结构严谨,构造复杂。普通旋转门按材质分为铝合金、钢质、钢木三种类型。铝合金转门采用专用挤压型材,由外框、圆顶、固定扇和活动扇四部分组成。钢结构和钢木结构中的金属型材为20号碳素结构钢无缝异型管,经加工冷拉成不同类型的转门和转壁框架。其平面布置形式如图3-78所示。

表3-1 转门的常见规格 (单位:mm)

D	1650	1750	1800	1850	1900	1950	2000	2050	2100	2150	2200	2250
O	1125	1190	1225	1265	1300	1335	1370	1400	1440	1480	1510	1545
W	1280	1355	1390	1425	1455	1500	1525	1565	1600	1635	1670	1710

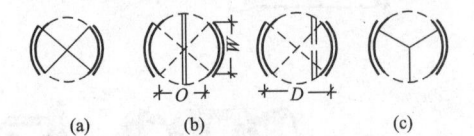

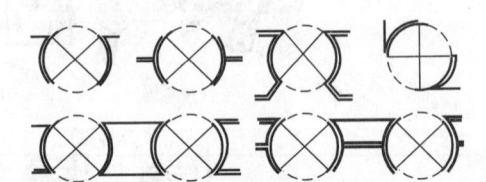

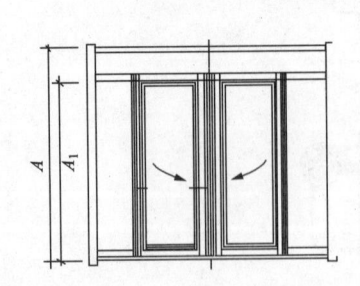

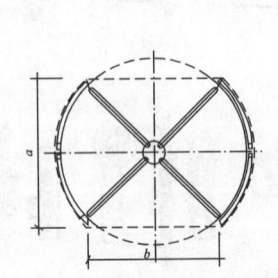

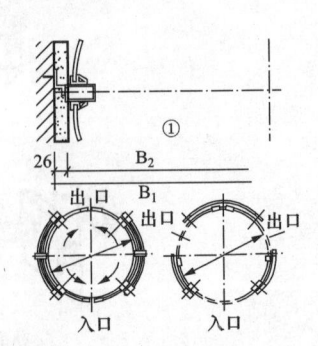

图3-78 普通转门平、立面示意图
(a)四扇固定;(b)四扇折叠移动;(c)三扇

(2) 旋转自动门。旋转自动门属高级豪华用门，又称圆弧自动门，采用声波、微波或红外传感装置和电脑控制系统、传动机构作弧线旋转往复运动。旋转自动门有铝合金和钢制两种。目前多采用铝合金结构。活动扇部分为全玻璃结构，这种门与普通门相比，其隔声保温和密封性能更加优良，具有两层推拉门的封闭功效。

(3) 感应电子自动门。感应电子自动门是利用电脑、光电感应装置等高科技手段发展起来的一种新型、高级自动门。按其感应原理不同可分为微波传感、超声波传感和远红外传感三种类型，按感应方式有探侧传感器装置和踏板传感器装置。

微波和光电感应器属自控探测装置，其原理是通过微波、声彼和光电来捕捉物体的移动，这类装置通常安装在门上框居中位置，使门前能形成一定半径的圆弧探域。当人和通行物进入传感器的感应区时，门扇便自动打开；当通行者离开感应范围时，门扇又会自动关上。为防止通行者或通行物静止在感应区域而使门扇开启失控，还配备有静止时控装置，即当通行者静止不动在 3～5s 以上时，门扇也会自动关闭。

感应电子自动门的门扇开启方式有推拉和平开两种。推拉自动门扇的电动传动系统为悬挂导轨式，地面上装有起止摆稳定作用的导向性轨道，加之有快慢两种速度自动变换，使门扇的起动、运动、停止均能做到平稳、协调。特别是当门扇快速关闭临近终点时，能自动变慢，实现轻柔合缝。平开自动门可根据需要安装成外开或内开方式，这种门是最适合于人流的单向通道。推拉式、平开式自动门均装有遇阻反馈自控电路，遇有人或障碍物或被异物卡阻时，门体将自动停止。同时，还设计了遇到停电时门扇能手动开启的机械传动装置。感应电子自动门其立面形式有两扇形、四扇形、六扇形等，如图 3-79 所示。

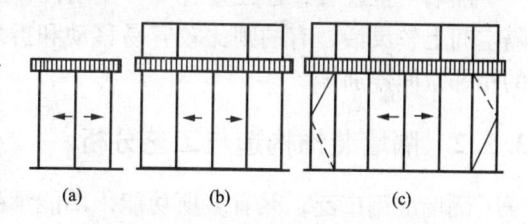

图 3-79 感应自动门立面示意图
(a) 二扇形；(b) 四扇形；(c) 六扇形

3.5 隔墙与隔断装饰构造与工艺

3.5.1 隔墙与隔断装饰的基本构造、作用、要求与分类

隔墙与隔断都是具有一定功能或装饰作用的建筑配件，它们均为非承重构件。隔墙与隔断的主要功能是分隔室内或室外空间。设置隔墙是隔墙装饰设计中经常运用的对环境空间重新分割和组合引导与过渡的重要手段，如图 3-80

所示。

图 3-80　隔断与隔墙装饰实例

隔墙的分类较多，按构造方式不同，可以分成砌块式隔墙、立筋式隔墙、板材式隔墙三大类。隔墙与隔断在功能和结构上有许多共同之处，两者可从以下两个方面来区分。

1. 分隔空间的程度与特点不同

一般认为，隔墙都是到顶的，使其既能在较大程度限定空间，又能在一定程度上满足隔声、遮挡视线等要求。而隔断限定空间的程度较弱，在隔声、遮挡视线等方面往往并无要求，甚至要求其有一定空透性能，以使两个分隔空间有一定的视觉交流等。

2. 安装灵活性不同

隔墙一旦设置，往往具有不可变动性，至少是不能经常变动；而隔断在分隔空间上较灵活，有的则比较容易移动和拆装，从而可在必要时，使当初分隔的相邻空间连通。

3.5.2　隔墙装饰构造与工艺分析

隔墙应用广泛，兼有多项功能，不能承受外来荷载，自身的重量还要由楼板或小梁来承受，因此，装饰构造设计时应注意以下要求：

（1）自重轻，有利于减轻楼盖的负荷。
（2）具有一定的强度、刚度和良好的稳定性，保证安全正常使用。
（3）墙体薄，可增加建筑的有效使用空间。
（4）隔声性能好，使各使用房互不干扰。
（5）对一些特殊部位的隔墙，还应具有防火、防水、防潮等能力。
（6）便于拆除，不致因拆除而造成其他结构构件的损坏。

1. 砌块式隔墙

砌块式隔墙是指采用普通黏土砖、空心砖、加气混凝土砌块、玻璃砖等块材砌筑而成非承重墙。砌块式隔墙的构造简单，应用时要注意块材之间的结合，墙体的稳定性，墙体重量及刚度对楼盖及主体结构的影响，墙体与原结构墙和梁的连接等问题。一般较低矮的隔墙可采用普通黏土砖砌筑成 1/4 砖墙或 1/2 砖墙。1/2 砖墙的高度不超过 4m，长度不宜超过 6mm，否则，应采取设置构造柱、拉梁的加固措施。1/4 砖墙的稳定性较差，一般仅用于小面积的隔墙。

各种空心砖隔墙、轻质砌块隔墙的重量轻、隔热性能好。当墙体厚度较薄时，也应采取加强其稳定性的措施。例如装饰性较强的空心玻璃砖隔墙，具有较高的强度，外观整洁、美丽而光滑，易清洗，保温、隔声性能好，具有一定的透光性。因此，空心玻璃砖隔墙具有较好的装饰性。玻璃砖规格有 152mm×152mm×80mm，203mm×203mm×90mm，305mm×305mm×90mm 等，侧面有凸槽，可采用水泥砂浆或结构胶，把单个的玻璃砖拼装到一起。玻璃砖拼缝一般为 10mm。曲面玻璃砖隔墙要根据玻璃砖的规格尺寸来限定最小曲率半径和块数，最小拼缝不宜小于 3mm，最大拼缝不宜大于 16mm。玻璃砖隔墙面积不宜过大，高度宜控制在 4.5m 以下，长宜控制在度 8m 以内。图 3-81 玻璃砖隔墙装饰效果实例。

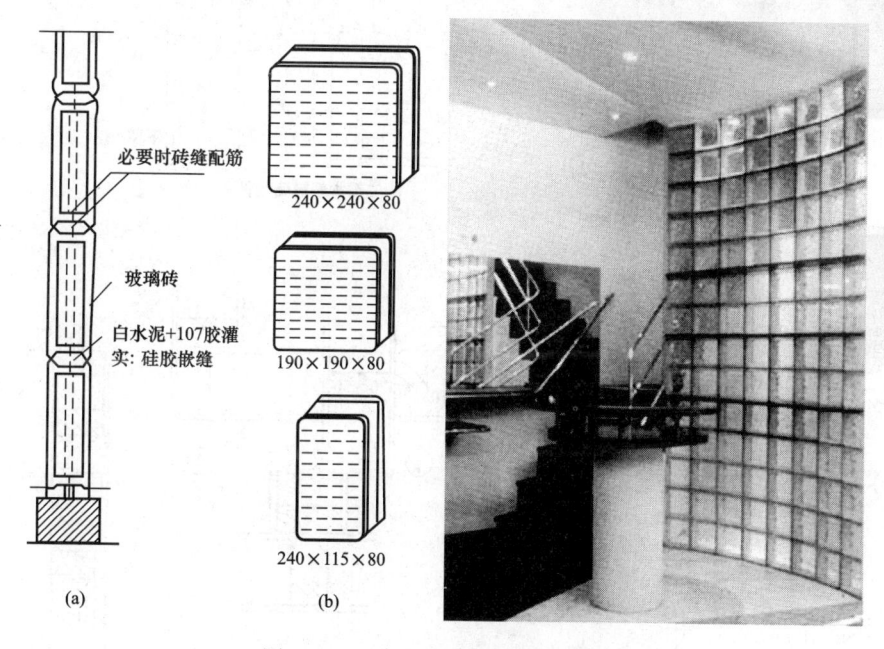

图 3-81　玻璃砖隔墙装饰效果实例

2. 立筋式隔墙

立筋式隔墙面板本身不具有必要的刚度，难以自立成墙，需要先制作一个骨架，再在其表面覆盖面板。立筋式隔墙由骨架、面板构成。骨架（统称为龙骨或墙筋）材料可以是木材和金属等。其构成分为上槛、下槛、纵筋（竖筋）、横筋和斜撑。面板材料可以是胶合板、纸面石膏板、硅钙板、塑铝板、纤维水泥板等。

(1) 木筋骨架隔墙。隔墙构造主要包括木骨架和饰面两部分。木骨架由上槛、下槛、墙筋、斜撑或横挡等部件组成。墙筋靠上槛、下槛固定，上下槛及墙筋断面为50mm×75mm或50mm×100mm，墙筋之间沿高度方向每隔1.2m左右设斜撑一道。当骨架外钉面板时，斜撑改为水平的横挡。墙筋之间的距离视面板材料规格而定，通常取400~600mm。上、下槛与横挡可以榫接，也可以采用钉接。但必须保证饰面平整。饰面材料系在木筋骨架上铺设各种装修饰面材料，包括灰板条抹灰、装饰吸音板、纸面石膏板、水泥刨花板、水泥石膏板以及各种胶合板和装饰面板。为防水、防潮，隔墙下部可砌2~3皮不同黏土砖，如图3-82所示。

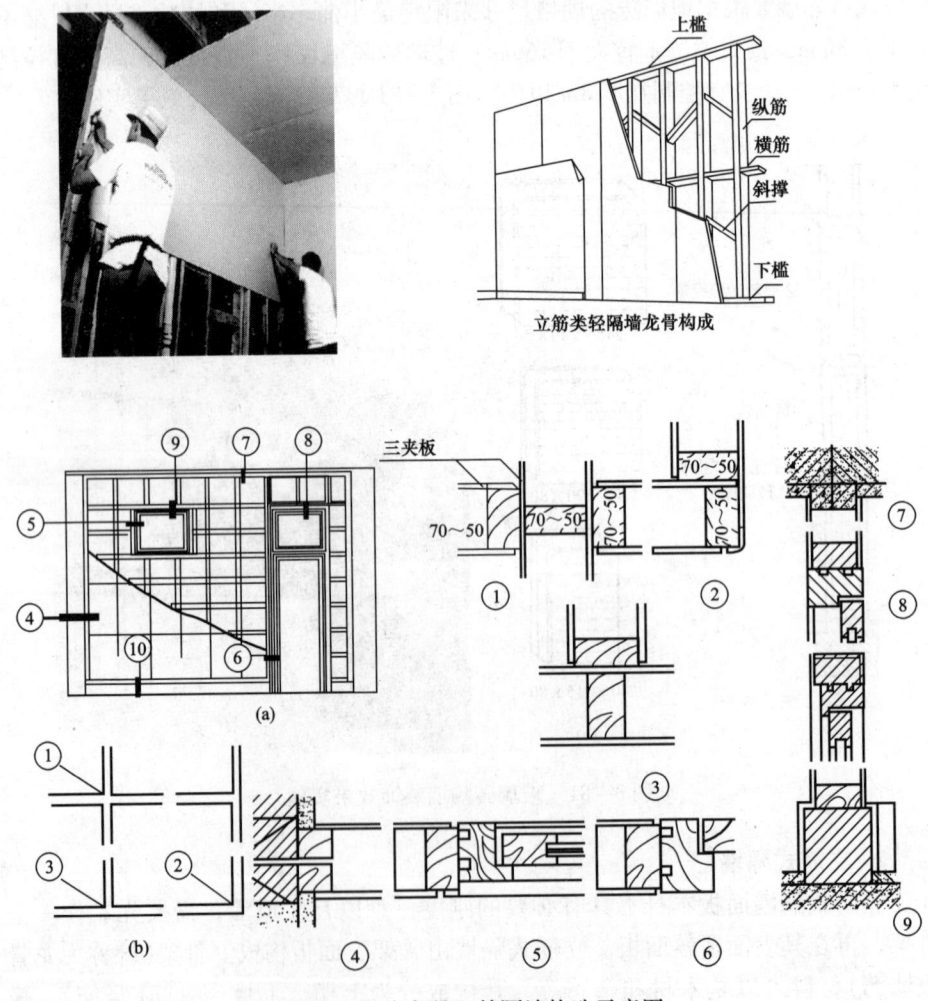

图3-82 木龙骨立筋隔墙构造示意图
(a)隔墙立面；(b)隔墙平面

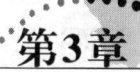

(2) 轻钢龙骨立筋隔墙。

1) 基本的装饰构造。轻钢龙骨立筋隔墙是在金属钢骨架外钉饰面板而制成的隔墙。金属骨架由各种形式的薄壁钢板、铝合金薄板、柱眼钢板构成。钢板厚度 0.6~1.0mm，经冷压成型为槽型和工字型，其尺寸为 100mm×50mm×(0.6~1.0)mm。金属龙骨隔墙的骨架一般由沿顶龙骨、沿地龙骨、竖向龙骨、横撑龙骨及加强龙骨和各种配件组成。对隔声要求较高的建筑中，可在两层面板之间加设隔声层，或同时设置 3、4 层面板，形成 2~3 层空气层，以提高隔声效果。这种隔墙的基本构造及节点构造，形如图 3-83 所示。

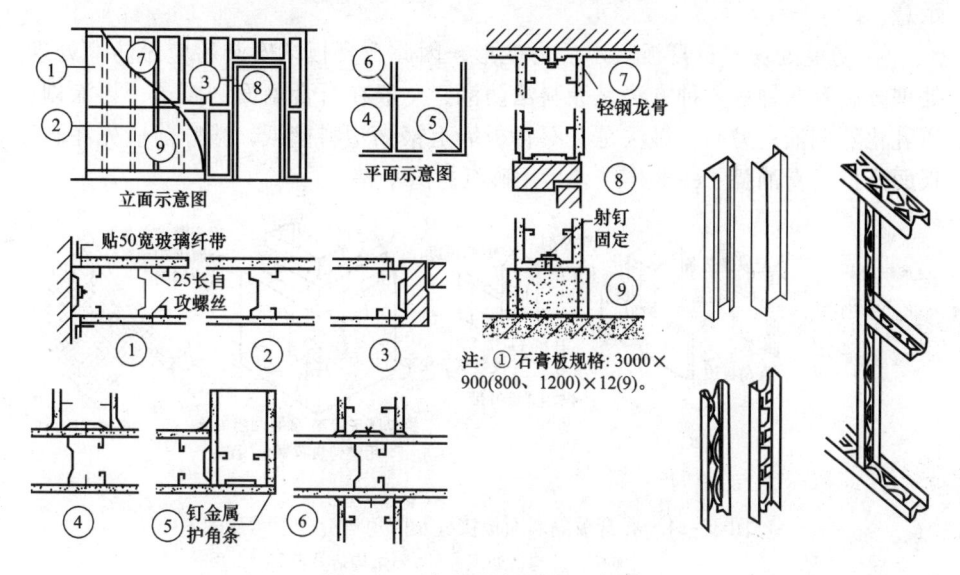

图 3-83 轻钢骨架隔墙示意图

饰面材料：饰面板多为胶合板、纤维板、石膏板、水泥刨花板、石棉水泥板、金属薄板和玻璃板。面板与骨架的固定方式有钉粘或通过专业卡具连接三种。

纸面石膏板具有质量轻、防火性能好和施工方便的特点，近年来得到了广泛的应用。

2) 工艺分析。

① 龙骨布置固定。将沿地、沿顶轻钢龙骨布置固定好，按面板的规格布置固定竖向龙骨，间距一般为 400~600mm。

② 纸面石膏板铺贴固定。将纸面石膏板用螺丝钉直接钉在金属龙骨上。采用双层纸面石膏板时，两层板接缝一定要错开，竖向龙骨中间通常还需设置横向龙骨，一般距地 1.2m 左右，第一层石膏板安装时用 25mm 长的螺丝钉，第二层用 35mm 长的螺丝钉，阴角处可用铁角固定，在设置插座处，开洞周围应贴

玻璃纤维布。

③ 板面接缝处理。石膏板之间接缝有明缝和暗缝两种。明缝一般适用于公共建筑大开间隔墙，暗缝适用于一般居室。明缝的做法是在石膏板墙安装时顶留有8~12mm间隙，再用石膏油腻子嵌入，并用勾缝工具勾成凹面立缝。为提高装饰效果，在明缝中可嵌入压条（铝合金或塑料压条）。暗缝的做法是将石膏板边缘刨成斜面倒角，再与龙骨复合，安装后在拼缝处填嵌腻子，待初凝后抹一层较稀腻子，然后粘贴穿孔纸带，待水分蒸发后，再用石膏腻子将纸带压住并与墙面抹平。图3-84为石膏板隔墙面板接缝及阳角构造处理示意。

④ 防潮处理。石膏板吸水后易变形，因此石膏板端安装后应做防潮处理。处理方法有两种：一种方法是涂料法防潮，一般在石膏墙面刮腻子，再涂刷一道乳化熟桐油；另一种做法是在石青板墙上裱糊塑料壁纸，裱糊前应先在石膏板面满批石膏油腻子一遍，结硬后用砂纸打磨平整。

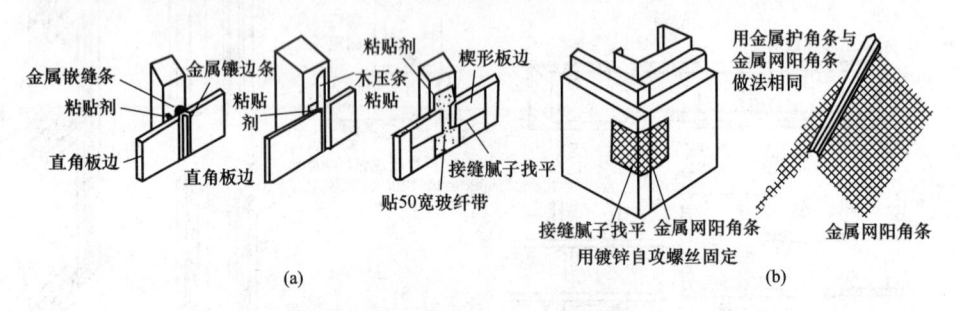

图 3-84 石膏板隔墙面板接缝及阳角构造处理示意图
(a)面板接缝构造处理；(b)阳角构造处理

⑤ 有隔声要求的轻钢龙骨隔墙构造做法，如图3-85所示。通常在立筋隔墙内部填充矿棉或岩棉等隔声材料，面板可铺设双层，以满足隔声要求。

3. 板材式隔墙

板材式隔墙系指那些不用骨架，而用比较厚的、高度等于隔墙总高的板材拼装成的隔墙（必要时可设置一些龙骨，以提高其稳定性），如加气混疑上条板隔墙、石膏珍珠岩板隔墙、彩色灰板、泰柏板，以及各种各样的复合板（如各种面层的蜂窝板、夹心板等）。板材式隔端固定方法有三种：即将隔墙与地面直接固定、通过木肋与地面固定以及通过混凝土与地面固定。如图3-86所示。

3.5.3 隔断装饰构造

隔断的种类很多，从限定程度上来分，有空透式隔断和隔墙式隔断（含玻璃隔断）；从隔断的固定方式来分，则有固定式隔断和移动式隔断；从隔断启闭

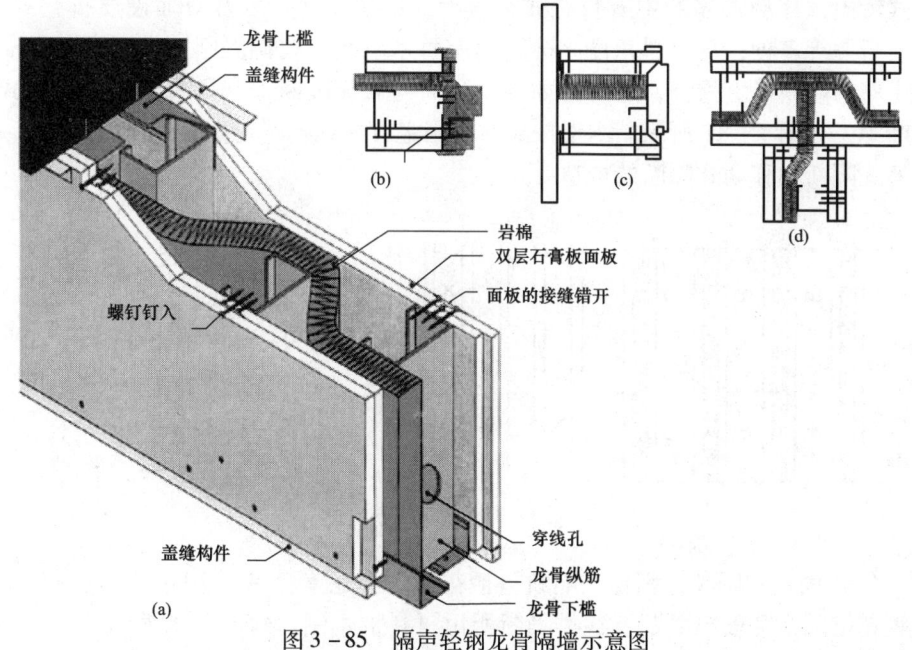

图 3-85　隔声轻钢龙骨隔墙示意图
(a)隔声石膏板隔墙剖切轴测；(b)隔墙与木门连接；
(c)隔墙与钢门连接；(d)隔墙丁字交接

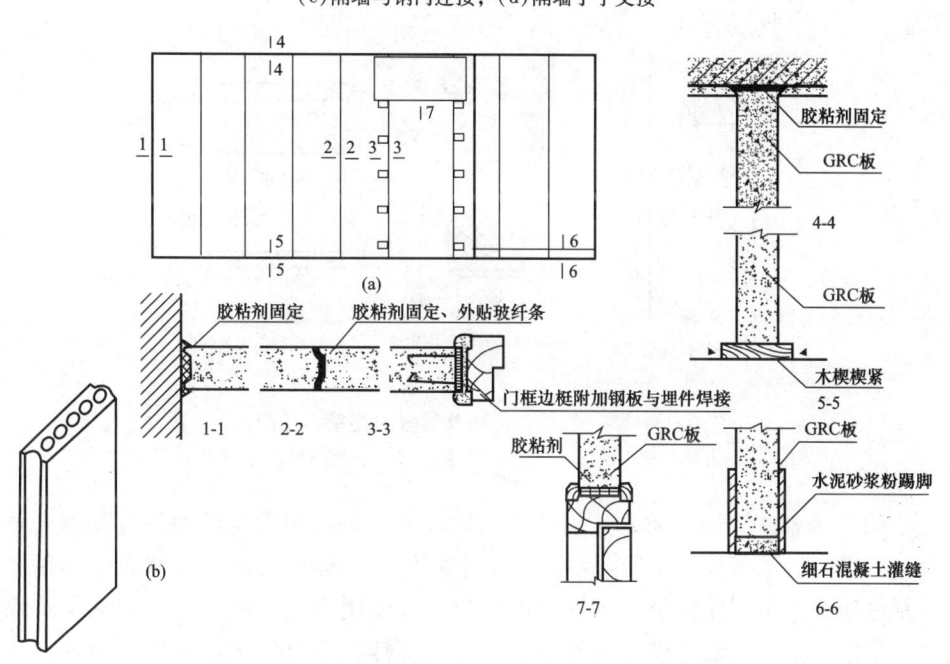

图 3-86　水泥玻纤空心条板隔墙构造示意图
(a)水泥玻纤空心条板(GRC板)隔墙；(b)水泥玻纤空心条板

方式考虑，移动式隔断中有折叠式、直滑式、拼装式，以及双面硬质折叠式、软质折叠等多种；从材料角度来分，则有竹木隔断、玻璃隔断、金属隔断和混凝土花格隔断等。另外，还有诸如硬质隔断与软质隔断，家具式隔断与屏风式隔断等，如图 3-87 所示。本书按隔断的固定方式和构造特点介绍固定式隔断、帷幕式隔断和移动式隔断的构造要点。

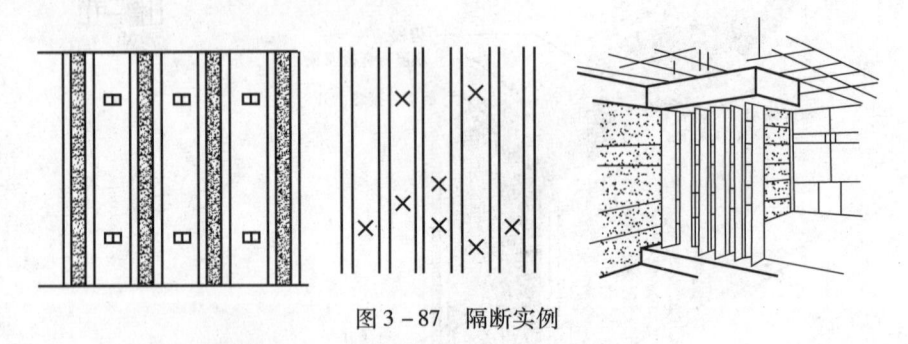

图 3-87 隔断实例

（1）固定式隔断。固定式隔断包括花格、落地罩、飞罩、隔扇和博古架等各种花格隔断和玻璃隔断。这类隔断所用材料柚木制、竹制、水泥制品、玻璃及金属制品等，固定式隔断多具有空透的特性，其广泛地应用于各类装修中。图 3-88、图3-89分别列举了两种固定式隔断的构造示意图。

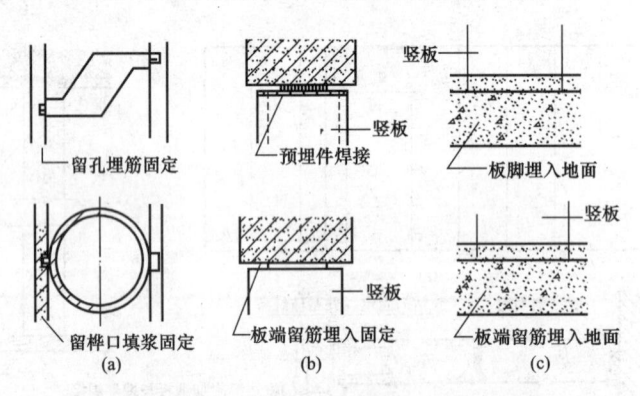

图 3-88 条板与花饰及梁板的连接示意图
(a)花饰与竖板连接；(b)竖板与梁连接；(c)竖板与地面连接

（2）帷幕式隔断。帷幕式隔断又称软隔断，是利用布料织物作分隔物，分割室内空间。帷幕式隔晰所分割的室内空间处于可分可合的机动状态。帷幕式隔断占地面积小，能满足遮挡视线的功能，且使用方便，便于更新。帷幕式隔断一般由帷幕、轨道、滑轮或吊钩、支架或吊杆、专门构配件等部分组成，支承固定方法较为简单，一般以墙壁和吊顶为固定支座。图 3-90 为某帷幕式隔断的构造详图。

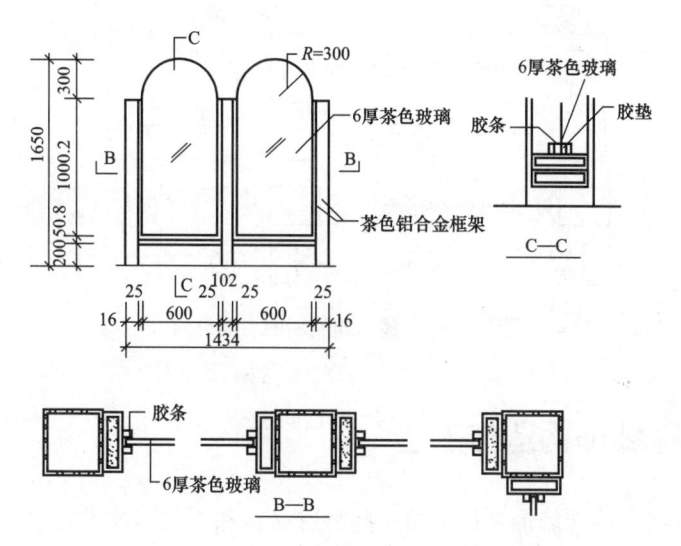

图 3-89 铝合金框固定隔断构造示意图

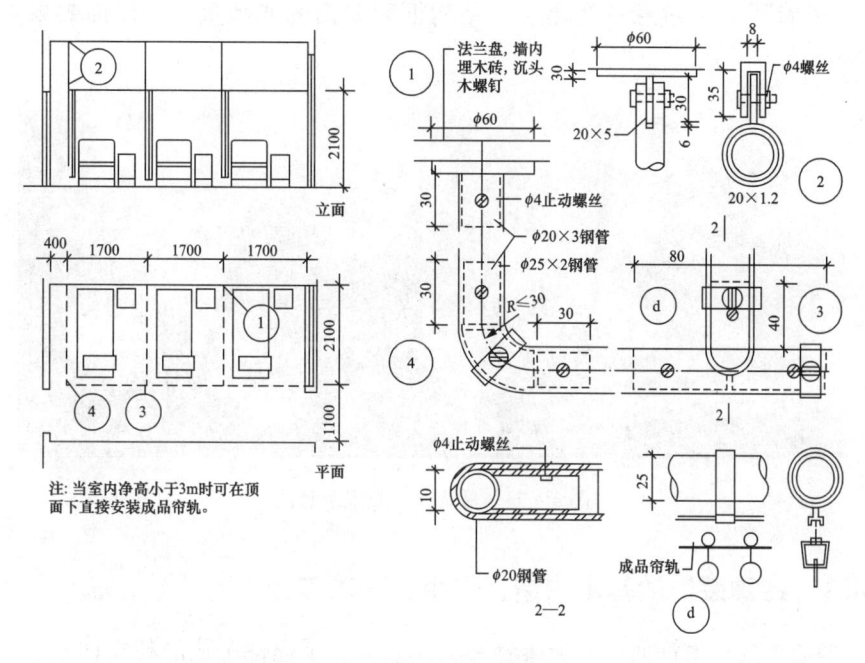

图 3-90 某帷幕式隔断的构造详图

（3）移动式隔断。移动式隔断可以随意闭合或打开，使相邻的空间随之独立或合成一个大空间。这种隔断使用灵活，在关闭时，也能起到限定空间、隔声和遮挡视线的作用。移动式隔断按其启闭的方式可分为五类，即拼装式、直滑式、折叠式、卷帘式和起落式。图 3-91 为几种常见的启闭形式。

89

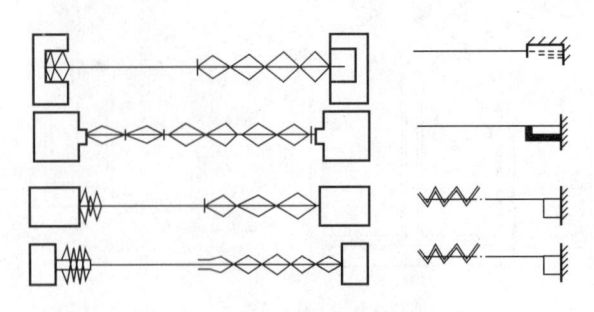

图 3-91　移动式隔断的启闭形式

3.6　特殊装饰构造与工艺

本节所述的特殊装饰是指采用一些特殊材料和工艺、技术要求较高的装饰，这里主要介绍幕墙的构造。

"幕墙"通常指悬挂在建筑物结构框架表面的非承重墙。装饰效果如图 3-92 所示。

图 3-92　幕墙装饰效果示意图

3.6.1　特殊装饰的基本构造、作用、要求与分类

幕墙主要是由饰面板、金属骨架支撑结构、预埋件组成的独立体系。应用幕墙材料覆盖建筑物的外表面，能起到对建筑物的美化和维护作用。

幕墙按饰面材料分类有：玻璃幕墙、石材幕墙、铝塑板幕墙、金属板幕墙、彩色复合保温加芯板幕墙等。

幕墙要满足以下要求：

(1) 满足热工及防腐、防雨要求。

（2）满足安全要求。幕墙在防火、防雷、防止玻璃破碎坠落、防幕墙变形都必须符合设计规定。

（3）材料性能应符合国家标准或符合行业标准相应的要求。

幕墙按组成材料可分为玻璃幕墙、铝板幕墙、钢板幕墙、石材墙等。按有无框架可分为有框架幕墙和无框架全玻璃幕墙。幕墙所采用的主要材料，包括框架材料、填缝密封材料和饰面板等几类。框架材料根据所起作用不同，幕墙的框架材料可分两大类：一类是构成骨架的各种型材；另一类是各种用于连接与固定型材的连接件合紧固件。

幕墙的种类不同，所采用的骨架型材也用很大的区别。常用型材有型钢、铝型材、不锈钢型材三大类。

常用型钢材质以普通碳素钢 A3 为主，断面形式有角钢、槽钢、空腹方钢等。这类型材价格低、强度高。型钢按设计要求组成骨架，骨架要进行热镀锌（或冷镀锌）防腐处理，再通过配件与饰面板相连接。

（1）铝型材。铝型材主要有竖梃（立柱）横档（横杆）及副框料等，图 3-93 和图 3-94 为玻璃幕墙铝型材和玻璃幕墙连接件示意图。

（2）饰面板。饰面板的种类很多，有玻璃、铝板、铝塑板、铝塑夹芯复合保温板、蜂窝复合铝板、不锈钢和石材板等，见图 3-95。目前用于玻璃幕墙的玻璃，主要有热反射玻璃、吸热玻璃、双层中空玻璃、夹层玻璃、夹丝玻璃及钢化玻璃等。这些玻璃各有其特色。前三种为有能玻璃，后一种为安全玻璃。选用时，应根据各幕墙的要求选择合适的玻璃品种。

（3）封缝材料。封缝材料是用于幕墙面板安装及块与块之间缝隙处理的各种材料的总称，通常由以下三种材料组成：即填充材料、密封固定材料和防水密封材料。

1）填充材料。主要用于框架凹槽内的底部，起填充

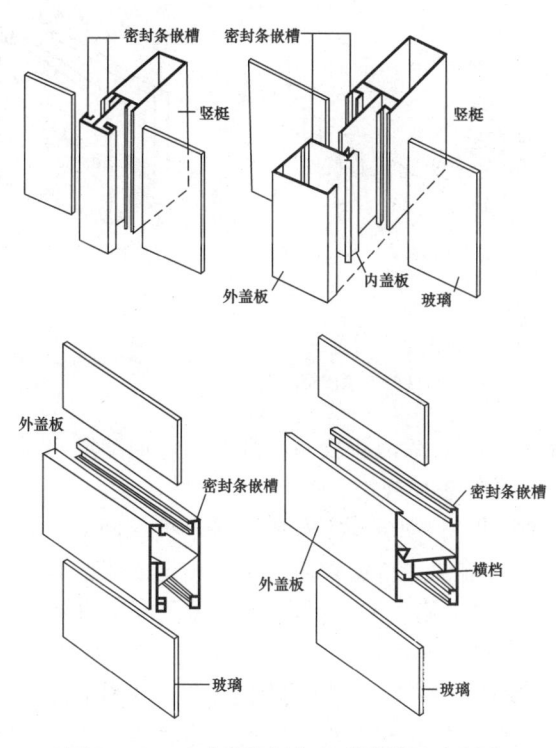

图 3-93 玻璃幕墙铝合金型材断面示意图

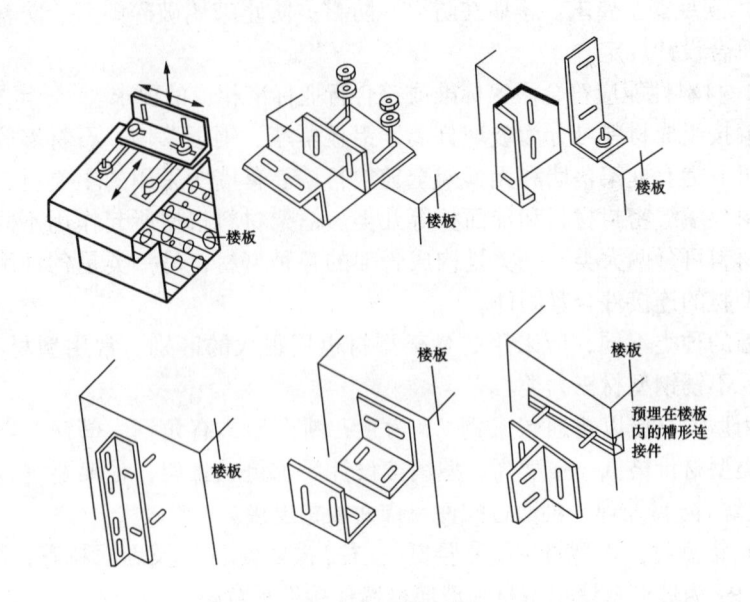

图 3-94 玻璃幕墙连接件的形式

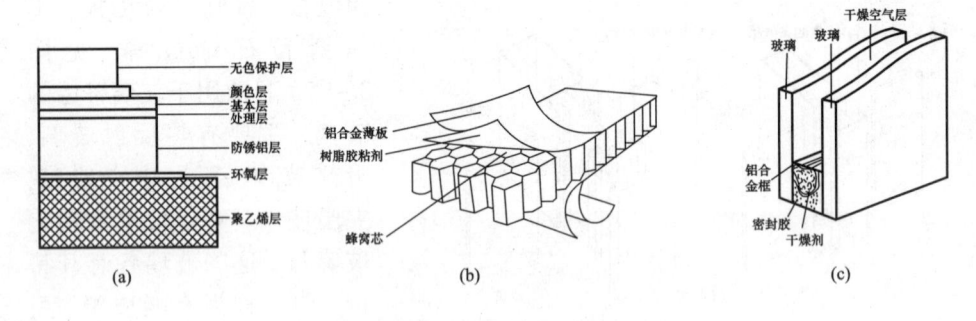

图 3-95 饰面板材料示意图
(a) 铝塑板；(b) 蜂窝板；(c) 双层中空玻璃

间隙和定位的作用。填充材料主要有聚乙烯泡沫胶系、聚苯乙烯泡沫胶系及氯丁二烯胶等，有片状、板状、圆柱状等多种规格。

2) 密封固定材料。其用途是在板材（如玻璃）安装时嵌于板材两侧，起一定的密封缓冲和固定压紧的作用。目前使用得比较多的是橡胶密封条，其规格和断面形式很多，应根据框架材料的规格、凹凸的断面形式及施工方法加以选用。

3) 防水密封材料。其作用是封闭缝粘结。应用较多的是聚硫橡胶封缝料和硅酮封缝料，其中后者具有较好的耐久性，施工操作方便，品种多，因而应用得最广泛。

3.6.2 幕墙装饰构造与工艺分析

幕墙通常有明框玻璃幕墙、隐框玻璃幕墙、挂架式玻璃幕墙、全玻璃幕墙、金属幕墙和石材幕墙。下面以明框玻璃幕墙为例介绍其构造做法如下：

1. 玻璃幕墙的构造

（1）明框铝合金玻璃幕墙。明框铝合金玻璃幕墙的玻璃一般镶嵌在铝框内，成为四边有铝框的幕墙构件。幕墙构件镶嵌在横框及立柱上，形成框、立柱均外露，铝框分格明显的立面。如图3-96所示。

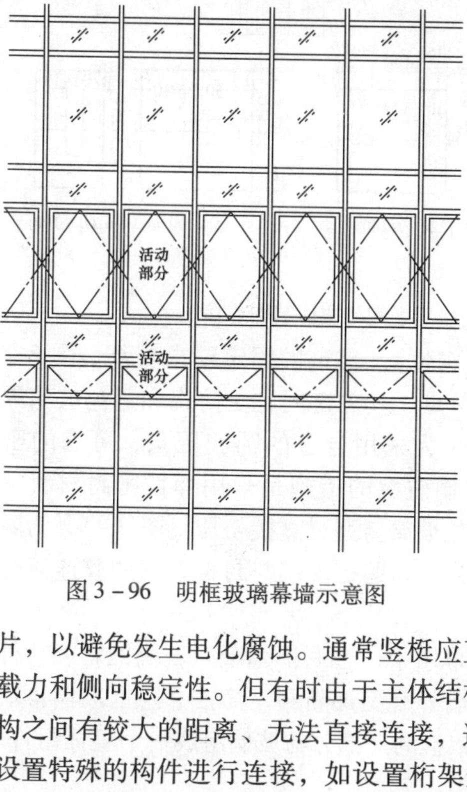

1）幕墙的竖杆固定。铝合金玻璃幕墙，无论是明框玻璃幕墙，还是隐框玻璃幕墙都有金属框架，框架竖杆（竖梃）是主要承重结构。幕墙饰面板及横杆（横档）等一般均连接固定在竖杆上，因而竖杆的固定非常重要。固定方式多用两片角钢或夹具与主体结构相连。竖梃与主体结构的连接，应采用预埋件连接。当采用后置埋件时，埋件与墙面的连接不应采用膨胀螺栓，宜采用化学锚栓固定后置预埋件。角钢或夹具通过不锈钢螺栓与竖杆连接。应该注意的是，若竖梃为铝合金，应在角钢（或夹具）与竖梃间加设绝缘垫片，以避免发生电化腐蚀。通常竖梃应直接与主体结构连接，以保证幕墙的承载力和侧向稳定性。但有时由于主体结构平面的复杂性，使某些竖梃与主体结构之间有较大的距离、无法直接连接，这时，需要在幕墙竖梃与主体结构之间设置特殊的构件进行连接，如设置桁架连接或加垫工字钢连接，如图3-97所示。竖梃连接在主体结构上，为适应主体结构的侧移、竖梃温度变形的影响和主体结构竖向压缩变形的影响，竖梃应有活动接头。活动接头通过专用的芯柱（内衬套）连接上、下竖梃。芯柱与竖梃密接，滑动配合，与下方竖梃有螺栓固定。芯柱套入上、下竖梃的长度应不小于200mm或2hc（hc为竖梃截面高度）。

图3-96 明框玻璃幕墙示意图

2）幕墙的横杆与竖杆的连接。幕墙横杆（横档）与竖杆（竖梃）的连接一般通过连接件、铆钉或螺栓连接，如图3-98所示。

3）玻璃与框架的固定。玻璃与框架的连接固定，主要要考虑连接的可靠性

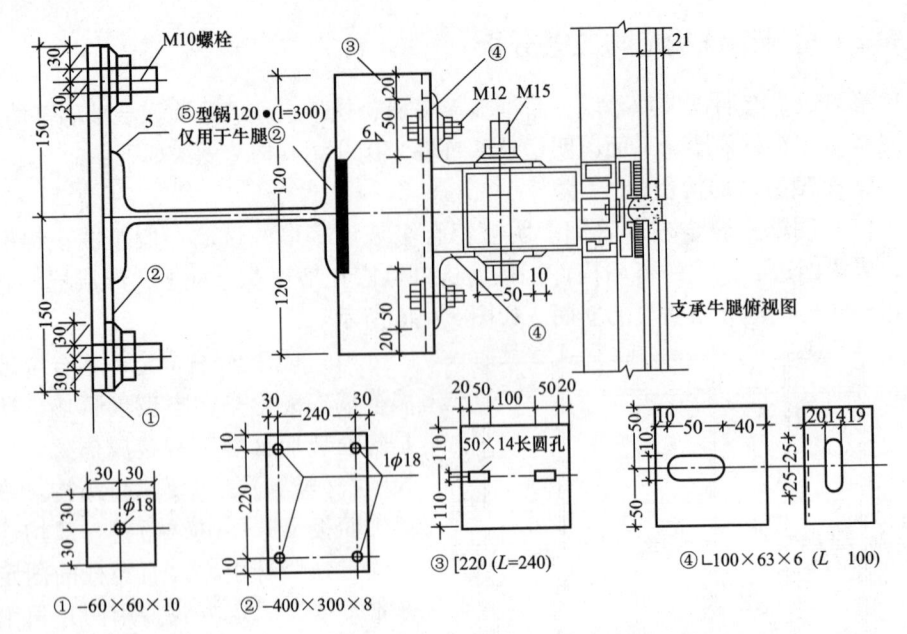

图 3-97 竖梃通过加垫工字钢与主体结构连接

和保证幕墙的使用功能（即水密性、气密性）。玻璃的固定要求较高，图 3-98 为明框玻璃幕墙的玻璃与框架的固定节点，其关键问题是防水和避免玻璃因温度等因素变形而破裂。防水的处理方法为采用合适的圆胶压条、可靠的密封胶，以及排水孔等辅助措施。防止玻璃破裂的措施是采用弹性密封材料，玻璃与支承横档间设橡胶垫块等，以避免玻璃与型材直接挤压。图 3-99 为隐框玻璃幕墙的玻璃与框架固定节点，其关键问题是玻璃与封框之间的胶连接是否可靠。

（2）隐框玻璃幕墙。在隐框玻璃幕墙中，金属框隐蔽在玻璃的背面，外面不露骨架，也不见窗框，使得玻璃幕墙外观更加新颖、简洁。隐框玻璃幕墙的横梁不是分段以立柱连接，而是作为铝框的一部分与玻璃组成一个整体组件后，再与立柱连接。

（3）挂架式玻璃幕墙。挂架式玻璃幕墙又称点式玻璃幕墙，采用四爪式不锈钢挂件与立柱相焊接，每块玻璃的四角在厂家加工钻 4 个 ϕ20 孔，挂件的每个爪与 1 块玻璃、1 个孔相连接，即 1 个挂件同时与 4 块玻璃相连接，或 1 块玻璃固定于 4 个挂件上如图 3-100 所示。

（4）无框玻璃幕墙。无框玻璃幕墙的含义是指在视线范围内不出现金属框料，形成在某一层范围内幅面比较大的无遮挡透明墙面。为了增强玻璃墙面的刚度，必须每隔一定的距离用条形玻璃作为加强肋板，称为肋玻璃。面玻璃与肋玻璃相交部位宜留出一定的间隙，用硅酮系列密封胶注满。无框玻璃幕墙一

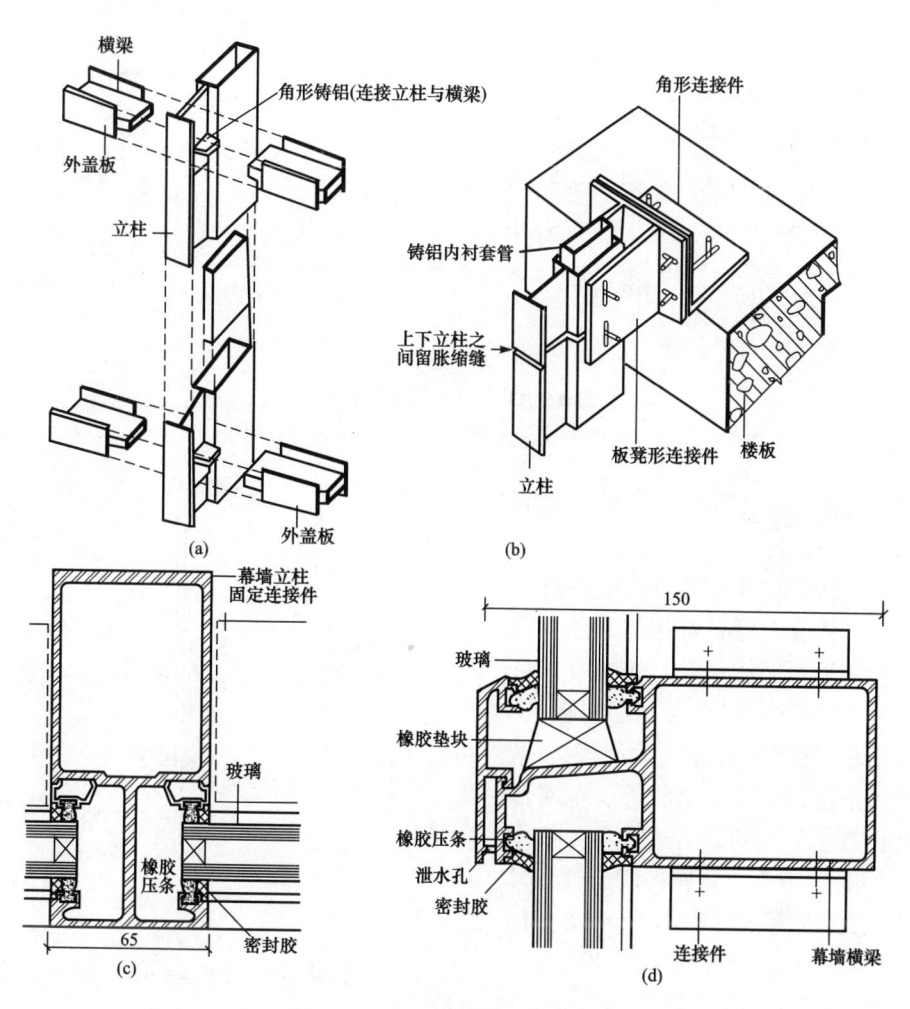

图 3-98 明框玻璃幕墙构造示意图
(a)立柱与横梁的连接；(b)立柱与楼板的连接；
(c)立柱与玻璃的固定；(d)横梁上玻璃的固定

般选用比较厚的钢化玻璃和夹层加胶钢化玻璃，选用的单片玻璃面积和厚度，主要应满足在最大风压情况下的使用要求。

2. 金属幕墙

目前，大型建筑外墙装饰多采用玻璃幕墙、金属幕墙，且常为其中两种组合共同完成装饰及

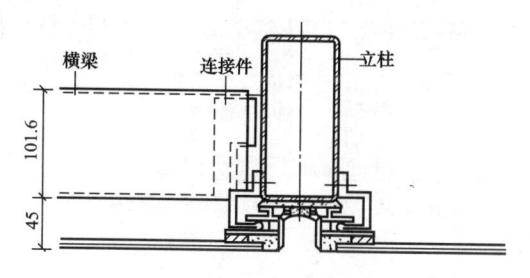

图 3-99 隐框玻璃幕墙构造示意图

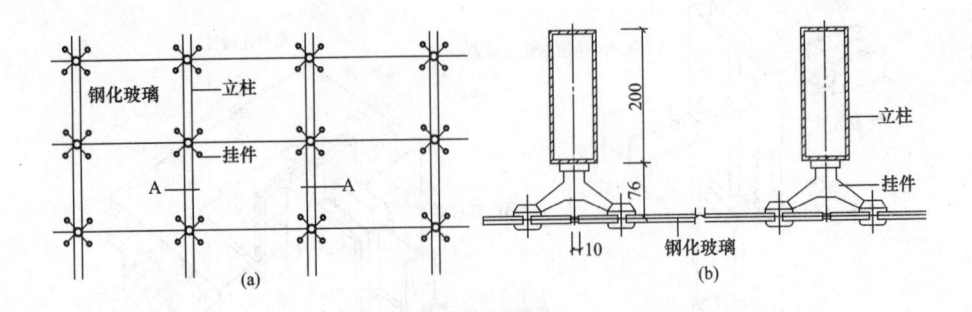

图 3-100 挂架式玻璃幕墙
(a)挂板式玻璃幕墙立面；(b)节点剖面

维护功能，形成闪闪发光的金属墙面，具有其独特的现代艺术感。金属幕墙按结构体系划分为型钢骨架体系、铝合金型材骨架体系及无骨架金属板幕墙体系等。按材料体系划分为铝合金板(包括单层铝板、复合铝板、蜂窝铝板等)、不锈钢、搪瓷或涂层钢、铜等薄板等。金属幕墙由在工厂定制的折边金属薄板作为外围护墙面。金属幕墙与玻璃幕墙从设计原理到安装方式等各方面都较相似。图 3-101、图 3-102 表示几种不同板材的节点构造。

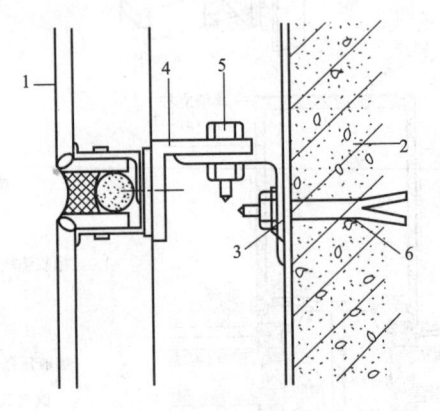

图 3-101 单板或铝塑板节点构造
1—单板或铝塑板；2—承重柱(或槽)；3—角支撑；
4—直角型铝材横梁；5—调整螺栓；6—线圈螺栓

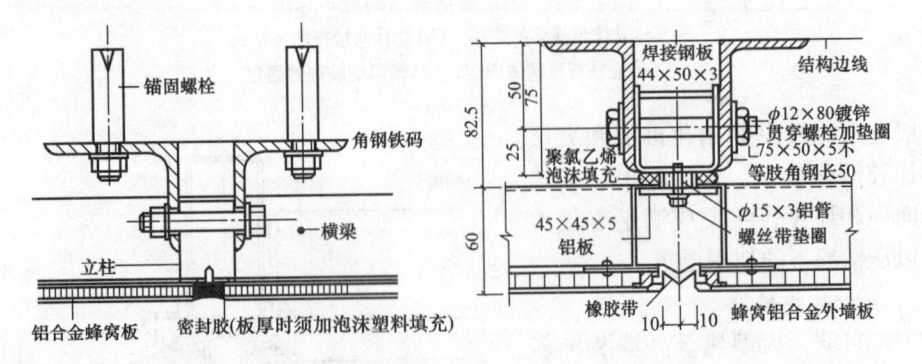

图 3-102 铝合金蜂窝板节点构造

3. 石材幕墙

主要采用天然花岗石做面料的幕墙，背后为金属支撑架。花岗石色彩丰富，质地均匀，强度及抗拒大气污染等各方面性能较佳，因此深受欢迎。用于高层的石板幕墙，板厚一般为30mm，分格不宜过大，一般不超过900mm×900mm，它的最大允许挠度限定在长度的1/2000～1/1500之间，所以支撑架设计必须经过结构的精确计算，以确保石板幕墙质量和安全可靠。如图3-103所示。

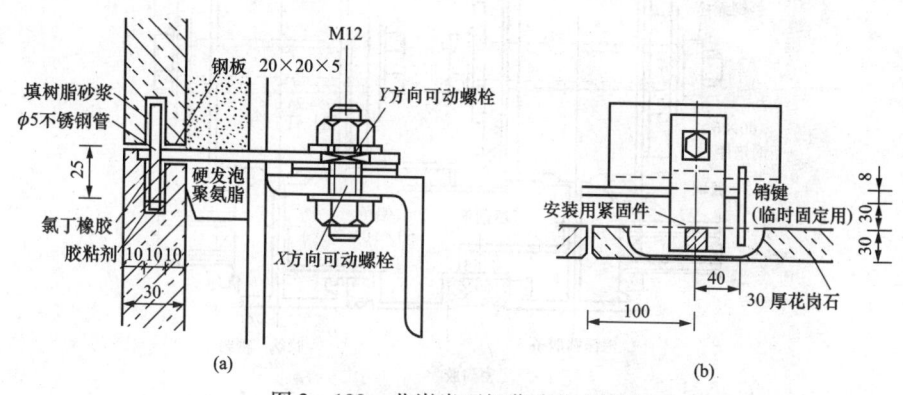

图3-103 花岗岩石板幕墙节点构造
（a）水平缝；（b）垂直缝

4. 幕墙特殊部位的细部构造

（1）端部收口的构造处理。端部收口处理是幕墙构造的重要组成部分。要考虑两种材料之间的衔接，以及如何将幕墙端部遮盖起来等问题。其一般包括侧端、底部和顶部三大部分。其构造如图3-104～图3-107所示。

（2）玻璃幕墙防雷、防火细部构造。建筑物遭受的雷灾有顶雷和侧雷两大类。对于低矮的多层建筑，主要是遭顶雷袭击。而对高度大的多层及高层建筑，则会可能同时遭到顶雷和侧雷的袭击。幕墙的防顶雷，可用避雷带和避雷针。当采用避雷带时，可结合装饰。如

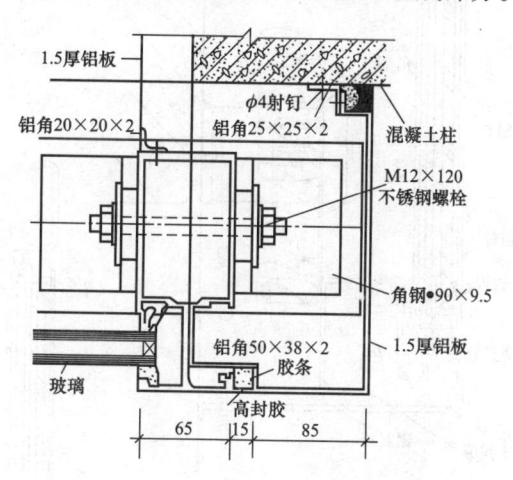

图3-104 侧端的收口构造处理

采用不锈钢栏杆兼作避雷带，不锈钢栏杆应与建筑物防雷系统相连接，并保证接地电阻满足要求。幕墙避雷系统应与建筑物主体结构连接。对于有防雷要求的幕墙，则应按防雷设计要求将部分竖梃与水平角钢或夹具连通，以保证引雷系统电路畅通。如图 3-108 所示。

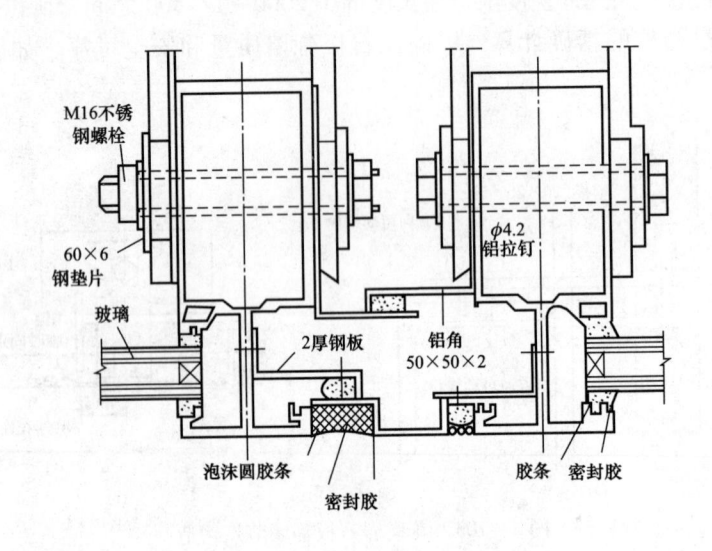

图 3-105 沉降缝处的构造处理

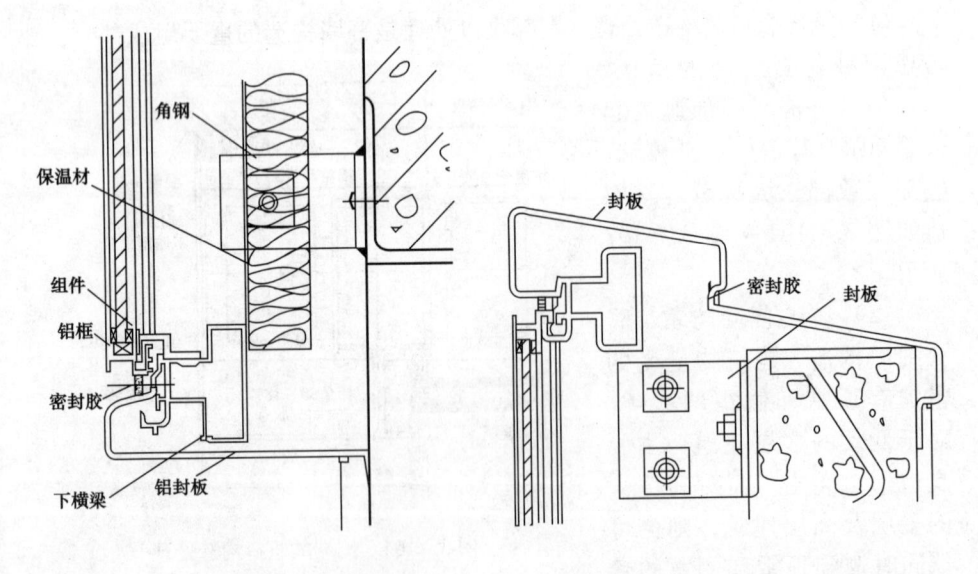

图 3-106 底部的收口构造处理　　　图 3-107 顶部的收口构造处理

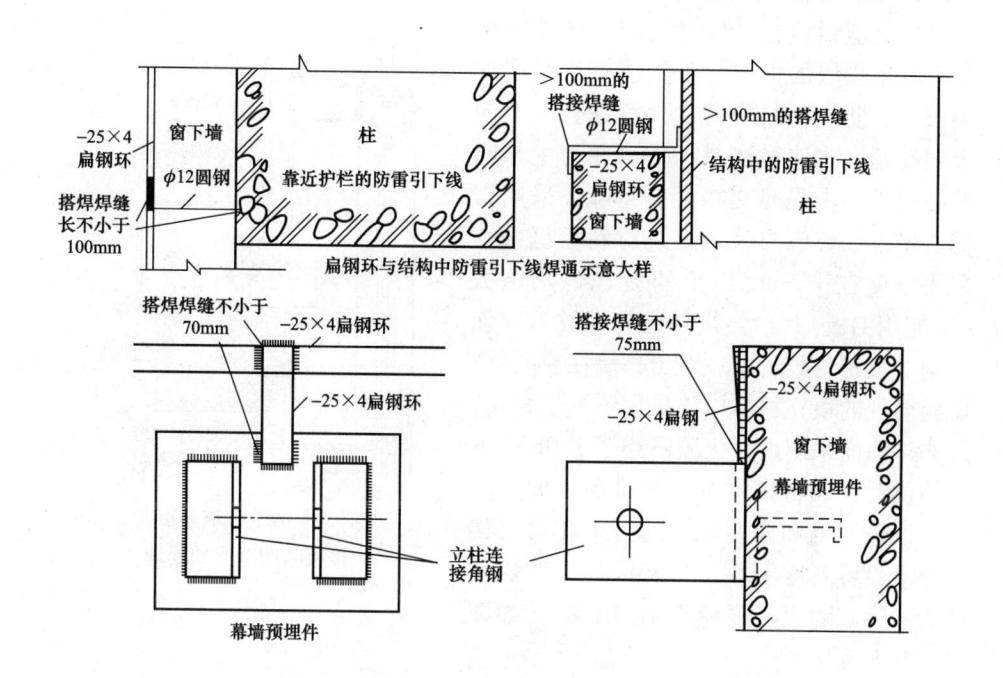

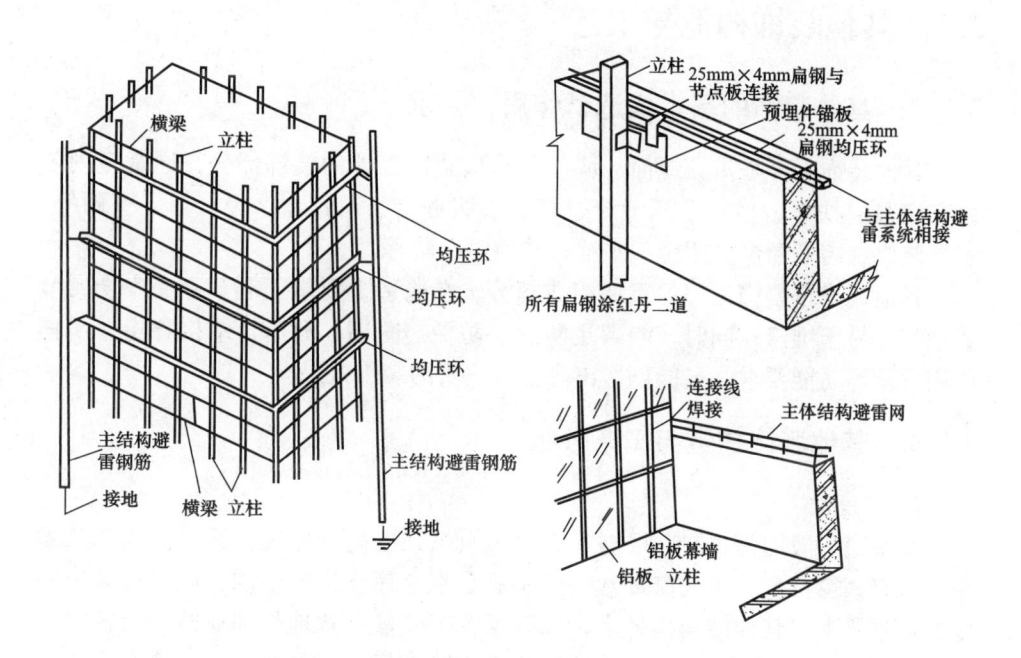

图 3-108 幕墙防雷节点构造示意图

(3) 幕墙防火设置构造。幕墙防火通常在每一个楼层设置一个防火分区。在楼层处应设横挡，以免出现一块玻璃跨越上、下楼层的情况。否则，一旦跨层玻璃破碎，防火材料脱落，火灾就会马上向上层蔓延。构造做法是：幕墙在与主体建筑的楼板、内隔墙交接处的空隙，采用岩棉、矿棉、玻璃棉等难燃烧材料填缝，并采用厚度在1.5mm以上的镀锌耐热钢板（不能用铝板）封口。接缝处与螺纹口应该另用防火密封胶封堵。对于幕墙在窗间墙、窗槛墙处的填充材料应该采用不燃烧材料，除非外墙面采用耐火极限不小于1.0h的不燃烧体时，该材料才可改为难燃。如果幕墙不设窗间墙和窗槛墙，则必须在每层楼板外沿设置高度不小于0.80m的不燃烧实体墙裙，其耐火极限应不小于1.0h。如图3-109所示。

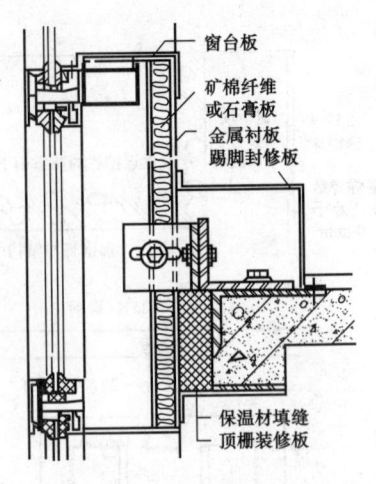

图3-109 玻璃幕墙与楼板隔墙缝隙的处理

3.7 其他装饰构造与工艺

3.7.1 其他装饰的基本构造、作用、要求

其他装饰主要是指除地面、墙面、吊顶装饰以外的装饰部分，通常室内装修有家具、扶手、栏杆、酒吧台、柜台、服务台、窗帘盒、暖气罩、壁画等，室外装修有店面橱窗、招牌、水池、花池、台阶等。

其他装饰是装饰工程的重要组成部分，在构造上要求便利耐用、安全，节省空间，易于维修；同时，能满足防火、防烫、防腐、耐磨，结构稳定，操作使用方便等功能要求，又能创造出高雅、华贵的装饰效果。

3.7.2 其他装饰构造与工艺分析

1. 窗帘盒

窗帘盒一般均为木制，根据有无吊顶及吊顶的高低情况，又可分为明式窗帘盒和暗式窗帘盒。明式窗帘盒一般是固定在金属支推架上的，而支撑架应固定在窗过梁上或其他结构构件上，以确保窗帘盒能有效地传递荷载。当窗帘盒紧挨着楼板设置时（如住宅），则窗帘盒可以直接固定在楼板上。当窗帘盒与吊顶结合设置时，常做成暗式窗帘盒。此时，窗帘盒还应与吊顶相连接，窗帘盒

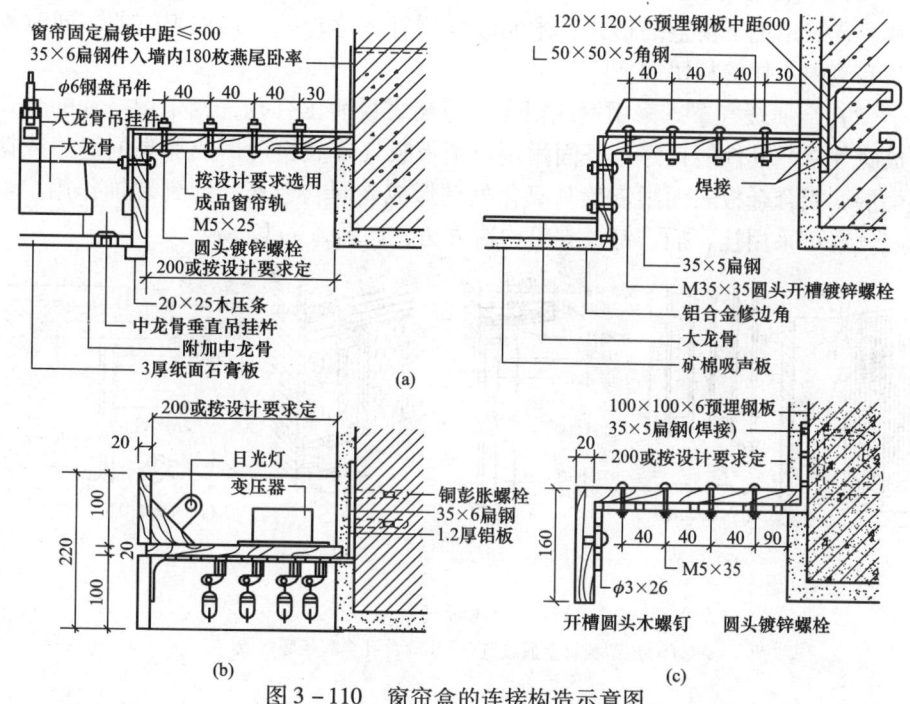

的连接固定如图 3-110 所示。

图 3-110 窗帘盒的连接构造示意图
(a) 暗式窗帘盒；(b) 灯光窗帘盒；(c) 普通明式窗帘盒

2. 暖气罩

采暖地区设置暖气罩的作用主要是用来遮掩暖气片，以防止人被烫伤，同时还要保证热空气能均匀地散发，以调节室内空气。暖气片常设在窗口下方和沿墙脚。因此，暖气罩常与窗台或护壁组织在一起，其布置形式可分为窗台下式、沿墙式、嵌入式和独立式，如图 3-111 所示。由于暖气罩对室内装饰会产生影响，因此，在设计时应注意美观问题，使其发挥装饰作用，同时还应注意方便设备的检修。暖气罩的做法主要柚木制暖气罩和金属暖气罩两种。

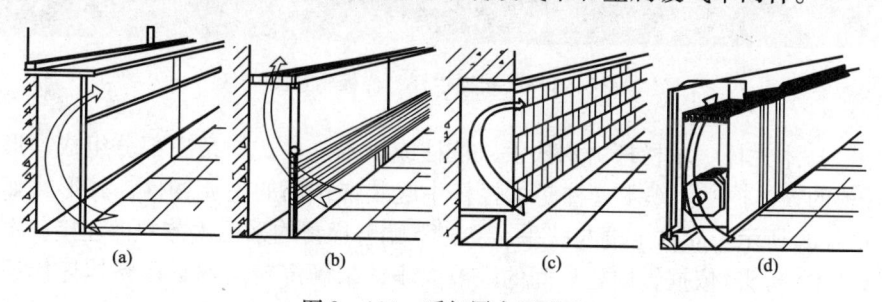

图 3-111 暖气罩布置形式
(a) 窗台下；(b) 沿墙；(c) 嵌入；(d) 独立

（1）木制暖气罩。木制暖气罩可采用硬木条、胶合板、硬质纤维板等做成格片，或采用上下留空的形式。木制暖气罩舒适感较好，且加工方便，同时也易于和室内木扶壁相协调。

（2）金属暖气罩。采用钢或铝合金等金属板冲压打孔，或采用格片的方式制成暖气罩。其性能良好，坚固耐用。钢板吸气罩表面可做成漂亮的烤漆或搪瓷面层，铝合金板表面则依赖其氧化处理形成光泽与色彩，起到装饰作用。金属暖气罩可采用挂、插、钉、支等构造方法，如图3－112所示。

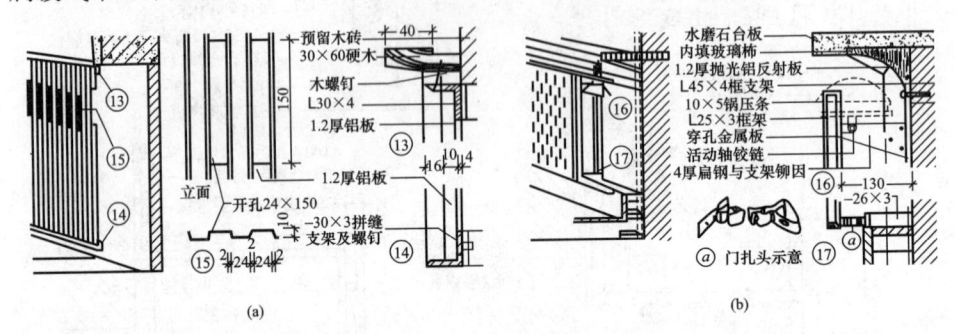

图3－112 金属暖气罩构造示意图
(a)压型板材金属暖气罩；(b)冲孔金属板暖气罩

3. 楼梯栏杆与栏板

楼梯栏杆按材料分，柚木栏杆、金属栏杆、铁栏杆等。楼梯栏板中装饰性较强的主要为玻璃栏板。栏杆与栏板起安全围护和装饰作用。因此，楼梯栏杆与栏板既要求美观大方，又要求坚固耐久。图3－113所示的楼梯栏杆与栏板。

图3－113 楼梯栏杆、栏板示意图

（1）木栏杆。木栏杆由木扶手、拉柱或车木立柱、梯帮三部分组成，形成木楼梯的整体护栏。车木立柱是木栏杆中起装饰作用的主要构件，其形式如图3－114(a)所示。立柱上端与扶手、立栏下端与梯帮均采用木方中榫连接。木扶手转角木（弯头）依据转向栏杆间的距离大小，来确定转角木采用整体连接还是分段连接。通常情况下，栏杆为90°转向时，多采用整只转角木连接，栏杆为180°转向且栏杆间距大于200mm时，一般采用断开做的转角木进行分段连接，

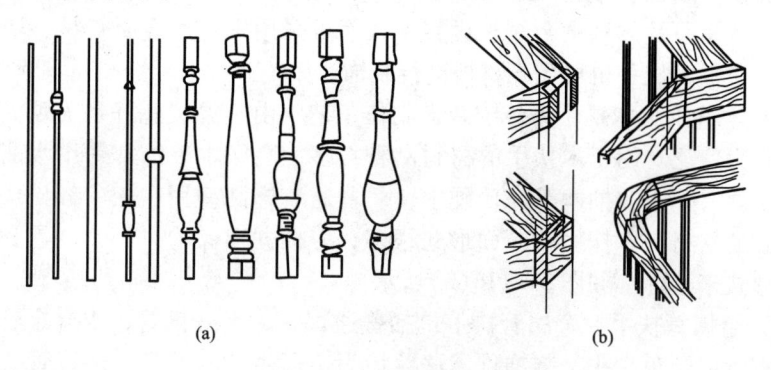

如图 3-114(b) 所示。

图 3-114　木栏杆形式
(a) 车木立柱的形式；(b) 木扶手转弯处的连接

（2）金属栏杆。金属栏杆按材料组成分为全金属栏杆、木扶手金属栏杆、塑料扶手金属栏杆三种类型。常用的金属立柱材料有圆钢、方钢、圆钢管、方钢管、扁钢、不锈钢管、铜管等。栏杆式样应根据安全适用和美观要求来设计，垂直杆件间的净距不应大于 110mm。金属栏杆除了采用型材制作以外，还可以采用古典式铸铁件与木扶手相配合，从而获得古朴典雅的装饰效果。栏杆形式举例如图 3-115 所示。

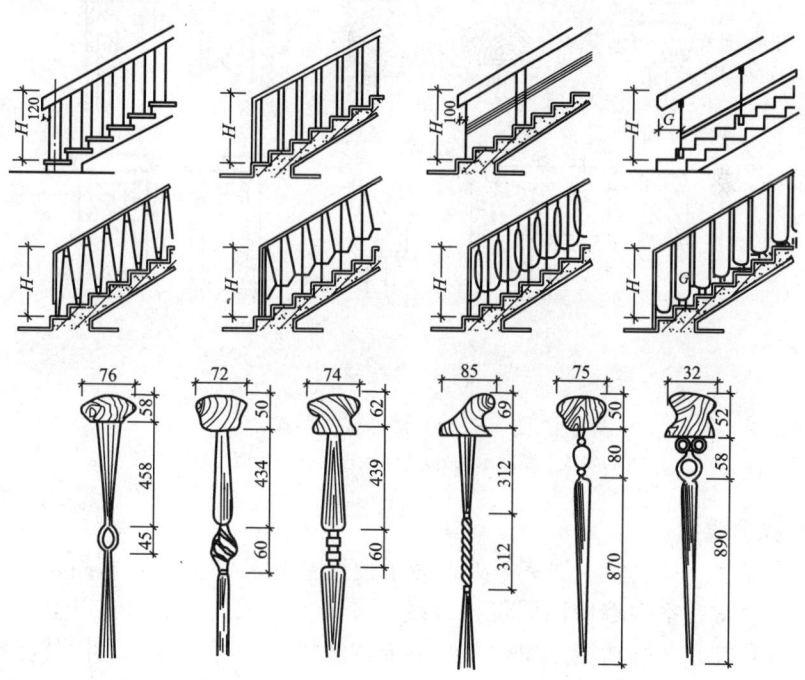

图 3-115　金属栏杆形式

楼梯扶手或栏板顶部的扶手，其材料要求表面光滑、手感好，坚固耐久。扶手要沿楼梯段及休息平台全长设置。扶手可采用木材、金属管材、塑料制品等制作。栏板的扶手也可用石材板进行装饰。

(1) 木扶手。木扶手为传统装饰制作工艺，由于温暖感好且美观大方，所以应用较为广泛。用于木扶手的树材品种很多，高级木装饰常采用水曲柳、柞木、黄菠萝、榉木、抽木等高档硬木，而普通装饰则使用白松、红松、杉木等质地较软的树材。木扶手的断面形式很多，应根据楼梯的大小、位置及栏杆的材料与形式来选择。如图3-116(a)所示。

(2) 金属管扶手。金属管扶手包括普通焊管、无缝钢管、铝合金管、铜管和不锈钢管。转角弯头、装饰件、法兰均为工厂生产的产品。金属管扶手均需要现场焊接安装。钢管扶手表面采用涂漆处理，铜、不锈钢扶手表面采用抛光处理。

(3) 石板材扶手。石板材扶手主要是指用大理石、花岗石、水磨石等板材镶贴成的扶手饰面。板材可按设计要求在工厂加工，用水泥砂浆粘贴在混凝土栏板上，如图3-116(b)所示。

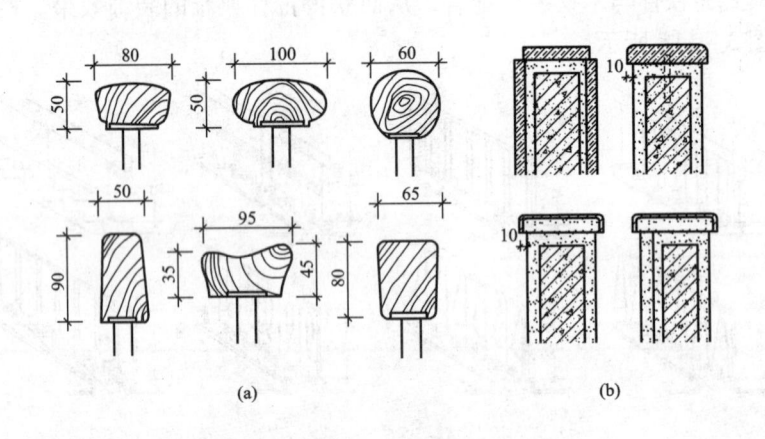

图 3-116 楼梯扶手形式
(a) 木扶手断面示意图；(b) 大理石扶手断面示意图

4. 挂镜线

在展览室、办公室、居室等处，为了便于悬挂装饰物、艺术品、图片或其他物品，经常在室内墙壁四周设挂镜线，其高度一般距地面2m以上，挂镜线具有悬挂功能和装饰功能。如贴壁纸上部收边压条，可用挂镜线代替。挂镜线与墙体的固定采用胀管螺钉固定或用胶粘剂直接与墙体粘结，颜色以深色为宜，

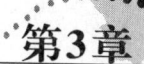

挂镜线可用木条制作或用挤出型塑料挂镜线。挂镜线的构造做法如图 3-117 所示。

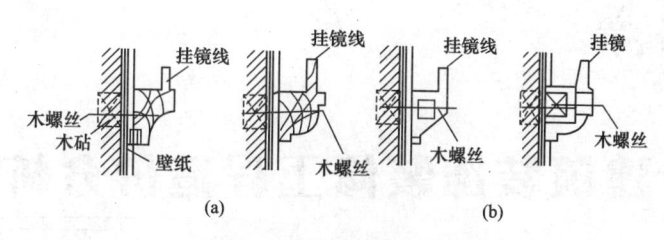

图 3-117 挂镜线示意图
(a)硬木挂镜线；(b)塑料挂镜线

第 4 章

建筑装饰装修工程造价分析

4.1 建筑装饰装修工程的计量

4.1.1 建筑装饰装修工程消耗量定额

1. 装饰装修工程消耗量定额的概念

建筑装饰装修工程消耗量定额是指在一定的生产条件下,完成单位合格产品所必须消耗的资源(人工、材料、机械台班)的额度。消耗量定额反映出在一定的社会生产力水平条件下,完成单位合格产品与各种生产资源消耗之间特定的数量关系。

建筑装饰装修工程消耗量定额是在建筑装饰装修活动中进行计划、设计、施工、预结(决)算等各个阶段工作中的有效工具,又是衡量、考核建筑装饰装修施工企业工作效率的尺度,在建筑安装企业管理中占有十分重要的地位。

随着社会经济的发展,人们的生活水平和人们对生活环境要求的不断提高,建筑装饰装修工程的标准也随之提升。建筑装饰装修工程已从建筑安装工程中分离出来,成为了一个独立的建筑装饰装修工程设计与施工行业,具备进行独立招标投标的条件。现有的建筑装饰工程消耗量定额的制定颁布正是为适应建筑装饰工程设计与施工行业的快速发展,以满足建筑装饰工程造价管理的需要。因此,在国家的《建筑工程工程量清单计价规范》中将建筑装饰装修工程单独作为一个部分,并以附录 B 列入。

2. 建筑装饰装修工程消耗量定额的作用

长期以来,消耗量定额在我国各行各业的生产与管理工作中都起到了极其重要的作用,而建筑装饰装修工程消耗量定额在我国的建筑装饰装修工程建设中具有十分重要的地位和作用。其主要作用有:

(1) 作为编制建筑装饰装修工程分项单价、确定装饰装修工程造价的依据。建筑装饰装修工程消耗量定额中规定了工程分项划分原则、方法及其分项人工、材料、机械设备的消耗量标准。当建筑装饰工程设计文件完成以后,即明确规定了建筑装饰工程分项的特征。考虑装饰工程施工方法和建筑市场供应状况，依据相应的消耗量定额中所规定的人工、材料、机械设备的消耗量标准，按照各地现行的人工、材料、机械台班单价和各种工程费用的标准来确定各建筑装饰装修工程分项工程单价（或基价）。

建筑装饰装修工程消耗量定额的分项单价，是投标报价、确定工程造价的基础。国家鼓励施工企业编制企业消耗量定额。在投标报价中，施工企业依据企业定额决定自己投标报价，在竞争中充分反映本企业的生产力水平，只有这样，才能提高建筑装饰装修产品的生产力水平，节约社会资源。

（2）作为评定优选建筑装饰装修工程设计方案的依据。工程项目设计是否经济，可以依据工程消耗量定额来确定该项工程设计的技术经济指标。通过对建筑装饰装修工程的多个设计方案的技术经济指标的比较，确定设计方案的经济合理性，择优选用方案。

（3）作为编制工程计划、组织和管理施工的重要依据。为了更好地组织和管理施工生产，必须编制施工进度计划。在编制计划和组织管理施工生产中，直接或间接地要以各种消耗量定额来作为计算人力、物力和资金需要量的依据。

（4）作为建筑装饰装修企业和工程项目部实行经济责任制的重要依据。建筑装饰装修工程施工企业对外必须通过投标承揽工程任务，编制装饰装修工程投标报价；对内实施内部发包、计算发包标底，工程施工项目部编制进度计划和进行工程进度控制，工程成本计划和成本控制以及办理工程竣工结算等工作，均以建筑装饰装修工程消耗量定额为依据。

（5）是施工生产企业总结先进生产方法的手段。工程消耗量定额是在一定条件下，通过对施工生产过程的观测、分析综合制定的，从而比较科学地反映出了生产技术和劳动组织的先进合理程度。因此，我们可以利用消耗量定额的标定方法，对同一工程产品在同一施工操作条件下的不同生产方式的过程进行观测、分析和总结，从而找到比较先进的生产方法；或者对某种条件下形成的某种生产方法，通过对过程消耗量状态的比较来确定它的先进性；特别是对于建筑装饰装修工程施工过程新材料、新方法、新工艺应用极为频繁。

3. 建筑装饰装修工程消耗量定额的性质

消耗量定额的性质决定于消耗量定额的编制目的和编制过程。建筑装饰装修工程消耗量定额的编制目的是为了加强工程建设的管理，促进工程建设高速、高效、低耗发展，满足整个社会不断增长的物质和文化生活的需要。建筑装饰装修工程消耗量定额与通常所说的消耗量定额性质基本相同，主要是：

（1）消耗量定额的科学性。消耗量定额的科学性主要表现在两个方面：一是它的编制坚持在自觉遵循客观规律的基础上，采用科学的方法确定各分项项目的资源消耗量标准。消耗量定额标定在技术方法上吸取了现代科学管理方法，具有一套严密而科学的确定消耗量标准水平的手段和方法；二是它的编制依据资料来源是广泛而真实的，各项消耗指标的确定是在认真研究和总结广大工人生产实践基础上，实事求是地广泛收集资料，经过科学分析研究得出的。消耗量定额中所列出的各项消耗量指标，正确地反映了当前社会或者行业、企业的生产力水平。

（2）消耗量定额的权威性。消耗量定额的权威性是指消耗量定额一经国家、地方主管部门或授权单位或者生产单位制定颁发，即具有相应的权威性和调控功能，对产品生产过程的消耗量具有实际指导意义，并为全社会或者一定区域所公认。在市场经济条件下，消耗量定额体现了市场经济的特征，反映了市场经济条件下的生产规律，具备一定范围内的可调整性，以利于根据市场供求状况，合理确定工程造价。建筑装饰装修工程消耗量定额的权威性保证了建筑装饰装修工程有统一的计量规则、工程计价方法和工程成本核算的尺度。

（3）消耗量定额的群众性。消耗量定额的群众性主要表现在它的拟定是在工人群众直接参与下进行的，其中各分项项目的消耗量标准都是生产工人、技术人员、管理人员、消耗量定额管理工作专职人员在施工生产实践中确定的，保证拟定的消耗量标准能够从实际出发，反映产品生产的实际水平，并保持一定的先进性。并且，消耗量定额标定后又经生产实践检验，使其水平是大多数施工企业和职工经过努力能够达到的水平。消耗量定额的拟定来源于群众，消耗量定额的执行服务于群众，体现从群众中来到群众中去的原则。

（4）消耗量定额的相对稳定性。消耗量定额反映的是一定时期的生产力水平。随着社会不断的发展，生产力水平也在不断的提高。所以，任何消耗量定额都具有时效性，作为消耗量标准按照工程的使用情况每隔一段时期就应修订或编制新的消耗量定额。当然也应当在一段时期内保持一个相对稳定的状态。

4. 建筑装饰消耗量定额的分类

消耗量定额根据其概念，按照不同的划分方式具有不同的消耗量标准，常用的分类方法有以下四种：

（1）按生产要素分。物质资料生产的三要素是指劳动者、劳动手段和劳动对象。劳动者是指生产工人，劳动手段是指生产工具和机械设备，劳动对象是指产品生产过程中所需消耗的材料（原材料、成品、半成品和各种构、配件）。按此三要素分类又可分为人工消耗量定额、材料消耗量定额、机械台班消耗量定额。

1）人工消耗量定额。人工消耗量定额又称劳动消耗量标准，它反映生产工人的劳动生产率水平。根据其表示形式可分成时间定额和产量定额。

① 时间定额。时间定额又称时间消耗量标准，是指在合理的劳动组织与合理使用材料的条件下，为完成质量合格的单位工程产品所必需消耗的劳动时间。时间标准通常以"工日"（工时）为单位。

② 产量定额。产量定额又称每工产量,是指在合理的劳动组织与合理使用材料的条件下,规定某工种某等级的工人(或工人小组)在单位工作时间内应完成质量合格的工程产品的数量标准。产量标准通常以"m/工日"、"m^2/工日"、"m^3/工日"、"t/工日"、"台/工日"、"组/工日"、"套/工日"等表示。

2) 材料消耗量定额。材料消耗量定额又称材料消耗量标准,是指在节约的原则和合理使用材料的条件下,生产质量合格的单位工程产品所必需消耗的一定规格的质量合格的材料(原材料、成品、半成品、构配件、动力与燃料)的数量标准。

3) 机械台班消耗量定额。机械台班消耗量定额又称机械台班使用标准,简称机械消耗标准。它是指在机械正常运转的状态下,合理地、均衡地组织施工和正确使用施工机械的条件下,某种机械在单位时间内的生产效率。按其表示形式的不同亦可分成机械时间定额(标准)和机械产量定额(标准)。

① 机械时间定额。机械时间定额是指在施工机械运转正常时,合理组织和正确使用机械的施工条件下,某种类型机械为完成符合质量要求的单位工程产品所必需消耗的机械工作时间。机械时间定额的单位以"台班"表示。

② 机械产量定额。机械产量定额是指在施工机械正常运转时,合理组织和正确使用机械的施工条件下,某种类型的机械在单位机械工作时间内,应完成符合质量要求的工程产品数量。机械产量定额单位以"产品数量/台班"表示。

(2) 按消耗量定额编制程序与用途划分。建筑装饰装修工程消耗量定额按性质和用途可分成"生产型定额"和"计价型定额"两大类。建筑装饰装修工程消耗量定额可分为建筑装饰装修工程施工消耗量定额、建筑装饰装修工程预算消耗量定额、概算消耗量定额及概算指标。

1) 施工消耗量定额。施工消耗量定额是指在正常的施工条件下,为完成单位合格的施工产品(施工过程)所必需消耗的人工、材料和机械台班的数量标准。

施工消耗量定额以同一性质的施工过程为对象,通过技术测定、综合分析和统计计算确定。它是施工企业组织施工生产和加强企业内部管理使用的一种消耗量定额,是一种生产型的消耗量标准,是指导现场施工生产的重要依据属于企业定额性质。施工定额也是工程量清单报价的依据。

2) 预算消耗量定额。预算消耗量定额是指在正常的施工条件下,为完成一定计量单位的分项工程或结构(构造)构件所需消耗的人工、材料、机械台班的数量标准。

预算消耗量定额是一种计价性的消耗量定额,是计算工程招标标底和确定投标报价的主要依据。《全国统一建筑装饰装修工程消耗量定额》就属于预算消耗量定额,是计算确定建筑装饰工程预算造价的主要参考依据。

3）概算消耗量定额。概算消耗量定额又称为扩大结构消耗量定额。它是指在正常施工条件下，为完成一定计量单位的扩大结构构件、扩大分项工程或分部工程所需消耗的人工、材料和机械台班消耗的数量标准。它也属于计价型的消耗量定额，是计算确定建筑装饰装修工程设计(概)预算造价的主要依据。

4）概算指标，概算指标是指在正常施工条件下，为完成一定计量单位的建筑物或构筑物所需消耗的人工、材料、机械台班的资源消耗指标量和造价指标量。如每100m^2某种类型建筑物所需消耗某种资源的数量指标或者造价指标。概算指标较概算消耗量定额更综合扩大，故有扩大结构消耗量定额之称。其本质属于计价型的消耗量定额，是计算确定建筑装饰工程设计概算造价的主要依据。

(3)按主编单位及执行范围划分。建筑装饰装修工程消耗量定额按主编单位及执行范围可分为：全国统一消耗量定额、地方统一消耗量定额、专业专用消耗量定额、企业消耗量定额。

1）全国统一消耗量定额。全国统一消耗量定额是由国家或国家行政主管部门综合全国建筑安装工程施工生产技术和施工组织管理水平而编制的，在全国范围内执行。如《全国建筑安装工程统一劳动定额》、《全国统一安装工程预算定额》、《全国统一建筑装饰装修工程消耗量定额》等。

2）地区统一消耗量定额。地区统一消耗量定额是由国家授权地方政府行政主管部门参照全国消耗量定额的水平，考虑本地区的特点(气候、经济环境、交通运输、资源供应状况等条件)编制的，在本地区范围内适用的消耗量定额。如各省编制的建筑工程预算消耗量定额。

3）专业专用消耗量定额。专业专用消耗量定额是由国家授权各专业主管部门，根据本专业生产技术特点，结合基本建设的特点，参照全国统一消耗量定额的水平编制的，在本专业范围内执行的消耗量定额。如石油化工工程消耗量定额、水利水电工程消耗量定额、矿山建筑工程消耗量定额等。

4）企业消耗量定额。企业消耗量定额是由生产企业参照国家统一消耗量定额的水平，考虑地方特点，根据工程项目的具体特征，按照本企业的生产技术应用与经营管理经验的实际情况编制的，在本企业内部或在批准的一定范围内执行的消耗量标准。

企业消耗量定额充分地反映了生产企业的技术应用与经营管理水平的实际情况，其消耗量标准更切合工程施工过程的实际状况，更有利于推动企业生产力的发展，在市场经济条件下，推行企业消耗量定额意义尤为重要。建设部颁布的《建筑工程工程量清单计价规范》的"工程量清单计价"条款中明确规定：企业定额作为投标单位编制建设工程投标报价的依据。

(4)按工程费用性质划分。消耗量定额按费用性质可分为：直接费消耗量定额、间接费消耗量定额、其他费用消耗量定额。

1）直接费消耗量定额。直接费定额实质就是消耗量定额，可表述为用来计算分部分项工程项目和施工措施项目直接工程费的消耗量标准。在工程计价过程中，利用消耗量标准计算确定人工、材料、机械台班的消耗量，计算分部分项工程项目和施工措施项目的直接工程费以及分项人工费、分项材料费、分项机械使用费。人们通常所说的计价型消耗量定额属于直接费定额，如《建筑工程预算定额》、《全国统一建筑装饰装修工程消耗量定额》、《建筑工程概算定额》等。

2）间接费消耗量定额。间接费消耗量定额又称间接费取费标准，是指用来计算工程项目直接工程费以外的有关工程费用的费率标准。直接工程费和施工技术措施项目费是根据分部分项工程和施工技术措施项目的分项人工、材料、机械消耗量标准计算而得的。而工程其他的有关费用（如施工管理费、规费等）通常采用规定的计算基数乘以相应的费率来确定，所以各类工程间接费的费率被称为"取费标准"。

3）其他费用消耗量定额。其他费用消耗量定额又称其他费用取费标准，是指用来确定各项工程建设其他费用（包括土地征用、青苗补贴、建设单位管理费等）的计费标准。

5. 建筑装饰装修工程消耗量定额的组成和应用

（1）建筑装饰装修工程消耗量定额的组成。2002年国家颁布了《全国统一建筑装饰装修工程消耗量定额》（GYD—901—2002），其基本内容由目录表、总说明、分章说明及分项工程量计算规则、消耗量定额项目表和附录等组成。

1）总说明。总说明是指消耗量定额的使用说明。在总说明中，主要阐述建筑装饰工程消耗量定额的用途和适用范围、编制原则和编制依据、消耗量定额中已经考虑的有关问题的处理办法和尚未考虑的因素、使用中应注意的事项和有关问题的规定等。

2）分章说明。《全国统一建筑装饰装修工程消耗量定额》将单位装饰工程按其不同性质、不同部位、不同工种和不同材料等因素，划分为8章（分部工程）：楼地面工程，墙柱面工程，顶棚工程，门窗工程，油漆、涂料、裱糊工程，其他工程，装饰装修脚手架及项目成品保护费，垂直运输及超高增加费；分部以下按工程性质、工作内容及施工方法、使用材料不同等，划分成若干节。如墙柱面工程分为装饰抹灰面层、镶贴块料面层、墙柱面装饰、幕墙等四节。在节以下按材料类别、规格等不同分成若干分项工程项目或子目。如墙柱面装饰抹灰分为水刷石、干粘石、斩假石等项目，水刷石项目又分列墙面、柱面、零星工程项目等子项。

章（分部）工程说明主要说明消耗量定额中各分部（章）所包括的主要分项工

程，以及使用消耗量定额的一些基本规定，并列出了各分部中各分项工程的工程量计算规则和方法。

3) 消耗量定额项目表。消耗量定额项目表是具体反映各分部分项工程(子目)的人工、材料、机械台班消耗量指标的表格。通常以各分部工程为主，按照若干不同的分项工程(子目)归类、排序所列的项目表，它是消耗量定额的核心，其表达形式见表4－1。消耗量定额项目表一般来说都包括以下方面：

表4－1　　　　　　　　　　　玻　璃　地　砖

工作内容：清理基层、试排弹线、锯板修边、铺贴饰面、清理净面　　　　　　计量单位：m²

定额编号		1－073	1－074	1－075	1－076	1－077	1－078
项　目			镭射玻璃砖					
			8mm厚单层钢化砖周长不超过/mm			(8+5)mm厚夹层钢化玻璃砖周长不超过/mm		
			2000	2400	3200	2000	2400	3200
名　称	单位	代码	定额消耗量					
人工	综合工日	工日	000001	0.3500	0.3600	0.3640	0.3330	0.3400	0.3470
材料	镭射玻璃(8+5)mm 400mm×400mm	m²	AH0254				1.0200		
	镭射玻璃(8+5)mm 500mm×500mm	m²	AH0255					1.0200	
	镭射玻璃 400mm×400mm	m²	AH0257	1.0200					
	镭射玻璃 500mm×500mm	m²	AH0258		1.0200				
	镭射玻璃 800mm×800mm	m²	AH0259			1.0200			
	镭射玻璃(8+5)mm 800mm×800mm	m²	AH0261						1.0200
	玻璃胶350g	支	JB0342	0.9500	0.8400	0.7560	0.8900	0.8030	0.8030

注：本表摘自2002年《全国统一建筑装饰装修工程消耗量定额》。

① 表头：项目表的上部为表头，实质为消耗量标准的分节内容，包括分节名称、分节说明(分节内容)，主要说明该节的分项工作内容。

② 项目表的分部分项消耗指标栏。

a. 表的右上方为分部分项名称栏，其包括分项名称、定额编号、分项做法要求，其中右上角表明的是分项计量单位。

b. 项目表的左下方为工、料、机名称栏，其内容包括工料名称、工料代号、材料规格及质量要求。

c. 项目表的右下方为分部分项工、料、机消耗量指标栏，其内容表明完成单位合格的某分部分项工程所需消耗的工、料、机的数量指标。

项目表的底部为附注，它是分项消耗量定额的补充，具有与分项消耗量指标同等的地位。

4）附录。消耗量定额附录本身并不属于消耗量定额的内容，而是消耗量定额的应用参考资料。它一般包括装饰工程材料损耗率表、装饰砂浆（混合料）配合比表、装饰工程机械台班单价和装饰工程材料单价表等。附录通常列在消耗量定额的最后，作为消耗量定额换算和编制补充消耗量定额的基本参考资料。

（2）建筑装饰装修工程消耗量定额的编号。编制消耗量定额时，为规范消耗量定额的排版与方便消耗量定额应用的要求，必须对消耗量定额的分部分项项目进行编号，通常采用的编号类型有"数码型"、"数符型"。其中数符型又有"单符型"、"多符型"之分。现行《全国统一建筑装饰装修工程消耗量定额》中，其分部分项项目的编号采用的是"数符型"编号法。在数符型编码中，通常前面的数字表示章（分部）工程的顺序号，后一组数据表示该分部（章）工程中某分项工程项目或子目的顺序号，中间由一个短线相隔。其表达形式如下：

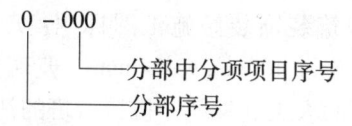

$$0 - 000$$

分部中分项项目序号

分部序号

例如：某装饰装修工程楼地面装饰为玻璃地砖楼面，8mm厚，单层钢化砖周长不超过2000mm。查《全国统一建筑装饰装修工程预算消耗量定额》得：楼地面装饰工程玻璃地砖楼地面项目的消耗量定额编号为1-073。

（3）建筑装饰装修工程消耗量定额的应用。建筑装饰装修工程消耗量定额是确定装饰装修工程预算造价，办理装饰装修工程结算，处理承发包双方经济关系的主要依据之一。消耗量定额应用得正确与否，直接影响到建筑装饰装修工程造价的准确计算。因此，工程造价工作人员必须熟练掌握建筑装饰装修工程消耗量定额的应用，认真学习其全部内容，熟悉各分部分项（章节）消耗量定额的工程内容和项目表的结构形式，正确理解建筑装饰装修工程的工程量计算规则，明确消耗量定额换算范围，掌握一般工程项目换算和调整办法的规定。建筑装饰装修工程消耗量定额应用的方法主要有直接套用法、分项换算法和编制补充定额项目。

1）直接套用法。当建筑装饰装修工程设计施工图所确定的工程项目特征（施工内容、材料品种、规格、工程做法等）与所选套的相应消耗量定额分项子目的内容一致时，或者虽有局部不同但规则规定不能调整时，则可直接套用消耗量定额。

在编制建筑装饰装修工程施工图预算和确定建筑装饰工程各生产要素需用量时，绝大部分都属于这种情况。直接套用法应用的主要步骤如下：

① 根据施工图纸，按照装饰工程分项内容排列分项项目，并从定额目录中

查出该项目的排序,确定工程分项项目的编号。

② 明确装饰装修工程项目与消耗量定额子目规定的内容是否一致。当完全一致或虽然不完全一致,但消耗量定额规定不允许换算或调整时,即可直接套用消耗量定额指标。

③ 根据所选的消耗量定额编号查得分项子目的人工、材料和机械台班消耗量标准,将其分别列入建筑装饰装修工程资源耗量计算表内。

④ 计算确定建筑装饰装修工程项目所需人工、材料、机械台班的消耗量。其计算公式如下:

分项工程人工需用量 = 装饰分项工程量 × 相应分项人工消耗指标（4-1）

分项工程某种材料需用量 = 装饰分项工程量 × 相应分项某种材料消耗指标

(4-2)

分项工程某种机械台班量 = 装饰分项工程量 × 相应某种机械台班消耗指标

(4-3)

【例 4-1】某工程建筑装饰装修施工图标明:玻璃砖舞池的地面做法为 8mm 厚单层钢化砖;规格为 400mm × 400mm,玻璃胶粘结嵌缝;工程量为 267.58m^2,试确定该项目的人工、材料、机械台班的消耗量。

【解】根据该装饰装修工程设计图纸说明的工程分项内容,按照《全国统一建筑装饰装修工程消耗量定额》:

① 从《全国统一建筑装饰装修工程消耗量定额》目录中查得:玻璃砖楼地面装饰分项项目在第一章第五节玻璃砖楼地面装饰工程,分部分项排序为该分部的第 73 子项。

② 装饰工程分项项目的工作内容分析:查《全国统一建筑装饰装修工程消耗量定额》并核实设计施工图纸及设计说明,该工程玻璃砖楼地面面层分项工程内容与消耗量定额分部分项项目规定的内容完全符合,即可直接套用消耗量定额项目。

③ 从《全国统一建筑装饰装修工程消耗量定额》项目表中查得:该项目消耗量定额编号为 1-073,每平方米玻璃砖楼地面面层的分项消耗量指标见表 4-1 所示。

④ 计算确定该工程玻璃砖地面装饰分项工程人工、材料、机械台班的消耗量。

根据分项工程的工程数量,按照消耗量定额查得的消耗量指标,分别代入计算公式

人工需用量:267.58 × 0.35 = 93.65（工日）

玻璃砖需用量:267.58 × 1.02 = 272.93（m^2）

玻璃胶需用量:267.58 × 0.95 = 254.20（支）

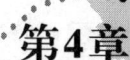

由此类推，计算所有分项工程的工、料、机的需用量。同理，对拟建工程所有分项工程进行统计计算，累计汇总，则得到整个建筑装饰工程项目的人工、材料、机械台班的需用量。

【例4-2】某工程建筑装饰设计图标明：墙面为硬木板条墙面，工程量为123.65m^2，试确定该项目的人工、材料、机械台班的消耗量。

【解】根据该装饰装修工程设计图纸说明的工程分项内容，按照《全国统一建筑装饰装修工程消耗量定额》：

① 从《全国统一建筑装饰装修工程消耗量定额》目录中查得：硬木板条墙面装饰分项项目在第二章第节三节硬木板条墙面装饰工程，分部分项排序为：该分部的第211子项。

② 装饰工程分项项目的工作内容分析：查《全国统一建筑装饰装修工程消耗量定额》并核实设计施工图纸及设计说明，该工程硬木板条墙面面层分项工程内容与消耗量定额分部分项项目规定的内容完全符合，即可直接套用消耗量定额项目。

③ 从《全国统一建筑装饰装修工程消耗量定额》项目表中查得：该项目消耗量定额编号为2-211，每平方米硬木板条墙面面层、分项消耗量指标见表4-2。

表4-2   面 层

工作内容：1. 铺定面层、钉压条、清理等全面操作过程。
        2. 硬木条包括踢脚线部分。   计量单位：m^2

定额编号				2-210	2-211	2-212	2-213	2-214	2-215
项目				硬木条吸声墙面	硬木板条墙面	石膏板墙面	竹片内墙面	电化铝板墙面	铝合金装饰板墙面
	名称	单位	代码	定额消耗量					
人工	综合工日	工日	000001	0.3519	0.2576	0.0978	0.2500	0.2082	0.1679
材料	石膏板(饰面)	m^2	AG0521			1.0500			
	镀锌半圆头螺钉	kg	AN0100				0.0727		
	铁钉(圆钉)	kg	AN0580	0.0839	0.0428	0.0508			
	镀锌钢丝22号	kg	AN2420				0.1306		
	钢板网	m^2	AN2612	1.0500					
	硬木锯条	m^3	CB0030	0.0234	0.0245				
	半圆竹片 ϕ20	m^2	CE0130				1.0500		
	超细玻璃棉		HB0720	1.0526					
	嵌缝膏	kg	JA2410			0.0195			

续表

定额编号				2-210	2-211	2-212	2-213	2-214	2-215
项目				硬木条吸声墙面	硬木板条墙面	石膏板墙面	竹片内墙面	电化铝板墙面	铝合金装饰板墙面
名称		单位	代码	定额消耗量					
人工	综合工日	工日	000001	0.3519	0.2576	0.0978	0.2500	0.2082	0.1679
材料	电化铝装饰板宽100mm	m²	AG0820					1.0600	
	镀锌螺钉	个	AM9241						25.0612
	铝拉铆钉	个	AN0620					20.6633	
	铝合金条板宽100mm	m²	DB0091						1.0600
	铝收口条压条	m	DB0370						1.0589
	电化角铝25.4×2mm	m	DB0450					1.7760	
	SY-19胶	kg	JB1140					0.0105	
机械	木工圆锯机 φ500	台班	TM0310	0.0117	0.0173				
	木工压刨床	台班	TM0322	0.0178	0.0232				
基价表	人工费(元)			11.26	8.24	3.13	8.00	6.66	5.37
	材料费(元)			43.93	32.04	8.67	4.13	91.51	87.11
	机械费(元)			0.78	1.05				
	基价(元)			55.97	41.33	11.80	12.13	98.17	92.48

注：本表摘自2002年《全国统一建筑装饰装修工程消耗量定额》。

④ 计算确定该工程硬木板条墙面面层装饰分项工程人工、材料、机械台班的需用量。

根据分项工程的工程数量，按照消耗量定额查得的消耗量指标，分别代入计算公式

综合工日： 123.65×0.2576＝31.85（工日）
铁　　钉： 123.65×0.0428＝5.29（kg）
硬木锯条： 123.65×0.0245＝3.03（m³）
木工圆锯机φ500： 123.65×0.0173＝2.14（台班）
木工压刨床： 123.65×0.0232＝2.88（台班）

2）建筑装饰装修工程消耗量定额换算。建筑装饰装修工程消耗量定额换算的条件是：当建筑装饰工程设计施工图纸中标明的工程项目内容与所选套的建

筑装饰工程消耗量定额的分项子目规定的内容不相同时,且消耗量定额规定允许换算或调整者,则应对消耗量定额项目的分项消耗量标准进行换算,并采用换算后的消耗量作为分项项目的消耗量标准。

建筑装饰装修工程消耗量定额换算的基本思路是:根据装饰装修工程设计施工图纸标明的装饰分项工程的实际内容,选定某一消耗量定额子目(或者相近的消耗量定额子目),按消耗量定额规定换入应增加的资源,换出应扣除的资源。对于所有的建筑装饰分项工料换算都可以用计算通式表述如下:

分项换算后资源消耗量 = 分项消耗量定额资源量 + 换入资源量 - 换出资源量

$$(4-4)$$

建筑装饰装修工程消耗量定额换算应注意的问题:一是建筑装饰装修工程消耗量定额的换算,必须在消耗量定额规则规定的范围内进行换算或调整。现行建筑装饰装修工程消耗量定额的总说明、分章说明及附注内容中,对消耗量定额换算的范围和方法都有具体的规定,例如,《全国统一建筑装饰装修工程消耗量定额》总说明中规定,本消耗量定额所采用的材料、半成品、成品的品种、规定型号与设计不符时,可按各章规定调整,消耗量定额中的规定是进行消耗量定额换算的根本依据,应当严格执行;二是当建筑装饰装修工程分项消耗量定额换算后,表示方法上应在其消耗量定额编号左或右侧注明"换"字,以示区别,如2-078换(换2-078)。

按照现行的《全国统一建筑装饰装修工程消耗量定额》,现就装饰装修工程预算造价编制中常见的有关消耗量定额换算的几种情形与方法进行相关的分类学习。常见的定额消耗量换算有如下几种:

① 系数换算。系数换算是指根据消耗量定额中规定的系数,对其分项的人工、材料、机械等消耗指标进行调整的方法。其换算的计算公式为

分项换算后资源消耗量 = 分项定额资源消耗量 + (K - 1) × 调整部分消耗量

$$(4-5)$$

此类换算在工程计价过程中用得比较多,方法比较简单,但在使用时应注意以下几个问题:

A. 要严格按照消耗量定额规定的系数进行换算。

B. 要注意正确区分消耗量定额换算系数所指的换算范围,换算消耗量定额分项中的全部或工、料、机的局部指标量。

C. 正确确定项目换算的计算基数。

【例4-3】某工程外墙面设计图示为:外墙面为锯齿形,墙面采用水刷石饰面,经计算工程量为78.56m^2,试计算该分项工程工、料、机的消耗量。

【解】1. 查《全国统一装饰装修工程预算消耗量定额》,选定装饰分项项目2-005,该分项消耗量指标见表4-3。

表4-3　　　　　　　　　　　　定 额 每 m² 用 量

人工	水泥砂浆 1:3	水泥白石子浆 1:1.5	108 胶素水泥浆	水	灰浆搅拌机 200L
0.3669	0.0139	0.0116	0.0010	0.0283	0.0042

2. 查分项说明规定：圆弧形、锯齿形等不规则墙面抹灰、镶贴块料按相应项目人工乘以系数1.15，材料乘以系数1.05。根据表4-3中的有关数据，按分项说明规定，首先应对该分项进行定额含量的换算，计算如下：

换算后分项定额工、料消耗量标准：

综合人工　　　　　　0.3669 × 1.15 = 0.422（工日）
水泥砂浆 1:3　　　　0.0139 × 1.05 = 0.0146（m²）
水泥白石子浆 1:1.5　0.0116 × 1.05 = 0.01218（m²）
108 胶素水泥浆　　　0.0010 × 1.05 = 0.00105（m²）
水　　　　　　　　　0.0283 × 1.05 = 0.02972（m²）

3. 按换算后分项定额工、料消耗量标准，计算分项工程量为 78.56m² 工、料、机的消耗量：

综合人工　　　　　　78.56 × 0.422 = 33.15（工日）
水泥砂浆 1:3　　　　78.56 × 0.0146 = 1.15（m²）
水泥白石子浆 1:1.5　78.56 × 0.01218 = 0.96（m²）
108 胶素水泥浆　　　78.56 × 0.00105 = 0.08（m²）
水　　　　　　　　　78.56 × 0.02972 = 2.33（m²）
灰浆搅拌机 200L　　 78.56 × 0.0042 = 0.33（台班）

【例4-4】某装饰装修工程中墙裙面积为 72.36m²，假设设计变更为墙裙做法如下：杉木龙骨基层(40mm × 30mm 木方单向布置，中距为300mm)，胶合板(3mm)层。试计算该墙裙装饰所需人工、杉木锯材、胶合板及聚醋酸乙烯乳液胶粘剂的消耗量。

【解】1. 查《全国统一装饰装修工程消耗量定额》，选定分项项目 2-168、2-209，工料消耗量指标见表4-4。

表4-4　　　　　　　　　　　　工 料 消 耗 量 指 标

分项名称	人工消耗量	杉木锯材消耗量	胶合板消耗量	聚醋酸乙烯乳液消耗量
2-168	0.1173	0.0121		
2-209	0.1495		1.1000	0.4211

2. 依据《全国统一装饰装修工程消耗量定额》说明规定：木龙骨基层是按双向计算的，如设计为单向时，材料、人工用量乘以系数0.55，墙裙胶合板若钉在木龙骨上，聚醋酸乙烯乳液减少 0.2807kg。

3. 计算工程分项人工、材料的消耗量如下：

换算后分项定额工、料消耗量标准：

人工消耗量： $72.36 \times (0.1173 \times 0.55 + 0.1495) = 15.49$（工日）

杉木锯材消耗量： $72.36 \times 0.0121 \times 0.55 = 0.88$（$m^3$）

胶合板消耗量： $72.36 \times 1.1000 = 79.60$（$m^2$）

聚醋酸乙烯乳液消耗量：$72.36 \times (0.4211 - 0.2807) = 10.16$（kg）

应该说明的是，上述换算实例属于定额"三量"的调整。

② 材料配合比不同的换算。配合比材料包括混凝土、砂浆、保温隔热材料等，这里主要指用于装饰装修工程的抹灰砂浆。由于装饰砂浆配合比的不同，引起相应某些资源的变化而导致直接工程费发生变化时，消耗量定额规定通常都是可以进行换算的。其换算的计算公式为

分项换算后资源消耗量 = 分项资源消耗量 + 配合料消耗量

                      ×（换入材料单位用量 - 换出材料单位用量）

                                                                       (4-6)

③ 装饰抹灰厚度不同的换算。对于装饰抹灰砂浆的厚度，如设计与消耗量定额取定不同时，消耗量定额规定可以换算抹灰砂浆的用量，其他不变。其换算公式为

分项资源换算消耗量 = 分项某资源消耗标准量

                 + $(k-1)$ × 配合比料消耗量标准   (4-7)

                k = 设计抹灰厚度/消耗量定额取定的抹灰厚度

式中 k——表示装饰抹灰厚度调整系数。

④ 材料用量不同的换算。材料用量的换算，主要是由于施工图纸设计采用的装饰材料的品种、规格与选套消耗量定额项目取定的材料品种、规格不同所致。换算时，应先计算装饰材料的用量差，然后再换算基价。其计算公式为

换算后材料消耗量定额量 = 消耗量定额指标量 +（某材料实际用量

          - 该材料消耗量定额用量）   (4-8)

式中，某材料实际用量应根据设计图示工程量及该材料实际耗用量按下式计算：

$$\text{定额单位材料实际耗量} = \frac{\text{分项定额计量单位} \times \text{材料实际用量}}{\text{工程分项项目工程量}}$$

                             ×（1 + 材料定额消耗率）   (4-9)

【例 4-5】 某单位工程制作安装铝合金地弹门 3 樘，根据施工图大样地弹门为：双扇带上亮无侧亮，门洞尺寸（宽×高）为 1800mm × 3000mm，上亮高 600mm，框料规格为 101.6mm × 44.5mm × 2mm，按框外围尺寸（1750mm × 2975mm，a = 2400mm）计算得型材实际净用量为 105.40kg，试计算确定该地弹门制作工程分项的消耗量标准。

【解】1. 查《全国统一建筑装饰装修工程预算消耗量定额》4-004 有：带上

亮无侧亮双扇地弹门每 $1m^2$ 洞口面积制作安装的消耗量标准为铝合金型材(框料规格 101.6mm×44.5mm×1.5mm)消耗量定额用量为 6.328kg,查消耗量定额材料损耗率表,铝合金型材损耗率为 6%,型材单价为 19.24 元/kg。

2. 计算消耗量定额单位铝合金型材实际用量。

$$地弹门工程量 = 1.8 \times 3.0 \times 3.0 = 16.2 m^2$$

3. 计算每 $1m^2$ 洞口面积型材实际用量。

根据题意,按照设计图纸计算的结果,将有关数据代入公式(4-9),有:

定额单位型材实际用量 $= [(1 \times 105.4)/16.2] \times (1 + 6.0\%) = 6.897 kg$

4. 每 $1m^2$ 洞口面积换算后型材用量。

根据题意,按照设计图纸计算以及以上计算结果,将有关数据代入公式(4-8),有:

换算后定额单位型材耗量 $= 6.328 + (6.897 - 6.328) = 6.897 kg$

3) 消耗量定额项目的补充情况。在工程施工图纸中,由于工程设计人员设计思想、设计风格的变化,建筑装饰装修工程中不断采用新结构、新材料、新工艺等,以及各工程建设地区技术与经济条件的差别,通常都会遇到《全国统一建筑装饰装修工程消耗量定额》缺项的情况。因此,在这种情况下,为满足报价要求,必须编制补充消耗量定额项目。施工企业根据施工过程的实际消耗状况,编制新的分项工程消耗量指标。

6. 建筑装饰装修工程定额消耗量的确定

(1) 装饰装修工程施工消耗量定额概述。

装饰装修施工消耗量定额的概念。建筑装饰装修工程施工消耗量定额是规定在正常的施工生产条件下,为完成单位合格建筑装饰装修工程施工产品所需消耗的人工、材料和机械台班的数量标准。它包括劳动消耗量定额、材料消耗量定额、机械台班消耗量定额三部分。

建筑装饰装修工程施工消耗量定额属于生产性消耗量定额。为了组织施工生产,很好地进行成本管理、经济核算和劳动工资的管理,施工消耗量定额划分得很细。它是建筑装饰装修工程消耗量定额中分项最细、消耗量定额子目最多的一种消耗量定额。

(2) 装饰施工消耗量定额的编制原则与编制依据。

1) 编制原则。

① 坚持定额水平的平均先进性原则。消耗量定额水平是指消耗在单位建筑装饰工程产品上工、料、机的数量多少。平均先进水平是指在正常施工条件下,具备一般知识水平和生产技能的施工班组和生产工人经过努力能够达到和超过的水平。

② 坚持内容和形式简明适用的原则。在确定施工消耗量定额的内容和形式

的时候，必须以有利于消耗量定额的执行和使用为基本原则，做到消耗量定额项目齐全、项目划分合理、消耗量定额步距适当。既满足组织施工生产和计算工人劳动报酬等不同用途的需要，又要容易为工人所掌握，简单明了，便于使用。

③ 坚持"专群结合"的原则。工程消耗量定额的编制具有很强的政策性、技术性和实践性。不但要有专门的机构和专业人员把握方针政策，经常性地积累消耗量定额资料，还要坚持专群结合，吸收群众参与积累消耗量定额资料，使消耗量定额反映群众自己的劳动成果，同时让群众了解消耗量定额在执行过程中的情况和存在的问题。

2）主要编制依据。

① 现行的全国统一建筑安装工程劳动消耗量定额、材料消耗量定额、施工机械台班消耗量定额。

② 现行的建筑安装工程施工验收规范、工程质量检查评定标准、技术安全操作规程。

③ 有关的建筑装饰工程历史资料及消耗量定额测定资料。

④ 建筑安装工人技术等级资料。

⑤ 有关建筑装饰标准设计图集，典型设计图纸。

3）编制方法和步骤。施工消耗量定额由劳动消耗量定额、材料消耗量定额、机械台班消耗量定额三部分指标组成。

① 施工消耗量定额分项项目的划分。施工消耗量定额分项项目一般是按施工项目的具体内容和工效差别划分，通常可按施工方法、构件类型及形体、建筑材料的品种和规格、构件做法和质量标准以及工程施工高度等因素来划分。

② 确定消耗量定额项目的计量单位。消耗量定额项目计量单位要能够最确切地反映工日、材料以及建筑产品的数量，便于工人掌握，应尽可能同建筑产品的计量单位一致并采用它们的整数倍为消耗量定额单位。如墙面抹灰项目的计量单位，就要同抹灰墙面的计量单位一致，按面积计算，即按 $1m^2$、$10m^2$、$100m^2$ 计。

③ 消耗量定额的册、章、节的编排。施工消耗量定额册、章、节的编排主要是依据《全国统一建筑安装劳动定额》编制的，故施工消耗量定额的册、章、节的编排与劳动消耗量定额编排类似。

（3）装饰装修工程劳动消耗量定额。也称作装饰工程人工消耗量定额。它反映了大多数装饰装修工程施工企业和职工经过努力能够达到的平均先进水平。装饰装修劳动消耗量定额有两种基本的表现形式：即时间消耗量定额和产量消耗量定额。

1）时间消耗量定额。时间消耗量定额是指某工种某专业的工人或工人班组，在合理的劳动组织与正确使用材料的条件下，完成单位质量合格的装饰工程施工产品所必须的工作时间。计量单位为工日。每个工日工作时间，按法定制度规定为8h。时间消耗量定额计算公式如下：

$$时间消耗量定额(工日) = \frac{1}{每工产量}$$

$$时间消耗量定额 = \frac{小组成员工日数总和}{台班产量(班组完成产品数量)}$$

2）每工产量标准。每工产量标准是指某工种某专业的工人或工人班组，在合理的劳动组织与正确使用材料的条件下，在单位工作时间内应完成符合质量要求的产品数量。其计量单位通常以所完成合格产品的单位表示。每工产量定额计算公式如下：

$$每工产量 = \frac{1}{单位产品时间定额}$$

$$台班产量 = \frac{小组成员工日数总和}{单位产品时间定额}$$

3）时间消耗量定额与每工产量定额的关系。时间消耗量定额与产量消耗量定额是对同一产品所需劳动量的两种表示形式，在数值上互为倒数关系。即

$$时间消耗量定额 \times 每工产量标准 = 1$$

4）劳动消耗量定额形式与应用。

A. 装饰装修工程劳动消耗量定额的形式。装饰工程劳动消耗量定额通常有单式与复式两种表示形式。

单式指在消耗量定额的消耗量指标栏中只有一个数据的形式，此数值表示的是时间消耗量定额。

复式指在消耗量定额的消耗量指标栏中同时反映两个数据的形式，其中分子数值表示时间消耗量定额，分母数值表示每工产量标准，见表4-4。

B. 劳动消耗量定额的应用。时间消耗量定额与每工产量定额作为劳动消耗量定额的不同表示形式其用途如下：时间消耗量定额，以计算分部分项工程所需的工日数和编制施工进度计划（表4-5）。每工产量定额以施工班组分配施工任务，考核工人或工人小组的劳动生产率。

表4-5　　　　　每10m²铺设地毯劳动消耗量定额

序号	项目	铺 地 毯			
		固 定 式		活 动 式	
		不拼花	拼花	不拼花	拼花
1	综合	$\dfrac{0.77}{1.3}$	$\dfrac{1.04}{0.962}$	$\dfrac{0.324}{3.09}$	$\dfrac{0.432}{2.31}$

续表

序号	项目	铺 地 毯			
		固 定 式		活 动 式	
		不拼花	拼花	不拼花	拼花
2	打压条	$\dfrac{0.05}{20}$	$\dfrac{0.05}{20}$	—	—
3	铺胶毯	$\dfrac{0.06}{16.7}$	$\dfrac{0.06}{16.7}$	$\dfrac{0.06}{16.7}$	$\dfrac{0.06}{16.7}$
4	铺面毯	$\dfrac{0.66}{1.52}$	$\dfrac{0.93}{1.08}$	$\dfrac{0.264}{3.79}$	$\dfrac{0.372}{2.69}$
编号		19	20	21	22

注：1. 室内地面面积在 $10m^2$ 以内者，按时间消耗量定额乘以 1.25。

2. 活动式地毯，如面毯不需裁剪者，其铺面毯时间消耗量定额乘以 0.87。

【例 4 – 6】某宾馆楼地面铺设固定式不拼花地毯，9 层，每层工程量相等，工程量总面积为 $3580m^2$，试编制施工进度计划。

【解】1. 求劳动量。

查劳动消耗量定额，其时间消耗量定额为 0.77。

劳动量 = 0.77 × 3580/10 = 275.66（工日）

则每层劳动量为 = 275.66/9 = 30.63（工日）

2. 进度计划安排。因不受工作面影响，每天安排 26 人，则每层施工时间 = 30.63/26 = 1.178(天)，取 1 天。

（4）材料消耗量定额的确定。

1）材料消耗量定额的概念。材料消耗量定额是指在节约的原则和合理使用材料的条件下，生产质量合格的单位产品所必须消耗的一定品种规格的原材料、成品、半成品、构件和动力燃料等资源的数量标准。

材料消耗量定额可分成两部分：一部分是直接用于建筑装饰工程的材料，称为材料净用量；另一部分是生产操作过程中不可避免的废料和不可避免的损耗，称为材料损耗量。材料损耗量用材料损耗率表示，即材料的损耗量与材料消耗量比值的百分率表示。其数学表达式

$$材料消耗量 = 净用量 \times (1 + 材料损耗率) \qquad (4-10)$$

$$材料损耗率 = 材料的损耗量/材料消耗量 \qquad (4-11)$$

2）材料消耗量定额的制定。材料消耗量定额的制定方法有观察法、实验法、统计法、计算法等。

① 观察法。观察法是指通过对装饰工程施工工程中，实际完成的建筑装饰工程施工产品数量与所消耗的材料数量进行现场观察和测定，通过分析整理和

计算确定建筑装饰材料消耗量定额和装饰材料损耗消耗量定额的方法。

② 实验法。实验法是指采用实验仪器和实验设备，在实验室或施工现场内，通过对工程材料进行试验测定并通过资料整理计算制定材料消耗量定额的方法。此法适用于测定混合材料（如混凝土、砂浆、沥青膏、油漆涂料等材料）的消耗量定额。

③ 统计法。统计法是指通过对各类已完建筑装饰工程施工过程的装饰分部分项工程拨付材料数量，竣工后的装饰材料剩余数量，完成装饰工程产品数量的统计、分析、计算，确定装饰材料消耗量定额的方法。

④ 理论计算法。理论计算法是指根据装饰工程施工图，按照设计所确定的装饰工程构件的类型、所采用材料的规格和其他技术资料，通过理论计算来制定材料消耗量标准的方法。

3）常用装饰材料消耗量定额的确定。确定各种材料的消耗量，先计算净用量，后计算损耗量，最后求得材料消耗量。

① 块料面层材料消耗量计算。块料面层一般指瓷砖、锦砖、缸砖、预制水磨石块、大理石、花岗石板。块料面层消耗量定额，通常以 100m² 为计量单位。

$$面层块材用量 = \frac{100}{(块料长+灰缝)\times(块料宽+灰缝)} \times (1+损耗率)$$
(4 – 12)

$$灰缝砂浆用量 = (100-块料净用量\times块料长\times块料宽)\times h_{缝}\times(1+损耗率)$$
(4 – 13)

【例 4 – 7】釉面砖规格为 150mm×150mm×5mm，其损耗率为 1.5%，试计算 100m² 墙面釉面砖消耗量。

$$釉面砖消耗量 = \frac{100}{(0.15+0.001)\times(0.15+0.001)}\times(1+0.015) = 4452(块)$$

$$灰缝砂浆消耗量 = [100-(4452/1.015)\times 0.15\times 0.15]=1.31\times 0.005$$
$$= 0.0066(m^3)$$

结合层砂浆用量 = 100×0.005 = 0.5(m³)

装饰砂浆总用量 = 0.5 + 0.0066 = 0.5066(m³)

② 普通抹灰砂浆配合比用料量计算。

$$砂消耗量(m^3) = \frac{砂比例数}{配合比总比例数-砂比例数\times砂空隙率}\times(1+损耗率)$$
(4 – 14)

$$水泥消耗量(kg) = \frac{水泥比例数\times水泥密度}{砂比例数}\times砂用量\times(1+损耗率)$$
(4 – 15)

$$石灰膏消耗量(m^3) = \frac{石灰膏比例数}{砂比例数} \times 砂用量 \times (1 + 损耗率) \quad (4-16)$$

③ 周转性材料消耗量的计算。周转性材料在施工过程中多次使用，属于工具性材料，如模板、挡土板、脚手架料等。制定周转性消耗量，应当按照多次使用，分期摊销方法进行计算。

现浇混凝土构件模板用量计算：

A. 周转材料的一次使用量指在不重复使用条件下，周转性材料的一次性用量。

$$现浇混凝土模板一次使用量 = 单位构件模板接触面面积 \\ \times 单位接触面积模板需用量 \times (1 + 损耗率) \quad (4-17)$$

B. 材料周转使用量。材料周转使用量指完成一次计量单位的混凝土结构构件或混凝土装饰构件所需消耗的周转材料的数量，一般按材料周转次数和每次周转应发生的补损量等因素进行计算。其计算公式为

$$周转使用量 = \frac{一次用量 + [一次使用量 \times (周转次数 - 1) \times 补损率]}{周转次数}$$

$$= 一次使用量 \times k_1 \quad (4-18)$$

式中 k_1——周转使用系数，$k_1 = \frac{1 + (周转次数 - 1) \times 补损率}{周转次数}$

C. 周转性材料摊销量。周转性材料在重复使用条件下，通常采用摊销的办法进行计算，分摊到每一个计量单位结构构件的材料消耗量。其计算公式为

$$周转性摊销量 = 一次使用量 \times k_2 \quad (4-19)$$

式中 k_2——摊销系数，$k_2 = k_1 - \frac{(1 - 补损率) \times 回收折价率}{周转次数 \times (1 + 间接费率)}$

（5）机械台班消耗量标准的确定。

1）装饰机械台班消耗量定额。装饰机械台班消耗量定额，是指在正常的装饰机械生产条件下，为生产单位合格装饰工程产品所必须消耗机械的工作时间，或者在单位时间内应用施工机械所应完成的合格装饰产品数量。按其表现形式可分成为机械时间消耗量定额和机械产量消耗量定额。其表现形式为

$$机械台班消耗量 = \frac{1}{机械台班产量}$$

2）装饰施工机械台班消耗量指标的确定。装饰施工机械台班消耗量指标，一般是以常用的施工机械规格综合选型，以8h作业为1个台班进行计算的。考虑各种因素后，经综合分析按下式估算机械台班消耗量指标：

$$施工机械台班消耗量指标 = \frac{定额计量单位分项工程量}{机械台班产量} \quad (4-20)$$

4.1.2 工程量计算概述

1. 工程量的概念

工程量是指以自然计量单位或物理计量单位表示各建筑装饰装修分项工程或装饰构、配件的实物数量。

物理计量单位是指物体的物理法定计量单位，如建筑装饰装修工程中，墙面贴壁纸以"m^2"为计量单位，楼梯栏杆扶手以"m"为计量单位等。自然计量单位是以物体自身为组合单位，如装饰灯具安装以"套"为计量单位，装饰卫生器具安装以"组"为计量单位等。

2. 工程量计算的意义

正确计算建筑装饰工程工程量，是编制建筑装饰装修工程预算的一个重要环节。其主要意义在于：

（1）建筑装饰装修工程工程量计算的准确与否，直接影响着建筑装饰装修工程的预算造价，从而影响着整个建筑装饰装修工程的预算造价。

（2）建筑装饰装修工程工程量是建筑装饰装修施工企业编制施工作业计划，合理安排施工进度，组织劳动力、材料和机械的重要依据。

（3）建筑装饰装修工程工程量是基本建设财务管理和会计核算的重要指标。

3. 工程量计算的一般方法

为便于装饰装修工程工程量的计算和审核，防止重算和漏算，进行工程量计算时必须按照一定的顺序和方法来进行。

（1）分部工程(章)工程量计算的顺序。

1）消耗量定额顺序法。即完全按照装饰装修工程预算消耗量定额各分部分项工程的编排顺序进行工程量的计算。

此法的主要优点是：能依据消耗量定额项目划分的顺序逐项计算，通过工程项目与消耗量定额项目间的对照，能清楚地反映出已算和未算项目，防止漏项，并有利于工程量的整理与报价。

2）施工顺序法。即根据各装饰装修工程项目的施工工艺特点，按其施工的先后顺序，同时考虑到计算的方便，由基层到面层或从下至上逐层计算。

此法的主要优点是：它打破了消耗量定额分章分节的界限，比较直观地反映出施工分项项目之间的内在关系，计算工作比较流畅，但对使用者的专业技能要求较高。

3）统筹原理计算法。即通过对预算消耗量定额的项目划分和工程量计算规则进行分析，找出各分项项目之间的内在联系，运用统筹法原理，合理安排计算顺序，从而达到以点带面、简化计算、节省时间的目的。此法通过统筹安排，使各分项目的计算结果互相关联,并将后面要重复使用的基数先计算出来。比如,为了便于计算墙面装饰工程量时扣除门窗洞口面积,可以先计算门窗工程量;顶棚工程量的计算时则可以楼、地面工程量为基础进行等。

实际工作中,往往综合应用上述三种方法。装饰装修工程中各分部工程量计算顺序可参考:楼地面工程→顶棚工程→门窗工程→墙柱面工程→油漆、涂料、裱糊工程→其他工程。

(2)同一分部不同分项子目之间的计算顺序,一般按消耗量定额编排顺序或按施工顺序计算。

总之,合理的工程量计算顺序不仅能防止错算、重算或漏算,还能加快计算速度。预算人员应在实践中不断探索,总结经验,形成适合自己特点的工程量计算顺序,以达到事半功倍的效果。

4. 工程量计算的基本步骤

建筑装饰装修工程量计算是指根据建筑装饰工程施工图纸和有关工程资料,按照建筑装饰装修工程消耗量定额中的工程量计算规则,逐项计算分部分项装饰装修工程的数量的过程。实际工作中就是填写工程量计算表的过程。工程量计算表的格式填写步骤如下:

(1)填写工程项目名称。为了便于正确套用消耗量定额或换算基价,此栏除了应填写装饰装修分项工程的名称外,还应注明该分项工程的主要做法及所用装饰材料的品种、规格等内容。

(2)填写计量单位。按相应项目消耗量定额的计量单位填写。

(3)填写计算式。

(4)计算结果,填写工程分部分项实物数量。

5. 工程量计算中应注意的问题

(1)全面熟悉工程资料。工程量计算时,根据工程施工图和有关工程资料列出的工程分项必须确切反映工程实际,其分项名称、工程做法应尽可能与选定的消耗量定额的分项子目相一致。建筑装饰工程分项项目的工作内容与做法特征和施工现场的条件是由工程图纸和工程资料确定的。

(2)计量单位要一致。按施工图纸计算工程量时,各分项工程的工程量计量单位,必须与消耗量定额中相应项目的计算单位一致。

(3)严格执行工程计量规则。在计算装饰工程量时,必须严格执行现行《全国统一建筑装饰装修工程消耗量定额》所规定的工程量计算规则。

(4)计算精确度统一。在计算工程量时,计算底稿要整洁,数字要清楚,项目部位要注明,计算精确度要一致。工程量的数据一般精确到小数点后两位,钢材、木材及使用贵重材料的项目可精确到小数点后三位。

(5)必须准确计算,不重算、不漏算。在计算工程量时,必须严格按照图示尺寸计算,不得任意加大或缩小。另外,为了避免重算和漏算,应按照一定的顺序进行计算。

工程量计算的准确与否,直接影响到工程造价。熟练应用消耗量定额和正确理解装饰装修工程工程量计算规则是计算工程量的基础。

4.1.3 《全国统一建筑装饰装修工程预算定额》工程量计算规则

1. 楼地面工程量计算

楼地面工程定额计量说明如下:

1)工程内容。楼地面工程主要包括地面、楼面、楼梯、台阶、零星项目等面层装饰及扶手、栏杆、栏板等工程。本章消耗量定额未列项目(如找平层、垫层、木地板填充材料等),则按照《全国统一建筑工程基础消耗量定额》相应项目执行。

2)消耗量定额的有关规定。

① 同一铺贴面上有不同种类、材质的材料,应分别按楼地面工程相应子目执行。

② 整体面层除水泥砂浆楼梯包括抹水泥砂浆踢脚线外,其他整体面层、块料面层均不包括踢脚线(板)工料。

③ 踢脚线(板)高度按30cm以内综合,超过30cm者,按墙裙相应消耗量定额执行。

④ 楼地面嵌金属分隔条及楼梯、台阶做防滑条时,按相应消耗量定额分项计算。

⑤ 现浇水磨石整体面层、材料面层均不包括酸洗打蜡,如设计要求酸洗打蜡者,按相应消耗量定额执行。

⑥ 大理石、花岗石楼、地面拼花按成品考虑。

⑦ 消耗量定额中扶手、栏杆、栏板适用于楼梯、走廊、回廊及其他装饰性栏杆、栏板,弧形栏板、扶手,将人工、机械乘以1.2系数计算。

⑧ 零星项目面层适用于楼梯、台阶的侧面、牵边、小便池、蹲位、池槽以及面积在1m²以内且消耗量定额未列项目的工程。

3)楼地面工程工程量计算规则。

① 楼地面装饰面层,其工程量按饰(贴)面净面积以"m²"计算,不扣除0.1m²以内孔洞所占面积;拼花部分按实贴面积计算。

② 楼梯面层,其工程量按楼梯(包括楼梯踏步板、歇台板)水平投影面积计算,楼梯与楼、地面分界以最后一个踏步板外沿为界,不扣除宽度小于500mm的楼梯井所占面积。

③ 台阶,其工程量按台阶实铺的水平投影面积以"m²"计算,台阶与楼地

面分界以最上一级踏步外沿300mm计算。

④ 踢脚线(板)，其工程量按实贴踢脚线(板)长度乘高度以"m^2"计算。成品踢脚线按实贴长度以"m"计算，楼梯踢脚线按相应定额乘以系数1.15。

⑤ 点缀，其工程量按设计图示数量以"个"计算。计算主体铺贴地面面积时，不扣除点缀所占面积。

⑥ 零星项目，其工程量按实铺面积以"m^2"计算。

⑦ 栏杆、栏板、扶手，其工程量均按其中心线长度以"m"计算，计算扶手时不扣除弯头所占的长度。

⑧ 弯头，其工程量按设计图示数量以"个"计算。

⑨ 石材底面刷养护液时，其工程量按其底面面积加四个侧面面积，以"m^2"计算。

2. 墙、柱面工程量计算

（1）墙、柱面工程定额计量说明。

1）工程内容。墙柱面工程内容包括装饰抹灰、镶贴块料、饰面及幕墙等，其操作方法均为手工操作。本章未列项目(如一般抹灰工程等)均按《全国统一建筑工程基础消耗量定额》相应项目执行。

2）消耗量定额的有关规定。

① 本章消耗量定额凡注明砂浆种类、配合比、饰面材料及型材的型号规格与设计不同时，可按设计规定调整，但人工、机械消耗量不变。

② 抹灰砂浆厚度，如设计与消耗量定额取定不同时，除消耗量定额有注明厚度的项目可以换算外，其他一律不做调整。抹灰厚度按不同的砂浆分别列在消耗量定额项目中，同类砂浆列总厚度，不同砂浆分别列出厚度，如消耗量定额项目中12mm+12mm即表示两种不同砂浆的各自厚度。

③ 圆弧形、锯齿形等不规则墙面抹灰、镶贴块料按相应项目人工乘以系数1.15，材料乘以系数1.05。

④ 外墙贴面砖灰缝宽分5mm以内、10mm以内和20mm以内列项，其人工、材料已综合考虑。如灰缝不同或灰缝超过20mm以上者，其块料及灰缝材料(水泥砂浆1:1)用量允许调整，其他不变。

⑤ 镶贴块料和装饰抹灰的"零星项目"适用于挑檐、天沟、腰线、窗台线、门窗套、压顶、扶手、雨篷周边等。

⑥ 木龙骨基层是按双向计算的，如设计为单向时，其材料、人工用量乘以系数0.55。

⑦ 消耗量中定额木材种类除注明者外，均以一、二类木种为准，如采用三、四类木种时，人工及机械乘以系数1.3。木种分类规定如下：

A. 第一、二类：红松、水桐木、樟树松、白松、(云杉、冷杉)、杉木、杨木、柳木、椴木。

　　B. 第三、四类：青松、黄花松、秋子木、马尾松、东北榆木、柏木、苦楝木、梓木、黄菠萝、椿木、楠木、柚木、樟木、栎木(柞木)、檀木、色木、槐木、荔木、麻栗木(麻栎、青刚)、桦木、荷木、水曲柳、华北榆木、榉木、橡木、枫木、核桃木、樱桃木。

　　⑧ 面层、隔墙(间壁)、隔断(护壁)在，除标明者外，均未包括压条、收边、装饰线(板)，如设计要求时，应按本消耗量定额"其他工程"相应子目执行。

　　⑨ 面层、木基层均未包括刷防火涂料，如设计要求时，应按本消耗量定额"油漆、涂料、裱糊工程"相应子目执行。

　　⑩ 玻璃幕墙设计有平开、推拉窗者，仍执行幕墙消耗量定额，窗型材、窗五金相应增加，其他不变。

　　⑪ 玻璃幕墙中的玻璃按成品玻璃考虑，幕墙中的避雷装置、防火隔离层消耗量定额已综合，但幕墙的封边、封顶的费用另行计算。

　　⑫ 一般抹灰工程"零星项目"，适用于各种壁柜、碗柜、过人洞、暖气壁龛、池槽、花台以及 $1m^2$ 以内的其他各种零星抹灰。抹灰工程的"装饰线条"适用于门窗套、挑檐、腰线、压顶、遮阳板、楼梯边梁、宣传栏边框等凸出墙面或抹灰面展开宽度在 300mm 以内的竖、横线条抹灰。超过 300mm 的线条抹灰按"零星项目"执行。

　　(2) 墙、柱面工程工程量计算规则。

　　1) 内墙面抹灰。内墙面、墙裙抹灰面积，应扣除门窗洞口和 $0.3m^2$ 以上的空圈所占的面积，且门窗洞口、空圈、孔洞的侧壁面积亦不增加，不扣除踢脚线、挂镜线及 $0.3m^2$ 以内的孔洞和墙与构件交接处的面积。附墙柱的侧面抹灰应并入墙面、墙裙抹灰工程量内计算。墙面、墙裙的长度以主墙间的图示净长计算，墙面高度按室内地坪至顶棚底面净高计算，墙裙抹灰高度按室内地坪以上的图示高度计算。墙面抹灰面积应扣除墙裙抹灰面积。

　　① 钉板顶棚(不包括灰板条顶棚)下的内墙抹灰，其高度按室内地面或楼面至顶棚底面另加 100mm 计算。

　　② 砖墙中的钢筋混凝土梁、柱侧面抹灰，按砖墙面抹灰消耗量定额计算。

　　2) 外墙面抹灰。

　　① 外墙面抹灰面积，按外墙面的垂直投影面积以"m^2"计算，应扣除门窗洞口、外墙裙和孔洞所占的面积，不扣除 $0.3m^2$ 以内的孔洞所占的面积，门窗洞口及孔洞侧壁面积亦不增加。附墙柱侧面抹灰面积，应并入外墙面抹灰工程量内。

② 外墙裙抹灰，其工程量按展开面积计算，扣除门窗洞口和孔洞所占的面积，但门窗洞口及孔洞侧壁面积也不增加。

③ 一般抹灰工程装饰线条，其工程量按设计图示长度以"m"计算。门窗套、挑檐、遮阳板等展开宽度在 300mm 以内者，不论多宽均不调整。展开宽度超过 300mm 者，按图示尺寸展开面积以"m^2"计算，执行"零星项目"消耗量定额。

3) 栏板、栏杆(包括立柱、扶手或压顶等)抹灰按立面垂直投影面积乘以系数 2.2 以"m^2"计算。

4) 墙面勾缝，其工程量按垂直投影面积以"m^2"计算，应扣除墙裙和墙面抹灰的面积，不扣除门窗洞口、门窗套、腰线等零星抹灰所占的面积，附墙柱和门窗洞口侧面的勾缝面积亦不增加。独立柱、房上烟囱勾缝，按图示尺寸以"m^2"计算。

5) 女儿墙(包括泛水、挑砖)内侧抹灰按垂直投影面积乘以系数 1.10，带压顶者乘以系数 1.30 按墙面消耗量定额执行。

6) 墙面墙裙贴块料面层，其工程量按实贴面积计算，墙面墙裙饰面按墙的净长乘净高以"m^2"计算，扣除门窗洞口及 $0.3m^2$ 以上的孔洞所占面积。墙面贴块料、饰面高度在 300mm 以内者，按踢脚板消耗量定额执行。

7) 独立柱。

① 柱面抹灰，其工程量按设计图示尺寸结构断面周长乘高度以"m^2"计算。

② 柱面镶贴块料及其他饰面装饰工程，其工程量按装饰构造设计图示尺寸外围饰面周长乘以柱的高度以"m^2"计算。

③ 消耗量定额中除已列有柱帽、柱墩的项目外，其他项目的柱帽、柱墩工程量并入相应柱面积内，每个柱帽或柱墩另增人工为抹灰 0.25 工日，块料 0.38 工日，饰面 0.5 工日。

8) 干挂石板型钢或不锈钢骨架，其工程量按设计图示长度乘以理论重量计算。

9) 零星项目抹灰及镶贴块料，其工程量按设计图示尺寸以展开面积"m^2"计算。

10) 挂贴大理石、花岗石其他零星项目，花岗石、大理石按成品考虑，花岗石、大理石柱墩、柱帽按设计图示最大外径周长以"m"计算。

11) 隔断，其工程量按设计图示尺寸以隔断墙的净长乘净高以"m^2"计算，扣除门窗洞口及 $0.3m^2$ 以上的孔洞所占面积。

12) 全玻璃隔断不锈钢边框，其工程量可按边框的展开面积以"m^2"计算。

13) 玻璃幕墙,其工程量按设计图示尺寸框外围面积以"m^2"计算。

3. 顶棚工程量计算

(1) 顶棚工程定额计量说明。

1) 工程内容。顶棚工程内容包括顶棚的龙骨、基层、面层及其他内容的装饰,按其造型的不同划分为平面顶棚、迭级顶棚及艺术造型顶棚。龙骨按不同材质分为木龙骨、轻钢龙骨和铝合金龙骨,面层按不同饰面材料而分别列项。本章未列项目(如顶棚抹灰等)按《全国统一建筑工程基础消耗量定额》相应项目执行。

2) 消耗量定额的有关规定。

① 本消耗量定额除部分项目为龙骨、基层、面层合并列项外,其余均按顶棚龙骨、基层、面层分别列项编制的。

② 本消耗量定额龙骨的种类、间距、规格和基层的型号、规则是按常用材料和常用做法考虑的。如设计要求不同时,材料可以调整,但人工、机械不变。

③ 轻钢龙骨、铝合金龙骨消耗量定额中为双层结构(即中、小龙骨紧贴大龙骨底面吊挂),如为单层结构时(大、中龙骨底面在同一水平上),人工乘以系数 0.85。迭级顶棚由双层结构改为单层结构时,轻钢龙骨人工乘以系数 0.87,铝合金龙骨人工乘以系数 0.84。

④ 顶棚面层在同一标高者为平面顶棚,顶棚面层不在同一标高者为迭级顶棚(迭级顶棚,其面层人工乘以系数 1.10)。

⑤ 本消耗量定额中平面顶棚和迭级顶棚,不包括灯光槽的制作安装,灯光槽制作安装应按本章相应子目执行。艺术造型顶棚项目中包括灯光槽的制作安装。

⑥ 迭级顶棚与艺术造型顶棚的区分:迭级顶棚指形状比较简单,不带灯槽、一个空间内有一个"凸"或"凹"形状的顶棚;艺术造型顶棚是指面层为锯齿形、阶梯形、吊挂式、藻井式等构造形式的顶棚。

⑦ 木龙骨、基层、面层的防火处理,应按本消耗量定额"油漆、涂料、裱糊工程"的相应子目执行。

⑧ 顶棚检查孔、检修走道的工料已包括在消耗量定额项目内,不另计算。

⑨ 本章项目中未包括灯具、电器设备等安装所需的吊挂件。

⑩ 顶棚抹灰厚度,是按消耗量定额取定的,如设计与消耗量定额规定不同时除定额注明可以换算外,其他一律不做调整。

(2) 顶棚工程工程量计算规则。

1) 各种顶棚龙骨其工程量按主墙间净空面积计算,不扣除间壁墙、检查洞、附墙烟囱、柱、垛和管道所占面积。

2) 顶棚基层,其工程量按展开面积以"m^2"计算。

3) 顶棚装饰面层,其工程量按主墙间实钉(胶)面积以"m^2"计算,顶棚面层中的折线、跌落、拱形,等应展开计算面积。不扣除间壁墙、检查口、附墙烟囱、柱垛和管道所占面积,但应扣除 $0.3m^2$ 以上的孔洞、独立柱及与顶棚相连的窗帘盒所占的面积。

4) 本章消耗量定额中,龙骨、基层、面层合并列项的子目,工程量计算规则同 1)条。

5) 楼梯底面装饰工程量,按其水平投影面积乘以系数 1.15 计算。

6) 镶贴镜面,其装饰工程量按实际镶贴面面积以"m^2"计算。

7) 灯光槽装饰,其工程量按设计图示尺寸灯光槽的长度以"m"计算。

4. 门、窗工程量计算

(1) 门、窗工程定额计量说明。

1) 工程内容。门窗工程包括铝合金门窗、彩板组角钢门窗、塑钢门窗、防盗门窗、卷闸门、防火门、实木门、电动门等装饰性门窗及其他装饰配件与附件的制作与安装。本章未列项目(如普通木门窗、钢门窗、铝合金门窗五金配件等)均按《全国统一建筑工程基础消耗量定额》相应项目执行。

2) 消耗量定额的有关规定。

① 铝合金门窗制作、安装项目不分现场或施工企业附属加工厂制作,均执行本消耗量定额。

② 铝合金地弹门制作型材(框料)按 101.6mm×44.5mm、厚 1.5mm 方管制定,单扇平开门、双扇平开窗按 38 系列制定,推拉窗按 90 系列(厚 1.5mm)制定。如实际采用的型材断面及厚度与消耗量定额取定规格不符者,可进行调整。

③ 装饰板门扇制作,按木骨架、基层、饰面板面层分别考虑。

④ 大理石、花岗石门套不分成品或现场加工,均执行本消耗量定额。

(2) 门、窗工程工程量计算规则。

1) 铝合金门窗、彩板组角钢门窗、塑钢门窗安装,均按洞口面积以"m^2"计算。纱扇制作安装按扇外围面积以"m^2"计算。

2) 卷闸门安装按其安装高度乘以门的实际宽度以"m^2"计算。安装高度算至滚筒顶点为准。带卷筒罩的按展开面积增加。电动装置安装以套计算,小门安装以个计算,小门面积不扣除。

在编制工程预算时,如设计对卷闸门安装高度未作具体要求时,其卷闸门面积可按(洞口高+600mm)×洞口宽计算。

3) 防盗门、防盗窗、不锈钢格栅门按框外围面积以"m^2"计算。

4) 成品防火门以框外围面积以"m^2"计算,防火卷帘门从地(楼)面算至端板顶点乘以设计宽度。防火卷帘门手动装置安装以套计算。

5) 实木门框制作安装以延长米计算。实木门扇制作安装及装饰门扇制作按扇外围面积计算。装饰门扇及成品门扇安装按扇计算。

6) 木门扇包皮制隔声和装饰板隔声面层,其工程量按装饰面单面面积以"m^2"计算。

7) 不锈钢板包门框、门窗套、花岗石门套、门窗筒子板,其工程量按设计图示展开面积以"m^2"计算。门窗贴脸、窗帘盒、窗帘轨按设计图示长度以"m"计算。

8) 窗台板。其工程量按台板实铺面积以"m^2"计算。

9) 电子感应门及转门,其工程量按设计图示尺寸区别不同规格,以"樘"计算。

10) 不锈钢电动伸缩门按设计图示拉伸长度乘高度以"m^2"计算。伸缩门电动控制装置以"套"计算。

11) 无框全玻门扇,其工程量按设计图示门扇外围面积以"m^2"计算。

12) 固定无框玻璃窗按设计图示尺寸洞口面积以"m^2"计算。

13) 其他门窗工程,除说明外,其制作、安装工程量,均按设计图示尺寸,门窗洞口面积以"m^2"计算。

14) 普通木窗顶部带有半圆窗的工程量应分别按半圆窗和普通窗计算,其分界线以两者之间的横框上裁口线为准。

5. 油漆、涂料、裱糊工程量计算规则

(1) 油漆、涂料、裱糊工程定额计量说明。

1) 工程内容。油漆、涂料、裱糊饰面工程包括木材面、金属面的各种油漆项目,以及抹灰面的各种油漆、涂料、裱糊项目。本章未列项目(如厂库房大门、钢门窗油漆等)按《全国统一建筑工程基础消耗量定额》相应项目执行。

2) 消耗量定额的有关规定。

① 本消耗量定额刷涂、刷油采用手工操作,喷塑、喷涂采用机械操作。操作方法不同时,不予调整。

② 油漆浅、中、深各种颜色,已综合在消耗量定额内,颜色不同,不另调整。

③ 本消耗量定额在同一平面上的分色及门窗内外分色已综合考虑。如需作美术图案者,另行计算。

④ 消耗量定额内规定的喷、涂、刷遍数与设计要求不同时,按每增加一遍消耗量定额项目进行调整。

⑤ 喷塑(一塑三油)、底油、装饰漆、面油,其规格划分如下:

A. 大压花:喷点压平、点面积在 $1.2cm^2$ 以上。

B. 中压花:喷点压平、点面积在 $1 \sim 1.2cm^2$ 以内。

C. 喷中点、幼点：喷点面积在 1cm² 以下。

⑥ 消耗量定额中的双层木门窗(单裁口)是指双层框扇。三层二玻一纱窗是指双层框三层扇。

⑦ 消耗量定额中的单层木门刷油是按双面刷油考虑的，如采用单面刷油，其消耗量定额含量乘以系数 0.49 计算。

⑧ 消耗量定额中的木扶手油漆为不带托板考虑。

(2) 油漆、涂料、裱糊工程量计算规则。

1) 木材面油漆，其工程量分别按表 4-6～表 4-10 相应的计算规则计算。

表 4-6　　执行木门消耗量定额其工程量系数表

项目名称	系数	工程量计算方法
单层木门	1.00	按单面洞口面积计算
双层（一玻一纱）木门	1.36	
双层（单裁口）木门	2.00	
单层全玻门	0.83	
木百叶门	1.25	

表 4-7　　执行木窗消耗量定额其工程量系数表

项目名称	系数	工程量计算方法
单层玻璃窗	1.00	按单面洞口面积计算
双层(一玻一纱)木窗	1.36	
双层框扇(单裁口)木窗	2.00	
双层框三层(二玻一纱)木窗	2.60	
单层组合窗	0.83	
双层组合窗	1.13	
木百叶窗	1.50	

表 4-8　　执行木扶手消耗量定额其工程量系数表

项目名称	系数	工程量计算方法
木扶手(不带托板)	1.00	按延长米计算
木扶手(带托板)	2.60	
窗帘盒	2.04	
封檐板、顺水板	1.74	
挂衣板、黑板框、单独木线条 100mm 以外	0.52	
挂镜线、窗帘棍、单独木线条 100mm 以内	0.35	

表 4-9　　　　　　　　　抹灰面油漆、涂料、裱糊

项目名称	系　数	工程量计算方法
混凝土楼梯底	1.37	水平投影面积
混凝土花格窗、栏杆花饰	1.82	单面外围面积
楼地面、顶棚、墙、柱、梁面	1.00	展开面积

表 4-10　　　　执行其他木材面消耗量定额其工程量系数表

项目名称	系　数	工程量计算方法
木板、纤维板、胶合板顶棚	1.00	长×宽
木护墙、木墙裙	1.00	
窗台板、筒子板、盖板、门窗套	1.00	
清水板条顶棚、檐口	1.07	
木方格顶棚	1.20	
吸声板墙面、顶棚面	0.87	
暖气罩	1.28	
木间壁、木隔断	1.90	单面外围面积
玻璃间壁露明墙筋	1.65	
木棚栏、木栏杆(带扶手)	1.82	
衣柜、壁柜	1.00	按实刷面积展开
零星木装修	0.87	展开面积
梁柱饰面	1.00	展开面积

2) 楼地面、顶棚、墙面、柱面、梁面的喷(刷)涂料、抹灰面油漆及裱糊工程，均按表 4-10 相应的计算规则计算。

3) 金属构件油漆的工程量按构件重量计算。

4) 消耗量定额中的隔墙、护壁、柱、顶棚木龙骨及木地板中木龙骨带毛地板，刷防火涂料工程量计算规则如下：

① 隔墙、护壁木龙骨，其工程量按其面层正立面垂直投影面积以 "m^2" 计算。

② 柱木龙骨、木夹板基层、饰面板面层，其工程量按其设计图示尺寸装饰构造面层外围面积以 "m^2" 计算。

③ 顶棚木龙骨，其工程量按其水平投影面积以 "m^2" 计算。

5) 木地板中木龙骨及木龙骨带毛地板，其工程量按地板面积以 "m^2" 计算。

6) 隔墙、护壁、柱、顶棚面层及木地板刷防火涂料，按其他木材面刷防火

涂料相应子目执行。

7）木楼梯（不包括底面）油漆，按木楼梯水平投影面积乘以系数2.3，按木地板相应子目执行。

6. 其他工程量计算

（1）其他装饰工程定额计量说明。

1）工程内容。其他工程包括招牌基层、灯箱面层、美术字、压条、装饰条、暖气罩、镜面玻璃、货架、柜类、拆除等。卫生洁具、装饰灯具、给排水、电气安装工程按《全国统一安装工程预算消耗量定额》相应项目执行。

2）消耗量定额的有关规定。

① 本章消耗量定额安装项目在实际施工中使用的材料品种、规格与消耗量定额取不同时，可以换算，但人工、机械不变。

② 本章消耗量定额中铁件已包括刷防锈漆一遍。如设计需涂刷油漆、防火涂料时按"油漆、涂料、裱糊工程"相应子目执行。

3）招牌基层。

① 平面招牌是指安装在门前的墙面上。箱体招牌、竖式标箱是指六面体固定在墙面上。沿雨篷、檐口、阳台走向的立式招牌，按平面招牌复杂项目执行。

② 一般招牌和矩形招牌是指正立面平整无凸面，复杂招牌和异形招牌是指正立面有凹凸造型。

③ 招牌的灯饰均不包括在消耗量定额内。

4）美术字安装。

① 美术字均以成品安装固定式为准。

② 美术字不分字体均执行本消耗量定额。

5）装饰线条。

① 木装饰线、石膏装饰线消耗量中均以成品安装为准。

② 石材装饰线条消耗量中均以成品安装为准。石材装饰线条磨边、磨圆角均包括在成品的单价中，不再另计。

6）石材磨边、磨斜边、磨半圆边及台面开孔子目均为现场磨制。

7）装饰线条以墙面上直线安装为准，如顶棚安装直线形、圆弧形或其他图案者，按以下规定计算：

① 顶棚面安装直线装饰线条者，人工乘以系数1.34。

② 顶棚面安装圆弧装饰线条者，人工乘以系数1.6，材料乘以系数1.1。

③ 墙面安装圆弧装饰线条者，人工乘以系数1.2，材料乘以系数1.1。

④ 装饰线条做艺术图案者，人工乘以系数1.8，材料乘以系数1.1。

8）暖气罩挂板式是指钩挂在暖气片上。平墙式是指凹入墙内，明式是指凸出墙面。半凹半凸式按明式消耗量定额子目执行。

9）货架、柜台类消耗量定额中未考虑面板拼花及饰面板上贴其他材料的花饰、造型艺术品。

10）各种装饰线条适用单独的项目，与门窗、顶棚等已综合了线条的项目，不得重复使用。

（2）其他装饰工程工程量计算规则。

1）招牌基层。

① 平面招牌基层，其工程量应区别不同造型，按招牌正立面面积以"m^2"计算，复杂形的凹凸造型部分亦不增减。

② 沿雨篷、檐口或阳台走向的立式招牌基层，按平面招牌复杂形执行时，应按展开面积计算。

③ 箱体招牌和竖式标箱的基层，其工程量按设计图示外围体积以"m^3"计算。突出箱外的灯饰、店徽及其他艺术装潢等均应另行计算。

④ 广告牌钢骨架其工程量按钢骨架的理论重量以"t"计算。

2）招牌面层。

① 灯箱面层，其工程量按设计图示尺寸箱体封面的展开面积以"m^2"计算。

② 招牌面层，按相应顶棚面层项目执行，其人工乘以系数0.8。

③ 美术字安装，其工程量区分不同材质和字的最大外围矩形面积，按设计图示数量以"个"计算。

3）压条、装饰线条，其工程量均按设计图示尺寸长度以"m"计算。

4）暖气罩（包括踢脚的高度在内）按边框外围设计尺寸以垂直投影面积"m^2"计算。

5）镜面玻璃安装、盥洗室木镜箱工程量，按镜面镜箱正立面面积以"m^2"计算。

6）塑料镜箱、毛巾环、肥皂盒、金属帘子杆、浴缸拉手、毛巾杆安装工程量，按图示设计数量以"只"或"付"计算。不锈钢旗杆按设计图示尺寸以旗杆高度"m"计算。大理石洗漱台按设计图示台面水平投影面积以"m^2"计算（不扣除孔洞面积）。

7）货架、柜橱类工程量，按照货架、柜橱以正立面的面积，架、柜的高（包括踢脚的高度在内）乘以宽以"m^2"计算。

8）收银台、试衣间等的工程量，按设计图示数量以"个"计算，其他矮柜类工程量，按矮柜的设计长度以"m"为单位计算。

9）装饰工程中相关构件拆除工程量，按相应构件制作安装工程量的计算规则执行。

7. 措施项目工程量计算规则

（1）脚手架工程量计算规则。

1) 装饰脚手架工程量计算。《全国统一建筑装饰装修工程消耗量定额》总说明第九条规定：本消耗量定额均已综合了搭拆 3.6m 以内简易脚手架用工及脚手架摊销材料，3.6m 以上需搭设的室内脚手架时，按《全国统一建筑工程基础消耗量定额》第三章脚手架工程相应子目执行。95 版《全国统一建筑工程基础消耗量定额》第三章有关说明规定如下：

① 本消耗量定额外脚手架、里脚手架，按搭设材料分为木制、竹制、钢管脚手架。烟囱脚手架和电梯井脚手架为钢管式脚手架。

② 外脚手架消耗量定额均综合了上料平台、护卫栏杆等。

③ 斜道是按依附斜道编制的，独立斜道按依附斜道消耗量定额项目人工、材料、机械台班乘以系数 1.8。

④ 水平防护架和垂直防护架指脚手架以外单独搭设的，用于车辆信道、人行信道、临街防护和施工与其他物体隔离等的防护。

⑤ 架空运输道，以架宽 2m 为准，架宽超过 2m 时，应按相应项目乘以系数 1.2，超过 3m 时按相应项目乘以系数 1.5。

⑥ 满堂基础套用满堂脚手架基本层消耗量定额项目的 50% 计算脚手架。

⑦ 外架全封闭材料按竹席考虑，如采用竹笆板时，人工乘以系数 1.1，采用纺织布时，人工乘以系数 0.8。

⑧ 高层钢管脚手架是按现行规范为依据计算的，如地区要求必须分高度不同采用型钢加固脚手架，或使用周边立挂防护网且与消耗量定额规定不同时，应按实际增加工料或调整消耗量定额项目。

2) 脚手架工程量计算的一般规则。

① 建筑物外墙脚手架，凡设计室外地坪至檐口（或女儿墙上表面）的砌筑高度在 15m 以下的按单排脚手架计算；砌筑高度在 15m 以上的或砌筑高度虽不足 15m，但外墙门窗及装饰面积超过外墙表面积 60% 以上时，均按双排脚手架计算。采用竹制脚手架时，按双排计算。

② 建筑物内墙脚手架，凡设计室内地坪至顶板下表面（或山墙高度的 1/2 处）的砌筑高度在 3.6m 以下的，按里脚手架计算；砌筑高度超过 3.6m 以上时，按单排外脚手架计算。

③ 石砌墙体，凡砌筑高度超过 1.0m 以上时，按外脚手架计算。

④ 计算内、外墙脚手架时，均不扣除门窗洞口、空圈洞口等所占的面积。

⑤ 同一建筑物高度不同时，应按不同高度分别计算。

⑥ 现浇钢筋混凝土框架柱、梁按双排外脚手架计算。

⑦ 围墙脚手架，凡室外自然地坪至围墙顶面的砌筑高度在 3.6m 以下的，按里脚手架计算；砌筑高度超过 3.6m 以上时，按单排外脚手架计算。

⑧ 室内顶棚装饰面距设计室内地坪在 3.6m 以上时，应计算满堂脚手架，

计算满堂脚手架后,墙面装饰工程则不再计算脚手架。

3) 砌筑脚手架工程量计算。

① 外脚手架按外墙外边线长度乘以外墙砌筑高度以"m^2"计算,突出墙外宽度在24cm以内的墙垛、附墙烟囱等不计算脚手架;宽度超过24cm以外时,按图示尺寸展开计算,并入外脚手架工程量之内。

② 里脚手架按墙面垂直投影面积计算。

③ 独立柱按图示柱结构外围周长另加3.6m,乘以砌筑高度以"m^2"计算,套用相应外脚手架消耗量定额。

4) 现浇钢筋混凝土框架脚手架工程量计算。

① 现浇钢筋混凝土柱,按柱的图示周长尺寸另加3.6m乘以柱高以"m^2"计算,套用相应外脚手架消耗量定额。

② 现浇钢筋混凝土梁、墙,按设计室外地坪或楼板上表面至楼板底之间的高度乘以梁、墙净长以"m^2"计算,套用相应双排外脚手架消耗量定额。

5) 装饰工程脚手架工程量计算。

① 满堂脚手架,其工程量按室内净面积计算,其高度在3.6～5.2m时,计算基本层,超过5.2m时,每增加1.2m按增加层计算,不足0.6m的不计。计算式表示如下:

$$满堂脚手架增加层 = (室内净高度 - 5.2m)/1.2m \qquad (4-20)$$

② 挑脚手架,其工程量按搭设长度和层数,以延长米"m"计算。

③ 悬空脚手架,其工程量按搭设水平投影面积,以"m^2"计算。

④ 高度超过3.6m的墙面装饰不能利用原砌筑脚手架时,可以计算装饰脚手架。装饰脚手架按双排外脚手架乘以系数0.3计算。

6) 其他脚手架工程量计算。

① 水平防护架,按实际铺板的水平投影面积,以"m^2"计算。

② 垂直防护架,按自然地坪至最上一层横杆之间的搭设高度乘以实际搭设长度,以"m^2"计算。

③ 架空运输脚手架,按搭设长度以延长米"m"计算。管道脚手架,按架空运输道项目执行,其高度超过3m时,消耗量定额乘以系数1.5;高度超过6m时,乘以系数2。

④ 电梯井脚手架,按单孔以"座"计算。

⑤ 斜道,区别不同高度以"座"计算。

⑥ 建筑物垂直封闭,其工程量按封闭面的垂直投影面积以"m^2"计算。

7) 安全网工程量计算。

① 立挂式安全网,按架网部分的实挂长度乘以实挂高度以"m^2"计算。

② 挑出式安全网,按挑出的水平投影面积以"m^2"计算。

③ 建筑物、构筑物安全网的设置应遵循如下规定:

A. 建筑物高度在 15m 以内,沿建筑物周长设置挑出式安全网(宽度为 3.5m),建筑物高度超过 15m 时,除设置挑出式安全网以外,高度 15m 以上沿建筑物周长设置可移动立挂式安全网。如设置封闭式安全网时,可不设立挂式安全网。

B. 构筑物高度在 15m 以内,设置挑出式安全网(宽度为 3.5m),超过 15m 时,每 20m 增设一层挑出式安全网,并设置封闭式安全网。

(2) 模板工程工程量计算规则。

1) 模板工程规定说明。

① 现浇混凝土模板按不同构件,分别以组合钢模板、钢支撑、木支撑,复合木模板、钢支撑、木支撑,木模板、木支撑配制,模板不同时,可以编制补充消耗量定额。

② 预制钢筋混凝土模板,按不同构件分别以组合钢模板、复合木模板、木模板、定型钢模、长线台带拉模,并预制相应的砖地模、砖胎模、长线台混凝土地模编制的,使用其他模板时,可以换算。

③ 模板工作内容包括清理,场内运输,安装,刷隔离剂,浇灌混凝土时模板维护、拆模、集中堆放、场外运输。木模板包括制作(预制包括刨光,现浇不刨光)。组合钢模板、复合木模板包括装箱。

④ 现浇混凝土梁、板、柱、墙是按支模高度、地面至板底 3.6m 编制的,超过 3.6m 时超过部分工程量另按支模超高项目计算。

⑤ 组合钢模板、复合木模板项目,未包括回库维修费用,应按消耗量定额项目中所列摊销量的模板、零星夹具材料价格的 6% 计入模板预算价格之内。回库维修费的内容包括模板的运输费,维修的人工、机械、材料费用等。

2) 现浇混凝土构件模板工程量。

① 现浇混凝土及钢筋混凝土模板工程量,除另有规定者外,均应区别模板的不同材质,按混凝土与模板接触面的面积,以"m^2"计算。

② 现浇钢筋混凝土柱、梁、板、墙的支模高度(即室外地坪至板底或板面至板底之间的高度)以 3.6m 以内为准,超过 3.6m 以上部分,应按超过部分计算增加支撑工程量。

③ 现浇钢筋混凝土墙、板上单孔面积在 0.3m^2 以内的孔洞,不予扣除,洞侧壁模板亦不增加;单孔面积在 0.3m^2 以外时,应予扣除,洞侧壁模板面积并入墙、板模板工程量内计算。

④ 现浇钢筋混凝土框架模板工程量,分别按梁、板、柱、墙有关规定计算,附墙柱并入墙内板模工程量计算。

⑤ 柱与梁、柱与墙、梁与梁等连接的重叠部分以及伸入墙内的梁头、板头部分,均不计算模板面积。

⑥ 构造柱按图示外露部分计算模板面积。构造柱与墙接触部分面不计算模板面。

⑦ 现浇钢筋混凝土悬挑板（雨篷、阳台）模板工程量，按图示外挑部分尺寸的水平投影面积计算。挑出墙外的牛腿梁及板边模板不另计算。

⑧ 现浇钢筋混凝土楼梯模板工程量，以图示露明面尺寸的水平投影面积计算，不扣除小于500mm的楼梯井所占面积。楼梯的踏步、踏步板、平台梁等侧面模板，不另计算。模板工程量按每层水平投影面积之和计算，可用下式表示：

$$S = \sum L_i B_i - S_b \qquad (4-21)$$

式中　L_i——表示图示露明面尺寸楼梯间的进深净长（mm）；

B_i——表示图示露明面尺寸楼梯间的开间净宽（mm）；

S_b——表示宽度大于500mm时，楼梯井的面积（mm）。

⑨ 现浇钢筋混凝土小型池槽模板工程量，按构件外围体积计算，池槽内、外侧及底部的模板不应另计算。

3）预制钢筋混凝土构件模板工程量。

① 预制钢筋混凝土构件模板工程量，除另有规定者外均按预制混凝土构件实体体积以"m^3"计算。

② 小型池槽模板工程量，按小型池槽外形体积以"m^3"计算。

(3) 垂直运输工程量计算规则。

1）工程量计算一般规定。

① 工程内容包括单位工程在合理工期内完成全部工程项目所需的垂直运输机械台班，不包括特大型机械进出场费及安拆费。特大型机械进出场费及安拆费另按《全国统一施工机械台班费用消耗量定额》的有关规定执行。

② 垂直运输高度：设计室外地坪以上部分指室外地坪至相应楼面的高度。设计室外地坪以下部分指室外地坪至相应地（楼）面的高度。

③ 檐口高度3.6m以内的单层建筑物，不计算垂直运输机械费。

④ 带一层地下室的建筑物，若地下室垂直运输高度小于3.6m，则地下层不计算垂直运输机械费。

⑤ 再次装饰装修工程利用电梯进行垂直运输或通过楼梯利用人力进行垂直运输的按实计算。

2）垂直运输工程量计算规则。装饰楼层（包括楼层所有装饰装修工程量）区别不同垂直运输高度（单层系檐口高度）分别按装饰工程消耗量定额人工消耗量（工日数）计算。

(4) 超高增加费计算规则。

1）超高增加费说明。

① 本消耗量定额适用于建筑物檐高20m以上的工程。

② 檐高是指设计室外地坪至檐口的高度。突出主体建筑屋顶的电梯间、水箱间等不计入檐高之内。

2) 超高增加费工程量计算。装饰装修楼面（包括楼层所有装饰工程量）区别不同的垂直运输高度（单层系檐口高度）以人工费与机械费之和按"元"分别计算。

4.1.4 建筑装饰装修工程工程量清单的编制

1. 建筑装饰装修工程工程量清单概述

随着我国建筑装饰装修市场的快速发展，招标投标制、工程承包合同制的逐步推行以及我国入世后与国际接轨等方面的要求，建筑装饰装修工程的工程造价应遵循市场形成价格的规律，企业自主报价的市场经济管理模式是计价与管理的重点。根据《中华人民共和国招标投标法》、建设部第107号令《建筑工程施工发包与承包计价管理办法》等建设法规，按照我国工程造价管理改革的要求，本着国家宏观调控、市场竞争形成价格的原则，制定颁布了《建设工程工程量清单计价规范》（GB 50500—2008），这是我国深化工程造价管理改革的重要举措。

《建设工程工程量清单计价规范》规定，建设工程工程量清单是招标人编制的或由招标人委托具有相应资质的中介机构编制反映工程实体消耗和措施消耗的工程量清单表，并作为招标文件的一部分提供给投标人。建设工程在招标投标过程中，投标人依据工程量清单自主报价的计价方式。由此可见，招标人准确地编制工程量清单，是清单计价的基础工作。

（1）装饰工程工程量清单的概念与作用。

1) 装饰工程工程量清单的概念。装饰工程工程量清单是指表现拟建装饰工程的工程项目、措施项目的项目名称、计量单位和相应数量的明细清单。它是由招标人按照"计价规范"附录中统一的项目编码、项目名称、计量单位和工程量计算规则进行编制的，包括建筑装饰装修分部分项工程量清单、措施项目清单、其他项目清单。

2) 建筑装饰工程工程量清单的作用

① 建筑装饰工程工程量清单是装饰装修工程招标文件的组成部分，是依据《建设工程工程量清单计价规范》的统一规定编制的，确定拟建装饰装修分部分项工程项目的明细清单。

② 建筑装饰工程量清单是编制建筑装饰装修工程招标标底和投标报价的依据，是签订工程合同、拨付工程价款的基础。

③ 建筑装饰工程量清单是办理工程结算的基础。建筑装饰工程在建造过程中往往涉及工程量变更及其计价变更。工程竣工后工程量及其计价变更应由招标人和投标人按合同约定进行调整。

除合同另有约定外，其工程量的变更应按下列方法调整：

A. 招标人提供的工程量清单有漏项或工程量有误，由招标人或中标人提出，依据本办法计量规则，经双方确认后调整。

B. 由于设计变更引起的工程量清单项目或工程量的变更，由招标人或中标人提出，经双方确认后调整。

C. 工程量变更后的综合单价通常应按下列方法确定：

a. 当分部分项工程量变更后的调增量小于原清单工程量的10%时，其综合单价可按原综合单价执行。

b. 当分部分项工程量变更后的调增量大于原清单工程量的10%时，工程量清单有漏项或由于设计变更引起新增项目时，中标人可根据《建设工程工程量清单计价规范》规定的办法提出调增、漏项或新增项目的综合单价，经招标人审查确定。

综合单价的调整幅度范围，甲、乙双方也可以在合同中约定。

3) 建筑装饰工程工程量清单的组成。

建筑装饰工程工程量清单由招标人编制。工程量清单由总说明、分部分项工程量清单、措施项目清单、其他项目清单等组成。

① 工程量清单总说明：工程概况、现场条件、编制工程量清单的依据及有关资料，对施工工艺、材料应用的特殊要求。

② 装饰工程分部分项工程量清单。

③ 装饰工程措施项目清单。

④ 装饰工程其他项目清单。

(2) 装饰工程工程量清单的编制原则与依据。

装饰工程工程量清单的编制原则：

1) 坚持实事求是的原则。工程量清单必须反映工程实际，依据工程招标范围的有关要求、设计文件和施工现场实际情况，按照"计价规范"和有关工程计价办法进行编制。

2) 坚持执行执业资格制度的原则。工程量清单必须由具有相应工程造价咨询资质的单位编制。工程量清单由招标人编制，招标人不具有编制资质的必须委托有工程造价咨询资质的单位编制。

3) 坚持"四个统一"原则。工程量清单编制必须做到"四个统一"，即：统一清单项目编码、统一清单分项项目名称、统一清单分项计量单位、统一清单工程量计算规则。在国家颁布的"计价规范"中所列的六条强制性条件，其中有四条就是针对工程量清单表编制方法的规定。因此，在装饰工程工程量清单编制中必须严格执行。

4) 坚持全面实施与不断完善的原则。在"计价规范"实施过程中，工程量清单项目及计量规则如有缺项，可就其实际状况作相应的补充，并报地方政府工程造价管理部门备案。

装饰工程工程量清单的编制依据：

1) 拟建装饰工程施工图纸及所涉及的相应的标准图集与设计图例。

2) 拟建装饰装修工程招标函或招标文件的有关条款。

3) 工程量清单项目设置办法与清单工程量计算规则。计价规范中装饰装修工程工程量清单项目设置办法与工程量计算规则，是装饰装修工程工程量清单计价办法的重要组成部分，是编制装饰装修工程工程量清单的重要依据。

4) 装饰装修工程工程量清单表。作为工程量清单表达形式，"计价规范"给出了标准格式。只有熟悉和理解工程量清单表格的标准格式，才能灵活地应用于工程造价计算过程中。

2. 建筑装饰装修工程工程量清单文件编制

（1）工程量清单编制程序。

1) 工程量清单的内容。工程量清单是工程招标文件的组成部分，其最基本的功能是作为工程信息的载体，以便投标人对拟建工程有一个全面的了解。因此，要求工程量清单的内容应当全面、准确。其内容应包括两个部分：一是工程量清单说明，二是分部分项工程工程量清单。

① 工程量清单说明。工程量清单说明是招标人明确拟招标工程的工程概况和对有关问题的解释资料。包括拟建工程概况，工程招标和分包范围（本工程发包范围），工程量清单的编制依据，工程质量要求，招标人自行采购材料和设备金额、数量，预留金，其他需要说明的问题。

② 工程量清单表。工程量清单表作为工程量清单项目与清单分项工程数量的载体，它是工程量清单的核心，包括分部分项工程项目清单表、措施项目清单表和其他项目清单表。工程量清单与计价表在"计价规范"中给出了标准格式，见表4-11～表4-30。

表4-11

_____工程

工 程 量 清 单

招 标 人： _____	工程造价 咨 询 人： _____
（单位盖章）	（单位资质专用章）
法定代表人 或其授权人： _____	法定代表人 或其授权人： _____
（签字盖章）	（签字盖章）
编 制 人： _____	复 核 人： _____
（造价人员签字盖专用章）	（造价人员签字盖专用章）
编制时间： 年 月 日	复核时间： 年 月 日

表 4-12

填 表 须 知

填 表 须 知

1. 工程量清单表中所有要求签字、盖章的地方必须由规定的人员签字盖章。
2. 工程量清单表中的任何内容不得随意删除或涂改。
3. 工程量清单表中列明的所有需要填报的单价和合价，投标人均应填报，未填报的单价和合价，视为此费用已包含在工程量清单的其它单价和合价中。
4. 工程量清单所有报价以_____币表示。
5. 投标报价文件应一式_____份。
6. 其它。

表 4-13

_____工程

招 标 控 制 价

招标控制价(小写)：_____
　　　　　(大写)：_____

招 标 人：_____　　　　　工程造价
　　　　　(单位盖章)　　　　　咨 询 人：_____
　　　　　　　　　　　　　　　　　　　(单位资质专用章)

法定代表人　　　　　　　　　　法定代表人
或其授权人：_____　　　　或其授权人：_____
　　　(签字盖章)　　　　　　　　　　(签字盖章)

编 制 人：_____　　　　　复 核 人：_____
　(造价人员签字盖专用章)　　　　(造价人员签字盖专用章)

编制时间：　年　月　日　　　　复核时间：　年　月　日

表 4-14

投 标 总 价

招　标　人：_____
工　程　名　称：_____
投标总价(小写)：_____
　　　　(大写)：_____
招　标　人：_____
　　　　　(单位盖章)

法定代表人
或其授权人：_____(签字盖章)
编　制：_____(造价人员签字盖专用章)
编制时间：　年　月　日

表 4 – 15　　　　　　　　　填 表 须 知

填 表 须 知

1. 工程量清单表中所有要求签字、盖章的地方必须由规定的人员签字盖章。
2. 工程量清单表中的任何内容不得随意删除或涂改。
3. 工程量清单表中列明的所有需要填报的单价和合价，投标人均应填报，未填报的单价和合价，视为此费用已包含在工程量清单的其它单价和合价中。
4. 工程量清单所有报价以_____币表示。
5. 投标报价文件应一式_____份。
6. 其它。

表 4 – 16　　　　　　　　　总 说 明

工程名称：　　　　　　　　　　　　　　　　　　　　　　　　　第 页 共 页

工程量清单总说明的内容应包括：
1. 工程概况
2. 工程发包、分包范围
3. 工程量清单编制依据
4. 使用材料设备、施工的特殊要求等
5. 其他需要说明的问题

注：招标控制价、投标报价、工程竣工结算总说明内容不同。

表 4 – 17　　　　　　工程项目投标报价汇总表

工程名称：　　　　　　　　　　　　　　　　　　　　　　　　　第 页 共 页

序号	单项工程名称	金额（元）	其 中		
			暂估价（元）	安全文明施工费（元）	规费（元）

表 4 – 18　　　　　　单项工程投标报价汇总表

工程名称：　　　　　　　　　　　　　　　　　　　　　　　　　第 页 共 页

序号	单位工程名称	金额（元）	其 中		
			暂估价（元）	安全文明施工费（元）	规费（元）

注：本表适用于单项工程招标控制价或投标报价的汇总。暂估价包括分部分项工程中的暂估价和专业工程暂估价。

表4-19　　　　　　　　　单位工程量投标报价汇总表

工程名称：　　　　　　　　　　标段：　　　　　　　　　　第　页　共　页

序号	汇总内容	金额（元）	其中：暂估价（元）
1	分部分项工程		
1.1			
1.2			
1.3			
1.4			
1.5			
2	措施项目		
	安全文明施工费		
	其他项目		
	暂列金额		
	专业工程暂估价		
	计日工		
	总承包服务费		
	规费		
	税金		
	招、投标价合计 = 1 + 2 + 3 + 4 = 5		

注：本表适用于单位工程招投标控制价或投标报价的汇总，如无单位工程划分，单项工程也适用本表汇总。

表4-20　　　　　　　　　分部分项工程量清单与计价表

工程名称：　　　　　　　　　　标段：　　　　　　　　　　第　页　共　页

序号	项目编码	项目名称	项目特征描述	计量单位	工程量	金额（元）		
						综合单价	合价	其中：暂估价
			本页小计					
			合　计					

注：根据建设部、财政部发布的《建筑工程费用组成》（建标［2003］206号）的规定，为计取规费等的费用，可在表中增设其中："直接费"、"人工费"、或"人工费 + 机械费"。

表 4－21　　　　　　　　　　工程量清单综合单价分析表

工程名称：　　　　　　　　　　　　　　标段：　　　　　　　　　　第　页 共　页

项目编码			项目名称			计量单位				
清单综合单价组成明细										
定额编码	定额名称	定额单位	数量	单价				合价			
				人工费	材料费	机械费	管理费和利润	人工费	材料费	机械费	管理费和利润
人工单价			小　计								
元/工日			未计价材料费								
清单项目综合单价											
材料费明细	主要材料名称、规格、型号			单位	数量	单价（元）	合价（元）	暂估单价（元）	暂估合计（元）
	其他材料费					—		—	
	材料费小计					—		—	

注：1. 如不使用省级或行业建设主管部门帆布的计价依据，可不填定额项目、编号等。
　　2. 招标文件提供了暂估价的材料，按暂估的单价填入表内"暂估单价"栏及"暂估合计"栏。

表 4－22　　　　　　　　　　措施项目清单与计价表（一）

工程名称：　　　　　　　　　　　　　　标段：　　　　　　　　　　第　页 共　页

序号	项　目　名　称	计算基础	费率（%）	金额（元）
1	安全文明施工费			
2	夜间施工费			
3	二次搬运费			
4	冬雨季施工			
5	大型机械设备进出场及安拆费			
6	施工排水			
7	施工降水			

续表

序号	项 目 名 称	计算基础	费率（%）	金额（元）
8	地上、地下设施、建筑物的临时保护设施			
9	已完工程及设备保护			
10	各专业工程的措施项目			
11				
12				
	合　　计			

注：1. 本表适用于以"项"计价的措施项目。

2. 根据建设部、财政部发布的《建筑工程费用组成》（建标［2003］206号）的规定，"计算基础"可为"直接费"、"人工费"、或"人工费+机械费"。

表4–23　　　　　措施项目清单与计价表（二）

工程名称：　　　　　　　　标段：　　　　　　　　第 页 共 页

序号	项目编码	项目名称	项目特征描述	计量单位	工程量	金额（元）	
						综合单价	合价
		本页小计					
		合　　计					

注：本表适用于以综合单价形式的措施项目。

表4–24　　　　　其他项目清单与计价汇总表

工程名称：　　　　　　　　标段：　　　　　　　　第 页 共 页

序号	项目名称	计量单位	金额（元）	备注
1	暂列金额			详见明细表
2	暂估价			
2.1	材料暂估价			详见明细表
2.2	专业工程暂估价			详见明细表
3	计日工			详见明细表
4	总承包服务费			详见明细表
5				
	合　　计			—

注：材料暂估单价进入清单项目综合单价，此处不汇总。

表 4-25　　　　　　　　　暂 列 金 额 明 细 表

工程名称：　　　　　　　　　　标段：　　　　　　　　　　第　页　共　页

序号	项目名称	计量单位	暂定金额（元）	备注
1				
2				
3				
4				
5				
	合　计			—

注：此表由招标人填写，如不能详列，也可只列暂定金额总额，投标人应将上述暂列金额计入投标总价中。

表 4-26　　　　　　　　　材 料 暂 估 单 价 表

序号	材料名称、规格、型号	计量单位	单价（元）	备注
1				
2				
3				
4				
5				

注：1. 此表应由招标人填写，并在备注栏说明暂估价的材料拟用在那些清单项目上，投标人应将上述材料暂估单价计入工程量清单综合单价报价中。

2. 材料包括原材料、燃料、构配件以及按规定应计入建筑安装工程造价的设备。

表 4-27　　　　　　　　　专 业 工 程 暂 估 价 表

工程名称：　　　　　　　　　　标段：　　　　　　　　　　第　页　共　页

序号	工 程 名 称	工作内容	金额（元）	备注
	合计			—

注：此表由招标人填写，投标人应将上述专业工程计入投标总价中。

151

表 4-28　　　　　　　　　计　日　工　表

工程名称：　　　　　　　　　标段：　　　　　　　　　　　　第　页　共　页

编号	项 目 名 称	单位	暂定数量	综合单价	合价
一	人 工				
1					
2					
3					
	人工小计				
二	材 料				
1					
2					
3					
4					
	材料小计				
三	施工机械				
1					
2					
3					
	施工机械小计				
	总　　　计				

注：此表项目名称、数量由招标人填写，编制招标控制价时，单价由招标人按有关计价规定确定；投标时，单价由投标人自主报价，计入投标总价中。

表 4-29　　　　　　　　　总承包服务费计价表

工程名称：　　　　　　　　　标段：　　　　　　　　　　　　第　页　共　页

编号	项 目 名 称	项目价值（元）	服务内容	费率（%）	金额（元）
1	发包人发包专业工程				
2	发包人供应材料				
	总　　　计				

表4-30 规费、税金项目清单与计价表

工程名称：　　　　　　　　　　　标段：　　　　　　　　　　　第 页 共 页

序号	工程名称	计算基础	费率（%）	金额（元）
1	规费			
1.1	工程排污费			
1.2	社会保障费			
(1)	养老保险费			
(2)	失业保险费			
(3)	医疗保险费			
1.3	住房公积金			
1.4	危险作业意外伤害保险			
1.5	工程定额测定费			
2	税金	分部分项工程费+措施项目费+其他项目费+规费		
	合计			

注：根据建设部、财政部发布的《建筑工程费用组成》（建标［2003］206号）的规定，为计取规费等的费用，可在表中增设其中："直接费"、"人工费"、或"人工费+机械费"。

2) 工程量清单计价编制程序。工程量清单的编制必须由招标人或受其委托的具有相应资质的工程造价咨询机构、招标代理机构根据工程设计文件、工程招标文件和工程施工现场实际情况，按照有关计价办法的规定进行。基本编制程序如图4-1所示。

(2) 建筑装饰装修工程清单工程量计算方法、步骤。

1) 准备编制资料。准备编制资料的主要工作是收集与熟悉工程量清单编制的各种依据。其基本做法、要求与工程量清单计价方法、步骤中所述一致。

2) 设置工程量清单项目。设置工程量清单项目是根据拟建工程施工图纸中表明的工程内容，考虑工程施工现场的实际情况，按照工程量清单项目的设置规定列出工程量清单项目的过程。这是建筑装饰工程分部分项工程量清单编制的关键过程，主要工作包括确定清单项目名称、确定清单项目编码、描述项目特征等。

① 确定清单项目名称。清单项目名称是工程量清单中表示各分部分项工程清单项目的名称。它必须体现工程实体，反映工程项目的具体特征。在项目名称设置中，一个最基本的原则是准确。

清单项目名称原则上以形成的工程实体而命名。所谓实体，是指形成产品生产与工艺作用的主要的实体部分，对附属的次要部分一般不设置项目。例如，

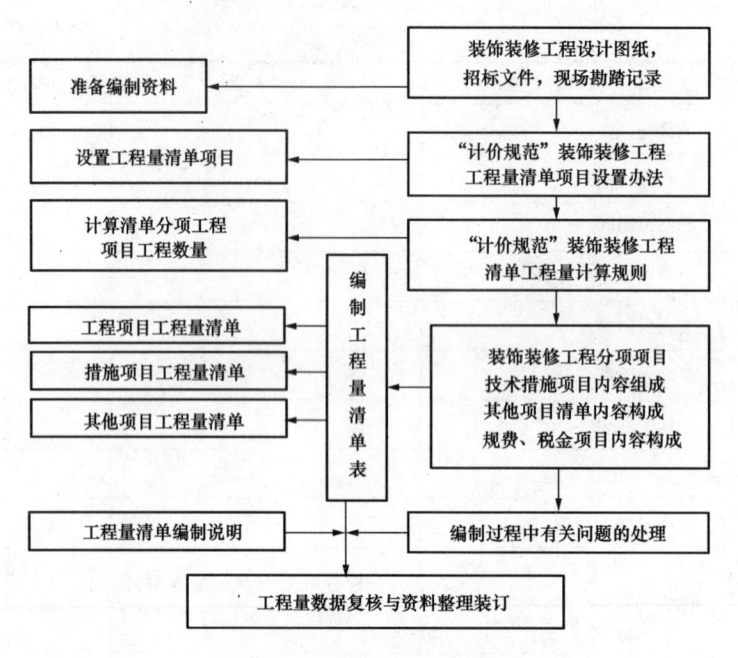

图 4-1 工程量清单编制程序

地面装饰工程中，整体水磨石地面工程分项项目，其找平层不设项目。清单项目反映的是一个完整的产品，必须包括形成或完成分项工程清单项目实体的全部内容。工程量清单项目设置及计算规则摘录见表 4-31。

表 4-31　　　　　柱面镶贴块料（编码：020205）

项目编码	项目名称	项目特征	计量单位	工程量计算规则	工程内容
020205001	石材柱面	1. 柱体材料 2. 柱截面类型、尺寸 3. 底层厚度、砂浆配合比 4. 粘结层厚度、材料种类 5. 挂贴方式 6. 干贴方式 7. 面层材料品种、规格、品牌、颜色 8. 缝宽、嵌缝材料种类 9. 防护材料种类 10. 磨光、酸洗、打蜡要求	m²	按设计图示尺寸以面积计算	1. 基层清理 2. 砂浆制作、运输 3. 底层抹灰 4. 结合层铺贴 5. 面层铺贴 6. 面层挂贴 7. 面层干挂 8. 嵌缝 9. 刷防护材料 10. 磨光、酸洗、打蜡

续表

项目编码	项目名称	项目特征	计量单位	工程量计算规则	工程内容
020205003	块料柱面	1. 柱体材料 2. 柱截面类型、尺寸 3. 底层厚度、砂浆配合比 4. 结层厚度、材料种类 5. 挂贴方式 6. 干贴方式 7. 面层材料品种、规格、品牌、颜色 8. 缝宽、嵌缝材料种类 9. 防护材料种类 10. 磨光、酸洗、打蜡要求	m^2	按设计图示尺寸以面积计算	1. 基层清理 2. 砂浆制作、运输 3. 底层抹灰 4. 结合层铺贴 5. 面层铺贴 6. 面层挂贴 7. 面层干挂 8. 嵌缝 9. 刷防护材料 10. 磨光、酸洗、打蜡
020205004	石材梁面	1. 底层厚度、砂浆配合比 2. 粘结层厚度、材料种类 3. 面层材料品种、规格、品牌、颜色 4. 缝宽、嵌缝材料种类 5. 防护材料种类 6. 磨光、酸洗、打蜡要求	m^2		1. 基层清理 2. 砂浆制作、运输 3. 底层抹灰 4. 结合层铺贴 5. 面层铺贴 6. 面层挂贴 7. 嵌缝 8. 刷防护材料 9. 磨光、酸洗、打蜡

② 项目特征是对清单项目的准确描述，是影响项目综合单价的主要因素，是设置具体清单项目的基本依据。项目特征通常按不同工程部位、施工工艺、材料的品种、规格进行描述，并根据工程分项特征分别列项。凡在项目特征中未能描述的其他独有特征，可由工程量清单编制人视项目具体情况进行编制，以准确描述工程量清单项目为原则。

3）工程量清单项目编码。清单项目编码是为实现信息资源共享而设定的，是根据国家建设部提出的全国统一的清单项目编码方法而确定的。

① 清单项目编码设置。工程量清单项目编码按五级编码设置，采用十二位阿拉伯数字表示。一、二、三、四级编码实行全国统一编码；后三位为第五级编码，属于项目特征码，由工程量清单编制人根据拟建工程分部分项工程的具体特征不同而分别编码。清单项目编码设置要求每一个清单项目编码都必须保证有十二位数码。

凡在项目特征中未描述到的其他独有特征,由清单编制人视工程项目的具体特征编制,以准确描述清单项目为准。

在清单项目编码设置中一个最基本的原则是不能重复,一个项目只有一个编码,对应一个清单项目的综合单价。

② 工程量清单项目编码的含义。清单项目的五级编码中按照工程种类、章(分部)、节、项四个层次编码。

A. 第一级表示分类码(分两位):表示工程类别。现行国家《建设工程工程量清单计价规范》纳入了五类工程,即建筑工程——编码"01",装饰工程——编码"02",安装工程——编码"03",市政工程——编码"04",园林绿化工程——编码"05"。

B. 第二级表示章顺序码(分两位):表示同一类工程中分章(分部)序。一般来说,一类工程中章(分部)数只有两位数。

C. 第三级表示节顺序码(分两位):表示章(分部)中分节序。通常章(分部)中分节数也在两位数内。

D. 第四级表示清单项目码(分三位):表示章(分部)分节中分项工程项目数码。它反映的是分节中的分项序码。由于前面四级编码为规范统一的编码,故有称之为"清单项目码"。

第五级表示具体清单项目码(分三位):表示各分部分项工程中子目(细目)序码。它表示具体工程量清单项目数码。

③ 清单项目编码结构如图 4-2。

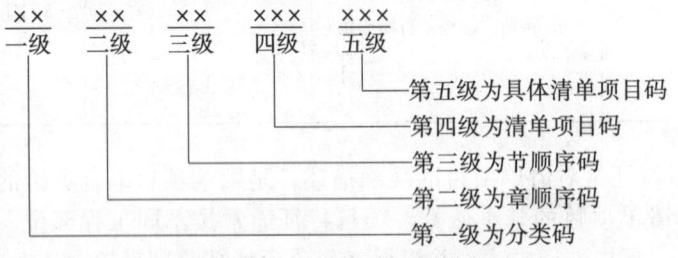

```
 ××    ××    ××    ×××   ×××
一级   二级   三级   四级   五级
                              └── 第五级为具体清单项目码
                        └────── 第四级为清单项目码
                  └──────────── 第三级为节顺序码
            └──────────────── 第二级为章顺序码
      └──────────────────── 第一级为分类码
```

图 4-2　清单项目编码结构图

编制工程量清单出现附录中未包括的项目,编制人应作补充,补充项目的编码由附录的顺序码与 B 和三位阿拉伯数字组成,并应从 ×B001 起顺序编制,同一招标工程的项目不得重码

4) 计量单位。在建筑装饰工程工程量清单中,其清单工程量的"计量单位",采用的是清单工程量的基本单位,除各专业另有特殊规定外,均按以下单位计量:

① 以重量计算的清单项目——吨或千克(t 或 kg)。

② 以体积计算的清单项目——立方米(m^3)。

③ 以面积计算的清单项目——平方米(m^2)。

④ 以长度计算的清单项目——延长米(m)。
⑤ 以自然计量单位计算的项目——个、套、块、樘、组、台、根等。
⑥ 以集合体计量的清单项目——宗、项、系统等。
⑦ 各专业有特殊计量单位的项目，均在各专业消耗量定额或者消耗量标准中的篇或章说明中规定。

5) 工程量清单项目编码实例。现在以《建设工程工程量清单计价规范》(GB 50500—2008) 为依据，说明清单项目的结构形式。

【例 4-8】根据某建筑装饰装修工程设计施工图可知，大厅柱面采用干挂万山红花岗岩石材柱面，型钢骨架，石材规格 600mm×600mm×25mm。

【解】根据工程量清单项目特征描述，按照《建设工程工程量清单计价规范》(GB 50500—2008) 的规定。查表 4-31 如下：

确定清单项目为：020205001001。

确定清单项目名称为：石材柱面。

【例 4-9】某装饰装修工程，设计图纸标明有：餐厅后堂柱面镶贴 150mm×150mm×5mm 瓷砖。1:3 的水泥砂浆打底，1:2 的水泥砂浆粘结层，瓷砖面层，试确定清单工程量项目名称及其项目编码。

【解】根据工程量清单项目特征描述，按照《建设工程工程量清单计价规范》(GB 50500—2008) 的规定。查表 4-31 如下：

确定清单项目为：020205003001。

确定清单项目名称为：块料柱面。

【例 4-10】某室外装饰装修工程，设计图纸标明有：突出外墙立面装饰构架梁采用干挂万山红火烧板花岗岩石材装饰梁表面，型钢骨架，石材规格 600mm×600mm×28mm，试确定清单工程量项目名称及其项目编码。

【解】根据工程量清单项目特征描述，按照《建设工程工程量清单计价规范》(GB 50500—2008) 的规定。查表 4-31 如下：

确定清单项目为：020205004001。

确定清单项目名称为：石材梁面。

(3) 装饰装修工程工程量清单表填写。

1) 填写装饰装修分部分项工程量清单。

① 工程量清单表的填制方法。根据上述建筑装饰装修工程分部分项工程量清单项目的确定结果，按照"计价规范"规定的分部分项工程工程量清单格式，将有关内容分别填入相应的栏目中。

② 工程量清单表的填制实例。

假设【例 4-8】、【例 4-9】、【例 4-10】中工程量分别为 330m^2、450m^2、1265m^2，将其结果填入分部分项工程工程量清单表中。见表 4-32。

表 4-32   工 程 量 清 单

工程名称_____   第 页 共 页

序号	项目编码 B1	项目名称：楼地面工程	计量单位	工程数量
1	020205001001	干挂万山红花岗岩石材柱面，型钢骨架，石材规格 600mm×600mm×25mm	m²	330
2	020205003001	柱面镶贴 150mm×150mm×5mm 瓷砖，1:3 的水泥砂浆打底，1:2 的水泥砂浆粘结层，瓷砖面层	m²	450
3	020205004001	万山红火烧板花岗岩石材装饰梁饰面型钢骨架，干挂，石材规格 600mm×600mm×28mm	m²	1265
本页小计				
合计				

2）填写措施项目清单。措施项目包括技术措施项目和综合措施项目两个部分。技术措施项目清单中应由招标人根据工程项目的需用填写，其中只需列出措施项目名称等。技术措施项目的金额应由投标人填写，投标人根据工程项目的施工要求的需用，考虑本企业的施工技术与管理水平，确定完成该项目所需要采取的施工技术措施，计算技术措施项目所需支付的金额。

3）填写其他项目清单。其他项目清单中招标人部分应由招标人填写（包括金额），投标人部分应由投标人填写。其他项目清单的零星工作费表中的金额由投标人填写，其他内容应由招标人填写，并应遵守下列规则：

① 零星工作所需的人工应按不同工种分别列出，所需的各种工程材料和施工机械应按不同品种、名称、规格、型号分别列出。

② 零星工作所需的工、料、机的计量单位：人工按"工日"计，材料按基本单位计，施工机械按"台班"计。

③ 零星工作所需的工、料、机的数量应由招标人根据工程实施过程的可能发生的零星工作，按估算数量进行填写。

④ 工程竣工时，零星工作费应按实结算。

4）编写工程量清单编制说明。工程量清单说明主要表示的内容是招标人明确拟招标工程的工程概况和对有关问题的解释。主要包括以下几个方面：

① 拟建工程概况。包括工程规模、工程特征、工期要求、工程现场实际情况、自然地理条件、交通运输状况、环境保护要求等。

② 工程招标和分包范围（本工程发包范围）。

③ 工程量清单的编制依据。

④ 工程质量、工程材料与工程施工方面的特殊要求。

⑤ 招标人自行采购材料和设备的名称、品种、型号及规格、数量等，通常可以在"甲方供应材料一览表"列出。

⑥ 预留金，自行采购材料的金额、数量。

⑦ 其他需要说明的问题。

4.1.5 建筑装饰装修分部分项工程清单工程量计算规则

建筑装饰装修分部分项工程工程量清单数量的计算主要通过工程量计算规则计算得到。工程量计算规则是指对清单项目工程量的计算规定。除另有说明外，所用清单项目的工程量应以实体工程量为准，并以完成后的净值计算。投标人投标报价时，应在单价中考虑施工中的各种损耗和需要增加的工程数量。工程量的计算规则按主要专业划分为五个专业部分，其中，装饰装修工程专业就是主要专业之一。严格按照建筑装饰装修工程量计算规则计算装饰装修工程的分部分项工程清单工程量尤为重要。

1. 楼地面清单工程量计算

（1）有关问题的说明。

1）零星装饰适用于小面积（$1m^2$以内）少量分散的楼地面装修，其工程部位或名称，应在清单项目中进行描述。

2）楼梯、台阶侧面装饰，可按零星装饰项目编码列项，并在清单项目中进行描述。

3）扶手、栏杆、栏板适用楼梯、阳台、走廊、回廊及其他装饰性栏杆栏板。

（2）清单工程量计算规则。

1）整体面层。水泥砂浆楼地面、现浇水磨石楼地面、细石混凝土楼地面。其清单工程量应区别垫层厚度、材料种类，找平层厚度、砂浆配合比、防水层厚度、材料种类、面层厚度、水泥石子浆配合比、嵌条材料种类和规格石子种类、规格、颜色、掺量、图案要求、磨光、酸洗打蜡要求等项目特征。

2）块料面层。石材楼地面、块料楼地面。其清单工程量应区别找平层厚度、配合比、材料种类、结合层厚度、砂浆配合比、面层材料品种、规格、品牌、颜色、嵌缝材料种类、防护材料种类、酸洗、打蜡要求等项目特征。

其工程量按设计图示尺寸面积以"m^2"计算，应扣除凸出地面构筑物、设备基础、室内铁道、地沟等所占面积，不扣除柱、垛、间壁墙、附墙烟囱及面积在$0.3m^2$以内的孔洞所占面积，但门洞、空圈、暖气包槽、壁龛的开口部分亦不增加。

3）橡塑面层。橡胶板楼地面、橡胶卷材楼地面、塑料板楼地面、塑料卷材楼地面其清单工程量应区别找平层厚度，砂浆配合比，粘结层厚度，材料种类，面层材料品种、规格、品牌、颜色，压线条种类。其清单工程量按设计图示尺寸以面积"m^2"计算，门洞、空圈、暖气包槽、壁龛的开口部分并入相应的工程量内。

4）其他材料面层。其他材料面层楼地面包括地毯楼地面、竹木地板、防静电活动地板、金属复合地板。其清单工程量应区别不同的项目特征，分别按设计图示尺寸以面积"m^2"计算，门洞、空圈、暖气包槽、壁龛的开口部分并入相应的工程量内。

5）踢脚线。踢脚线包括水泥砂浆踢脚线、石材踢脚线、块料踢脚线、现浇水磨石踢脚线、塑料板踢脚线、木质踢脚线、金属踢脚线、防静电踢脚线等。其清单工程量应区别不同的项目特征，按设计图示尺寸长度乘高度以面积"m^2"计算。

当工程实际采用成品踢脚线时，可编制补充编码另行列项，其工程量可按实贴长度计算。

6）楼梯饰面。

① 现浇水磨石楼梯面层，水泥砂浆楼梯面层。其清单工程量应区别找平层厚度，砂浆配合比，面层厚度，水泥石子浆配合比，防滑条材料的种类、规格、颜料种类，磨光、酸洗、打蜡要求等项目特征。

② 石材楼梯面层、块料楼梯面层。其清单工程量应区别找平层厚度，砂浆配合比，粘结层厚度，材料种类，面层材料品种、规格、品牌、颜色，防滑条材料种类、规格，勾缝材料种类，防护材料种类、酸洗、打蜡要求等项目特征。

③ 地毯楼梯面木板楼梯面。其清单工程量应区别找平层厚度，砂浆配合比，基层材料种类、规格，面层材料品种、规格、品牌、颜色，粘结材料种类，防护材料种类、规格，固定配件材料种类，油漆品种，刷漆遍数等项目特征。

④ 楼梯饰面。其清单工程量按设计图示尺寸以楼梯（包括踏步、休息平台，以及500mm以内的楼梯井）水平投影面积计算。楼梯与楼地面相连时，算至梯口梁内侧边沿；无梯口梁者，算至最上一层踏步边沿加300mm。

7）扶手、栏杆、栏板装饰。

① 金属扶手带栏杆、栏板，硬木扶手带栏杆、栏板，塑料扶手带栏杆、栏板。其清单工程量应区别扶手材料种类、规格、品牌、颜色，栏杆材料种类、规格、品牌、颜色，栏板材料种类、规格、品牌、颜色，固定配件种类，防护材料种类，油漆品种，刷漆遍数等项目特征。

② 靠墙金属扶手、硬木靠墙扶手栏杆、塑料靠墙扶手类。其清单工程量应

区别扶手材料种类、规格、品牌、颜色、固定配件种类、防护材料种类、油漆品种、刷漆遍数等项目特征。栏杆、拦板、扶手其工程量均按中心线以长度"m"计算。计算时不扣除弯头所占的长度，弯头应包含在清单分项中。

8）各种台阶饰面。其清单工程量应区别不同的项目特征，按设计图示尺寸以实铺的水平投影面积"m^2"计算，台阶与地面分界以最后一个踏步外沿边另加300mm计算。

9）零星项目。其清单工程量应区别不同的项目特征，按设计图示尺寸以实铺面积"m^2"计算。点缀按个计算，计算铺贴地面面积时，不扣除点缀所占面积。

2. 墙、柱面清单工程量计算

（1）有关问题的说明。

1）面积在$0.5m^2$以内少量分散装饰抹灰和镶贴块料饰面，应按零星抹灰和零星镶贴块料饰面的相关项目编码列项。

2）分项项目划分与列项时，石灰砂浆、水泥砂浆、混合砂浆、聚合物水泥砂浆、麻刀石灰、纸筋石灰、石膏灰等的抹灰应按墙、柱面装饰中"一般抹灰"项目编码列项；水刷石、斩假石（剁斧石、剁假石）、干粘石、假面砖等的抹灰应按墙、柱面装饰中"装饰抹灰"项目编码列项。

（2）工程量计算规则。

1）墙面抹灰。

墙面一般抹灰与装饰抹灰。墙面抹灰工程量应区别墙体类型，底层厚度，砂浆配合比，装饰面材料种类、厚度、砂浆配合比，装饰线条宽度，材料种类，按设计图示尺寸以面积计算，应扣除墙裙、门窗洞口和$0.3m^2$以上的孔洞面积，不扣除踢脚线、挂镜线和墙与构件交接处的面积，门窗洞口和孔洞的侧壁及顶面亦不增加。附墙柱、梁、垛、烟囱侧壁并入相应的墙面积内计算。

A. 内墙面抹灰。

a. 内墙裙抹灰。其清单工程量按主墙间的图示净长乘以图示墙裙高度以面积"m^2"计算。

b. 内墙面抹灰。其清单工程量按主墙间的图示净长乘以图示墙的净高以面积"m^2"计算，墙面高度按室内地坪至顶棚底面净高计算，墙面抹灰面积应扣除墙裙抹灰面积。钉板顶棚（不包括灰板条顶棚）的内墙抹灰，其高度按室内地面或楼面至吊顶底面另加100mm计算。

B. 外墙面抹灰。

a. 外墙裙抹灰。其清单工程量按设计图示展开面积以"m^2"计算，扣除门窗洞口和孔洞所占的面积，但门窗洞口及孔洞侧壁面积也不增加。

b. 外墙面抹灰。其清单工程量按外墙面的垂直投影面积以"m^2"计算，应扣除门窗洞口、外墙裙和孔洞所占的面积，不扣除 0.3m² 以内的孔洞所占的面积，门窗洞口及孔洞侧壁面积亦不增加。附墙柱侧面抹灰面积，应并入外墙面抹灰工程量内。

② 墙面勾缝按垂直投影面积计算，应扣除墙裙和墙面抹灰的面积，不扣除门窗洞口、门窗套、腰线等零星抹灰所占的面积，附墙柱和门窗洞口侧面的勾缝面积亦不增加。独立柱、房上烟囱勾缝，按图示尺寸以面积"m²"计算。

2）柱面抹灰。柱面一般抹灰与装饰抹灰。其清单工程量区别柱体类型、底层厚度、砂浆配合比、装饰面材料种类、厚度、砂浆配合比。柱面勾缝，区别墙体类型、勾缝类型、勾缝材料种类。其工程量均按设计图示尺寸以柱断面周长乘高度以抹灰面积"m²"计算。

3）零星抹灰项目。零星项目一般抹灰与装饰抹灰区别柱体类型，底层厚度，砂浆配合比，装饰面材料种类、厚度、砂浆配合比，分别按设计图示尺寸以抹灰面积"m²"计算。

4）墙面镶贴块料。石材墙面、碎拼石材墙面、块料墙面包括墙裙。其清单工程量区别墙体类型、材料，底层厚度，砂浆配合比，结合层厚度，材料种类，挂贴方式，干挂方式（膨胀螺栓、钢龙骨），面层材料品种、规格、品牌、颜色、缝宽，嵌缝材料种类，防护材料种类，碎石磨光，酸洗、打蜡要求，按设计图示尺寸以镶贴表面积计算。

干挂石材钢骨架，应区别骨架种类、规格、防腐种类或油漆品种、刷油遍数，按设计图示尺寸以质量计算。

5）柱（梁）面镶贴块料。其清单工程量区别墙体材料，底层厚度，砂浆配合比，结合层厚度，材料种类，挂贴方式，干挂方式（膨胀螺栓、钢龙骨），面层材料品种、规格、品牌、颜色、缝宽，嵌缝材料种类，防护材料种类，碎石磨光，酸洗、打蜡要求，其工程量按实贴面积"m²"计算；即按设计图示尺寸以镶贴表面积计算。

6）零星镶贴块料项目。石材零星项目、碎拼石材零星项目、块料零星项目。其清单工程量区别墙柱体类型、材料，底层厚度，砂浆配合比，结合层厚度，材料种类，挂贴方式，干挂方式，面层材料品种、规格、品牌、颜色、缝宽，嵌缝材料种类，防护材料种类，碎石磨光，酸洗、打蜡要求，按设计图示尺寸以镶贴表面积计算。

7）装饰板墙面。其清单工程量区别墙体材料，底层厚度，砂浆配合比，龙骨材料种类、规格、中距，隔离层材料种类，基层材料种类、规格，面层材料品种、规格、品牌、颜色，压条材料种类、规格，防护材料种类，油漆品种，刷涂遍数，按设计图示尺寸墙净长乘净高以面积"m²"计算，扣除门、窗洞口及 0.3m² 以上的孔洞所占面积。

8）柱（梁）饰面。其清单工程量区别墙体材料，底层厚度，砂浆配合比，龙骨材料种类、规格、中距，隔离层材料种类，基层材料种类、规格，面层材料品种、规格、品牌、颜色，压条材料种类、规格，防护材料种类，油漆品种，刷漆遍数，按设计图示外围饰面尺寸乘高度（或长度）以面积"m²"计算。柱帽、柱墩工程量并入相应柱面积内计算。

9）隔断。其清单工程量区别骨架，边框材料种类、规格，隔板材料品种、规格、品牌、颜色，压条材料种类、规格，防护材料种类，油漆品种，刷漆遍数，按设计图示尺寸以框外围面积"m²"计算，扣除 0.3m² 以上的孔洞所占面积。浴厕门的材质与隔断相同时，门的面积并入隔断面积计算。

10）幕墙。

① 带骨架幕墙。其清单工程量区别骨架材料种类、规格、中距，面层材料品种、规格、品牌、颜色，面层固定方式，嵌缝，塞口材料种类，按设计图示尺寸以框外围面积"m²"计算，与幕墙同种材质的窗所占面积不扣除。

② 全玻幕墙。其清单工程量区别玻璃品种、规格、品牌、颜色，粘结塞口材料种类，固定方式，按设计图示尺寸以面积"m²"计算，带肋全玻璃幕墙按展开面积"m²"计算。

③ 幕墙上的开启扇五金应区别不同材质，按套计算。

3. 顶棚工程清单工程量计算

（1）有关问题的说明。

1）分项划分的基本原则。本章清单分项划分主要根据顶棚装饰的基本做法，按照构件分项工程施工方法、构件构造特征和用料的不同划分为三部分：顶棚抹灰、顶棚吊顶及其他顶棚装饰。

2）工程中采光顶棚、顶棚保温隔热层、吸声，应按建筑工程分部第八节中相关规则计算。

（2）清单工程量计算规则。

1）顶棚抹灰。其清单工程量区别基层种类、抹灰厚度、材料种类、砂浆配合比，按设计图示尺寸以水平投影面积"m²"计算，不扣除间壁墙、垛、柱、附墙烟囱、检查口和管道所占的面积。带梁顶棚、梁两侧抹灰面积并入顶棚内计算，板式楼梯底面抹灰按斜面积计算，锯齿形楼梯底板按展开面积计算。

2）顶棚吊顶。

① 顶棚吊顶饰面。其清单工程量区别顶棚形式、龙骨材料种类、规格、间距，基层材料种类、规格，面层材料品种、品牌、颜色、规格，压条材料种类、规格，按设计图示尺寸以水平投影面积"m²"计算。顶棚面层中的灯槽、跌

级、锯齿形、吊挂式、藻井式展开增加的面积不另计算。不扣除间壁墙、检查洞、附墙烟囱、柱垛和管道所占面积。应扣除 0.3m² 以上孔洞、独立柱及与顶棚相连的窗帘盒所占的面积。

② 格栅顶棚、藤条造型悬挂顶棚、织物软雕顶棚。其清单工程量区别底层厚度，砂浆配合比，骨架材料种类、规格，面层材料品种、规格、颜色，防护层材料种类，油漆品种，刷漆遍数，按设计图示尺寸以水平投影面积计算。

3）顶棚其他装饰。

① 灯带。其清单工程量区别型号、尺寸，格栅片材料品种、规格、品牌、颜色，按设计图示尺寸以框外围面积(m²)计算。

② 送风口、回风口。其清单工程量区别风口材料品种、规格、品牌、颜色，安装固定方式，按设计图示数量以"个"计算。

4. 门窗工程清单工程量计算

(1) 有关问题的说明。

1）玻璃、百叶面积占其门扇面积一半以内者应为半玻门或半百叶门，超过一半时应为全玻百叶门。

2）木门五金应包括合页、插销、风钩、弓背拉手、搭扣、木螺钉、弹簧合页(自动门)、管子自由门、地弹簧(地弹门)、角铁、门轧头(地弹门、自由门)等。

3）木窗五金应包括折页、插销、风钩、木螺钉、滑轮滑轨(推拉窗)等。

4）铝合金窗五金应包括卡锁、滑轮、铰拉、执手、拉把、拉字、风撑、角码、牛角制等。

5）铝合金门五金应包括地弹簧、门锁、拉手、门插、门铰、螺钉等。其他门五金应包括 L 形执手插销(双舌)、球形执手锁(单舌)、门轧头、地锁、防盗门扣、广眼、门碰珠、电子销(磁卡销)、闭门器、装饰拉手等。

(2) 清单工程量计算规则。

1）木门。镶木板门、企口木板门、木装饰门、胶合板门、夹板装饰门、木纱门、连窗门、木质防门。其清单工程量区别门类型，框截面尺寸，单扇面积，骨架材料种类，面层材料品种、规格、品牌、颜色，玻璃品种、厚度，五金要求，防护层材料种类，油漆品种，刷漆遍数，按设计图规定数量"樘"或设计图示洞口尺寸以面积计算。

2）金属门。

① 铝合金平开门、铝合金推拉门、铝合金地弹门。其清单工程量区别门类型，框材质，外围尺寸，扇材质，外围尺寸，玻璃品种、厚度，五金要求，按设计图示数量"樘"或设计图示洞口尺寸以面积计算。

② 彩板门、塑钢门、防盗门、钢质防火门。其清单工程量区别门的类型，框材，扇材质，外围尺寸，玻璃品种、厚度，五金要求，按设计图规定数量

"樘"或设计图示洞口尺寸以面积计算。

3) 金属卷帘门、格栅门。金属卷闸门、金属格栅门、防火卷帘门。其清单工程量区别门材质，框外围尺寸，启动装置品种、规格、品牌，五金特殊要求，防护材料种类，油漆品种，刷漆遍数，按设计图规定数量"樘"或设计图示洞口尺寸以面积计算。

4) 其他门。

① 电子感应门、转门、电子对讲门、电动伸缩门。其清单工程量区别门材质、品牌，外围尺寸，玻璃品种、厚度，五金要求，电子配件品种、规格、品牌，防护材料种类，按设计图示数量"樘"或设计图示洞口尺寸以面积计算。

② 全玻璃(带扇框)、全玻璃(无扇框)(带装饰外框)、半玻璃(带扇框)镜面不锈钢饰面门。其清单工程量区别门类型，框材质，外围尺寸，扇材质，外围尺寸，玻璃品种、厚度，五金要求，防护材料种类，油漆品种，刷漆遍数，按设计图纸规定数量以"樘"或设计图示洞口尺寸以面积计算。

5) 木质平开窗、木质推拉窗、矩形木百叶窗、异形木百叶窗、木组合窗、木天窗、矩形木固定窗、异形木固定窗、装饰空花窗。其清单工程量区别：窗类型，框材质，外围尺寸，扇，材质，外围尺寸，玻璃品种、厚度，五金要求，防护材料种类，油漆品种，刷漆遍数，按设计图纸规定数量以"樘"或设计图示洞口尺寸以面积计算。

6) 金属窗。铝合金推拉窗、铝合金平开窗、铝合金百叶窗、彩板窗、塑钢窗、铝合金固定窗、金属防盗窗、金属格栅窗。其清单工程量区别窗的类型，框的材质，外围尺寸，扇的材质，外围尺寸，玻璃品种、厚度，五金要求，防护材料种类，油漆品种，刷漆遍数，按设计图纸规定数量以"樘"或设计图示洞口尺寸以面积计算。

7) 门窗套。实木门窗套、金属门窗套、石材窗套、门窗木贴脸、实木筒子、夹板饰面筒子板。其清单工程量区别找平层厚度，砂浆配合比，立筋材料种类、规格，基层材料种类，面层材料品种、规格、品牌、颜色，防护材料种类，油漆品种，刷油遍数，按设计图示尺寸以展开面积"m^2"计算。

8) 实木窗帘盒、饰面夹板窗帘盒、铝合金窗帘盒、窗帘道轨。其清单工程量区别窗帘盒材质、规格、颜色，窗帘道轨材质、规格，防护材料种类，油漆种类，刷漆遍数，按设计图示尺寸以长度"m"计算。

9) 窗台板。实木窗台板、铝塑窗台板、石材窗台板、金属窗台板。其清单工程量区别找平层厚度，砂浆与配合比，窗台板材质、规格、颜色，防护材料种类，油漆种类，刷漆遍数，按设计图示尺寸以长度"m"计算。

5. 油漆、涂料、裱糊工程清单工程量计算

(1) 工程量计算一般规定。

1) 门油漆。其清单项目区分单层木门、双层(一玻一纱)木门、双层(单裁口)木门、全玻自由门、半玻自由门、装饰门及有框门或无框门等,分别编码列项。

2) 窗油漆。其清单项目区分单层玻璃窗、双层(一玻一纱)木窗、双层框扇(单裁口)木窗、双层框三层(二玻一纱)木窗、单层组合窗、双层组合窗、木百叶窗、木推拉窗等,分别编码列项。

3) 木扶手应区分带托板与不带托板,分别编码列项。

(2) 清单工程量计算规则。

1) 门、窗油漆。门、窗油漆。其清单工程量区别门窗类型、腻子种类、刮腻子要求、防护材料种类、油漆品种、刷漆遍数,按设计图示数量以"樘"或设计图示单面洞口面积计算。

2) 木扶手及其他板条线条油漆。木扶手油漆、窗帘盒油漆、封檐板、顺水板油漆、挂衣板、黑板框油漆、挂镜线、窗帘棍、单独木线油漆。其清单工程量区别腻子种类、刮腻子要求、展开宽度、防护材料种类、油漆品种、刷漆遍数,按设计图示尺寸以长度"m"计算。

3) 木面油漆。

① 木板、纤维板、胶合板顶棚、檐口油漆、木护墙、木墙裙油漆、窗台板、筒子板、盖板、门窗套、踢脚线油漆、清水板条顶棚、檐口油漆、木方格顶棚油漆、吸声板墙面、顶棚面油漆、暖气罩油漆。其清单工程量区别腻子种类、刮腻子要求、防护材料种类、油漆品种、刷漆遍数,按设图示尺寸以面积"m^2"计算。

② 木间壁、木隔断油漆、玻璃间壁露明墙筋油漆、木栅栏、木栏杆(带扶手)油漆。其清单工程量区别腻子种类、刮腻子要求、防护材料种类、油漆品种、刷漆遍数,按设计图示尺寸以单面外围面积"m^2"计算。

③ 油漆、梁柱饰面油漆、零星木装修油漆。其清单工程量区别腻子种类、刮腻子要求、防护材料种类、油漆品种、刷漆遍数,按设计图示尺寸以油漆部分展开面积"m^2"计算。

④ 木地板油漆。其清单工程量区别腻子种类、刮腻子要求、防护材料种类、油漆品种、刷漆遍数,按设计图示尺寸以面积"m^2"计算。门洞、空圈、暖气包槽、壁龛的开口部分并入相应的工程量内。

⑤ 木地板烫硬蜡面。其清单工程量区别硬蜡品种、面层处理要求,按设计图示尺寸以面积"m^2"计算,门洞、空圈、暖气包槽、壁龛的开口部分并入相应的工程内。

4) 金属面油漆。金属面油漆。其清单工程量区别腻子种类、刮腻子要求、防护材料种类、油漆品种、刷漆遍数,按设计图示尺寸以质量"t"计算。

5) 抹灰面油漆。抹灰面油漆。其清单工程量区别腻子种类和刮腻子要求、防护材料种类、油漆品种、刷漆遍数，按设计图示尺寸以面积"m²"计算。

6）喷塑、涂料。刷喷涂料。其清单工程量区别腻子种类、刮腻子要求、涂料品种、刷漆遍数，按设计图示尺寸以面积"m²"计算。

7）花饰、线条涂料。

① 空花格、栏杆刷涂料。其清单工程量区别腻子种类、刮腻子要求、涂料品种、刷喷遍数，按设计图示尺寸以单面外围面积"m²"计算。

② 线条刷涂料。其清单工程量区别腻子种类、刮腻子要求、涂料品种、刷喷遍数，按设计图示尺寸以长度"m"计算。

8）裱糊。裱糊包括墙纸裱糊、织锦缎裱糊。其清单工程量区别裱糊构件部位，腻子种类，刮腻子要求，粘结材料种类，防护材料种类，面层材料品种、规格、品牌、颜色，按设计图示尺寸以面积"m²"计算。

6. 其他工程清单工程量计算

（1）工程分项划分内容。

1）其他工程包括货架、柜类、招牌、灯箱面层、美术字、压条、装饰条、暖气罩、镜面玻璃、拆除等。卫生洁具、装饰灯具、给排水、电气安装应按安装工程相应项目编码列项。

2）其他工程项目中铁件应包括刷防锈漆工作内容。如设计对涂刷油漆、防火涂料等有具体要求，可按"油漆、涂料、裱糊工程"相应子目编码列项。

（2）清单工程量计算规则。

1）柜类、货架。柜台、酒柜、衣柜、书柜、厨房壁柜、木壁柜、厨房低柜、厨房吊柜、矮柜、吧台背柜、酒吧、吊柜、酒吧台展台、收银台、试衣间、货架、书架、服务台。其清单工程量区别台、柜、架类型、规格、材料种类、规格、五金种类、规格、防护材料种类、油漆品种、刷漆遍数，按设计图示数量"个"计算。

2）暖气罩。塑料板暖气罩、铝合金暖气罩、钢板暖气罩。其清单工程量区别暖气罩材质、单个罩垂直投影面积、防护材料种类、油漆品种、刷漆遍数，按设计图示尺寸以垂直投影面积"m²"计算(不展开)。

3）浴厕配件。

① 石材洗漱台。其清单工程量区别材料品种、规格、品牌、颜色，支架，配件品种、规格、品牌，油漆品种，刷漆遍数，按设计图示尺寸以台面面积"m²"，计算。不扣除孔洞、挖弯、削角面积。挡板、吊沿板面积并入台面面积内计算。

② 晒衣架、帘子杆、浴缸拉手、毛巾杆(架)、毛巾环、卫生纸盒、肥皂盒，其清单工程量区别材料品种、规格、品牌、颜色，支架，配件品种、规格、品牌，油漆品种，刷漆遍数，按设计图示数量"根"(套、副、个)计算。

③ 镜箱。其清单工程量区别箱体材质、规格、框材质、断面尺寸，基层材

料种类，防护材料种类，油漆品种，刷漆遍数，按设计图示数量"个"计算。

④ 镜面玻璃。其清单工程量区别镜面玻璃品种、规格、框材质、断面尺寸，基层材料种类，防护材料种类，油漆品种，刷漆遍数，按设计图示尺寸以边框外围面积"m^2"计算。

4）压条、装饰线。

① 金属装饰线、木质装饰线、石材装饰线、石膏装饰线、镜面玻璃线、铝塑装饰线、塑料装饰线。其清单工程量区别基层类型，线条材料品种、规格、颜色，防护材料种类，油漆品种，刷漆遍数，按设计图示尺寸以长度"m"计算。

② 雨篷、金属旗杆。其清单工程量区别旗杆材质、种类、规格，旗杆高度，按设计图示数量以"根"计算。雨篷吊挂饰面，应区别基层类型，面层材料等按设计图示尺寸以水平投影面积计算。

5）招牌、灯箱。

① 平面、箱式招牌、灯箱。其清单工程量区别箱体规格、基层材料种类、面层材料种类、防护材料种类、油漆品种、刷漆遍数，按设计图示正立面外框尺寸以平方米"m^2"计算（复杂形的凸凹造型部分不增加）。

② 竖式标箱、灯箱。其清单工程量区别箱体规格、基层材料种类、面层材料种类、防护材料种类、油漆品种、刷漆遍数，按设计图示数量"个"计算。

6）美术字。美术字包括泡沫塑料字、有机玻璃字、木质字、金属字。其清单工程量区别材料品种、颜色，字体规格，固定方式，油漆品种，刷漆遍数，按设计图示尺寸、数量分不同字体尺寸以"个"计算。

特别要注意的是，清单计价的工程量计算规则与定额计价的工程量计算规则的区别。虽然它们都是计算工程量，但工程量中所包含的工程内容是不同的。按定额计价的工程量计算规则计算的工程量是完成分项工程的工程量，反映的是建筑装饰工程的基本构造要素；按清单计价的工程量计算规则计算的工程量是完成建筑装饰装修工程的实体工程量，根据项目清单，结合清单项目特征、工作内容，参考《全国统一建筑装饰装修工程消耗量定额》或企业定额，清单项目可由几个定额分项工程组合而成，这是两者区别的关键所在。

4.2 建筑装饰装修工程的计价

4.2.1 建筑装饰装修工程造价概述

1. 工程造价的概念与特点

（1）建设工程造价的概念。建设工程造价即建设工程项目的建造价格，是指建设工程从筹建、建设实施到工程竣工验收、交付使用（或工程项目正式投产)所需要的全部建设费用，是工程项目的设计文件的重要组成部分。

　　1) 建设工程概预算造价。建筑工程产品的价格是由成本(直接成本与间接成本)、利润及税金组成。建设工程预算造价具体地说是指工程在动工兴建之前，根据工程设计图纸，按照确定工程造价的有关消耗量标准和规定的计算规则与方法，计算确定工程项目所需要的资源(人工、材料、机械)消耗量以及货币量的经济文件。

　　2) 建筑装饰装修工程造价。建筑装饰装修工程造价即建筑装饰装修工程项目的建造价格。建筑装饰装修工程预算造价是指用货币形式表现的，确定建筑装饰装修工程从计划、设计、施工到工程验收、交付使用(或工程项目正式投产)所需要的全部费用，是建筑装饰装修工程设计文件的重要组成部分。

　　(2) 建筑装饰装修工程造价的特点。不同的房屋都具有特定的房屋建筑与结构特征，使用要求、设计风格、装饰技术、装修标准、建造环境等的特殊性，决定了建筑装饰装修工程的建造费用不同，因此，建设工程造价具有以下主要特点：

　　1) 工程造价的大额性。建设工程项目的自身特点决定了其投资额的巨大性。任何一项建设工程项目，不仅实物形体庞大，构造复杂，建造耗费的资源数量多，而且造价高，需要投资几百万、几千万甚至上亿人民币的资金。工程造价的大额性涉及到有关各个方面的重大经济利益，同时对工程建设的宏观经济必然产生重大的影响。工程造价的数额越大，其节约的潜力就越大。因此，加强工程造价的管理可以取得巨大的经济效益，这也决定了工程造价的特殊地位。

　　2) 工程造价的单个性。建设工程产品的单件性决定了工程造价的单个性。每一个建设工程项目都有特定的用途，由于其功能、规模各不相同，使得工程项目的结构、造型、平面布置、设备配置和内外装饰都有不同要求。工程所处地区、地段不同，反映出工程项目建设期的地域经济和地方资源供应状况的不同，所有工程内容和实物形态的个体性和差异性，都将体现一个问题：不同的工程项目的投资费用肯定不同。

　　3) 工程造价的动态性。建设工程项目从筹建到交付使用，需要较长的建设期。在这一建设期间，存在着许多影响工程造价的动态因素，包括工程方面、市场方面和管理体制方面的变化情况。如索赔事件、材料价格、人工工资、企业管理体制、项目承包形式等的变化，甚至政府价格政策(利率、汇率)的调整都会对工程造价产生不同程度的影响。所以，工程造价在整个建设期间都处于不确定状态，事先不能确定其变化后的准确数值，只有在工程竣工后进行工程竣工决算，才能最终确定工程的实际价格。所以，工程造价必须考虑风险因素和可变因素。

4）工程造价的层次性。工程造价的层次性取决于工程项目的层次性。按照建设项目的划分，一个建设项目往往含有多个单项工程，一个单项工程又是由多个单位工程组成。单位工程又可分为分部工程，分部工程又可分为分项工程。与此相适应，工程造价也应该反映这些层次组成。因此，工程造价是由建设工程总造价、单项工程造价、单位工程造价、分部工程造价和分项工程造价这五个层次组成。

5）工程造价的区域性。工程造价的区域性是指作为产品的建设工程项目是固定在某一个地方的，它本身是不能移动的。工程项目产品形成后，在建设地投入使用和进行消费。经济环境、市场供求、消费水平等地区性因素必然对建设工程产品的造价水平、计价因素、工程造价的可变性和竞争性等产生的差异和影响。工程造价的地区性差异既表现在因国内、省内地区不同，造价不同；又表现在国内、国外地区不同，则造价差异更大。所以，我们应当充分注意工程造价的地区性。

6）工程造价的专业性。建设工程按专业可分成许多类，如建筑工程、安装工程、装饰装修工程、市政工程、园林工程等。不同的专业其工程造价具有不同的特点。工程造价的专业差别是客观事物的自然反映，是始终存在的。因此，工程造价的计价和管理必须考虑专业性的特点。

2. 建设工程造价的分类

建设工程造价可以根据不同的建设阶段、不同工程对象（或不同范围）、不同的建设规模、不同的投资来源等因素进行分类。

按工程建设阶段分类。建设工程造价按工程建设所处的建设阶段不同可分为以下几类：投资估算造价、设计概算造价、修正概算造价、施工图预算造价、施工预算造价、竣工结算和竣工决算。

（1）投资估算造价。投资估算造价是指在编制项目建议书和可行性研究报告阶段进行建设项目立项决策过程中，依据有关估算资料，按照一定方法，对拟建项目所需投资额进行估计，用于确定建设项目估算费用的经济文件。

（2）建设工程设计概算造价。设计概算造价按编制阶段的不同有设计概算与修正概算之分，而两者的作用基本相同。

工程设计概算造价是在工程进行初步设计或扩大的初步设计阶段，由设计单位根据初步设计图纸和建设地点的自然、技术经济条件，按照概算消耗量标准（或概算指标）、设备、材料预算价格，各项工程费用取费标准等资料编制，确定建设项目由筹建至竣工验收合格、交付使用的全部建设费用的经济文件。

（3）建设工程施工图预算造价。建设工程施工图预算造价是建设工程设计工作完成并经过图纸会审之后，根据施工图纸及其索引号指定的建筑工程设计标准图集，工程项目施工组织设计（或施工方案），建设地区的自然及技术经济条件，采用工程预算消耗量标准，各项取费标准，地方人工、材料、设备单价等有关资料编制，确定工程施工图预算造价的经济文件。

建设工程施工图预算造价是确定建筑安装工程预算造价的具体文件，是签订建筑安装工程施工合同，实行工程预算造价承包，银行拨付工程款，办理工程竣工结算的依据，是施工企业加强经营管理和内部经济核算的重要依据。

（4）工程竣工结算造价。工程竣工结算造价是施工单位在工程竣工并验收合格后，根据施工过程中实际发生的工程变更情况，对原施工项目的预算造价或工程合同造价进行调整修正，重新确定工程造价的技术经济文件。

（5）工程竣工决算。工程建设项目竣工决算，是在建设项目或单项工程完工后，由建设单位财务及有关部门，以竣工结算等资料为基础进行编制的。工程建设项目竣工决算全面反映了竣工项目从筹建到竣工投产全过程中各项资金的使用情况和设计概算执行的结果。它是考核工程成本的重要依据。

3. 工程造价的计价方式

（1）工程计价的基本原理。建筑工程造价是建筑工程产品的货币表现形态。建筑工程产品作为商品，如同其他各类商品一样，其价值由三个部分组成：一是建造过程中所消耗的生产资料的价值，其中包括工程材料、燃料动力和施工机具等；二是生产工人为满足个人需要的生活资料所创造的价值，其表现为施工企业职工的工资等；三是劳动者为社会、国家、集体和企业（业主）自身提供的剩余价值，其表现为利润和税金。

由于建筑产品及其产品生产的特点，决定了一般建筑产品定价都是以一个单位工程作为计价对象进行计算，同时由于建筑产品是体形庞大、投资额大、生产周期长、产品单一、质量唯一、内容复杂的综合体，加之诸多外界因素的影响，如地区资源、时期性材料规格及材料预算价格等，影响建筑产品价格形成。所以，建筑工程产品不可能由国家或主管部门制定一个统一的单价，而必须采用一种特殊的计价方式进行单独计价。

工程计价：工程造价的计价形式和方法有多种，其做法各不相同，但它们的基本过程和原理是相同的。工程计价的基本方法是假定产品——分项工程单价法。从工程费用计算角度来看，工程计价的基本过程是：分部分项工程单价→单位工程造价→单项工程造价→建设项目总造价。其基本计算公式表达为

$$工程造价 = \sum (某工程实物量 \times 某实物单位价格) \qquad (4-22)$$

在进行工程计价时，实物单位价格的计量单位是由实物工程量的计量单位决定的。实物工程量的计量单位可以是工程量的基本单位，也可以是它们的整数倍。分项工程项目的工程实物量应当根据工程设计图纸和有关工程资料，按照工程量计算规则计算而得，它直接反映工程项目的规模和内容。分项工程项目的实物工程数量大，工程造价也就大。分项工程项目的单位价格，通常有以

下两种形式：

1) 直接工程费单价。指当分部分项工程单位价格仅考虑为完成该分项工程产品所需要的人工、材料、机械等生产要素的消耗量和相应资源的单价而形成的分项单价，即：

$$\text{分项直接工程费单价} = \sum(\text{分项工程项目的资源消耗量} \times \text{相应资源的价格})$$
$$(4-23)$$

确定分项直接工程费单价时所采用的资源消耗量标准（人工、材料、机械台班的数量标准）即建设工程消耗量定额，它作为工程计价的重要依据。一般来说在工程计价过程中，业主采用的工程计价定额反映的是社会平均生产力水平。而工程项目承包单位进行计价时，采用的消耗量定额应当是本企业的企业消耗量标准，它更确切地反映了该企业的技术应用与经营管理水平。在市场经济体制下，工程计价时采用的资源要素（人工、材料、机械）的单价应该是市场价格。

2) 综合单价。指在工程产品单位价格中同时考虑直接工程费以外的其他有关费用（如施工管理费、利润等）构成的工程产品的单位价格称为综合单价。综合单价按所包含的内容不同，又分为完全单价与不完全单价。不同的单价形式适用于不同的计价方法。其基本计算公式表达为

$$\text{分项工程综合单价} = \sum(\text{分项工程直接工程费} + \text{管理费} +$$
$$\text{利润} + \text{一定范围内的风险费用}) \quad (4-24)$$

(2) 建筑装饰工程产品计价方法。确定建筑装饰工程产品价格常用的方法有：装饰工程消耗量定额计价方式和装饰工程工程量清单计价方式。

1) 建筑装饰工程消耗量定额计价方式。消耗量定额计价方式指应用消耗量定额计算工程造价的方法。在我国，采用工程定额计算工程造价已有很长的历史，按照人们的通常做法有两种计价方式：一种是消耗量定额单位估价法，另一种是工料实物单价法。

① 单位估价表法：是指运用建筑装饰工程消耗量定额单位估价表来计算工程造价的方法。其基本做法是依据施工图和地区单位估价表，首先计算出各分项的工程量，套用地区建筑装饰工程消耗量定额单位估价表中相应的定额基价，计算各分项工程的人工费、材料费、机械费，求出各分项工程的直接工程费，汇总求得单位工程的直接工程费，然后以它为基础，按照有关费用标准和一个计费规定分别计算其他各项工程费用、措施费、间接费、利润及税金，最后汇总求和构成整个建筑装饰工程的全部价格。

② 工料实物单价法：是指运用工程消耗量定额来计算工程造价的方法。其基本做法首先根据工程设计图纸计算工程量，然后套用《建筑装饰工程消耗量定额》，逐项进行工料分析，计算人工工日数、不同品种和规格的材料用量以及各

种施工机械台班的使用量,然后将所有分部分项工程资源消耗量进行归类汇总,再根据工程建设地的人工、材料、机械台班单价,计算并汇总人工费、材料费、机械使用费,求得分部分项直接工程费。最后以此为基础,按照有关费用标准和有关计费规定分别计算其他各项工程费用,措施费、管理费、规费、利润和税金等费用,汇总求和构成整个建筑装饰工程的全部价格。

2)工程量清单计价方式。工程量清单计价方法系根据建设部第107号令《建筑工程施工发包与承包计价管理办法》,结合我国工程造价管理现状,参照国际上工程计价的通行做法,制定、颁布的一种计价方式。其中所采用的就是分部分项工程的综合单价。它由分项工程直接工程费(人工费、材料费、机械台班使用费)、施工管理费、利润和风险费组成的,而直接工程费仍是以人工、材料、机械的消耗量及相应单价来确定的。

综合单价的形成是推行实施和应用工程量清单计价方法的关键。投标报价中使用的综合单价由企业根据实际工程情况,按照本企业的企业消耗量标准编制的。

4.2.2 建筑装饰装修工程造价构成

1. 建筑装饰装修工程预算造价构成

根据2003年中华人民共和国建设部、财政部印发(建标[2003]206号)文件,关于印发《建筑安装工程费用项目组成》的通知的规定,我国现行建筑安装工程费用项目组成,如图4-3、图4-4所示,建筑装饰工程费用项目包括直接费、间接费、利润和税金。

(1)直接费。

1)直接工程费。直接工程费是指施工过程中耗费的构成工程实体的各项费用,包括人工费、材料费和施工机械使用费。

① 人工费是指直接从事建筑安装工程施工生产工人开支的各项费用。单位工程人工费的计算公式为

$$人工费 = \Sigma(分部分项工程人工消耗量定额 \times 日工资单价)$$

其中,日工资单价由日基本工资、日工资性补贴、日生产工人辅助工资、日职工福利费、日生产工人劳动保护费五部分组成。其含义分别为:

A. 基本工资,是指发放给生产工人的基本工资。

B. 工资性补贴,是指按规定标准发放的物价补贴,煤、燃气补贴,交通补贴,住房补贴和流动津贴等。

C. 生产工人辅助工资,是指生产工人年有效施工大致以外非作业天数的工资,包括职工学习、培训期间的工资,调动工作、探亲、休假期间的工资,因气候影响的停工工资,女工哺乳时间的工资,病假在六个月以内的工资以及产、婚、丧假期的工资等。

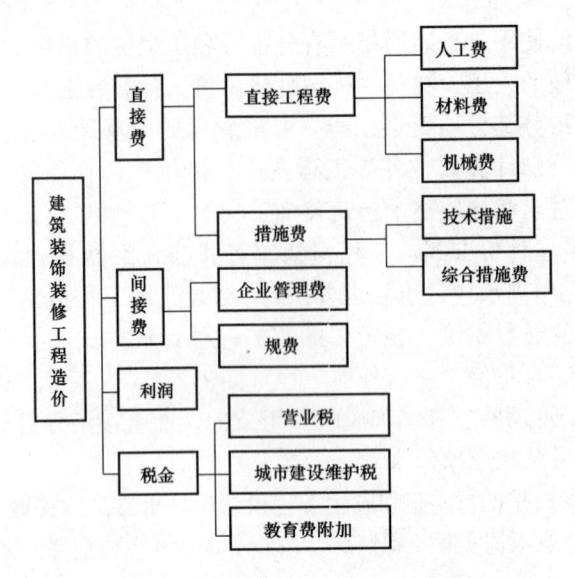

图4-3 建筑装饰装修工程造价费用项目组成

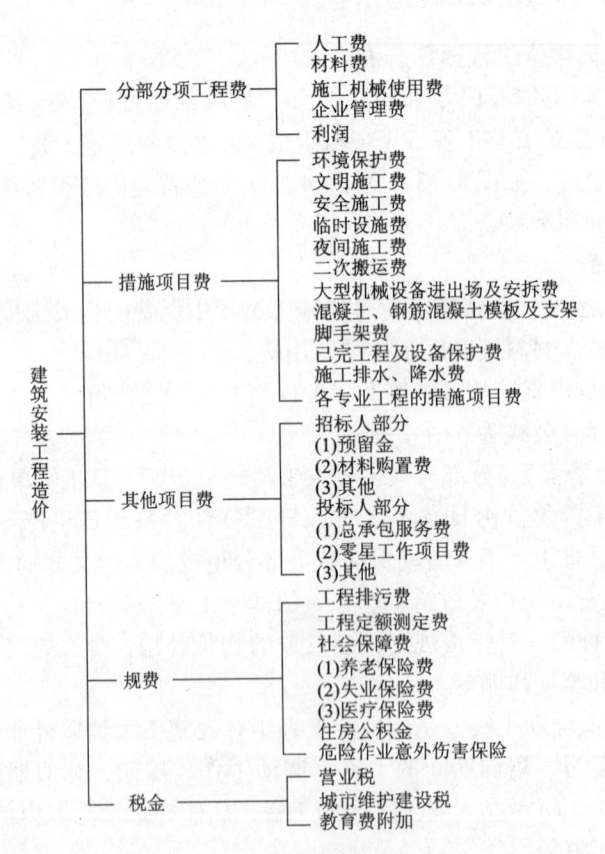

图4-4 工程量清单计价的建筑安装工程造价组成示意图

D. 职工福利费，是指按规定标准计提的职工福利费。

E. 生产工人劳动保护费，是指按规定标准发放的劳动保护用品的购置费、修理费、徒工服装补贴、防暑降温费和在有碍身体健康环境中工的保健费用等。

② 材料费是指施工过程中耗用的构成工程实体的原材料、辅助材料、构配件、零件和半成品的费用。内容包括：

A. 材料原价（或供应价格）。

B. 材料运杂费，是指材料自来源地运至工地仓库或指定堆放地点所发生的全部费用。

C. 运输损耗费，是指材料在运输装卸过程中不可避免的损耗。

D. 采购及保管费，是指为组织采购、供应和保管材料过程中所需要的各项费用，包括采购费、仓储费、工地保管费和仓储损耗。

E. 检验试验费，是指对建筑材料、构件和建筑安装物进行一般鉴定和检查所发生的费用，包括自设试验室进行试验所耗用的材料和化学药品等费用，不包括新结构、新材料的试验费，也不包括建设单位对具有出厂合格证明的材料进行检验，对构件作破坏性试验及其他特殊要求检验试验的费用。

③ 施工机械使用费是指施工机械作业所发生的机械使用费以及机械安、拆费和场外运费。机械使用费包括：

A. 折旧费，指施工机械在规定的使用年限内，陆续收回其原值及购置资金的时间价值。

B. 大修理费，指施工机械按规定的大修理间隔台班进行必要的大修理，以恢复其正常功能所需的费用。

C. 经常修理费，指施工机械除大修理以外的各级保养和临时故障排除所需的费用，包括为保障机械正常运转所需替换设备与随机配备工具附具的摊销和维护费用，机械运转中日常保养所需润滑与擦拭的材料费用，以及机械停滞期间的维护和保养费用等。

D. 安拆费及场外运费，指施工机械在现场进行安装与拆卸所需的人工、材料、机械和试运转费用以及机械辅助设施的折旧、搭设、拆除等费用，场外运费指施工机械整体或分体自停放地点运至施工现场，或由一施工地点运至另一施工地点的运输、装卸、辅助材料及架线等费用。

E. 人工费，是指机上司机（司炉）和其他操作人员的工作日人工费，以及上述人员在施工机械规定的年工作台班以外的人工费。

F. 燃料动力费，指施工机械在运转作业中所消耗的固体燃料（煤、木柴）、液体燃料（汽油、柴油）及水、电等。

G. 养路费及车船使用税，指施工机械按照国家规定及有关部门规定应缴纳的养路费、车船使用税、保险费及年检费等。

2）措施费。措施费是指为顺利完成工程项目建造施工，发生于该工程施工前和施工过程中所采取的各种措施的费用。按照措施性质和费用计取方法可划分为技术措施费与综合措施费两类。

① 技术措施费，包括：

A. 二次搬运费，是指因施工场地狭小等特殊情况而发生的二次搬运费用。

B. 大型机械设备进出场及安拆费，是指机械整体或分体自停放场地运至施工现场或由一个施工地点运至另一施工地点，所发生的机械进出场运输及转移费用，以及机械在施工现场进行安装和拆卸所需的人工费、材料费、机械费、试运转费及安装所需的辅助设施的费用。

C. 混凝土、钢筋混凝土模板及支架费，是指混凝土施工过程中需要的各种钢模板、木模板、支架等的支、拆、运输费用及模板、支架的摊销（或租赁）费用。

D. 脚手架搭拆费，是指施工需要的各种脚手架搭、拆、运输费用及脚手架的摊销（或租赁）费用。

E. 已完工程及设备保护费，是指竣工验收前，对已完工程及设备进行保护所需的费用。

F. 施工排水、降水费，是指为确保工程在正常条件下施工，采取各种排水、降水措施所发生的各种费用。

建筑装饰装修工程常见技术措施项目，包括：

a. 大型机械进出场费及安拆费（包括基础及轨道铺设费）。

b. 高层建筑增加费。

c. 脚手架搭拆费。

d. 检验试验费。

e. 二次搬运费。

f. 已完工程保护费。

g. 缩短工期措施费。

h. 无自然采光、通风照明、通信施工设施增加费。

i. 其他。

② 综合措施费，其中，前四项费用又称安全文明施工费用。包括：

A. 环境保护费：是指施工现场为达到环保部门要求所需要的各项费用。

B. 文明施工费：是指施工现场文明施工所需要的各项费用。

C. 安全施工费：是指施工现场安全施工所需要的各项费用。

D. 临时设施费：是指施工企业为进行建筑安装工程施工所必须搭设的生活和生产用的临时建筑物、构筑物和其他临时设施费用等。临时设施包括临时宿舍、文化福利及公用事业房屋与构筑物、仓库、办公室、加工厂以及规定范围内的道路、水、电、管线等临时设施和小型临时设施。临时设施费用包括临时设施的搭设、维修、拆除或摊销费。

E. 夜间施工增加费,是指因夜间施工所发生的夜班补助费、夜伺施工降效、夜间施工照明设备摊销及照明用电等费用。

措施项目清单中的安全文明施工费应按照国家或省级、行业建设主管部门的规定计价,不得作为竞争性费用。

(2) 间接费。

1) 规费。规费是指按照政府和有关管理部门的相关规定,必须缴纳的费用(简称规费)包括:

① 工程排污费,指施工现场按规定缴纳的工程排污费。

② 工程定额测定费,指按规定支付工程造价(定额)管理部门的定额测定费。

③ 社会保障费,包括养老保险费、失业保险费、医疗保险费。其中养老保险费是指企业按规定标准为职工缴纳的基本养老保险费;失业保险费是指企业按照国家规定标准为职工缴纳的失业保险费;医疗保险费是指企业按照规定标准为职工缴纳的基本医疗保险费。

④ 住房公积金,是指企业按规定标准为职工缴纳的住房公积金。

⑤ 危险作业意外伤害保险,是指企业为从事危险作业的建筑安装施工人员支付的意外伤害保险费。

2) 企业管理费。企业管理费是指建筑施工企业从事施工经营活动,为组织工程项目所发生的管理费用。

企业管理费,内容繁多,可归纳为非生产性费用、为项目施工服务的费用、为工人服务的费用以及其他管理费用等几个方面。具体内容有:

① 管理人员工资,是指建筑施工企业管理人员的基本工资、工资性补贴及按规定标准的职工福利费。

② 办公费,是施工企业办公用文具、纸张、账表、印刷、邮电、书报、会议、水、电、燃煤(气)等费用。

③ 差旅交通费,是施工企业职工因公出差、工作调动的差旅费、住勤补助费、市内及误餐补助费,职工探亲路费,劳动力招募费,离退休、退职职工一次性路费,工伤人员就医路费和工地转移费,以及管理部门使用的交通工具的油料、燃料、牌照、养路费等。

④ 固定资产使用费,是指管理和试验部门及附属生产单位使用的属于固定资产的房屋、设备、仪器等的折旧、大修、维修或租赁费。

⑤ 工具用具使用费,是指管理中使用不属于固定资产的工具、用具、交通工具、检验、试验、消防等的摊销及维修费用。

⑥ 劳动保险费，是由企业支付离退休职工的易地安家补助费、职工退休金、六个月以上的病假人员工资、职工死亡丧葬补助费、抚恤费、按规定支付给离休干部的各项经费。

⑦ 工会会费，是施工企业根据有关按职工工资总额的 2% 计提的用于工会活动的经费。

⑧ 职工教育经费，是施工企业为职工学习先进技术和提高文化水平，按职工工资总额的 1.5% 计提的费用。

⑨ 财产保险费，是施工企业管理用财产、车辆保险等保险费用。

⑩ 财务费，是企业为筹集资金而发生的各项费用。

⑪ 税金，是施工企业按规定交纳的房产税、车船使用税、土地使用税、印花税等。

⑫ 其他费用，是指技术转让费、技术开发费、业务招待费、排污费、绿化费、广告费、公证费、法律顾问费、审计费和咨询费等。

（3）利润。利润是施工企业完成所承包工程获得的盈利。按照不同的计价程序，利润的形成也有所不同。在编制（概）预算时，依据不同的投资来源、工程类别实行差额利润率。利润率大小由企业自主决定。在投标报价时，企业可以根据工程的难易程度、市场竞争情况和自身的经营管理水平自行确定合理的利润率。

（4）税金。建筑装饰装修工程的税金是指国家税法规定的应计入建筑装饰装修工程造价内的营业税、城市维护建设税和教育费附加等。

2. 建筑装饰装修工程费用计算程序

根据建设部第 107 号令《建筑工程施工发包与承包计价管理办法》的规定，建筑工程施工发包与承包价的计算方法分为工、料单价法和综合单价法。

（1）工、料单价法计价程序。工、料单价法是以分部分项工程量乘以定额单价后的合计为直接工程费。直接工程费以分部分项工程的人工、材料、机械的消耗量及其相应工、料、机单位价格计算确定。直接工程费汇总后，另行计算间接费、利润、税金后汇总形成装饰装修工程预算价格，其计价程序区别不同计费基础分别按以下三种情形考虑。

1）以直接费为计算基础。在工程建设实际中，建筑工程费用计算采用这种形式，其计价程序见表 4-33。

表 4-33　　　　　　以直接费为计算基础的工料单价计价程序

序　号	费用项目	计算方法	备　注
1	直接工程费	按预算表	
2	措施费	按规定标准计算	

续表

序 号	费用项目	计算方法	备 注
3	小计	(1)+(2)	
4	间接费	(3)×相应费率	
5	利润	[(3)+(4)]×相应利润率	
6	合计	(3)+(4)+(5)	
7	含税造价	(6)×(1+相应税率)	

2) 以人工费和机械费为计算基础。其计价程序见表 4-34。

表 4-34　　以人工费和机械费为计算基础的工料单价法计价程序

序 号	费用项目	计算方法	备 注
1	直接工程费	按预算表	
2	其中人工费和机械费	按规定标准计算	
3	措施费	按预算表	
4	其中人工费和机械费	按规定标准计算	
5	小计	(1)+(3)	
6	人工费和机械费小计	(2)+(4)	
7	间接费	(6)×相应费率	
8	利润	(6)×相应利润率	
9	合计	(5)+(7)+(8)	
10	含税造价	(9)×(1+相应税率)	

3) 以人工费为计算基础。其计价程序见表 4-35。

表 4-35　　以人工费为计算基础的工料单价法计价程序

序 号	费用项目	计算方法	备 注
1	直接工程费	按预算表	
2	其中人工费	按规定标准计算	
3	措施费	按预算表	
4	其中人工费	按规定标准计算	
5	小计	(1)+(3)	
6	人工费小计	(2)+(4)	
7	间接费	(6)×相应费率	
8	利润	(6)×相应利润率	
9	合计	(5)+(7)+(8)	
10	含税造价	(9)×(1+相应税率)	

179

在工程建设实际中，建筑装饰装修工程和设备安装工程费用计算，采用以人工费为计算基础的工料单价法形式，其计价程序见表4-35。

(2) 综合单价法计价程序。综合单价法是以分部分项工程为对象，按照其表示单价的内容可分为全费用单价和不完全费用单价。综合单价的内容包括直接工程费、间接费、利润和税金（措施费也可按此方法生成综合费用价格）。各分项工程量乘以综合单价的合价汇总后，生成工程预算价格。

其计算公式表示为

$$\text{工程预算价格} = \sum (\text{某分项工程量} \times \text{该分项工程综合单价}) \quad (4-25)$$

3. 建筑装饰工程取费标准

按照中华人民共和国建设部、财政部关于印发《建筑安装工程费用项目组成》（建标[2003]206号）的通知的规定，建筑安装工程费由直接费、间接费、利润和税金组成。其中，直接费中的措施费部分由环境保护费、文明施工费、安全施工费、临时设施费、夜间施工费、二次搬运费、脚手架费等11项组成；间接费中的规费由工程排污费、工程定额测定费、社会保障费等5项组成；间接费中企业管理费由管理人员工资、办公费、差旅交通费、职工教育经费、工会经费等12项组成；税金由营业税、城市维护建设税、教育费附加组成，而工程项目所在地不同，税金也不一样。这些费用都是建筑工程施工过程中可能要花费的费用，有些甚至是不可避免要花费的费用，但由于建筑安装施工生产的特点所决定，这些费用又不能以消耗量的形式列入预算定额分项之内。因此，我们就需要以费率作为定额的形式表现出来。

目前，我国《全国统一建筑装饰装修消耗量定额》（GYD—901—2002）已于2002年1月在全国实施。《建设工程工程量清单计价规范》（GB 50500—2008）已于2003年7月在全国开始实施。各省、市都先后制定了实施性细则，编制了建筑装饰装修工程参考费用定额，由于全国各省市编制的费用定额有所差异，本书为方便学习时参考，选用某省、市现行取费标准，分别参见表4-36~表4-40。

表4-36　　　　　　　　施工企业取费费率参考表

项目名称	施工管理费(包括财务费)		利　润	
	计费基础	费率(%)	计费基础	费率(%)
一般土建工程	直接工程费	12~4	直接工程费	9~4
土石方工程	直接工程费	8~4	直接工程费	7~4
	人工费	32~17	人工费	33~24
装饰装修工程	人工费	42~34	人工费	38~28
安装工程	人工费	93~46	人工费	54~50
包工不包料工程	人工费	28~18	人工费	29~18

表 4-37　　　　　　　　　　　　不可竞争费用

项目名称	执行地区	计费基础	费率(%)
工程排污费、工程定额测编费、工会经费、职工教育经费、职工失业保险费、职工医疗保险费、危险作业意外伤害保险	某省	税前造价	2.22
基本养老保险费			3.5
安全文明施工增加费　一般土建工程专业			0.98
其他专业			0.66

表 4-38　　　　　　　　　　　综合费用项目费参考表

项目名称	计费基础	费率(%) 临时设施费	费率(%) 冬雨季增加费等
一般土建工程	直接工程费	3~2	2.4~1.6
土石方工程	直接工程费	3~2	2.4~1.6
	人工费	13~9	13.2~8.8
装饰装修工程	人工费	13~11	13.2~8.8
安装工程	人工费	20~18	13.2~8.8

注：冬雨季施工增加费一栏中的费率包括生产工具使用费，工程测量放线、定位复测、工程点交、场地清理费。

(1) 建筑装饰装修工程取费标准(供参考)。

1) 某省建筑装饰装修工程取费标准。

2) 某市建筑装饰装修工程取费标准。参见表 4-39、4-40。

表 4-39　　　　　　　　　　　其他措施费取费标准

项目名称	执行地区	计费基础	费率(%)
临时设施费	某市	直接工程费	1~1.6
工程保险费			0.02~0.04
工程保修费			0.1
赶工措施费			0.0~1.0
预算包干费			0.0~2.0
其他措施项目费			按实际发生
利润		人工费	企业自主确定

表 4-40　　　　　　　　　　规 费 取 费 标 准

项 目 名 称	执行地区	计费基础	费率(%)
住房公积金	某市	分项工程项目费 +措施项目费 +其他项目费	1.28
工程定额测编费			0.1
工程排污费			0.33
社会保险费			3.31
税金(含防洪维护费：0.13%)		税前造价	3.54

(2) 建筑装饰装修工程费用计算实例

【例4-11】以工程量清单计价方式，计算建筑装饰装修工程费用。

背景资料：某建筑装饰装修工程项目，实施公开招标，工程实行施工总承包(土建、装饰装修工程)，工程建设地为某市区内；某建筑装饰装修公司参加投标时，有关费率取定如下：其他措施项目费的费率为2.76%，规费费率按表4-34所列取定；税率为3.41%计取。

【解】按照工程量清单计价方式，建筑装饰工程造价由分部分项工程项目费、措施项目费、其他项目费、规费、税金组成。按照某市工程计价办法的规定：其计费程序、计算过程及结果见表4-41。

表 4-41　　　　　　　单位建筑装饰装修工程造价汇总表

序号	项目名称	计算方法	计费基础	费率(%)	金额/元
1	分部分项量清单计价合计				3681346.34
2	措施费	2.1+2.2			957883.18
2.1	技术措施项目清单计价合计				833279.51
2.2	其他措施项目费	(1+2.1)×费率	4514625.85	2.76	124603.67
3	其他项目清单计价合计				0.00
4	规费	(4.1+4.2+4.3+4.4+4.5)			232889.32
4.1	社会保险费	(1+2+3)×费率	4639229.52	3.31	153558.49
4.2	住房公积金	(1+2+3)×费率	4639229.52	1.28	59382.14
4.3	工程定额测定费	(1+2+3)×费率	4639229.52	0.1	4639.23
4.4	工程排污费	(1+2+3)×费率	4639229.52	0.33	15309.46
4.5	施工噪音排污费	如果发生，由投标人在计算方法中说明计算基础及费率			0.00
5	税金及防洪工程维护费	(1+2+3+4)×费率	4872118.84	3.41	166139.25
6	合计	1+2+3+4+5			5038258.09
7	大写	伍佰零叁万捌仟贰佰伍拾捌元零玖分			

4.2.3 建筑装饰装修工程人工、材料、机械台班单价及定额基价

1. 建筑装饰装修工程人工、材料、机械台班单价的确定

（1）人工单价。

1）人工单价的概念。人工单价也称人工日工资单价，是指一个建筑安装工人工作一个工作日应得的劳动报酬，故又称日工资标准。

工作日是一个工人工作一个工作天。按我国劳动法的规定，一个工作日的劳动时间为8h，简称"工日"。

劳动报酬应包括一个人物质需要和文化需要的报酬。具体地讲，应包括本人衣、食、住、行、生、老、病、死等基本生活的需要，以及精神文化的需要，还应包括本人基本供养人口（如父母及子女）的需要。

2）人工单价的组成。人工日工资单价由基本工资、工资性补贴、辅助工资、福利费、劳动保护费等组成。

① 基本工资：指按企业工资制度应支付给建筑安装生产工人的工资，它包括为满足生产工人本人穿衣、吃饭等支出的费用。

② 工资性补贴：指类似工资性质的补贴，为补偿工人额外的特殊的劳动消耗和为保证工人工资水平不受特殊条件影响，而以补贴形式支出给工人的费用。它包括交通补贴、住房租金补贴、流动施工补贴、地区补贴等内容。

③ 辅助工资：指生产工人年有效施工天数以外非作业天数的工资。包括职工学习培训期间的工资，调动工作、休假期间的工资，因气候影响的停工工资，女工哺乳期间的工资，病假在六个月以内的工资及产、婚、丧假期的工资。

④ 福利费：指按有关规定标准计提的职工福利费。包括书报费、洗理费、防暑降温及取暖费等内容。

⑤ 劳动保护费：指按有关规定标准发放的劳动保护用品、生产工人在有碍身体健康环境中从事工作的保健津贴等费用。

3）人工单价的确定。根据"国家宏观调控、市场竞争形成价格"的现行工程造价的定价原则，生产人工日工资单价由市场形成，国家或地方不再定级定价。人工单价的确定：一般根据人工工资内容构成，参考工程所在地工资标准，进行综合取定。

4）人工单价的影响因素。

① 社会平均工资水平。建筑安装工程人工工资单价水平应当和社会平均工资水平趋同。社会平均工资水平取决于社会经济发展水平。由于我国改革开放以来经济迅速增长，社会平均工资水平有了大幅增长，从而使得建筑安装工程人工工资单价已有大幅的提高。

② 生产费指数。生产费指数反映不同时期、不同地域的产品生产费用支付

状况。为防止人们生活水平的下降或维持人们的正常生活水平,地方生产费指数提高的同时必须考虑提高工人的日工资单价。生活消费指数的变动决定于物价的变动,特别是生活消费品价格的变动情况的影响尤为明显。

③ 人工单价的组成内容。人工日工资单价由市场形成,人工工资内容构成很多,而有些内容不一定全部列入,例如住房消费、养老保险、医疗保险、失业保险费等都列入人工工资,就会使人工单价提高。

④ 劳动力市场供需变化。劳动力市场供需状况变化必然引起人工工资单价发生变化。当市场劳动力供不应求,人工工资单价就会提高;市场劳动力供大于求,市场竞争激烈,人工工资单价就会下降。

⑤ 政府推行的相关政策。政府推行的有关政策对劳动力具有某种程度上调节作用,社会保障制度和福利政策的推行,就会影响人工工资单价的变动。

(2) 建筑装饰装修工程材料单价。

1) 材料单价的概念及其组成。

① 材料价格的概念。材料(包括构件、成品及半成品等)价格是指材料的单位价格,即从其来源地(或交货地点)到达施工工地仓库或堆放场地后的出库价格。

② 材料价格的组成内容。材料价格包括组织材料过程中及在施用时耗费的原材料、辅助材料(构配件、零件、半成品)等的全部费用。材料价格构成可用简图示意,如图4-5所示。

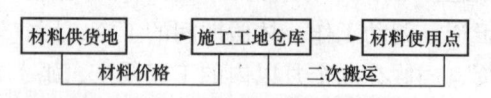

图4-5 材料价格构成示意简图

材料价格一般由材料原价、供销部门手续费、包装费、运输费、采购及保管费等组成。

③ 材料单价的确定。

A. 材料原价的确定。材料原价是指材料的出厂价、市场批发价、零售价以及进口材料的调拨价等。

在确定材料原价时,对于同一种材料由不同购买地及购买单价不同时,应根据不同的供货数量及单价,采用加权平均的办法计算其材料的平均原价。其计算公式为

$$平均原价 = \sum(各来源地供货权份 \times 各来源地材料原价) \quad (4-26)$$

$$平均原价 = \frac{\sum(各来源地供货量 \times 各来源地材料原价)}{\sum(各来源地供货总量)} \quad (4-27)$$

式中,供货权份 = 各来源地供货数量/总的供货数量

【例 4 – 12】 某地区某期间，建筑装饰装修工程用乳胶漆，由甲、乙、丙三个生产厂供应；甲厂 40t，单价为 2380 元/t；乙厂 40t，单价为 2390 元/t；丙厂 20t，单价为 2400 元/t。求该批乳胶漆的平均原价。

【解】 ① 加权系数法。

$$(40/100) \times 2380 + (40/100) \times 2390 + (20/100) \times 2400$$
$$= 952 + 956 + 480 = 2388(元/t)$$

② 总金额法。

$$(40 \times 2380 + 40 \times 2390 + 20 \times 2400)/(40 + 40 + 20) = 2388(元/t)$$

B. 供销部门手续费的确定。材料的供销部门手续费是指根据国家和地方政府现行的物资供应管理体制或者市场供应状况，不能直接向生产单位采购订购，需经过当地物资部门或供应公司供应时应收取的经营管理费用。供销手续费按照规定的费率计取，其计算公式为：

$$供销手续费 = 材料原价 \times 供销手续费率 \qquad (4-28)$$

供销手续费费率一般由有关主管部门规定，通常不同类别的材料，供销手续费费率也不同。建筑材料一般为 3.0% ~ 6.0%。

【例 4 – 13】 沿用【例 4 – 12】，某地区某期间，建筑装饰装修工程用乳胶漆，按当地当时主管部门的规定：供销手续费率为 2.50%。试计算其供销手续费。

【解】 根据题意，将有关数据代入公式有：

$$单位供销手续费 = \frac{(40 \times 2380 + 40 \times 2390 + 20 \times 2400) \times 2.5\%}{40 + 40 + 20} = 59.7(元/t)$$

C. 包装费。包装费是为使材料在搬运、保管中不受损失或便于运输而对材料进行包装发生的费用。包装费按照提供方式的不同，有以下三种情形：

a. 原带包装。指包装品由材料生产时提供，其包装费已计入材料原价中，不再另行计算，但应扣除包装品的回收价值。

包装器材的回收价值，如地区有规定者，按照地区规定计算；地区如无规定者，可根据实际情况，参照一定比例确定。

$$包装材料回收率值 = 包装费 \times 回收率 \times 残值率 \qquad (4-29)$$

其中，回收率即包装材料的回收比率。

$$回收率 = (包装材料的回收量/包装材料的发生量) \times 100\%$$

残值率即回收包装材料的价值与原包装材料价值的比率。

$$残值率 = (回收包装材料的价值/原包装材料的价值) \times 100\%$$

b. 自备包装。指包装品由材料购买商自备，其包装品费应按包装品置备与维修费用之和进行摊销。其计算公式为：

$$包装品费 = \frac{包装品置备费 + 包装品使用期维修费}{包装品标准容积} \qquad (4-30)$$

c. 租赁包装。指由材料购买方租赁包装品租赁公司的包装品,其包装品费应按包装品租赁金与包装品返回运费之和进行摊销。其计算公式为:

$$包装品费 = \frac{包装品租赁费 + 包装品返回运费}{包装品标准容积} \qquad (4-31)$$

D. 运输费。材料的运输费是指材料由采购地点至工地仓库的全程运输费用。运输费用包括车船运费、吊车和驳船费、出入仓库费、装卸费及合理的运输损耗等项内容。

a. 材料运输费。材料的运输费用应按照国家有关部门和地方政府交通运输部门的规定计算。对于同一品种的材料如有若干个来源地,其运输费用应根据材料来源地、运输里程、运输方法和运价标准,采用加权平均的方法计算运输费。

$$平均运输费 = \frac{\Sigma(各来源地供货量 \times 各来源地运杂费)}{\Sigma(各来源地供货总量)} \qquad (4-32)$$

【例 4-14】沿用【例 4-12】【例 4-13】,某地区某期间,建筑装饰装修工程用乳胶漆,按当时当地主管部门规定的方法计算而得:甲、乙、丙地乳胶漆的运杂费分别为 7.50 元/t、8.00 元/t、9.50 元/t;运输费分别为 12.50 元/t、11.50 元/t、15.50 元/t。试计算其供销手续费。

【解】根据题意,将有关数据代入公式 (2-37) 为:

$$平均运杂费 = \frac{(40 \times 7.5 + 40 \times 8.0 + 20 \times 9.5)}{40 + 40 + 20} = 8.10(元/t)$$

$$平均运输费 = \frac{(40 \times 12.5 + 40 \times 11.50 + 20 \times 15.5)}{40 + 40 + 20} = 12.7(元/t)$$

b. 运输损耗。材料的运输损耗是指材料在运输过程中不可避免的损耗费用。运输损耗一般按材料到库前价格的比率综合计取,也可以按市场价格计取;可以计入运输费用中,也可以单独列项计算。其计算公式为:

$$材料运输损耗 = (材料原价 + 供销手续费 + 包装费 + 运输费) \times 运输损耗率 \qquad (4-33)$$

【例 4-15】沿用【例 4-12】【例 4-13】【例 4-14】,某地区某期间,建筑装饰砖修工程用乳胶漆,按当时当地主管部门规定的计算方法,材料运输损耗率为 1.0%。试计算材料运输损耗。

材料运输损耗 = (2388 + 59.70 + 8.10 + 12.7) × 1.0% = 24.68(元/t)

E. 采购及保管费。采购及保管费是指材料供应过程中为材料的组织、采购和保管所发生的各项必要费用。采购及保管费通常按材料出库前价格的比率进行计取。采购及保管费率一般综合取定值为 2.5% 左右。各地区根据不同的情况,按照材料在工程中的重要性分为不同的标准。例如钢材、木材、水泥为 2.5%,水电材料为 1.5%,其余材料(地方性材料)为 3.0%。其计算公式为:

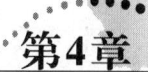

$$材料采购及保管费 = (材料原价 + 供销手续费 + 包装费 + 运输费 \\ + 运输损耗) \times 采购及保管费率 \quad (4-34)$$

$$材料采购及保管费 = (2388 + 59.7 + 8.10 + 12.7 + 24.68) \times 2.50\% \\ = 436.4 \times 2.5\% = 62.33(元/t)$$

2)材料价格的确定。材料价格的计算公式根据材料价格的组成。按照各项费用算法,其计算公式为:

$$材料价格 = [材料原价 \times (1 + 供销手续费率) + 包装费 + 运输费] \\ \times (1 + 运损率) \times (1 + 采、保费率) - 包装品回收值 \quad (4-35)$$

沿用以上实例,包装费已包括在原价中,不予考虑。该批乳胶漆的材料预算价格为:

$$材料预算价格 = (2388 + 59.7 + 8.10 + 12.7 \\ + 24.68 + 62.33) - 0 = 2555.51(元/t)$$

3)关于材料预算价格中采购及保管费。

① 划分采购保管费的原因。在工程预算造价中的材料费是按照材料预算价格计算的。由于材料预算价格中包含有采购及保管费,如果工程中有的建筑材料由建设单位提供和供应,那么施工单位和建设单位在完工程竣工结算后,甲乙双方各自的竣工决算中,建设单位应从材料费中扣除建设单位自己应得的材料采购管理费。

② 采购及保管费划分的规定。

采购及保管费的划分应按照各省、市工程造价主管部门的规定。如有些地区规定:建筑材料全部由施工单位采购,施工单位应向建设单位收取工程材料采购及保管费;若建筑材料有一部分由建设单位采购,对于由建筑单位采购的部门建筑材料施工单位应该收取70%的采购及保管费,另外30%的采购及保管费由建设单位收取。

③ 影响材料预算价格的主要因素。

A. 建筑装饰材料市场供求状况的变化必然会影响材料预算价格。

B. 建筑装饰工程材料的生产成本的变动会直接影响材料的预算价格。

C. 材料供应体制和流通环节的多少会影响材料预算价格。

D. 工程材料的运输距离和运输方法的改变会直接影响材料的运输费用,从而也影响到工程材料的预算价格。

E. 国际市场行情会对进口材料的价格产生影响。

(3)施工机械台班单价。

1)台班单价的概念与组成。

① 施工机械台班单价的概念。施工机械台班单价又称为施工机械台班使用费,它是指一台施工机械在正常运转的条件下,工作一个台班所发生的分摊和

支出的费用。每台机械工作 8 h 为一个台班。

② 施工机械台班单价的组成。建筑装饰工程施工机械台班单价按照有关规定由七项费用组成。这些费用按其性质分类，划分为一类费用，二类费用。

A. 第一类费用。第一类费用是指固定费用又称不变费用，通常指不因工程建设地的经济环境和资源条件的不同而发生大的变化的那一部分费用。其内容包括折旧费、修理费、常修理费、安拆费及场外运输费。

B. 第二类费用。第二类费用是指变动费用又称可变费用，通常指因工程建设地的经济环境和资源条件的不同而有较大的变化。其内容包括机上人员工资，燃料、动力费，车船使用税，养路费，牌照费，保费等。

③ 施工机械台班单价的确定。

A. 折旧费。施工机械折旧费是施工机械在规定的使用期限（耐用总台班）内，应陆续收回其原借及支付贷款利息的费用。通常按每一个机械台班所摊销的费用进行计算。其计算式如下：

$$台班折旧 = \frac{施工机械购买价 \times (1 - 残值率) + 贷款利息}{机械耐用总台班} \quad (4-36)$$

其中，机械购买价是由机械生产厂的出厂（或到岸完税）价格和生产厂（或销售单位交货地点）运至使用单位机械管理部门验收入库的全部费用组成。其计算式可表述如下：

$$机械购买价 = 机械原价 \times (1 + 机械购置附加费率) + 手续费 + 运杂费$$
$$(4-37)$$

残值率是指机械报废时，其回收的残余价值与其原值的比率。施工机械残值率，各地有规定时按规定计算，其计算式如下：

$$残值率 = (机械残余价值/机械原值) \times 100\%$$

机械耐用总台班是指施工机械从开始投入使用到报废前所能使用的总台班数，其计算公式可表示如下：

$$耐用总台班 = 大修理间隔台班 \times 大修理周期 \quad (4-38)$$

B. 机械大修理费。施工机械大修理费是指为恢复和保持施工机械的正常使用功能，按规定的大修理间隔台班进行必需的大修理所需开支的费用。其计算式如下：

$$台班大修理费 = \frac{一次大修理费 \times (大修理周期 - 1)}{机械耐用总台班} \quad (4-39)$$

C. 经常修理费。经常修理费是施工机械在寿命期内除大修理以外的各级保养及临时故障排除所需的各项费用；为保障施工机械正常运转所需替换设备，随机使用工具器具的摊销和维护费用，机械运转与日常保养所需的油脂，擦拭材料费和机械停歇期间的正常维护保养费用等。通常采用以下公式计算：

$$施工机械经常修理费 = 施工机械台班大修理 \times K \quad (4-40)$$

式中 K——表示施工机械经常维修系数。

$$K = 机械台班经常维修费/机械台班大修理费 \qquad (4-41)$$

D. 安拆费及场外运费。安拆费是施工机械在施工现场进行安装,拆卸所需的人工费、材料费、机械费、运转费以及安装所需的辅助设施费用。

场外运输是施工机械整体或分件,从停放场地运至施工现场或由一个工地运至另一工地,运距在25km以内的机械进出场运输及转移费用,同时还应包括施工机械的装卸,运输,辅助材料及架线等费用。安拆费及场外运费计算公式为:

$$台班安拆费 = \frac{一次安拆费 \times 年均安拆次数 + 辅助设施费}{机械年工作台班} \qquad (4-42)$$

$$\frac{台班}{场外运费} = \frac{(一次运输装卸费 \times 辅材一次摊销费 + 一次架续费) \times 年均外运次数}{机械年工作台班}$$

$$(4-43)$$

E. 机上人工费。机上人工费是指施工机械以上人员工资,是指机上操作人员及随机人员的工资及津贴等。其计算公式为:

$$机上人工工资 = 额定机上操作及随机人员数 \times 日工资单价 \qquad (4-44)$$

F. 燃料动力费。燃料动力费是指施工机械在运转作业中所耗用的电力,固体燃料,液体燃料,水力等资源费。

$$燃料动力费 = 机械额定燃料动力消耗量 \times 燃料动力单价 \qquad (4-45)$$

G. 车船使用税、费。车船使用税、费是指国家及地方政府主管部门的有关规定应交纳的养路费和车船使用税,其计算公式如下:

$$\frac{车船}{使用税费} = \frac{年养路费 + 年车船使用税 + 车辆检测费 + 交通道路实施费 + 牌照费}{机械年工作台班}$$

$$(4-46)$$

H. 保险费。保险费指按有关规定应缴纳的第三者责任险、车主保险费等。

2. 建筑装饰装修工程分项单价(基价)概述

(1) 装饰装修分项工程单价的计算。建筑装饰工程分项单价系指完成单位装饰装修分项工程所应支付的费用。按照工程费用内容不同,通常有直接工程费单价、综合单价之分。而分项直接工程费单价就是由分项人工费、分项材料费和分项机械费组成;工程实际中按照建筑装饰装修工程消耗量定额,根据工程建设地的当期人工、材料和施工机械台班单价,计算确定装饰装修工程的分项直接工程费单价。其计算公式如下:

$$分项工程单价 = 分项人工费 + 分项材料费 + 分项机械费 \qquad (4-47)$$

其中,

$$分项人工费 = 定额分项综合用工量 \times 人工单价 \qquad (4-48)$$

$$分项材料费 = \Sigma(定额分项材料用量 \times 材料预算价格) + 其他材料费$$

$$(4-49)$$

分项机械费 = $\sum$（定额分项机械台班用量×机械台班单价）　（4 - 50）

(2) 工程单价的用途。

1) 确定和控制工程造价。工程单价是确定和控制概预算造价的基本依据。由于它的编制依据和编制方法规范，在确定和控制工程造价方面有着不可忽视的作用。

2) 利于编制统一性地区工程单价，简化编制预算和概算的工作量和缩短工作周期，同时也为投标报价提供依据。

3) 利用工程单价可以对建筑装饰装修设计方案进行经济比较，优选设计方案。

4) 利用工程单价进行工程款的其中结算。

5) 在工程量清单计价模式下，利用企业定额为依据编制的综合单价，企业可自主投标报价。

3. 建筑装饰装修工程定额单位估价表的应用概述

(1) 建筑装饰装修工程定额单位估价表。建筑装饰装修工程定额单位估价表又称地区单位估价表，它是以《全国统一建筑装饰装修工程定额》或各省、自治区、直辖市的建筑装饰装修工程定额中的每个项目规定的人工、材料和机械台班数量，配合本地区所确定的人工工日单价、材料预算价格和机械台班预算价格，从而制定出适合本地区的相应项目的工程单价（又称基价）、人工费、材料费和机械费的一种预算价值表，称为单位估价表。它是建筑装饰装修工程定额的货币价值表现形式，反映的是建筑装饰装修工程定额在某个省、自治区或直辖市的具体表现形式。因此，建筑装饰装修工程单位估价表的作用与建筑装饰装修工程消耗量定额相同。

(2) 单位估价表的应用。

1) 定额项目单价的查阅方法。建筑装饰装修工程实物量定额和单位估价表是确定工程预算造价，招标时确定标底，投标时确定投标报价，拨付工程价款和进行竣工决算的依据，因此正确套用单位估价表很重要，预算人员必须能熟练、准确快速地使用定额。查阅定额时应注意以下问题：

① 熟悉定额应用的有关说明。

② 定额编号查阅。单位估价表的定额编号与消耗量定额的编号一一对应，表述方法相同，在这里不再赘述。

③ 定额单价的套用情况。在套用定额单位估价表时，同样有三种情况：

A. 直接套用。当设计图中的分部分项工程内容与定额规定相一致时，即可直接套用定额分项单价。

【例4 - 16】某音乐厅墙面采用硬木条吸用墙面，经计算工程量为 46.49m^2，试确定完成该分项工程的预算价值。

第4章 建筑装饰装修工程造价分析

【解】查某省《全国统一建筑装饰装修工程消耗量定额单位估价表》,见本书列表2-2。

① 确定定额号2-210,查单价可知:55.97元/m²;

② 计算分项工程预算价值:46.49m² ×55.97元/m² =2602.05(元)

B. 定额单价的换算。在确定某一项装饰装修分项工程或结构构件的预算价值时,如果设计图纸中某些分部分项工程项目的内容与定额不完全一致,且定额规定允许换算时,即可将定额中与设计图纸不一致的内容进行调整,要根据定额规定的范围、内容和方法进行换算取得一致,只有经过换算后的工程单价才能套价使用。确定换算后的定额单价,可按下式计算:

换算后的定额单价 = 换算前的定额单价 + (换入部分的单价 - 换出部分的单价)
×换入部分的定额用量

换算后的定额编号应在原定额编号的前或后注明"换"字,如:换×-××。

【例4-17】 某宾馆螺旋形楼梯装饰,设计要求为:扶手栏杆为 $\phi 80$ 不锈钢管扶手,$\phi 35$ 及 $\phi 25$ 不锈钢栏杆。经计算工程量为35.5m,试确定完成该分项工程的预算价值。

【解】查某省《全国统一建筑装饰装修工程消耗量定额单位估价表》:

① 确定螺旋形楼梯栏杆定额号1-183,查单价可知:385.35元/m;

确定螺旋形楼梯扶手定额号1-227,查单价可知:136.06元/m。

根据其分部分项说明中有关定额换算的规定:螺旋形楼梯栏杆扶手项目人工、机械乘以1.2的系数。

② 定额单价的换算。

换1-183:

换算后的单价 = 换算前的定额单价 + (换入部分的调整系数 - 换出部分的系数)
×换入部分的定额费用

= 385.35(元/m) + (1.2-1)×25.89(定额人工费) + (1.2-1)
×3.49(定额机械费) = 391.23(元/m)

换1-227:

换算后的单价 = 136.06(元/m) + (1.2-1)×6.27(定额人工费) + (1.2-1)
×2.14(定额机械费) = 137.74(元/m)

③ 计算分项工程预算价值。

螺旋形楼梯栏杆:35.5×391.23元/m = 13888.67(元)

螺旋形楼梯扶手:35.5×137.74元/m = 4889.77(元)

C. 编制补充单价。当工程施工图纸中的某些项目,由于采用了新结构、新材料和新工艺等原因，在编制预算消耗量定额时尚未列入，也没有类似消耗量定额项目可供借鉴。在这种情况下，必须编制补充消耗量定额项目，可由施工企业根据施工过程的实际消耗状况，编制新的分项工程消耗量指标，再按本节所述的方法确定分项补充单价。

建筑装饰装修工程定额单位估价表既是定额计价的编制依据，又是工程量清单计价模式下，企业投标报价时形成综合单价的重要参考依据。

4.2.4 建筑装饰装修工程工程量清单计价办法

1. 工程量清单计价概述

（1）《建设工程工程量清单计价规范》的概述。

工程量清单计价的基本概念。工程量清单计价方法，是建设工程在招标投标过程中，招标人委托具有资质的中介机构编制反映工程实体消耗和措施消耗的工程量清单表，并作为招标文件的一部分提供给投标人，由投标人依据工程量清单自主报价的计价方式。

工程量清单指反映拟建工程的分部分项工程项目、措施项目、其他项目的项目名称、项目特征和相应数量的明细清单。工程量清单由招标人按照"计价规范"附录中统一的项目编码、项目名称、计量单位和工程量计算规则进行编制。

工程量清单计价表指投标人编制的为完成由招标人提供的工程量清单中所需的全部费用，包括分部分项工程费、措施项目费、其他项目费、规费和税金。

工程量清单计价采用综合单价计价。综合单价，其组成包括完成规定计量项目所需的人工费、材料费、机械使用费、管理费、利润，并考虑风险因素。

（2）《建设工程工程量清单计价规范》的原则。根据建设部第107号令《建筑工程施工发包与承包计价管理办法》，结合我国工程造价管理现状，参照国际上工程计价的通行做法，编制的指导思想是按照政府宏观控制，市场竞争形成价格的思路，创造公平、公正、公开竞争的环境，建立统一有序的建筑市场，尽快适应与国际惯例接轨的需要。

"计价规范"编制的主要原则有：

1）政府宏观调控、企业自主报价、市场竞争形成价格。按照政府宏观调控、企业自主报价、市场竞争形成价格的指导思想，为规范承、发包方的计价行为，确定工程量清单计价办法（包括统一项目编码、项目名称、计量单位、工程量计算规则等），将属于企业性质的施工方法，施工措施，人工、材料、机械的消耗量水平和取费费率等应该由企业来确定的权利留给企业，给企业自主报价参与市场竞争的空间，以促进生产力的发展。

2）尽可能与国际惯例接轨。"计价规范"要根据我国当前工程建设市场发展的形势，逐步解决定额计价中与当前工程建设市场不相适应的因素，适应我国社会主义市场经济发展的需要，适应与国际接轨的需要，积极稳妥地推行工程量清单计价。在编制中，既借鉴了世界银行菲迪克（FIDIC）、英联邦国家以及我国香港地区等的一些做法思路，同时也综合考虑了我国现阶段的建设工程计价方法改革进程的具体情况。

3）适当考虑与我国现行定额的相互结合。我国现行的工程预算定额是经过几十年工程计价实践总结出来的，具有一定的科学性和实用性；从事工程造价管理工作的人员已经形成了运用预算定额的习惯。"计价规范"以现行的《全国统一工程基础定额》为基础，特别是项目划分、计量单位、工程量计算规则等方面，尽可能与现行"定额"相衔接。

（3）《建设工程工程量清单计价规范》的特点。

1）强制性。"计价规范"中的强制性主要表现在，按照强制性标准的要求批准颁发执行的有关规定。如计价规范规定：全部使用国有资金或国有资金投资为主的大中型建设工程必须按计价规范规定执行；工程量清单是招标文件的一部分；招标人在编制工程量清单时必须遵守规则，必须做到"四个统一"。

2）实用性。"计价规范"附录中工程量清单项目及计算规则的项目名称表现的是工程实体项目，项目明确清晰，工程量计算规则简洁明了。特别还有项目特征和工程内容说明，编制工程量清单时应用方便，易于掌握。

3）通用性。实施"计价规范"，采用工程量清单计价，体现了我国工程造价计价与管理将与国际惯例接轨，符合工程量清单计算方法标准化、工程量计算规则统一化、工程造价确定市场化的规定。

4）竞争性。一是"计价规范"中的措施项目，在工程量清单中只列"措施项目"，具体采用什么措施，如模板、脚手架、施工排水、施工产品保护等措施，详细内容由投标人根据承包企业的施工组织设计，按具体情况报价，因为这些项目是企业竞争项目，是留给企业竞争的空间；二是"计价规范"中人工、材料和施工机械没有具体的消耗量，投标企业既可以依据企业的定额和市场价格信息，也可以参照建设行政主管部门发布的社会平均消耗量定额和市场价格信息进行报价，由此"计价规范"将报价权交给企业，充分体现了企业的自主报价。

（4）《建设工程工程量清单计价规范》内容简介。《建设工程工程量清单计价规范》的颁布实施是建设市场发展的要求，它为建设工程招标投标计价活动的健康、有序发展提供了依据。在"计价规范"中，贯穿了由政府宏观调控、企业自主报价、市场竞争形成价格的原则，其主要体现为：

1）政府宏观调控。一是规定了全部使用国有资金或国有资金投资控股为主的大中型建设工程要严格执行"计价规范"，统一了分部分项工程项目名称、项目编码、计量单位、工程量计算规则，为建立全国统一建设市场和规范计价行为提供了依据；二是"计价规范"没有规定人工、材料、机械的消耗量，这必然促进企业不断提高技术与管理水平，引导企业学会编制自己的消耗量标准，适应市场的需要。

2) 企业自主报价、市场竞争形成价格。由于"计价规范"不规定人工、材料、机械消耗量，为企业报价提供了自主的空间，投标企业可以结合自身的生产效率、消耗水平和管理能力与已储备的本企业报价资料，按照"计价规范"规定的原则方法投标报价。工程造价的最终确定，由承发包双方在市场竞争中按照价值规律，通过合同确定。

《建设工程工程量清单计价规范》包括正文和附录两大部分，两者具有同等效力。《建设工程工程量清单计价规范》的第一部分为正文。共五章：包括总则、术语、工程量清单编制、工程量清单计价、工程量清单及计价格式等内容，分别对"计价规范"的适应范围、制定"计价规范"所遵循的原则、编制工程量清单时应遵循的原则以及从事工程量清单计价活动的规则、工程量清单及其计价文件的标准格式等作了明确的规定。《建设工程工程量清单计价规范》的第二部分为附录包括建筑工程、装饰装修工程、安装工程、市政工程、园林绿化工程，共五个部分。

① 附录 A 建筑工程工程量清单项目及计算规则。

② 附录 B 装饰装修工程工程量清单项目及计算规则。

③ 附录 C 安装工程工程量清单项目及计算规则。

④ 附录 D 市政工程工程量清单项目及计算规则。

⑤ 附录 E 园林绿化工程工程量清单项目及计算规则。

附录中分别列出了各类工程工程量清单项目的项目编码、项目名称、项目特征、工作内容、计量单位和清单工程量计算规则和工程内容。其中清单项目编码、项目名称、计量单位、清单工程量计算规则列为"四个统一"的内容，要求招标人和工程量清单编制人员在编制工程量清单时必须严格执行。

(5) 工程量清单计价与定额计价的比较。

1) 工程量清单计价的主要特点。按照《建设工程工程量清单计价规范》的规定，工程量清单计价的主要特点有：

① 建筑装饰工程工程量清单项目反映的是完整的建筑装饰工程分项项目实体。

② "计价规范"中所列建筑装饰工程工程量清单项目：项目名称明确清晰，项目的项目特征和工作内容描述具体。

③ "计价规范"中所列建筑装饰工程工程量清单的工程量计算规则简洁明了，易于在编制工程量清单时确定具体的清单项目名称和计算工程招投标计价。

2）清单计价和定额计价的主要差别。工程量清单计价与传统定额预算计价法的主要差别有：

① 编制工程量的单位不同。传统的定额计价办法是建设工程的工程量分别由招标单位和投标单位分别按图计算。工程量清单计价是工程量由招标单位统一计算或委托有工程造价咨询资质单位统一计算。"工程量清单"是招标文件的重要组成部分，由于计价单位和投标单位都根据统一的工程量清单报价，达到了投标计算口径统一，避免了因各投标单位各自计算工程量的不同，而导致工程造价不一致的现象。

② 编制工程量清单时间不同。传统的定额预算计价法是在发出招标文件后编制（招标与投标人同时编制或投标人编制在前，招标人编制在后）。工程量清单报价法必须在发出招标文件前编制。

③ 表现形式不同。采用传统的定额预算计价法一般是总价形式。工程量清单报价法采用综合单价形式，综合单价包括人工费、材料费、机械使用费、管理费、利润，并考虑风险因素。工程量清单报价具有直观、单价相对固定的特点，工程量发生变化时，单价一般不作调整。

④ 编制的依据不同。传统的定额计价方式依据图纸；人工、材料、机械台班消耗量依据建设行政主管部门颁发的预算定额；人工、材料、机械台班单价依据工程造价管理部门发布的价格信息进行计算。工程量清单报价法，根据建设部第107号令规定，标底的编制根据为招标文件中的工程量清单和有关要求、施工现场情况、合理的施工方法以及按建设行政主管部门制定的有关工程造价计价办法。企业的投标报价则根据企业定额和市场价格信息，或参照建设行政主管部门发布的社会平均消耗量定额编制。

⑤ 费用组成不同。传统预算定额计价法的工程造价由直接工程费、现场经费、间接费、利润、税金组成。采用工程量清单计价法，工程造价的内容包括分部分项工程费、措施项目费、其他项目费、规费、税金；包括完成每项工程包含的全部工程内容的费用；包括完成每项工程内容所需的费用（规费、税金除外）；包括工程量清单中没有体现的，施工中又必须发生的工程内容所需费用；包括风险因素而增加的费用。

⑥ 评标采用的办法不同。传统预算定额计价投标一般采用百分制评分法。采用工程量清单计价法投标，一般采用合理低报价中标法，既要对总价进行评分，还要对综合单价进行分析评分。

⑦ 项目编码不同。传统的预算定额项目编码，采用不同的定额子目编号。并且个省、市的定额编码还有所区别。而对于工程量清单计价办法，全国实行统一编码，项目编码采用十二位数码表示。一到九位为统一编码。其中，一、二位为附录顺序码；三、四位为专业工程顺序码；五、六位为分部工程顺序码；

七、八、九位为分项工程项目名称顺序码；后三位数码为清单项目名称顺序码，由清单编制人根据清单项目的项目设置，自行编码。

⑧合同价调整方式不同。采用传统的定额预算计价方式时，合同价调整方式通常有：变更签证、定额解释、政策性调整。在工程实际中，工程结算经常有定额解释与定额补充规定和政策性文件调整。采用工程量清单计价法时，合同价调整方式主要是工程索赔。工程量清单的综合单价是在工程招标过程中，投标人通过投标报价的形式体现，一旦中标，报价作为签订工程施工承包合同的依据相对固定下来，工程结算按承包商实际完成工程量乘以工程量清单报价中相应的分项工程单价（或综合单价）计算。在工程实施过程中，工程量由变更签证可以调整，但工程分项单价由承包合同约定，不能随意调整。由此减少了工程造价的调整活口。

⑨业主必须提前完成工程量的计算。工程量清单，在招标前由招标人编制。有时建设单位为了缩短建设周期，通常在初步设计完成后就开始施工招标，在不影响施工进度的前提下陆续发放施工图纸。这样有利于缩短工程建设周期。

⑩索赔事件增加。实行工程量清单计价办法，由于承包商对工程量清单分项项目单价包含的工作内容了解明确而具体，故凡建设方不按清单内容要求施工的，任意要求修改清单的，都会增加施工索赔的因素。

4.2.5 装饰装修工程量清单计价文件与编制程序

1. 工程量清单计价文件及其作用

（1）工程量清单计价文件。工程量清单计价文件是指在施工招投标活动中，根据各类工程（如建筑装饰装修等工程）的设计图纸和业主或者是招标人按规定的格式提供招标工程的分部分项工程量清单，由计价文件编制人或者投标人按《建设工程工程量清单计价规范》中的计价规定、工程价格的组成和各地建筑市场的状况编制的，计算和确定工程造价的经济文件。

（2）工程量清单计价文件的作用。建筑装饰装修工程工程量清单计价文件作为计算和确定建筑装饰工程造价的经济文件，其主要作用有：

1）编制招标控制价。在建筑装饰工程招标活动中，工程量清单计价文件作为业主或者工程招标人对招标工程限定最高工程造价的依据。招标控制价具有公开性，在招标文件中将其公布，超过限价，其投标将作为废标处理。

2）编制投标报价。在建筑装饰装修工程投标活动中，工程量清单计价文件作为工程承包商或者投标人确定工程投标报价的基础。

3）合同约定价的调整。在工程承包的实际中，由于设计变更引起的工程量清单项目或清单项目工程数量的变更，它必然导致合同约定价的调整。合同约定价的调整就是由招标人或中标人依据工程量清单计价文件中所确定的综合单

建筑装饰装修工程造价分析 第4章

价提出，经双方协商并确认后再进行调整。

2. 工程量清单计价规定

国家为顺利推行工程量清单计价办法，制定颁布了《建设工程工程量清单计价规范》，并对有关问题作出了具体的规定。"计价规范"中的强制性规定：

（1）必须执行"计价规范"的工程项目。"计价规范"第1.0.3条规定，全部使用国有资金投资或国有资金投资为主的大中型建设工程应执行本规范。"国有资金"是指国家财政性的预算内资金或预算外资金，国家机关、国有企事业单位和社会团体的自有资金及借款资金，国家通过对内发行政府债券或向外国政府及国际金融机构举债所筹集的资金。"国有资金投资为主"的工程是指国有资金占总投资额在50%以上的工程，或虽不足50%但国有资产投资者实质上拥有控股权的工程。

（2）工程量清单的"四个统一"。按照"计价规范"第3.2.2条规定，分部分项工程量清单应根据附录A、附录B、附录C、附录D、附录E规定的统一项目编码、统一项目名称、统一计量单位和统一工程量计算规则进行编制。建筑装饰工程具体执行附录B和与建筑装饰装修工程有关的附录A中的办法内容。

（3）工程量清单项目编码。按照"计价规范"第3.2.3条规定，分部分项工程量清单的项目编码，1~9位按附录A、附录B、附录C、附录D、附录E的规定设置；10~12位应根据拟建工程名称由其编制人设置，并应自001起顺序编制。

（4）项目名称。按照"计价规范"第3.2.4（1）条规定，项目名称应按附录A、附录B、附录C、附录D、附录E的项目名称与项目特征并结合拟建工程的实际确定。

（5）工程量清单的计量单位。按照"计价规范"第3.2.5条规定，分部分项工程量清单的计量单位应按附录A、附录B、附录C、附录D、附录E中规定的计量单位确定。

（6）工程量清单分项工程数量的计算方法。按照"计价规范"第3.2.6（1）条的规定，工程数量应按附录A、附录B、附录C、附录D、附录E规定的工程量计算规则计算。

3. 工程量清单计价格式

按照《建设工程工程量清单计价规范》的规定，实行工程量清单计价办法，必须采用统一的工程量清单计价标准格式，文件中充分反映了国家推行执业资格制度的思想，要求工程量清单要有造价工程师的签字，并盖执业专用章。建筑装饰装修工程工程量清单计价标准格式见表4-11~4-30。

4. 工程量清单计价文件的编制程序

（1）建筑装饰装修工程量清单计价依据。按照《建设工程工程量清单计价规范》的规定，实行工程量清单计价方法，其主要计价依据包括：

1）建筑装饰装修工程工程量清单。建筑装饰装修工程工程量清单：由业主提供的根据建筑装饰装修工程施工图纸，反映分项工程项目名称、项目特征、清单项目编码、计量单位和分项工程数量的清单。它包括总说明、分部分项工程量清单、措施项目清单、其他项目清单等四个部分。

2）《建设工程工程量清单计价规范》。

① 国家计价规范：中华人民共和国建设部第119号公告发布的《建设工程工程量清单计价规范》，并确定从2003年7月1日起实施。2008年12月1日重修。

② 地方现行建筑装饰装修工程计价办法：按照国家"计价规范"的规定，结合地方工程造价管理工作的实际情况，制定的建设工程计价暂行办法，如《北京市建设工程计价暂行办法》《广东省装饰装修工程计价办法》（2003年）等。

3）建筑装饰装修工程消耗量标准。装饰装修工程消耗量标准：包括现行《全国统一建筑装饰装修工程消耗量定额》、《全国统一建筑工程基础定额》，各地方建筑装饰工程消耗量标准，如《北京市建筑装饰装修工程预算定额单位估价表》、《广东省装饰装修工程综合定额》（2003年）和建筑装饰装修工程施工企业的装饰装修工程消耗量标准（企业定额）等。

4）建筑装饰装修工程人工、材料、机械台班单价表。根据现行建筑市场资源供应状况，按照国家物价政策，确定工程建设地的人工、材料、机械台班价格表，作为施工企业，还可以适当考虑自身已有的资源供应渠道的影响作用，建立自己的资源单价表。

（2）工程量清单计价文件的组成。按照《建设工程工程量清单计价规范》的规定，建筑装饰工程工程量清单计价文件或投标报价表必须采用统一的格式，其基本组成包括：

1）建筑装饰工程计价或投标报价封面。

2）建筑装饰工程工程量清单表。

3）装饰工程计价或投标报价编制说明。

4）建筑装饰工程项目总价表（总包工程）。

5）单位装饰工程造价费用汇总表。

6）单位装饰工程工、材、机汇总及价格表。

7）装饰工程分部分项工程量清单计价表。

8）措施项目清单计价表。

9）其他项目清单计价表。

10）规费、税金项目计价表。

11）工程量清单分项工程项目人、材、机分析表。

12) 工程量清单分项工程项目综合单价分析表。

(3) 装饰装修工程工程量清单计价的基本编制程序。工程量清单计价或投标报价表的编制，根据《建设工程工程量清单计价规范》规定的基本原则和统一要求，按照工程量清单计价基本组成文件的形成过程，其基本编制程序示意如图4-6所示。

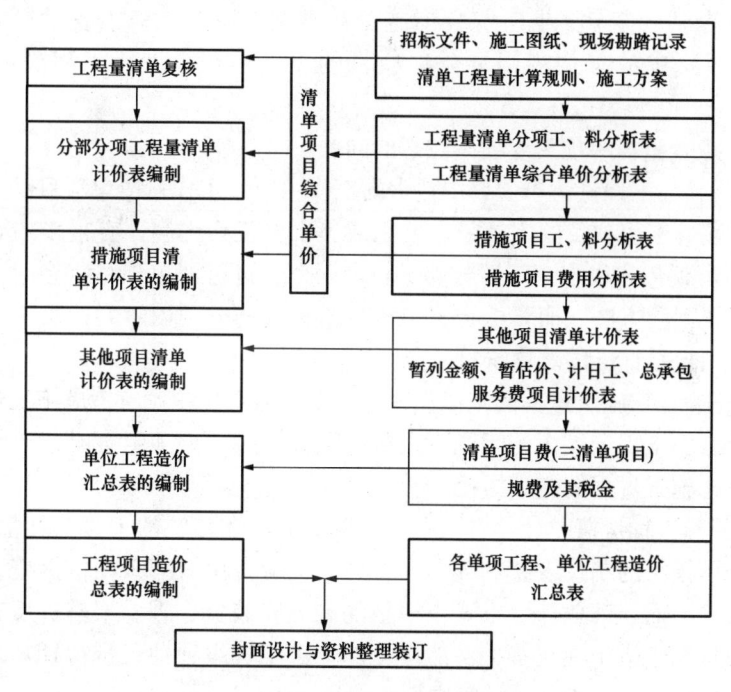

图4-6 工程量清单计价编制程序示意图

4.2.6 建筑装饰装修工程工程量清单计价文件的编制

1. 装饰装修工程工程量清单项目的组合

(1) 研究招标文件，阅读施工图纸，了解施工现场。在计价过程中进行工程量清单项目组合时，应当全面了解工程计价的相关资料，包括建筑装饰工程招标文件、确定工程的招标的范围、执行的合同条件、工程承包方式和工程结算办法，以及建筑装饰装修工程施工图纸、确定装饰装修分部分项工程的具体内容、施工现场勘探记录反映现场资源供应条件和可使用场地的情况等，所有这些都是与工程计价有关的资料，必须认真考虑并正确应用。

(2) 检查、复核工程量清单。工程量清单的复核是根据工程施工图纸和相关依据资料对业主提供的工程量清单进行的复查。核对清单工程量应以单位分项项目划分为依据，重点是对工程量清单中各清单分项项目的数量及其特征的核对，如发现有出入，应与业主或招标人协调，按规定对清单做必要的调整和补充。

(3) 装饰装修工程工程量清单项目组合。建筑装饰工程工程量清单项目组合：通过对工程量清单的复核后，明确工程量清单各分项项目的具体特征和工作内容，利用国家现行《全国统一建筑装修工程消耗量定额》、《全国统一建筑工程基础定额》或建筑装饰施工企业的《装饰装修工程消耗量标准》（企业定额）中的有关规则和分项项目的工作内容，进行工程量清单项目组合。

(4) 工程量清单项目组项应注意的问题。

1) 明确各工程量清单项目中包含的工作内容。工作量清单项目反映的量是建筑装饰装修工程项目的实体量，要完成其中的工作内容，有很多的施工过程（工序）或者说包含很多个定额分项子目。因此，进行清单项目组合时，不能按过去的传统列项方法，而要综合多个消耗量标准的分项内容，计量与计价时要套用多个消耗量标准的分项子目。

2) 正确计算施工过程的施工损耗。在工程量清单中没有考虑施工过程的施工损耗及有关工程量扩大的问题，在编制工程量清单分项组合时，要在材料消耗量中考虑施工过程的施工损耗。

3) 明确工程量清单计价方式中的费用划分。在传统的预算消耗量标准中，通常综合了模板的制作安装和人工、材料、机械费用，脚手架搭拆费，垂直运输机械费等。而在清单计价方式中模板的制作安装费、脚手架搭拆费、垂直运输机械费均属于措施项目费，不能按分部分项工程组项项目进行计算，而应列入技术措施项目进行组项并计算它们的费用。

(5) 工程量清单项目组合方法。清单项目组合必须解决的问题是：工程量清单分项项目所指的是一个完全的分项工程，施工中必须完成的工作，必须明确为完成工程量清单分项项目所需完成的施工过程有哪些工作内容或者说要做哪些事。如某二次装饰装修工程中，工程量清单项目——现浇水磨石地面。按照建筑装饰装修工程工程量清单项目设置和清单工程量计算规则的规定：应包括整体水磨石地面面层、找平层和基层等的制作，还要包括各种过程中的必要的损耗，在清单项目组项的时候应当全面考虑。

【例4-18】某工程进行二次装修，原有的水泥砂浆楼、地面改为整体水磨石楼、地面，其做法为1:3水泥砂浆找平层15mm厚，1:2.5水泥白石子浆15mm厚，带3mm厚玻璃嵌条，工程量为345.88m^2。

【解】根据工程量清单项目特征，按照《建设工程工程量清单计价规范》（GB 50500—2008）的规定：

① 确定清单项目。020101002001 现浇水磨石楼地面。

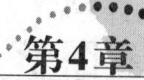

② 进行清单项目组合。采用国家现行《全国统一建筑工程基础定额》和《全国统一建筑装饰装修工程消耗量定额》或者地方现行的《建筑装饰装修工程消耗量标准》组项，根据题意，清单分项包括的组合项目有：

A. 现浇水磨石楼、地面 1：2.5 水泥白石子浆 15mm 厚，工程量为 345.88m^2。

B. 1：3 水泥砂浆找平层 15mm 厚，工程量为 345.88m^2。

C. 原有水泥砂浆地面拆除，工程量为 345.88m^2。

2. 装饰装修工程工程量清单项目综合单价的组合

（1）工程量清单分部分项人、材、机分析表的编制。

1）工程量清单分部分项工、料、机需用量及费用的计算。根据建筑装饰装修工程工程量清单中各清单项目的特征，按照装饰装修工程清单项目组合状况，套用国家现行建筑工程消耗量标准（基础定额）或建筑工程施工企业的企业消耗量标准（企业定额），进行工程量清单项目工、料、机分析，计算各清单项目人工、材料、机械台班使用量及三项费用的数量，并制表，其计算过程可用数学公式表述为：

① 清单分部分项工程项目人工费。

$$清单分部分项人工需用量 = \sum 清单项目中组合分项工程量 \times 组合分项人工消耗量标准 \quad (4-51)$$

$$清单分部分项工程项目人工费 = 清单分部分项人工需用量 \times 人工单价 \quad (4-52)$$

② 清单分部分项工程项目材料费。

$$清单分部分项某种材料需用量 = \sum 清单项目中组合分项工程量 \times 组合分项某种材料消耗量标准 \quad (4-53)$$

$$清单分部分项工程材料费 = \sum 清单分部分项某种材料需用量 \times 材料单价 \quad (4-54)$$

③ 清单分项工程项目机械使用费。

$$清单分部分项机械使用费 = \sum 清单项目中某种机械台班需用量 \times 机械台班单价 \quad (4-55)$$

2）工程量清单分部分项人、料、机分析表的填制方法。工程量清单分项项目人、料、机分析表应按"计价规范"中规定的标准格式的进行编制，见表 4-42。填制方法：

① 根据业主提供的工程量清单，按照复核协调意见，必须修改时进行修改。

② 根据工程量清单分项项目的特征，按照"工程量清单分项项目组合"的

结果,将清单项目及分项组合子目的名称和相关内容填入清单分项人、料、机分析表的对应栏目中。

③ 根据拟建工程的工程特征,结合企业的经营管理水平,按照工程建设地的建筑市场资源供应状况,正确确定工程人工、材料、机械台班的单位价格,并将其具体数据填入清单分项工、料、机分析表的对应栏目中。

④ 根据所填数据,按照式(4-52)~式(4-56)计算清单分项(或清单分项的组项子目)中的人工费、材料费、机械台班使用费,即通常所指的分项(分项子目)人、材、机的三项费用。

3) 工程量清单分部分项人、材、机分析表编制实例。

【例4-19】现浇水磨石楼地面1:2.5 水泥白石子浆 15mm 厚,工程量为 345.88m²,根据工程量清单项目特征,按照《建设工程工程量清单计价规范》的规定,试进行现浇水磨石楼地面工程量清单工程项目的人、料、机分析。

【解】根据工程量清单现浇水磨石楼地面项目的组项结果,按照《建设工程工程量清单计价规范》中规定的方法,进行该分项工程工程量清单分项工程工、料、机需用量的分析。

① 根据上述清单分项工程工、料、机分析方法,确定工程量清单项目。清单项目:020101002001 现浇水磨石楼地面(特征)。

② 根据清单现浇水磨石楼、地面的组项结果,套用国家现行《全国统一建筑工程基础定额》、《全国统一建筑装饰装修工程消耗量定额》的分项项目消耗量标准。

A. 分析计算组合项目的工、料、机的需用量有:现浇水磨石楼地面1:2.5 水泥白石子浆 15mm 厚,工程量为 345.88m²。

B. 查《全国统一建筑装饰装修工程消耗量定额》得:1-058 工、料、机消耗量,其分项消耗量标准见消耗量定额。1:3 水泥砂浆找平层15mm 厚,工程量为 345.88m²。

C. 查《全国统一建筑工程基础定额》得,基础定额的编号分别为 (8-18)~(8-20)。其分项工程资源需用量分别为:

  a. 人工(综合人工)   0.078 - 0.0141 = 0.0639(工日)
  b. 素水泥浆   0.0010(m²)
  c. 水泥砂浆 1:3   0.0202 - 0.0051 = 0.0151(m²)
  d. 灰浆搅拌机 200L   0.0034 - 0.0009 = 0.0025(m²)
  e. 水泥砂浆地面拆除   345.88m²

D. 查《全国统一建筑装饰工程消耗量定额》得,6-150 工、料、机需用量为:

人工(综合人工)　　　　　　0.045(工日)

③ 编制工程量清单分部分项工程项目的人、料、机分析表,见表4-42。

(2) 工程量清单分部分项综合单价分析表的编制。工程量清单分部分项综合单价分析表应按"计价规范"中规定的标准格式见表4-20进行编制,其填制方法步骤:

1) 装饰工程工程量清单分部分项综合单价的计算。根据工程量清单中各清单项目人、材、机分析表的分析结果,按照清单项目的组合以及清单项目计算所得的分项直接工程费(人工费、材料费、机械台班使用费)之和,并制表。其计算过程可用数学公式表述为:

清单组价项目直接工程费 = 分项人工费 + 分项材料费 + 分项机械使用费

(4-56)

表4-42　　　　　　　工程量清单分项工、料、机分析表

工程名称:＿＿＿＿＿　　　　　　　　　　　　　　　　　　第　页　共　页
项目编码:＿＿＿＿＿　　项目名称:＿＿＿＿＿　　计量单位:

定编编号	1-058	项	目	现浇水磨石楼地面带嵌条15mm厚 工程量为345.88m²			
序号	名称	单位	代码	消耗量	单价	合价	分类合计
1.1.1	综合人工	工日	000001	0.5890	22.00	12.96	12.96
1.2.1	水泥	kg	AA0000	0.2650	0.464	0.12	
1.2.2	平板玻璃3mm厚	m²	AH0020	0.0517	10.30	0.53	
1.2.3	棉纱头	kg	AQ1180	0.0110	5.68	0.06	13.77
1.2.4	水	m³	AV0280	0.0560	2.12	0.12	
1.2.5	金刚石(三角形)	块	AV0680	0.3000	4.60	1.38	
1.2.6	金刚石200×75×50	块	AV0680	0.0300	13.00	0.39	
1.2.7	素水泥浆	m³	AX0720	0.0010	704.99	0.71	
1.2.8	白水泥白石子1:2.5	m³	AX0782	0.0173	576.64	9.98	
1.2.9	清油	kg	HA1000	0.0053	15.14	0.08	
1.2.10	煤油	kg	JA0470	0.0400	4.35	0.17	
1.2.11	油漆溶剂油	kg	JA0541	0.0053	3.12	0.02	
1.2.12	草酸	kg	JA0770	0.0100	9.00	0.09	
1.2.13	硬白蜡	kg	JA2930	0.0265	4.68	0.12	
1.3.1	灰浆搅拌机200L	台班	1M0200	0.0031	42.51	0.13	2.53
1.3.2	平面磨石机3kW	台班	TM0600	0.1078	22.28	2.40	

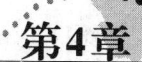

续表

定编编号	8-18-8-20	项	目	水泥砂浆找平层 1:3 水泥砂浆 15mm 厚 工程量为 345.88m²		
序号	名称	单位	代码	消耗量	单价	合价	分类合计
2.1.1	综合人工	工日	000001	0.0639	22.00	1.41	1.41
2.2.1	水泥砂浆 1:3	m³		0.0151	221.12	3.34	4.04
2.2.2	素水泥浆	m³		0.001	704.99	0.70	
2.3.1	灰浆搅拌机 200L	台班		0.0025	42.51	0.11	0.11
定编编号	6-150	项	目	水泥砂浆地面拆除		345.88m²	
序号	名称	单位	代码	消耗量	单价	合价	分类合计
3.1.1	综合人工	工日	000001	0.045	22.00	0.99	0.99

清单组价项目企业管理费 = 清单组价项目计费基础 × 管理费费率

(4-57)

清单组价项目的利润 = 清单组价项目计费基础 × 利润率 (4-58)

清单分项综合单价 = 清单组价子目合价/清单工程数量 (4-59)

2) 装饰工程工程量清单分部分项综合单价分析表填制方法。装饰工程工程量清单分部分项综合单价分析表应按计价规范中规定的标准格式(见表 4-20) 进行编制,其填制方法：

① 根据业主提供的工程量清单,按照"工程量清单分部分项人、材、机分析表"的计算结果,将有关工程资料和已知数据填入工程量清单分部分项综合单价分析表的对应栏目中。

② 根据拟建工程的工程特征,结合企业的施工技术与施工管理水平,按照各地方政府工程造价管理部门发布的有关工程计价文件和调价文件,如"取费标准"取定费率,将其具体数据填入工程量清单分部分项综合单价分析表的对应栏目中。

③ 根据所填数据,按照计算公式(4-52~4-59)分别计算工程量清单分项中的有关费用,并计算出各清单分项工程的综合单价。

3) 工程量清单分部分项综合单价分析表编制实例。

【例 4-20】根据工程量清单项目特征,按《建设工程工程量清单计价规范》的规定,试进行现浇水磨石楼地面 1:2.5 水泥白石子浆 15mm 厚,工程量为 345.00m² 的清单工程项目的综合单价分析。

【解】根据工程量清单现浇水磨石楼地面分项项目的组项与工、料、机分析结果,按照《建设工程工程量清单计价规范》中规定的方法,进行该分项工程工程量清单分项工程的综合单价分析。

① 根据上述清单分部分项工程综合单价分析方法,将清单分项项目的相关工程信息和表 4-42 中的有关数据填入工程量清单项目综合单价分析表。

② 按照某地方政府工程造价管理部门发布的有关工程计价文件,如"取费标准",根据某装饰施工企业的实际状况,取定施工管理费费率为 35%,利润率为 30%,取费基础为分项人工费。按照计算式(4-51)~式(4-59)分别计算工程量清单组合分项的分项管理费和分项利润,将其具体数据填入工程量清单分部分项综合单价分析表的对应栏目中,见表 4-43。

表 4-43　　　　　　　　分部分项工程量清单综合单价分析表

工程名称:楼地面装饰工程　　　　　　　　　　　　　　　　　　　　第　页 共　页

清单编码	清单项目名称	计量单位	清单项目工程量	综合单价(元)
020101002001	现浇水磨石楼地面	m²	345.00	45.8

定额编号	清单工程内容定额子目名称	单位	数量	综合单价分析(元)							施工管理费	利润	合计
				市场价			取费基础					
				单价	人工费	材料费	机械费	人工费	材料费	机械费			
1-058	水磨石楼地面带嵌条 15mm	m²	345.0	29.26	12.96	13.77	2.53	12.96			4.54	3.89	13003.05
1-058	1:3 水泥砂浆找平层 15mm 厚	m²	345.0	5.56	1.41	4.04	0.11	1.41			0.49	0.42	2232.15
1-150	水泥砂浆地面拆除	m²	345.0	0.99	0.99			0.99			0.35	0.30	565.8
	本页小计												
	子目合价												15801.00
备注	综合单价 = 子目合价 ÷ 清单项目工程量 = 15801.00/345.00												

(3) 措施项目人、材、机分析表。

1) 措施项目人、材、机需用量及费用的计算。技术措施项目适用于以综合单价形式计价的措施项目,如脚手架、垂直运输机械等,见表 4-23。技术措施项目人、材、机需用量及费用的计算应根据建筑装饰工程工程量清单中技术措施项目和装饰工程清单项目的施工要求,结合装饰工程的施工组织设计或施工方案的具体情况,套用国家现行建筑装饰装修工程消耗量标准(基础定额)或建筑工程施工企业的企业消耗量标准(企业定额),进行工程量清单措施项目人、材、机分析，计算各清单措施项目人工、材料、机械台班使用量及人、材、机三项费用的数量，并制表。其计算过程与方法可参照公式(4-51)~公式(4-59)计取。

① 技术措施项目资源需用量计算。

$$技术措施项目资源需用量 = \sum 技术措施项目中组合分项工程量 \\ \times 组合分项所需各种资源数 \quad (4-60)$$

② 清单措施项目直接工程费的计算。

$$技术措施项目直接工程费 = \sum 技术措施项目资源需用量 \\ \times 技术措施项目资源单价 \quad (4-61)$$

2) 工程量清单技术措施项目人、材、机分析表的填制方法。工程量清单技术措施项目人、材、机分析表应按"计价规范"中规定的标准格式进行编制。其填制方法如下：

① 根据业主提供的技术措施项目清单，按照企业的技术条件和企业所制定施工组织设计(采用的施工方案)，确定必须采取的技术措施。

② 根据技术措施项目的特征与要求，按照"清单技术措施项目组项"的结果，将清单技术措施项目及措施分项组合子目的名称和相关内容，填入"技术措施项目人、材、机分析表"的相应栏目中。

3) 根据拟建工程的工程特征，按照工程建设地的建筑市场资源供应状况，确定工程人工、材料、机械台班的单价，计算相关费用，并将其具体数据填入措施项目工、材、机分析表的对应栏目中。

(4) 编制技术措施项目综合费用分析表。

1) 工程量清单技术措施项目综合费用的计算。根据工程量清单中技术措施项目人、材、机分析表的分析结果，按照技术措施项目的组合以及清单技术措施项目计算所得的技术措施项目直接工程费(人工费、材料费、机械台班使用费)之和。其计算过程可用数学公式表述为：

$$清单技术措施项目直接工程费 = 技术措施项目人工费 + 技术措施项目材料费 \\ + 技术措施项目机械使用费 \quad (4-62)$$

$$清单技术措施项目企业管理费 = 技术措施项目费中计费基础 \times 管理费费率 \\ (4-63)$$

$$清单技术措施项目利润 = 技术措施项目费中计费基础 \times 利润率 \quad (4-64)$$

2) 装饰工程量清单技术措施项目综合费用分析表填制方法。装饰工程量清单技术措施项目综合单价分析表应按"计价规范"中规定的标准格式(表4-20)进行编制。其填制方法：

① 根据业主提供的技术措施项目清单，按照"工程量清单技术措施项目人、材、机分析表"的计算结果，将有关工程资料和已知数据填入工程量清单技术措施项目综合费用分析表的对应栏目中。

② 根据拟建工程的工程特征，结合企业的施工技术与施工管理水平，按照清单分部分项计价时取定的费率，计算相应的费用，将其具体数据填入技术措施综合费用分析表的对应栏目中。

③ 根据所填数据，按照计算公式(4-62)~公式(4-64)分别计算工程量清单技术措施项目的有关费用，计算其综合费用。

3）综合措施项目费用计算。主要包括表4-22内的通用项目及专业工程的措施项目。专业工程的措施项目可按清单规范附录中规定项目选择列项，也可根据工程实际情况补充。综合措施项目费用中不能计算工程量的项目清单，以"项"为计量单位，安全文明施工费按规定取费基数×相应费率计算。

4）其他项目清单费用计算

① 招标人部分的暂列金额可按估算确定；

② 投标人部分的总承包服务费应根据招标人提出要求所发生的费用确定；

③ 零星工作项目费应根据"零星工作项目表"（计日工表）要求的内容确定，零星工作项目的综合单价应参照清单规范规定的综合单价组成填写；

④ 暂估价应按招标人在工程量清单中提供的暂估材料价和专业工程暂估价确定。

5）工程量清单措施费用分析表编制参见"装饰工程计价"实例。

3. 建筑装饰工程工程量清单报价的编制

（1）编制装饰工程项目工程量清单计价表。

1）工程量清单分项工程项目费用的计算。根据业主提供并核定后的工程量清单，按照承包人确定的工程量清单分项综合单价和清单分项项目的工程数量计算，汇总后得单位建筑装饰工程工程量清单项目费用，并编制分部分项工程量清单计价表。其计算过程可用数学公式表述为：

$$装饰工程量清单分项合价 = \sum 装饰工程量清单分项工程数量 \times 清单分项综合单价 \quad (4-65)$$

$$装饰工程量清单工程项目费用 = \sum 装饰工程量清单分项合价 \quad (4-66)$$

2）工程量清单分项工程项目计价表的填制。建筑装饰装修工程，工程量清单分项工程项目计价表，其填制方法可表述为：

① 根据业主提供的工程量清单，按照复核协调意见，对需要修改内容进行修改后按照"综合单价分析表"的计算结果，填入工程量清单分项工程项目计价表对应栏目中。

② 根据所填数据，按照计算公式(4-59)计算装饰工程工程量清单分项合价，将装饰工程工程量清单分项合价进行累计，求得单位装饰工程的工程量清单工程项目费用总和，即计算工程量清单工程项目费用，见表4-44。

表 4-44　　　　　　　　　　　工程量清单计价表

工程名称：楼地面装饰　　　　　　　　　　　　　　　　　　　　　第　页　共　页

序号	项目编码	项目名称及特征	计量单位	工程数量	金额/元 综合单价	合价
	020101002001	现浇水磨石楼地面：水泥白石子 1:2.5 厚 15mm，带玻璃嵌条，1:3 水泥砂浆找平层 15mm 厚，水泥砂浆地面拆除	m²	345.0	37.05	12782.25
	本页小计					367526.82
	合计					

(2) 编制措施项目清单计价表。技术措施项目费用，其计算方法与工程量清单分部分项综合单价细目的费用计算方法相同。其填制方法可表述为：

1) 根据所填数据，按照公式(4-62)~公式(4-64)计算清单技术措施项目(或清单技术措施项目的组项子目)中的人工、材料、机械台班使用量和费用。

2) 建筑装饰工程技术措施项目费的计算。

技术措施项目费的计算是按照工程量清单措施项目的特征，施工企业现有的技术水平和管理水平，确定措施项目的工、料、机单价，计算为完成拟建工程项目所需采用的相应措施项目的各项费用。

3) 措施项目费用计价表的编制。建筑装饰工程工程量清单技术措施项目费计价表及其格式见表4-23，其填制方法：

① 根据业主提供的技术措施项目清单。

② 按照"技术措施项目人工、材料、机械分析表"的计算结果，填入技术措施项目费用计价表对应栏目中。

③ 根据所填数据，按照取定的有关工程费用的费率，计算工程量清单综合措施项目的费用，并填制综合措施项目计价表，见表4-22。

(3) 编制其他项目清单计价表。其他项目费指除分部分项工程费和措施项目费以外，在该工程施工中可能发生的其他费用。其他项目清单中的有关内容包括金额，招标人部分应由招标人填写，投标人部分应由投标人填写。

1) 暂列金额是指招标人(业主)为可能发生的工程变更而预留的费用，通常可按估算金额填写。

2) 暂估价是指招标人将国家规定准予分包或者暂不能确定价格的材料的单

价等而预留的金额，可按估算金额填写。

3) 总承包服务费是指配套管理费是指投标人配合协调招标人工程分包的配合施工所发生的费用。

(4) 编制零星工作项目计价表。零星工作费是指应招标人要求而发生的、不能以实物量计量和定价的零星工作，包括人工、材料和机械的费用，应按"零星工作费表"计算所得结果。其中的金额由投标人填写，其他的内容应由招标人填写，并应遵守下列规定：

1) 人工名称应按不同工种，材料和机械应按不同名称、规格、型号分列。

2) 人工计量单位按工日，材料按基本计量单位，机械计量单位按台班计列。

3) 零星工作中有关数量应由招标人按估算数量填写。

4) 在计算零星工作费时，承包商可以按本工程取定的费率计算有关费用。

5) 通常零星工作费，在工程竣工时，应按实结算。

(5) 编制主要材料汇总及价格表。在建筑装饰工程计价文件中，装饰工程人工、材料、机械数量汇总表和工程设备数量、价格明细表中的材料、设备名称、型号、规格及设备数量应由招标人填写，其他内容由投标人填写。所填写的单价必须与工程量清单综合单价计算中应用的相应材料、设备单价一致。

4. 装饰工程造价汇总表的编制

(1) 单位装饰工程造价汇总表填写。

1) 清单计价方式的单位装饰工程造价的组成。建筑装饰装修工程量清单计价方式的单位工程造价，由清单工程项目费、措施项目费、其他项目费、规费（部分地区目前采用"不可竞争费用"的名称）、税金等组成。

当分部分项工程量清单计价表、措施项目清单计价表、其他项目清单计价表编制完毕后，即可以编制"单位工程费用汇总表"，从而计算出建筑装饰工程造价。建筑装饰装修工程造价计费程序见表4-45。

表4-45　　　　　建筑装饰装修工程造价计费程序表

序号	名称	计算程序及说明
1	清单工程项目费	Σ(清单项目工程量×综合单价)
1.1	其中：人工费	Σ(清单项目工程量×综合单价的人工费)
2	措施项目费	技术措施项目费+综合措施项目费
2.1	技术措施项目费	技术措施项目费
2.1.1	其中：人工费	技术措施项目费计算中另列

续表

序 号	名 称	计算程序及说明
2.1.2	综合措施项目费	(1+2.1.1)×综合措施项目费费率
3	其他项目费	(详见表4-24)
4	规费(不可竞争费用)	(1+2+3)×规费(不可竞争费用)费率
5	税金	(1+2+3+4)×税率
6	工程造价	1+2+3+4+5

2) 单位装饰工程造价汇总表的编制。建筑装饰工程造价汇总表应由投标人填写。表中金额应分别按照工程量清单、技术措施项目清单和其他项目清单的合计金额填写。

根据工程量清单计价方式的工程造价组成、各项工程费用的性质，按照装饰工程造价费用计算程序，依次计算并汇总。编制实例参见工程量清单计价实例"单位装饰工程费用汇总表"。

(2) 建设工程项目总造价的编制。建设工程项目总造价是指各个单位建筑、装饰、安装工程费用的总和。编制投标总价应由投标人填写，并签字、盖章。

(3) 填表须知、总说明及封面的填写。

1) 填表须知应由招标人填写。除规定内容以外，招标人可根据具体情况补充内容。

2) 总说明应由招标人按下列内容填写：

① 工程概况：建设规模、工程特征、计划工期、施工现场实际情况、交通运输情况、自然地理条件、环境保护要求等。

② 工程招标范围(本工程发包范围)。

③ 工程量清单编制依据。

④ 工程质量、材料、施工等的特殊要求。

⑤ 招标人自行采购材料和设备的名称、规格型号、数量等。

⑥ 其他需要说明的问题。

3) 建筑装饰工程造价文件封面的填写。建筑装饰工程工程量清单报价的编制详见第5章案例分析实例。

第5章

建筑装饰装修工程计量与计价案例分析

5.1 室内装饰装修工程计量与计价案例分析

【例5-1】某建设单位拟对新建的科研大厦进行大厅内装修，土建工程已完工，具备装修条件，施工图如图5-1~图5-17所示。本案例依据该大厦室内装修施工图，编制装饰装修工程工程量清单以及进行工程量清单计价。

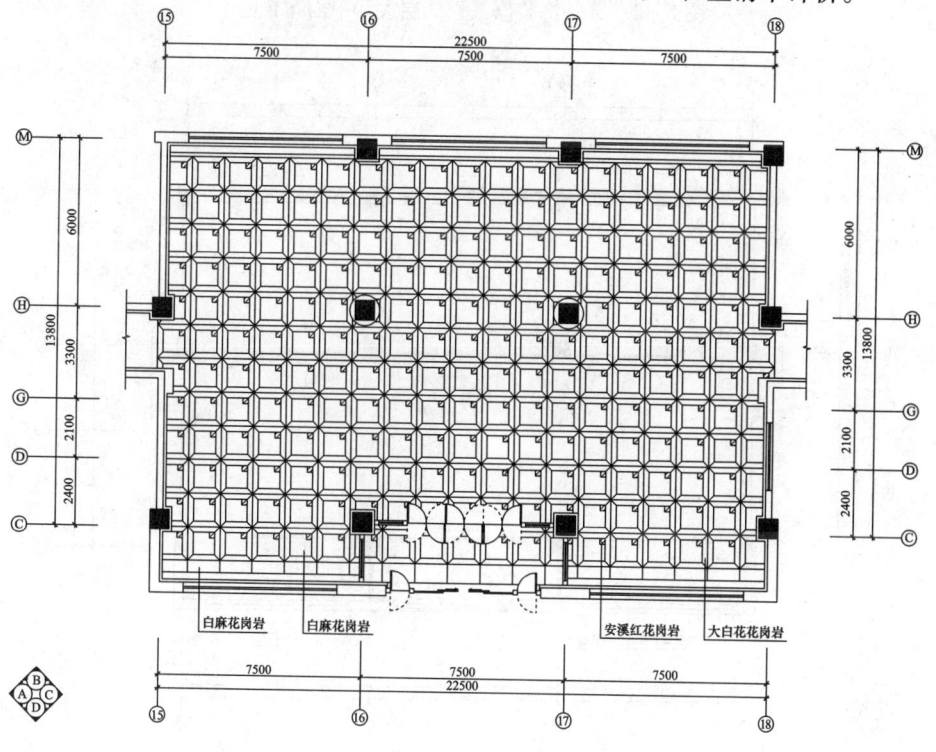

图5-1 某装饰装修工程一层大厅平面布置图

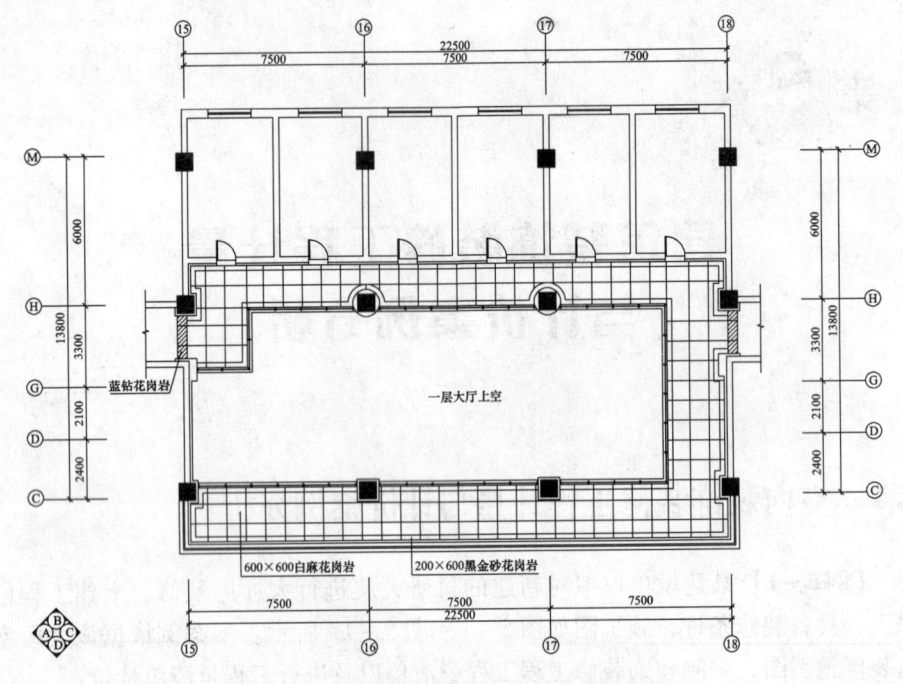

图 5-2 某装饰装修工程二层大厅平面布置图

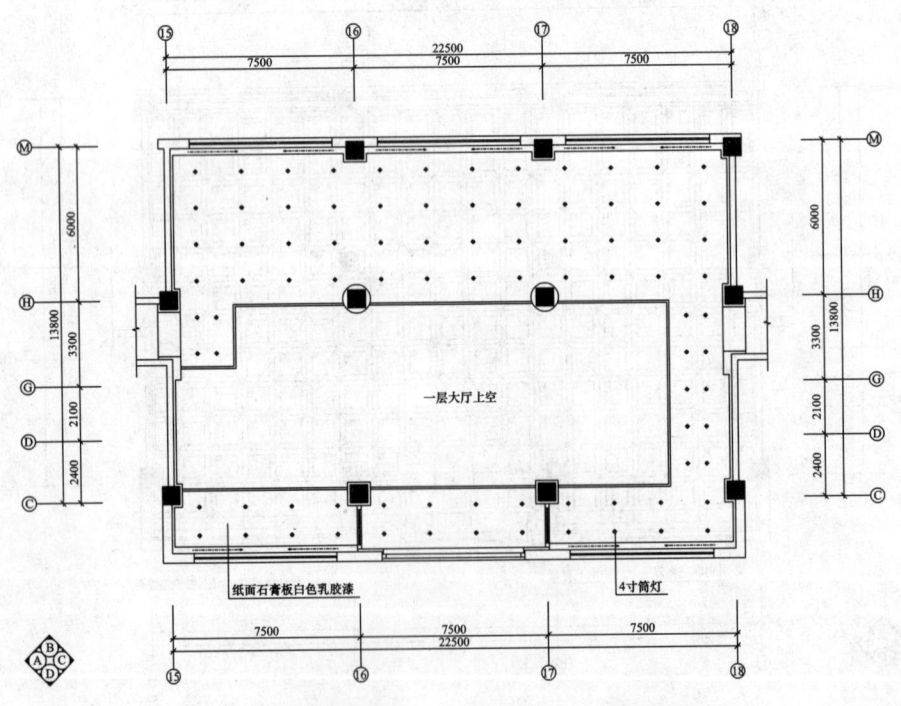

图 5-3 某装饰装修工程一层大厅吊顶平面布置图

图 5-4 某装饰装修工程二层大厅顶棚平面布置图

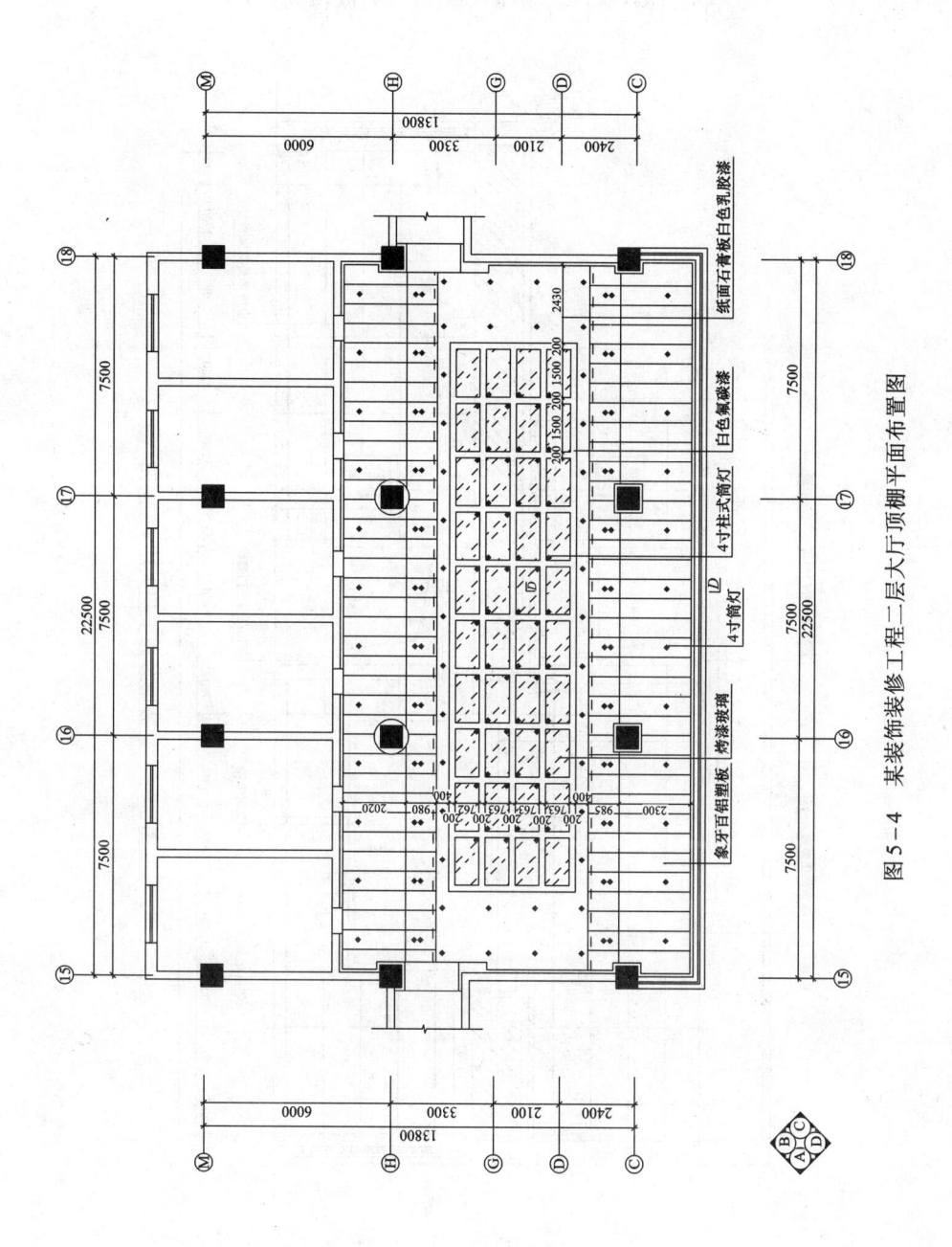

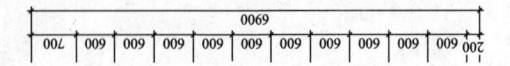

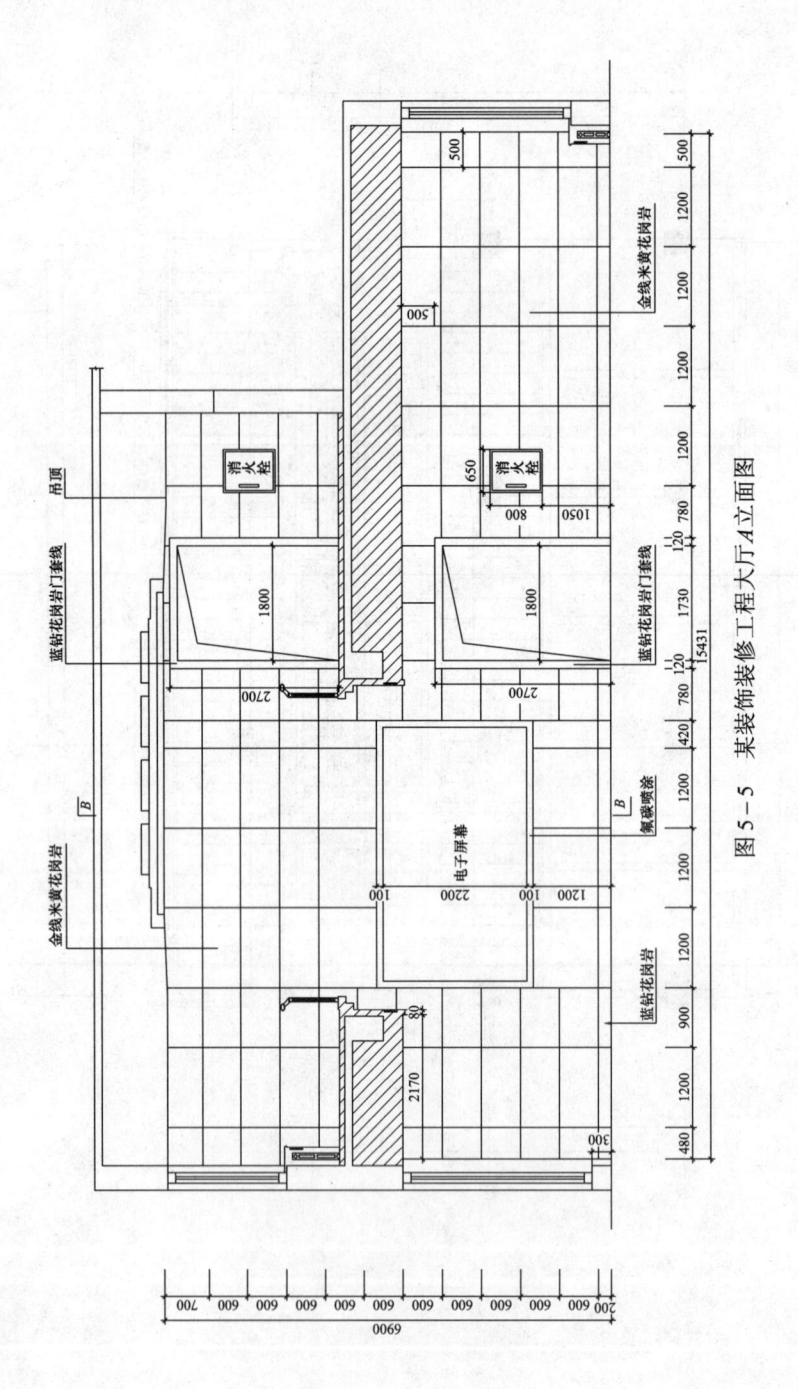

图 5-5 某装饰装修工程大厅 A 立面图

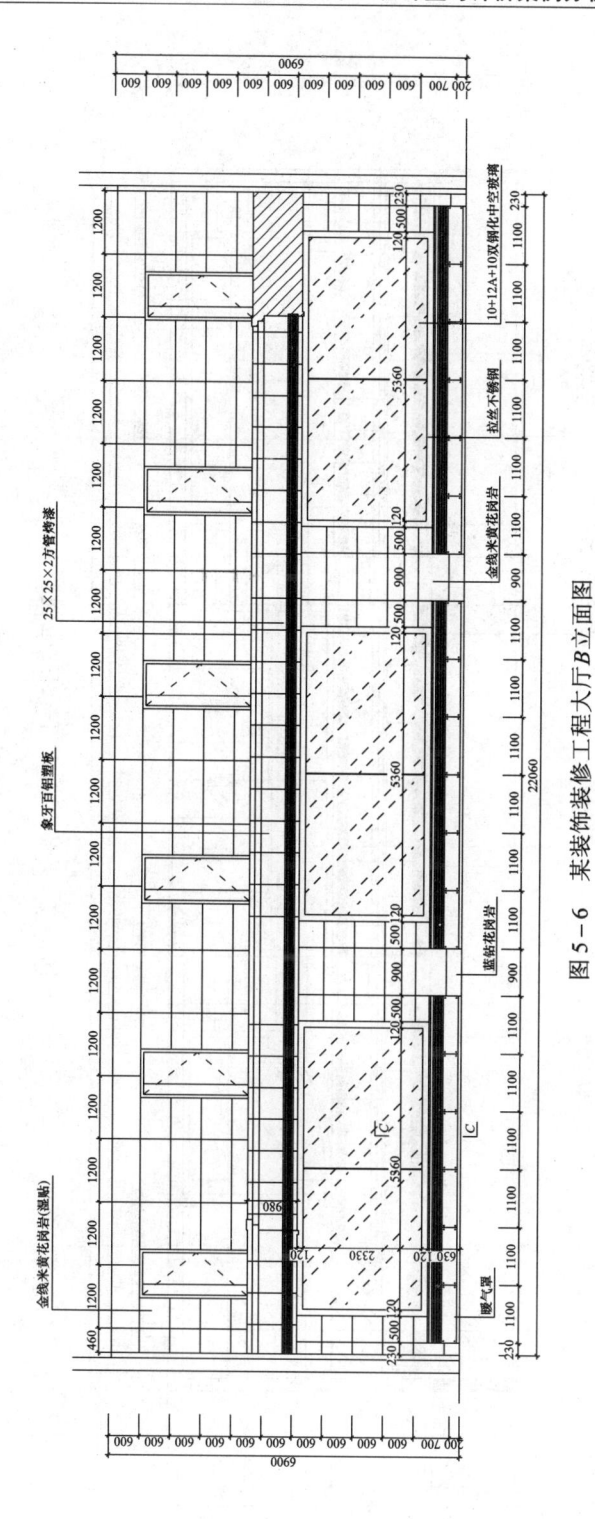

图 5-6 某装饰装修工程大厅 B 立面图

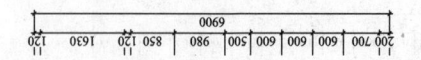

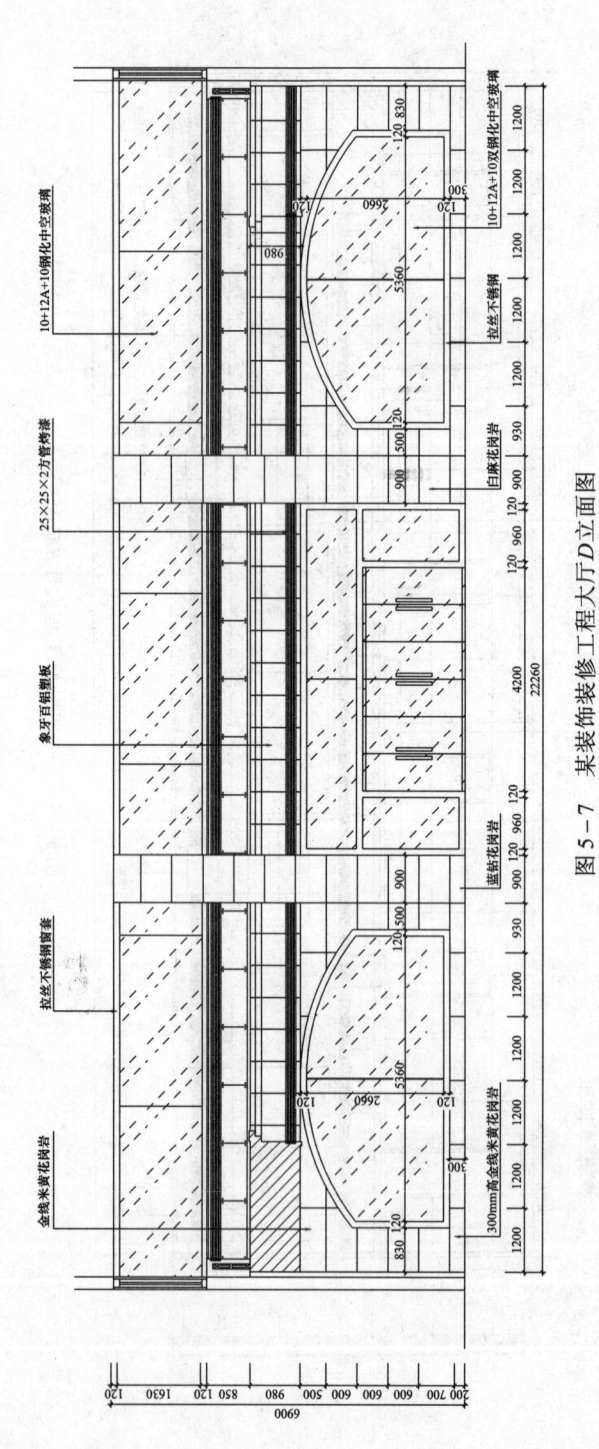

图 5-7 某装饰装修工程大厅D立面图

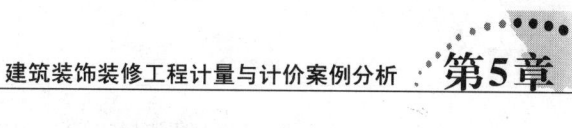

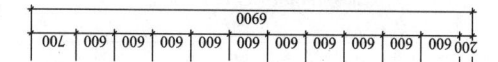

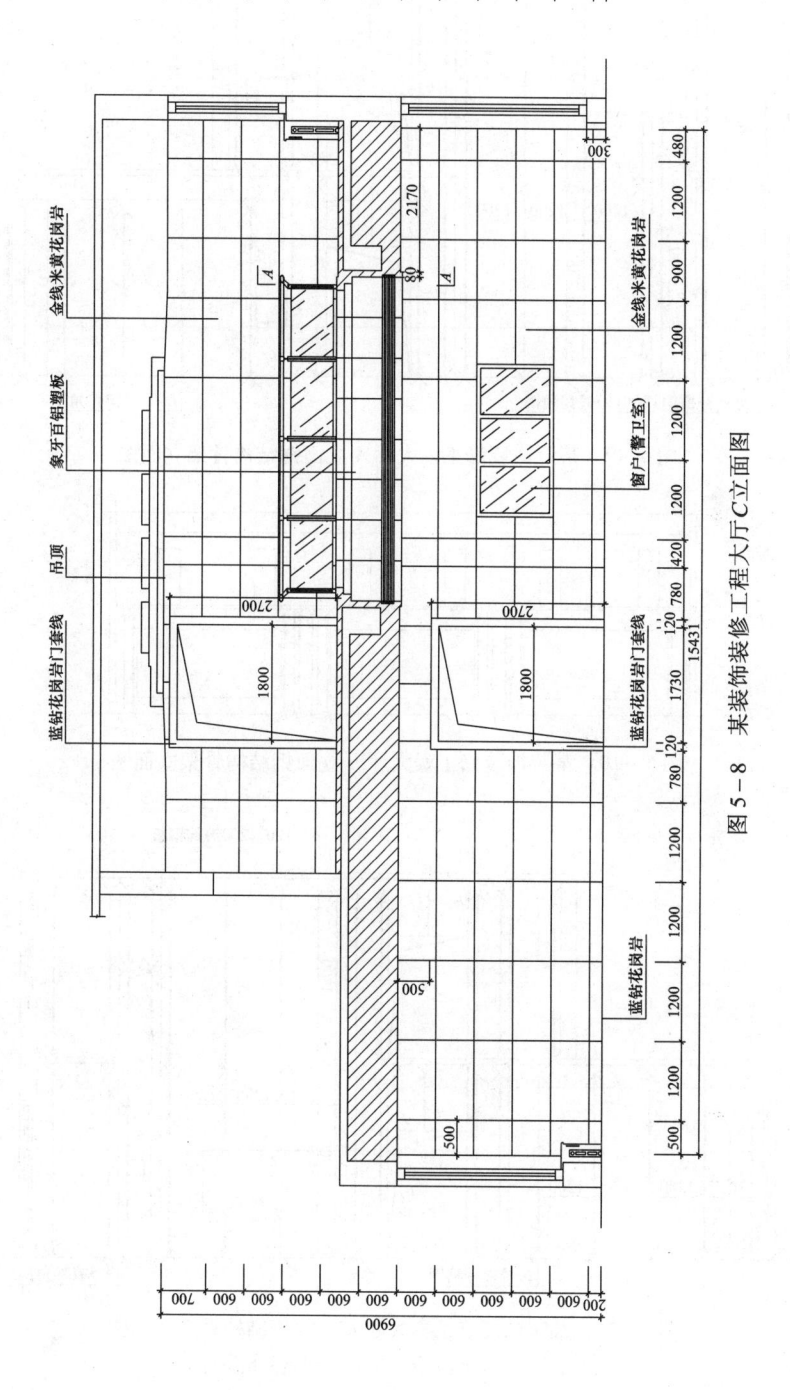

图 5-8　某装饰装修工程大厅 C 立面图

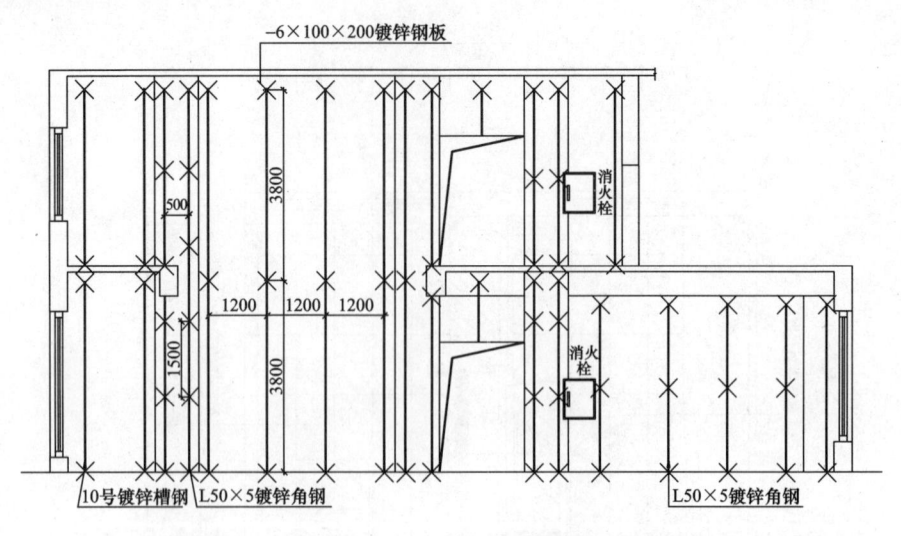

图 5-9　某装饰装修工程大厅 A 立面钢结构骨架立面图

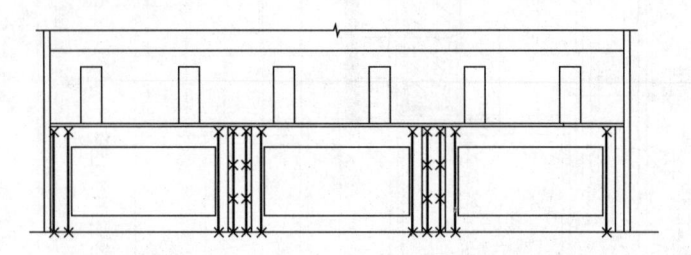

图 5-10　某装饰装修工程大厅 B 立面钢结构骨架立面图

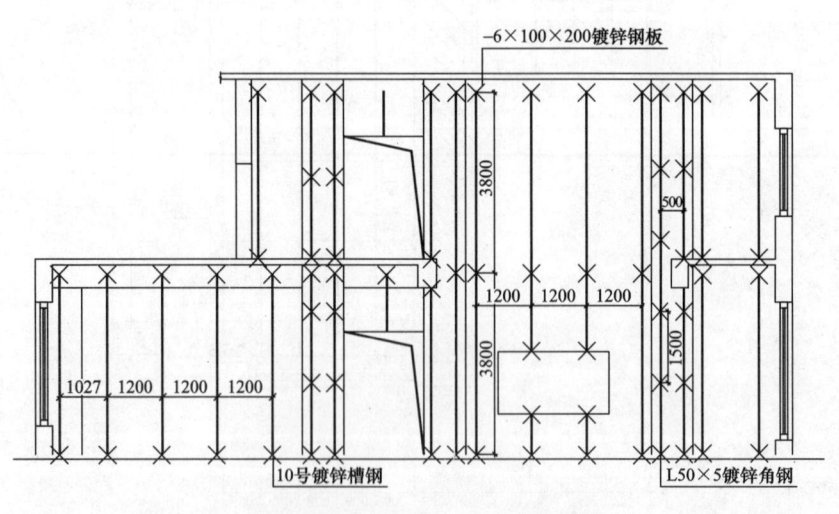

图 5-11　某装饰装修工程大厅 C 立面钢结构骨架立面图
　　　注：×为 -6×100×200mm 镀锌钢板预埋件

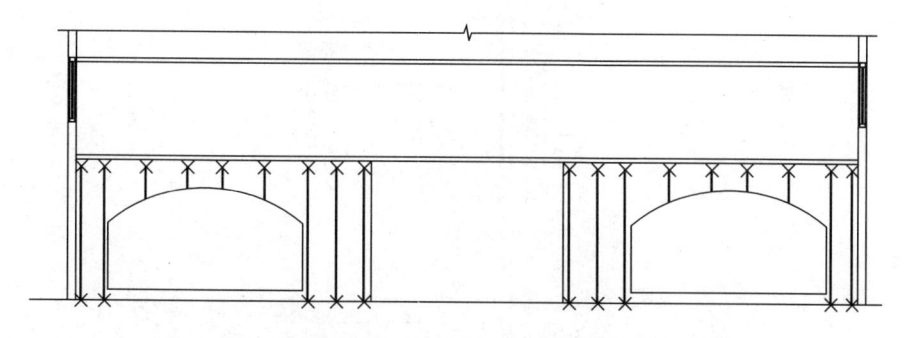

图 5-12 某装饰装修工程大厅 D 立面钢结构骨架立面图

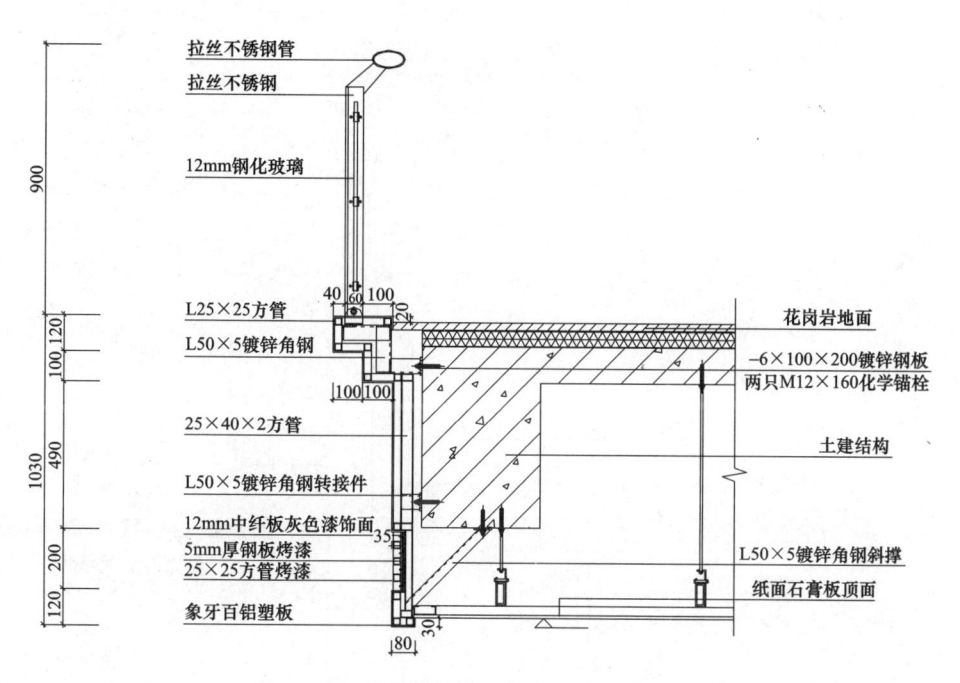

图 5-13 某装饰装修工程大厅 A—A 剖面图

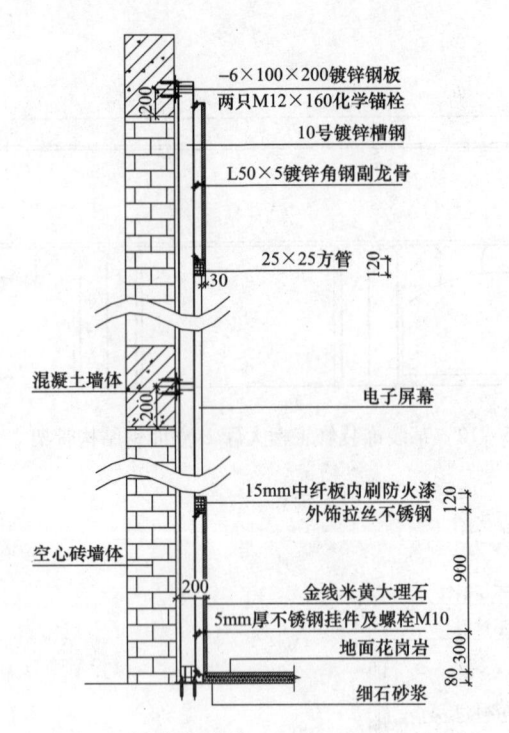

图 5-14 某装饰装修工程大厅 B—B 剖面图

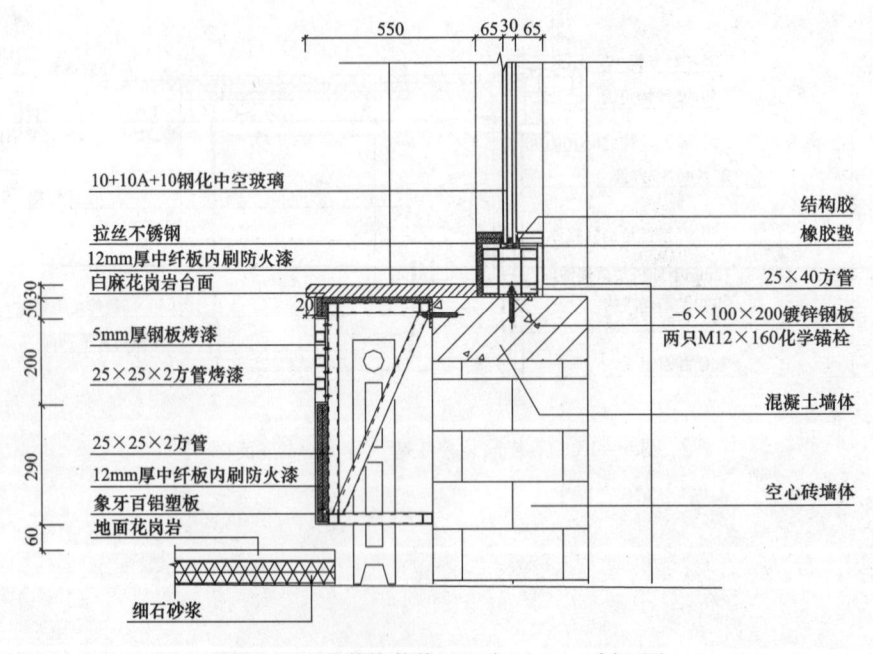

图 5-15 某装饰装修工程大厅 C—C 剖面图

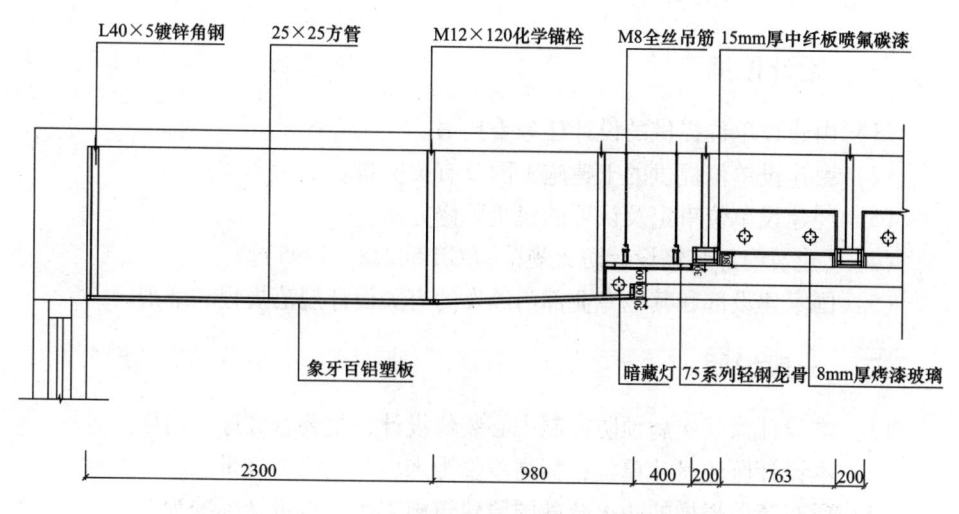

图 5-16 某装饰装修工程大厅 D—D 剖面图

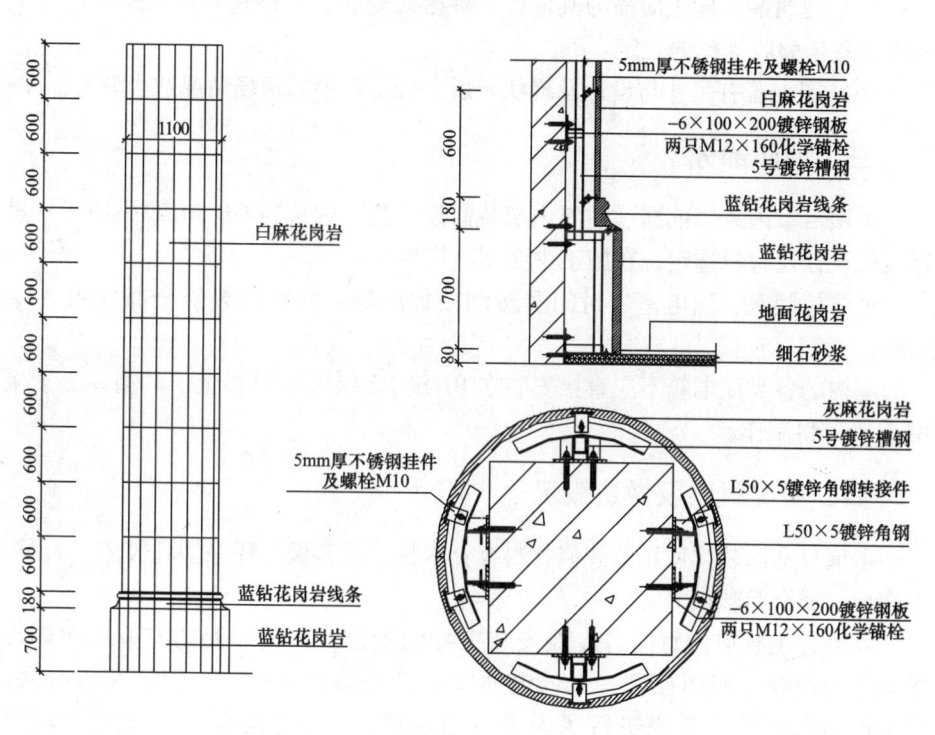

图 5-17 某装饰装修工程大厅圆柱大样图

装饰设计说明

一、设计依据

(1) 由建设单位提供的设计任务委托书。
(2) 由建设单位提供的土建施工图及有关资料。
(3) 经建设单位审定及认可的建筑装修方案。
(4) 《建筑内部装修设计防火规范》(GB 50222—1995)。
(5) 国家建设部和其他专业部门颁发的有关设计规范规程和细则。

二、一般说明

(1) 本设计为某疾病预防控制中心装修设计,主要有大厅、门厅。
(2) 本设计所注尺寸单位;标高单位为米,其余均匀毫米。
(3) 所有疏散楼梯的防火疏散同原建筑施工图,以设计标准为准。
(4) 本设计所选用的产品和材料需符合国家相关的质量检测,所有成品家具、灯具等的颜色样式及装修均需经业主和设计方认可。
(5) 建筑装修施工时需与其他各工种密切配合,严格遵守国家颁发的有关标准及各项验收规范的规定。
(6) 图中若有尺寸与设计及现状矛盾之处,可根据现场情况适当调整。

三、消防部分

本项目室内装修依据《建筑内部装修设计防火规范》(GB 50222—1995)进行装修设计及材料选定,在施工中必须严格控制。

消防控制室、配电室、封闭及防烟楼梯间等,其室内装修全部使用 A 级材料。

室内的各类配电箱不应直接安装在 B1 级 B2 级装修材料上,其箱体必须采用 A 级材料制作。

四、主要材料及做法概况

本项目室内装修使用的装修材料有:木材、石膏板、环保型乳胶漆、石材、吸声板、复合铝塑板等。

以上各工程应注意同各专业安装工程的配合,尤其需要与专业的明露设备如消防控制,照明控制,强弱电插座等设备协调施工,以保证装修效果。部分门为保证装修效果进行了面层造型处理,此部分必须保证原设计功能要求。

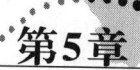

灯具类房间均采用节能型三基色光源灯具。灯具安装应排列整齐。

五、专业要求

（1）消防系统：消防栓及喷淋系统同原设计，但明露件的位置应根据平面适当调整并应符合国家规定的有关规范。

（2）强弱电系统：开关、插座、报警器明露件的样式，颜色与装修协调统一。

六、质量要求

（1）《建筑装饰装修工程质量验收规范》（GB 50210—2001）。

[解]（1）工程量计算。计算装饰装修工程量清单量，应严格按照装饰工程清单工程量计算规则计算清单工程量，下面以本工程为例，计算清单工程量。见表5-1~表5-5。

表5-1　　　　　　　工 程 量 计 算 书

工程名称：某科研大厦室内装修工程　　　　　　　　　　第1页　共4页

序号	清单编码	分项工程名称及说明	计 算 式	单位	数量
1	020102001001	石材楼地面		m²	336.89
		20厚白麻花岗岩板，1:2水泥砂浆粘贴，拼花、点缀，板底刷养护液，表面抛光打蜡。	一层：宽（22.5-0.12×2）×长15.431=343.49m² 扣除：柱垛：(0.45-0.12)×0.9×7个=2.08m² 方柱：0.9×0.9×2个=1.62m² 圆柱：(1.36/2)²×3.14×2个=2.9m² 小计：343.49-2.08-1.62-2.9=336.89m² 点缀：18×12=216个 板底刷防护液：336.89m² 抛光打蜡：336.89m²		
2	020102001002	石材楼地面		m²	101.83
		20厚白麻花岗岩板，规格：600×600mm，1:2水泥砂浆粘贴，板底刷养护液，表面抛光打蜡。四周镶贴黑金砂波打线200×600mm	二层： 波打线：（11.33+22.06）×2×0.2=13.36m² 石材：11.33×22.06-扣天井6.85×19.59-2.32×2.4-柱垛0.45×0.9×4个-方柱0.9×0.9×2个-波打线13.36=101.83m²		

续表

序号	清单编码	分项工程名称及说明	计 算 式	单位	数量
3	020302001001	顶棚吊顶		m²	247.69
		75系列轻钢龙骨，12厚纸面石膏板	一层：（同地面）343.49 - 方柱1.62 - 圆柱2.9 - 天井128.62 = 210.35m² 二层：[(0.2 + 0.763) × 4 + 0.2 + 0.4 × 2] × 22.06 - 69.7 = 37.34m² 小计：210.35 + 37.34 = 247.69m²		

表5-2　　　　　　　　　　　工程量计算书

工程名称：某科研大厦室内装修工程　　　　　　　　　　　　　第2页　共4页

序号	清单编码	分项工程名称及说明	计 算 式	单位	数量
4	020302001002	顶棚吊顶		m²	132.36
		40丝氟碳喷涂象牙白铝塑板面层，M12×120化学锚栓，L40×5镀锌角钢吊筋，25×25×2方管龙骨	二层：(0.98 + 2.02) × 22.06 × 2侧 = 132.36m²		
5	020302001003	烤漆玻璃吊顶		m²	69.7
		25×25×2方管钢龙骨架，M12×120化学锚栓，L40×5镀锌角钢吊筋，8mm厚烤漆玻璃，15mm厚中纤板基层面	二层： 面层：[(0.2 + 0.763) × 4 + 0.2] × [(0.2 + 1.5) × 10 + 0.2] = 69.7m² 中纤板基层：立边（D—D剖面图） (0.763 + 1.5) × 2 × 40格 × (0.08 + 0.12) = 36.21m² 水平面：(4.852 × 11 + 17.2 × 5) × 0.2 = 27.87m² 小计：36.21 + 27.87 = 64.08m² 吊筋、方管骨架： 断面周长(0.17 + 0.1) × 2 × 长度 (4.852 × 11 + 17.2 × 5) = 75.26m² × 8.45kg/m² = 635.95kg		
6	020303001001	灯槽		m²	44.16
		15mm厚中纤板基层，内刷防火漆	灯槽：0.736 × 1.5 × 40格 = 44.16m² 防火漆：(0.736 + 1.5) × 2 × 40格 × 四周立边高0.25 + 水平面44.16 = 88.88m² 白色乳胶漆：88.88m²		

续表

序号	清单编码	分项工程名称及说明	计算式	单位	数量
7	020204001001	石材墙面		m^2	172.85
		干挂金线米黄石材25mm厚	大厅 A 立面 一层 $15.43 \times (0.6 \times 5 - 0.2) + 0.71 \times 4.53 +$ 二层 $11.33 \times 2.67 -$ 扣除电子屏 $2.2 \times (1.2 \times 3 + 0.42) -$ 门洞 $1.8 \times 2.7 \times 2$ 个 $-$ 消火栓 $0.6 \times 0.8 = 57.63 m^2$ 大厅 C 立面 一层 $(0.6 \times 5 - 0.2) \times 15.43 +$ 二层 $2.67 \times 11.33 -$ 扣除门洞 $2.7 \times 1.8 \times 2$ 个 $-$ 窗洞口 $2.18 \times 1.08 = 61.38 m^2$ 大厅 B 立面 一层 $0.23 \times (0.6 \times 4 + 0.7) \times 2$ 侧 $+ 0.5 \times (0.6 \times 4 + 0.7 + 0.2 - 0.63) \times 2$ 边 $+$ 窗口内侧 $(2.33 \times 2 + 5.36) \times 0.12 \times 3$ 个 $+ (0.9 +$ 柱侧边 $0.23 \times 2) \times (0.6 \times 4 + 0.7) \times 2$ 个 $+ 0.5 \times 2 \times (2.33 + 0.23 \times 2) \times 2$ 个 $= 18.11 m^2$ 大厅 D 立面 $[3.2 \times (1.2 \times 5 + 0.93) -$ 窗 $5.36 \times 2.23] \times 2$ 个 $+ (6.9 - 0.2) \times (0.9 + 0.12 \times 2) \times 2$ 个 $= 35.73 m^2$ 小计:$57.63 + 61.38 + 18.11 + 35.73 = 172.85 m^2$		
8	020204001002	水泥砂浆挂贴石材		m^2	48.82
		1:2 水泥砂浆挂贴金线米黄石材20mm厚	B 立面:二层 $22.06 \times (2.4 + 0.27) -$ 扣除门 $0.8 \times 2.1 \times 6$ 个 $= 48.82 m^2$		
9	020204004001	干挂石材钢骨架		t	3.232
		主骨 10 号镀锌槽钢,横梁 $L50 \times 5$ 镀锌角钢	$172.85 \times 18.7 kg/m^2 = 3232.3 kg = 3.232 t$		
10	020105002001	石材踢脚线		m^2	7.24

续表

序号	清单编码	分项工程名称及说明	计 算 式	单位	数量
		200mm 宽蓝钻花岗岩板磨边	A 立面:$(15.43-1.8)\times0.2=2.73m^2$ C 立面:$(15.43-1.8)\times0.2=2.73m^2$ B 立面: $[2\times0.23+(0.9+0.12\times2)\times2\text{个}]\times0.2=1.38m^2$ D 立面:$0.9+0.12\times2\times2\text{个}\times0.2$ 高度 $=0.4m^2$ 小计:$2.72\times2+1.38+0.4=7.24m^2$		
11	020407003001	石材门窗套		m^2	15.32
		正面 120mm 宽蓝钻花岗岩石材线条,门洞内侧 300mm 宽石材板	A 立面: $(2.7\times2+1.8)\times2\text{个}\times2\text{面}\times0.12=3.46m^2$ $0.3\times(2.56\times2+1.8)\times2\text{个}=4.2m^2$ C 立面:同 A 立面 $3.46+4.2=7.66m^2$		

表 5–3　　　　　　　　　　工 程 量 计 算 书

工程名称:某科研大厦室内装修工程　　　　　　　　　　　　　　第 3 页　共 4 页

序号	清单编码	分项工程名称及说明	计 算 式	单位	数量
12	020602004001	暖气罩通风格栅		m^2	12.42
		5mm 厚钢板烤漆、12mm 厚中纤板灰色漆饰面、25×25×1.2 金属方管烤漆	A—A 剖面:$4.95\times0.2=0.99m^2$ C—C 剖面:B 立面 $6.6\times3+(22.06-1.1\times2-0.23)\times0.2=3.93m^2$ D 立面:$[(0.12\times2+0.96)\times2+4.2]\times5\times0.2+4.48\times0.2=7.5m^2$ 小计:$0.99+3.93+7.5=12.42m^2$		
13	020207001001	装饰板墙面		m^2	41.04
		40 丝象牙白铝塑板、25×40×2 方管、L50×5 镀锌角钢型钢骨架	A 立面:$2.35\times0.92=2.16m^2$ C 立面:$4.95\times(0.12+0.08+0.03+0.05+0.1\times3+0.12+0.22)=4.55m^2$ B 立面:$(22.06-1.1\times2-0.23)\times0.92=18.06m^2$ D 立面:$(6.6\times2+4.48)\times0.92=16.27m^2$ 小计:$2.16+4.55+18.06+16.27=41.04m^2$		

续表

序号	清单编码	分项工程名称及说明	计 算 式	单位	数量
14	020107001001	栏杆、栏板、扶手		m	44.35
		50拉丝不锈钢管扶手、型钢栏杆、12mm厚钢化玻璃栏板	A立面：2.35m C立面：4.96m B立面：19.36m D立面：$6.6 \times 2 + 4.48 = 17.68$m 小计：44.35m		
15	020602001005	铝塑板饰面暖气罩		m²	14.07
		25×25×2金属方管刷防锈漆、12mm厚中纤板内刷防火漆、4mm厚象牙白铝塑板	B立面：C—C剖面 $(5.36 + 0.12 \times 2 + 0.5 \times 2) \times (0.29 + 0.05) \times 3 = 6.74$m² D立面：$(0.85 - 0.2) \times 6.6 \times 2 \times 3$跨 $= 7.33$m² 小计：$6.74 + 7.33 = 14.07$m²		
16	020409003001	石材窗台板		m	35.88
		白麻花岗岩台板，外侧倒边	B立面：C—C剖面 $5.36 \times 3 = 16.08$m D立面：$6.6 \times 3 = 19.8$m 小计：$16.08 + 19.8 = 35.88$m 窗台板：长 $35.88 \times$ 宽 $0.55 = 19.73$m²		
17	020407002001	金属门窗套		m²	19.15
		25×25×2方管骨架面刷防锈漆，18mm厚中纤板基层，1mm厚拉丝不锈钢面层	B立面：C—C剖面 长$(5.36 + 2.33) \times 2 \times$宽$(0.12 + 0.065) \times 3$个$= 6.2$m² D立面：一层：$[5.36 + (2.66 - 1.8)/2 + 1.8] \times 2 \times (0.12 + 0.065) \times 2$个$= 5.62$m² 二层：$6.6 \times 2 \times (0.12 + 0.065) \times 3$跨$= 7.33$m² 小计：$6.2 + 5.62 + 7.33 = 19.15$m²		
18	020406003001	金属固定窗		m²	93.64
		10+10A+10中空钢化玻璃，无框玻璃窗	B立面：一层：$5.36 \times 2.33 \times 3$个$= 37.47$m² D立面：一层：$5.36 \times [(2.66 - 1.8)/2 + 1.8] \times 2$个$= 23.9$m² 二层：$6.6 \times 1.63 \times 3$个$= 32.27$m² 小计：$37.47 + 23.9 + 32.27 = 93.64$m²		

续表

序号	清单编码	分项工程名称及说明	计 算 式	单位	数量
19	020507001001	吊顶面乳胶漆		m²	247.69
		石膏板面贴缝、批泥子、刷乳胶漆2遍	一层顶210.35 + 二层顶37.34 = 247.69m²		
20	020504001001	喷漆		m²	43.59
		中纤板面喷白色氟碳漆2遍	吊顶:(4.852×11+17.2×5)×0.2+立边(1.5+0.763)×2×0.08×40格 = 42.35m² 电子屏外框:(2.2+1.2×3+0.42)×2×0.1 = 1.24m² 小计:42.35+1.24 = 43.59m²		
21	020604001001	不锈钢框		m	12.42
		15mm厚中纤板内刷防火漆,外饰120mm宽拉丝不锈钢板,20×20方管骨架	[2.2+(1.2×3+0.42)]×2 = 12.42m		

表5-4　　　　　　　　　　　　工程量计算书

工程名称:某科研大厦室内装修工程　　　　　　　　　　　第4页　共4页

序号	清单编码	分项工程名称及说明	计 算 式	单位	数量
22	020204004002	干挂钢骨架		t	0.621
		铝塑板骨架25×40×2方管,L50×5镀锌角钢型钢骨架表面镀锌防腐处理	41.04×15.12kg/m² = 620.52kg = 0.621t		
23	020205001001	石材柱面		m²	41.45
		白麻异型花岗岩石材包圆柱,φ1100mm,5mm厚的不锈钢挂件,5号槽钢主骨,L50×5横梁副骨	0.6×10×1.1×3.14×2个 = 41.45m²		
24	020205001002	石材柱面		m²	5.98

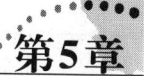

续表

序号	清单编码	分项工程名称及说明	计　算　式	单位	数量
		蓝钻花岗岩异型石材包圆柱，$\phi 1360mm$，5mm厚的不锈钢挂件，5号槽钢主骨，L50×5横梁副骨	$1.36 \times 3.14 \times 0.7 \times 2$ 个 $= 5.98m^2$		
25	020604003001	石材线条		m	8.54
		蓝钻异型花岗岩包圆柱线条，180mm高	$1.36 \times 3.14 \times 2$ 个 $= 8.54m$		
26	020204004003	干挂钢骨架		t	0.819
		包圆柱，$\phi 1100mm$，5mm厚的不锈钢挂件，5号槽钢主骨，L50×5横梁副骨	圆柱身：$41.45 + 5.98 = 47.43m^2 \times 16.73kg/m^2 = 793.5kg$ 线条：$8.54 \times 0.18 = 1.54m^2 \times 16.73kg/m^2 = 25.72kg$ 小计：$793.5 + 25.72 = 819.22kg = 0.819t$		

表 5－5　　　　　　　　　工　程　量　清　单　表

工程名称：某科技大厦室内装修工程

序号	项目编码	项目名称及特征	计量单位	工程量
	B.1	楼地面工程		
1	020102001001	石材楼地面 20mm厚白麻花岗岩板，1:2水泥砂浆粘贴，拼花、点缀，板底刷养护液，表面抛光打蜡	m^2	336.89
2	020102001002	石材楼地面 20mm厚白麻花岗岩板，规格：600mm×600mm，1:2水泥砂浆粘贴，板底刷养护液，表面抛光打蜡，四周镶贴黑金砂波打线200mm×600mm	m^2	101.83
3	020105002001	石材踢脚线 200mm宽蓝钻花岗岩板 磨边	m^2	7.24
4	020107001001	金属扶手带栏杆、栏板 50拉丝不锈钢管扶手、型钢栏杆、12mm厚钢化玻璃栏板	m	44.35

续表

序号	项目编码	项目名称及特征	计量单位	工程量
	B.2	墙柱面工程		
1	020204001001	石材墙面 干挂金线米黄石材25mm厚，5mm厚不锈钢挂件	m²	172.85
2	020204001002	石材墙面 1∶2水泥砂浆，挂贴金线米黄石材20mm厚	m²	48.82
3	020204004001	干挂石材钢骨架 主骨10号镀锌槽钢，横梁L50×5镀锌角钢，表面镀锌防腐处理	t	3.232
4	020204004002	干挂石材钢骨架 铝塑板骨架25×40×2方管、L50×5镀锌角钢型钢骨架表面镀锌防腐处理	t	0.621
5	020204004003	干挂石材钢骨架 包圆柱，φ1100mm，5mm厚的不锈钢挂件，5号槽钢主骨，L50×5横梁副骨	t	0.819
6	020205001001	石材柱面 白麻异型花岗岩石材包圆柱，φ1100mm，5mm厚的不锈钢挂件，5号槽钢主骨，L50×5横梁副骨	m²	41.45
7	020205001002	石材柱面 蓝钻花岗岩异型石材包圆柱，φ1360mm，5mm厚的不锈钢挂件，5号槽钢主骨，L50×5横梁副骨	m²	5.98
8	020207001001	装饰板墙面 40丝象牙白铝塑板、25×40×2方管、L50×5镀锌角钢型钢骨架	m²	41.04
	B.3	吊顶工程		
1	020302001001	顶棚吊顶 75系列轻钢龙骨，12mm厚纸面石膏板	m²	247.69
2	020302001002	顶棚吊顶 40丝氟碳喷涂象牙白铝塑板面层，M12×120化学锚栓，L40×5镀锌角钢吊筋，25×25×2方管龙骨	m²	132.36
3	020302001003	顶棚吊顶 25×25×2方管钢龙骨架，M12×120化学锚栓，L40×5镀锌角钢吊筋，8mm厚烤漆玻璃，15mm厚中纤板基层	m²	69.7

续表

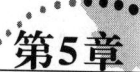

序号	项目编码	项目名称及特征	计量单位	工程量
4	020303001001	灯槽 15mm 厚中纤板基层，内刷防火漆，面刷白色乳胶漆	m²	44.16
B.4		门窗工程		
1	020406003001	金属固定窗 10+10A+10 中空钢化玻璃，无框玻璃窗	樘	93.64
2	020407003001	石材门窗套 正面 120mm 宽蓝钻花岗岩石材线条，门洞内侧 300mm 宽石材板	m²	15.32
3	020407002001	金属门窗套 25×25×2 方管骨架面刷防锈漆，18mm 厚中纤板基层，1mm 厚拉丝不锈钢面层	m²	19.15
4	020409003001	石材窗台板 20mm 厚白麻花岗岩台板，外侧倒边	m	35.88
B.5		油漆、涂料、裱糊工程		
1	020504001001	木板、纤维板、胶合板油漆 中纤板面喷白色氟碳漆 2 遍	m²	43.59
2	020507001001	吊顶面乳胶漆 石膏板面贴缝、批泥子、刷乳胶漆 2 遍	m²	247.69
B.6		其他工程		
1	020602001001	饰面板暖气罩 25×25×2 金属方管刷防锈漆、12mm 厚中纤板内刷防火漆、4mm 厚象牙白铝塑板	m²	14.07
2	020604001001	金属装饰线（不锈钢框） 15mm 厚中纤板内刷防火漆，外饰 120mm 宽拉丝不锈钢板，20×20 方管骨架面刷防锈漆处理	m	12.42
3	020604003001	石材装饰线 蓝钻异型花岗岩包圆柱线条，180mm 高	m	8.54
99		暂定项目		
1	020602004001 补	暖气罩通风格栅 5mm 厚钢板烤漆、12mm 厚中纤板灰色漆饰面、25×25×1.2 金属方管烤漆	m²	12.42

（2）工程计价。目前，报价形式主要有两种，一是按照《建设工程工程量

清单计价规范》计价,二是各装饰装修公司自定格式报价。后者也得到社会的普遍认可。本书按《计价规范》进行计价。

在清单报价中,综合单价的组价应以企业定额为依据,应能反映本企业的实际生产消耗水平,但是,目前有能力编制企业定额的并不多,因此,本例以2002年国家颁布的《全国统一装饰装修工程消耗量定额》为依据,并结合某省与之配套的单位估计汇总表、取费文件,按装饰三级企业标准计取各项费用,管理费率按57.48%计取,利润率按45%计取,规费费率按国家相关文件规定。下面以本案工程为例计算工程造价。见表5-6～表5-40。

表5-6 单位工程费汇总表

工程名称:某科技大厦室内装修工程　　　　　　　　　　　　　　第1页 共1页

序号	费用名称	取费基数	费率	费用金额
一、	分部分项工程量清单计价合计	ZJF		1005472.99
二、	措施项目清单计价合计	QTCSF		17149.99
三、	其他项目清单计价合计	QTXMF		100000.00
四、	规费	4.1～4.7之和		13001.12
4.1	工程排污费	RGF+QTCSF+LXRGF	0.14	117.45
4.2	养老保险费	RGF+QTCSF+LXRGF	2.86	2399.30
4.3	失业保险费	RGF+QTCSF+LXRGF	1.50	1258.38
4.4	医疗保险费	RGF+QTCSF+LXRGF	4.86	4077.14
4.5	住房公积金	RGF+QTCSF+LXRGF	3.73	3129.16
4.6	危险作业意外伤害保险	RGF+QTCSF+LXRGF	0.65	545.30
4.7	定额测定费	(一～三十4.1～4.6)之和	0.13	1474.39
五、	税金	一～四之和	3.41	38724.78
	含税工程造价	一～五之和		1174348.88

注:LXRGF代号为零星工作项目费及人工费。

表5-7 分部分项工程量清单计价表

工程名称:某科技大厦室内装修工程　　　　　　　　　　　　　　第1页 共3页

序号	项目编码	项目名称及特征	计量单位	工程数量	综合单价	合价
	B.1	楼地面工程				
1	020102001001	石材楼地面 20mm厚白麻花岗岩板,1:2水泥砂浆粘贴,拼花、点缀、板底刷养护液,表面抛光打蜡	m²	336.890	423.21	142575.80

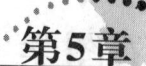

续表

序号	项目编码	项目名称及特征	计量单位	工程数量	综合单价	合价
2	020102001002	石材楼地面 20mm厚白麻花岗岩板，规格：600mm×600mm，1:2水泥砂浆粘贴，板底刷养护液，表面抛光打蜡，四周镶贴黑金砂波打线200mm×600mm	m²	101.830	401.33	40867.54
3	020105002001	石材踢脚线 200mm宽蓝钻花岗岩板、磨边	m²	7.240	69.63	504.12
4	020107001001	金属扶手带栏杆、栏板 50拉丝不锈钢管扶手、型钢栏杆、12mm厚钢化玻璃栏板	m	44.350	369.79	16400.19
		分部小计[楼地面工程]				200347.65
B.2		墙柱面工程				
1	020204001001	石材墙面 干挂金线米黄石材25mm厚，5mm厚不锈钢挂件	m²	172.850	407.33	70406.99
2	020204001002	石材墙面 1:2水泥砂浆挂贴金线米黄石材20mm厚	m²	48.820	370.97	18110.76
3	020204004001	干挂石材钢骨架 主骨10号镀锌槽钢，横梁L50×5镀锌角钢，表面镀锌防腐处理	t	3.232	9462.39	30582.44
4	020204004002	干挂石材钢骨架 铝塑板骨架25×40×2方管、L50×5镀锌角钢型钢骨架表面镀锌防腐处理	t	0.621	9462.38	5876.14
5	020204004003	干挂石材钢骨架 包圆柱，φ1100mm，5mm厚的不锈钢挂件，5号槽钢主骨，L50×5横梁副骨	t	0.819	9462.39	7749.70

233

续表

序号	项目编码	项目名称及特征	计量单位	工程数量	金额/元 综合单价	合价
6	020205001001	石材柱面 白麻异型花岗岩石材包圆柱，ϕ1100mm，5mm厚的不锈钢挂件，5号槽钢主骨，L50×5横梁副骨	m²	41.450	9462.39	392216.07
7	020205001002	石材柱面 蓝钻花岗岩异型石材包圆柱，ϕ1360mm，5mm厚的不锈钢挂件，5号槽钢主骨，L50×5横梁副骨	m²	5.980	9462.39	56585.09
8	020207001001	装饰板墙面 40丝象牙白铝塑板、25×40×2方管、L50×5镀锌角钢型钢骨架	m²	41.040	264.88	10870.68
		分部小计[墙柱面工程]				592397.87
	B.3	吊顶工程				
1	020302001001	顶棚吊顶 75系列轻钢龙骨，12mm厚纸面石膏板	m²	247.690	150.49	37274.87
本页小计						830020.39

表5-8　　　　　　　　　分部分项工程量清单计价表

工程名称：某科技大厦室内装修工程　　　　　　　　　　　　　　第2页　共3页

序号	项目编码	项目名称及特征	计量单位	工程数量	金额/元 综合单价	合价
2	020302001002	顶棚吊顶 40丝氟碳喷涂象牙白铝塑板面层，M12×120化学锚栓，L40×5镀锌角钢吊筋，25×25×2方管龙骨	m²	132.360	237.28	31406.38

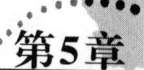

续表

序号	项目编码	项目名称及特征	计量单位	工程数量	综合单价	合价
3	020302001003	顶棚吊顶 25×25×2 方管钢龙骨架，M12×120 化学锚栓，L40×5 镀锌角钢吊筋，8mm 厚烤漆玻璃，15mm 厚中纤板基层	m²	69.700	339.74	23679.88
4	020303001001	灯槽 15mm 厚中纤板基层，内刷防火漆，面刷白色乳胶漆	m²	44.160	876.91	38724.35
		分部小计[吊顶工程]				131085.48
	B.4	门窗工程				
1	020406003001	金属固定窗 10+10A+10 中空钢化玻璃，无框玻璃窗	樘	93.640	311.30	29150.13
2	020407003001	石材门窗套 正面120mm 宽蓝钻花岗岩石材线条，门洞内侧300mm 宽石材板	m²	15.320	431.35	6608.28
3	020407002001	金属门窗套 25×25×2 方管骨架面刷防锈漆，18mm 厚中纤板基层，1mm 厚拉丝不锈钢面层	m²	19.150	293.99	5629.91
4	020409003001	石材窗台板 20mm 厚白麻花岗岩板，外侧倒边	m	35.880	333.94	11981.77
		分部小计[门窗工程]				53370.09
	B.5	油漆、涂料、裱糊工程				
1	020504001001	木板、纤维板、胶合板油漆 中纤板面喷白色氟碳漆 2 遍	m²	43.590	26.62	1160.37
2	020507001001	吊顶面乳胶漆 石膏板面贴缝、批泥子、刷乳胶漆 2 遍	m²	247.690	20.08	4973.62

235

续表

序号	项目编码	项目名称及特征	计量单位	工程数量	金额/元 综合单价	金额/元 合价
		分部小计[油漆、涂料、裱糊工程]				6133.99
	B.6	其他工程				
1	020602001001	饰面板暖气罩 25×25×2 金属方管刷防锈漆、12mm 厚中纤板内刷防火漆、4mm 厚象牙白铝塑板	m²	14.070	1163.84	16375.23
2	020604001001	金属装饰线（不锈钢框） 15mm 厚中纤板内刷防火漆，外饰 120mm 宽拉丝不锈钢板，20×20 方管骨架面刷防锈漆处理	m	12.420	81.55	1012.85
3	020604003001	石材装饰线 蓝钻异型花岗岩包圆柱线条，180mm 高	m	8.540	382.64	3267.75
		分部小计[其他工程]				20655.83
	99	暂定项目				
本页小计						173970.52

表 5-9　　　　　分部分项工程量清单计价表

第 3 页　共 3 页

工程名称：某科技大厦室内装修工程

序号	项目编码	项目名称及特征	计量单位	工程数量	金额/元 综合单价	金额/元 合价
	020602004001 补	暖气罩通风格栅 5mm 厚钢板烤漆、12mm 厚中纤板灰色漆饰面、25×25×1.2 金属方管烤漆	m²	12.420	119.33	1482.08
		分部小计[暂定项目]				1482.08

续表

序号	项目编码	项目名称及特征	计量单位	工程数量	金额/元 综合单价	合价
本页小计						1482.08
合计						1005472.99

表 5-10　　　　　　　　措施项目清单计价表

工程名称：某科技大厦室内装修工程　　　　　　　　　　　　　　　第1页　共1页

序号	项目名称	金额/元
1	通用项目	17149.99
1.1	环境保护	3500.00
1.2	文明施工	5000.00
1.3	安全施工	4500.00
1.4	临时设施	1200.00
1.5	脚手架	1667.98
1.6	已完工程及设备保护	1282.01
合计		17149.99

表 5-11　　　　　　　　其他项目清单计价表

工程名称：某科技大厦室内装修工程　　　　　　　　　　　　　　　第1页　共1页

序号	名称	金额
1	招标人部分	100000.000
1.1	预留金	100000.000
1.2	材料购置费	
2	投标人部分	
2.1	总承包服务费	
2.2	零星工作费	
合计		100000.00

表 5-12 分部分项工程量清单综合单价计算表

工程名称：某科技大厦室内装修工程　　　　　　　　　　　　　　　　　　　　　第 1 页　共 26 页
项目编码：020102001001　　　　　　　　　　　　　　　　　　　　　　　　　　　计量单位：m²
项目名称：石材楼地面　　　　　　　　　　　　　　　　　　　　　　　　　　　　综合单价：423.21
20mm 厚白麻花岗岩板，1:2 水泥砂浆粘贴，拼花、点缀，板底刷养护液，表面抛光打蜡

序号	定额编码	工 程 内 容	单位	工程量	综合单价（子目合价/清单工程量）					小计
					人工费	材料费	机械费	管理费	利润	
1	1-009	花岗岩楼地面 周长 3200mm 以内 多色	m²	336.890	2105.56	107356.74	296.46	1210.28	947.50	111918.23
	1-047	石材底面刷养护液 光面石材 花岗岩 浅色	m²	336.890	4019.10	134.76		2310.19	1808.59	8274.02
	1-109	酸洗打蜡 楼地面	m²	336.890	370.58	138.12		213.02	166.76	889.39
	1-006	大理石楼地面 点缀	个	216.000	1427.76	18461.52	142.56	820.67	642.49	21494.16
合计					7923.00	126091.14	439.02	4554.16	3565.34	142575.80

表 5-13 分部分项工程量清单综合单价计算表

工程名称：某科技大厦室内装修工程　　　　　　　　　　　　　　第 2 页　共 26 页
项目编码：020102001002　　　　　　　　　　　　　　　　　　　计量单位：m²
项目名称：石材楼地面　　　　　　　　　　　　　　　　　　　综合单价：401.33
20mm 厚白麻花岗岩板，规格：600mm×600mm，1:2 水泥砂浆粘贴，板底刷养护液，表面抛光打蜡，四周镶贴黑金砂波打线 200mm×600mm

序号	定额编码	工程内容	单位	工程量	综合单价（子目合价/清单工程量）						小计
					人工费	材料费	机械费	管理费	利润	
2	1-008	花岗岩楼地面 周长 3200mm 以内 单色	m²	101.830	615.05	32450.17	89.61	353.53	276.77	33785.16
	1-047	石材底面刷养护液 光面石材 花岗岩 浅色	m²	101.830	1214.83	40.73		698.29	546.67	2500.94
	1-109	酸洗打蜡 楼地面	m²	101.830	112.01	41.75		64.39	50.41	268.83
	1-045	波打线（嵌边）花岗岩	m²	13.360	92.18	4117.15	8.82	52.99	41.48	4312.61
		合计			2034.07	36649.80	98.43	1169.20	915.33	40867.54

表5-14 分部分项工程量清单综合单价计算表

工程名称：某科技大厦室内装修工程

项目编码：020105002001

项目名称：石材踢脚线

第3页 共26页

计量单位：m²

综合单价：69.63

序号	定额编码	工程内容	单位	工程量	综合单价（子目合价/清单工程量）					小计
					人工费	材料费	机械费	管理费	利润	
3	1-024	成品踢脚板 大理石 粘结剂	m	7.240	13.32	477.12		7.66	5.99	504.12
		合计			13.32	477.12		7.66	5.99	504.12

200mm宽蓝钻花岗岩板磨边

表5-15 分部分项工程量清单综合单价计算表

工程名称：某科技大厦室内装修工程

项目编码：020107001001

项目名称：金属扶手

第4页 共26页

计量单位：m

综合单价：369.79

带栏板、栏板50拉丝不锈钢管扶手、型钢栏杆、12mm厚钢化玻璃栏板

序号	定额编码	工程内容	单位	工程量	综合单价（子目合价/清单工程量）					小计
					人工费	材料费	机械费	管理费	利润	
4	1-191	不锈钢栏杆钢化玻璃栏板 12mm厚全玻 37×37方钢	m	44.350	1354.45	13422.08	235.50	778.54	609.50	16400.19
		合计			1354.45	13422.08	235.50	778.54	609.50	16400.19

建筑装饰装修工程计量与计价案例分析 第5章

表 5－16　分部分项工程量清单综合单价计算表

工程名称：某科技大厦室内装修工程　　　　　　　　　　　　　　　　　　　　　　　　　　第 5 页　共 26 页
项目编码：020204001001　　　　　　　　　　　　　　　　　　　　　　　　　　　　　　计量单位：m²
项目名称：石材墙面　　　　　　　　　　　　　　　　　　　　　　　　　　　　　　　　综合单价：407.33
干挂金线米黄石材 25mm 厚，5mm 厚不锈钢挂件

序号	定额编码	工程内容	单位	工程量	综合单价（子目合价/清单工程量）					小计
					人工费	材料费	机械费	管理费	利润	
5	2－071	花岗岩板　墙面	m²	172.850	3716.28	62715.17	167.66	2136.11	1672.32	70406.99
		合计			3716.28	62715.17	167.66	2136.11	1672.32	70406.99

表 5－17　分部分项工程量清单综合单价计算表

工程名称：某科技大厦室内装修工程　　　　　　　　　　　　　　　　　　　　　　　　　　第 6 页　共 26 页
项目编码：020204001002　　　　　　　　　　　　　　　　　　　　　　　　　　　　　　计量单位：m²
项目名称：石材墙面　　　　　　　　　　　　　　　　　　　　　　　　　　　　　　　　综合单价：370.97
1∶2 水泥砂浆挂贴金线米黄石材 20mm 厚

序号	定额编码	工程内容	单位	工程量	综合单价（子目合价/清单工程量）					小计
					人工费	材料费	机械费	管理费	利润	
6	2－050	挂贴花岗岩　混凝土墙面	m²	48.820	1052.07	15857.71	123.03	604.73	473.43	18110.76
		合计			1052.07	15857.71	123.03	604.73	473.43	18110.76

241

表 5-18　分部分项工程清单综合单价计算表

工程名称：某科技大厦室内装修工程　　　　　　　　　　　　　第 7 页　共 26 页
项目编码：020204004001　　　　　　　　　　　　　　　　　　　计量单位：t
项目名称：干挂石材钢骨架　　　　　　　　　　　　　　　　　综合单价：9462.39
主骨 10 号镀锌槽钢，横梁 L50×5 镀锌角钢，表面镀锌防腐处理

序号	定额编码	工　程　内　容	单位	工程量	综合单价（子目合价/清单工程量）					小计
					人工费	材料费	机械费	管理费	利润	
7	2-074	钢骨架上干挂石板　钢骨架	t	3.232	1939.30	25378.08	1277.67	1114.71	872.68	30582.44
		合计			1939.30	25378.08	1277.67	1114.71	872.68	30582.44

表 5-19　分部分项工程清单综合单价计算表

工程名称：某科技大厦室内装修工程　　　　　　　　　　　　　第 8 页　共 26 页
项目编码：020204004002　　　　　　　　　　　　　　　　　　　计量单位：t
项目名称：干挂石材钢骨架　　　　　　　　　　　　　　　　　综合单价：9462.38
铝塑板骨架 25×40×2 方管，L50×5 镀锌角钢型钢骨架表面镀锌防腐处理

序号	定额编码	工　程　内　容	单位	工程量	综合单价（子目合价/清单工程量）					小计
					人工费	材料费	机械费	管理费	利润	
8	2-074	钢骨架上下干挂石板　钢骨架	t	0.621	372.62	4876.17	245.49	214.18	167.68	5876.14
		合计			372.62	4876.17	245.49	214.18	167.68	5876.14

表 5-20 分部分项工程量清单综合单价计算表

工程名称：某科技大厦室内装修工程　　　　　　　　　　　　　　　　　　　　　　第 9 页　共 26 页
项目编码：020204004003　　　　　　　　　　　　　　　　　　　　　　　　　　　计量单位：t
项目名称：干挂石材　　　　　　　　　　　　　　　　　　　　　　　　　　　　　综合单价：9462.39

钢骨架包圆柱，φ1100mm，5mm 厚的不锈钢挂件，5 号槽钢主骨，L50×5 横梁副骨

序号	定额编码	工程内容	单位	工程量	综合单价（子目合价/清单工程量）					小计
					人工费	材料费	机械费	管理费	利润	
9	2-074	钢骨架上干挂石板 钢骨架	t	0.819	491.42	6430.89	323.77	282.47	221.14	7749.70
		合计			491.42	6430.89	323.77	282.47	221.14	7749.70

表 5-21 分部分项工程量清单综合单价计算表

工程名称：某科技大厦室内装修工程　　　　　　　　　　　　　　　　　　　　　　第 10 页　共 26 页
项目编码：020205001001　　　　　　　　　　　　　　　　　　　　　　　　　　　计量单位：m²
项目名称：石材柱面　　　　　　　　　　　　　　　　　　　　　　　　　　　　　综合单价：9462.39

白麻异型花岗岩石材包圆柱，φ1100mm，5mm 厚的不锈钢挂件，5 号槽钢主骨，L50×5 横梁副骨

序号	定额编码	工程内容	单位	工程量	综合单价（子目合价/清单工程量）					小计
					人工费	材料费	机械费	管理费	利润	
10	2-074	钢骨架上干挂石板 钢骨架	t	41.450	24871.24	325470.79	16386.01	14295.99	11192.06	392216.07
		合计			24871.24	325470.79	16386.01	14295.99	11192.06	392216.07

表 5-22　分部分项工程量清单综合单价计算表

工程名称：某科技大厦室内装修工程　　　　　　　　　　　　　　第 11 页　共 26 页
项目编码：020205001002　　　　　　　　　　　　　　　　　　　计量单位：m²
项目名称：石材柱面　　　　　　　　　　　　　　　　　　　　　综合单价：9462.39

蓝钻花岗岩异型石材包圆柱，φ1360mm，5mm厚的不锈钢挂件，5号槽钢主骨，L50×5横梁副骨

序号	定额编码	工程内容	单位	工程量	综合单价（子目合价/清单工程量）						小计
					人工费	材料费	机械费	管理费	利润	
11	2-074	钢骨架上干挂石板　钢骨架	t	5.980	3588.18	46955.74	2364.01	2062.49	1614.68	56585.09
		合计			3588.18	46955.74	2364.01	2062.49	1614.68	56585.09

表 5-23　分部分项工程量清单综合单价计算表

工程名称：某科技大厦室内装修工程　　　　　　　　　　　　　　第 12 页　共 26 页
项目编码：020207001001　　　　　　　　　　　　　　　　　　　计量单位：m²
项目名称：装饰板墙面　　　　　　　　　　　　　　　　　　　　综合单价：264.88

40丝象牙白铝塑板，25×40×2方管，L50×5镀锌角钢型钢骨架

序号	定额编码	工程内容	单位	工程量	综合单价（子目合价/清单工程量）						小计
					人工费	材料费	机械费	管理费	利润	
12	2-184 换	型钢龙骨　中距（mm 以内）单向1500	m²	41.040	114.91	2874.44	162.93	66.05	51.71	3270.07
	2-217	铝合金复合板墙面	m²	41.040	315.19	6962.44		181.17	141.83	7600.61
		合计			430.10	9836.88	162.93	247.22	193.54	10870.68

表 5-24 分部分项工程量清单综合单价计算表

工程名称：某科技大厦室内装修工程　　　　　　　　　　　　　第 13 页　共 26 页
项目编码：020302001001　　　　　　　　　　　　　　　　　　计量单位：m²
项目名称：顶棚吊顶　　　　　　　　　　　　　　　　　　　　综合单价：150.49
75 系列轻钢龙骨，12mm 厚纸面石膏板

序号	定额编码	工程内容	单位	工程量	综合单价（子目合价/清单工程量）					小计
					人工费	材料费	机械费	管理费	利润	
13	3-023	装配式 U 形轻钢吊顶龙骨（不上人型）面层规格 (mm) 450×450 平面	m²	247.690	1240.93	9553.40		713.27	558.42	12064.98
	3-077	石膏板吊顶	m²	247.690	648.95	23894.65		373.02	292.03	25209.89
		合计			1889.88	33448.05		1086.29	850.45	37274.87

表 5-25 分部分项工程量清单综合单价计算表

工程名称：某科技大厦室内装修工程　　　　　　　　　　　　　第 14 页　共 26 页
项目编码：020302001002　　　　　　　　　　　　　　　　　　计量单位：m²
项目名称：顶棚吊顶　　　　　　　　　　　　　　　　　　　　综合单价：237.28
40 丝氟碳喷涂象牙白铝塑板面层，M12×120 化学锚栓，L40×5 镀锌角钢吊筋，25×25×2 方管龙骨

序号	定额编码	工程内容	单位	工程量	综合单价（子目合价/清单工程量）					小计
					人工费	材料费	机械费	管理费	利润	
14	5-193	吊顶金属龙骨防火涂料层龙骨间距 600×600	m²	132.360	190.60	393.11		109.55	85.77	779.60
	3-025 换	方管钢顶龙骨（不上人型）面层规格 (mm) 600×600 平面	m²	132.360	599.59	8772.82		344.64	269.82	9986.56
	3-092	铝塑板吊顶面层　贴在龙骨底	m²	132.360	473.85	19680.61		272.37	213.23	20640.22
		合计			1264.04	28846.54		726.56	568.82	31406.38

表 5-26 分部分项工程量清单综合单价计算表

工程名称：某科技大厦室内装修工程
项目编码：020302001003
项目名称：顶棚吊顶（8mm 厚烤漆玻璃）
25×25×2 方管钢骨架，M12×120 化学锚栓，L40×5 镀锌角钢吊筋，15mm 厚中纤板基层

第 15 页 共 26 页
计量单位：m²
综合单价：339.74

序号	定额编码	工程内容	单位	工程量	综合单价（子目合价/清单工程量）					小计
					人工费	材料费	机械费	管理费	利润	
15	3-132 换	镜面玻璃吊顶 平面	m²	69.700	598.72	13194.91		344.14	269.43	14406.99
	5-193	吊顶金属龙骨防火涂料 面层龙骨间距 600×600		69.700	100.37	207.01		57.69	45.17	410.53
	3-025 换	方管钢顶龙骨（不上人型）面层规格（mm）600×600 平面	m²	69.700	315.74	4619.72		181.48	142.08	5258.87
	3-076 换	中纤板基层	m²	69.700	132.43	3335.15		76.12	59.59	3603.49
		合计			1147.26	21356.79		659.43	516.27	23679.88

表 5-27 分部分项工程量清单综合单价计算表

工程名称：某科技大厦室内装修工程
项目编码：020303001001
项目名称：灯槽
15mm 厚中纤板基层，内刷防火漆，面刷白色乳胶漆

第 16 页 共 26 页
计量单位：m²
综合单价：876.91

序号	定额编码	工程内容	单位	工程量	综合单价（子目合价/清单工程量）					小计
					人工费	材料费	机械费	管理费	利润	
16	3-076	中纤板基层	m²	44.160	83.90	2113.06		48.23	37.76	2283.07
	5-189	防火漆二遍	t	44.160	8650.50	18750.34		4972.31	3892.73	36265.96
	5-195	乳胶漆二遍	m²	44.160	41.95	90.53		24.12	18.88	175.32
		合计			8776.35	20953.93		5044.66	3949.37	38724.35

表5-28 分部分项工程量清单综合单价计算表

工程名称：某科技大厦室内装修工程　　　　　　　　　　第17页　共26页
项目编码：020406003001　　　　　　　　　　　　　　计量单位：樘
项目名称：金属固定窗　　　　　　　　　　　　　　　综合单价：311.3
10+10A+10中空钢化玻璃，无框玻璃窗

序号	定额编码	工　程　内　容	单位	工程量	综合单价（子目合价/清单工程量）					
					人工费	材料费	机械费	管理费	利润	小计
17	4-034	固定窗	m²	93.640	826.84	27286.70	189.15	475.27	372.08	29150.13
		合计			826.84	27286.70	189.15	475.27	372.08	29150.13

表5-29 分部分项工程量清单综合单价计算表

工程名称：某科技大厦室内装修工程　　　　　　　　　　第18页　共26页
项目编码：020407003001　　　　　　　　　　　　　　计量单位：m²
项目名称：石材门窗套　　　　　　　　　　　　　　　综合单价：431.35
正面120mm宽蓝钻花岗岩石材线条，门洞内侧300mm宽石材板

序号	定额编码	工　程　内　容	单位	工程量	综合单价（子目合价/清单工程量）					
					人工费	材料费	机械费	管理费	利润	小计
18	4-076	大理石花岗岩门套（成品）(m)	m²	15.320	391.12	5816.39		224.81	176.00	6608.28
		合计			391.12	5816.39		224.81	176.00	6608.28

247

表 5-30 分部分项工程量清单综合单价计算表

工程名称：某科技大厦室内装修工程　　　　　　　　　　　　　　　　　　　　　　第 19 页　共 26 页
项目编码：020407002001　　　　　　　　　　　　　　　　　　　　　　　　　　　计量单位：m²
项目名称：金属门窗套　　　　　　　　　　　　　　　　　　　　　　　　　　　　综合单价：293.99
25×25×2 方管骨架面刷防锈漆，18mm 厚中纤板基层，1mm 厚拉丝不锈钢面层

序号	定额编码	工程内容	单位	工程量	综合单价（子目合价/清单工程量）					小计
					人工费	材料费	机械费	管理费	利润	
19	4-075	不锈钢窗套	m²	19.150	274.23	5074.56		157.63	123.40	5629.91
		合计			274.23	5074.56		157.63	123.40	5629.91

表 5-31 分部分项工程量清单综合单价计算表

工程名称：某科技大厦室内装修工程　　　　　　　　　　　　　　　　　　　　　　第 20 页　共 26 页
项目编码：020409003001　　　　　　　　　　　　　　　　　　　　　　　　　　　计量单位：m
项目名称：石材窗台板　　　　　　　　　　　　　　　　　　　　　　　　　　　　综合单价：333.94
20mm 厚白麻花岗岩台板，外侧倒边

序号	定额编码	工程内容	单位	工程量	综合单价（子目合价/清单工程量）					小计
					人工费	材料费	机械费	管理费	利润	
20	4-088	窗台板（厚20mm）大理石	m²	35.880	573.72	10819.97		329.78	258.17	11981.77
		合计			573.72	10819.97		329.78	258.17	11981.77

表 5-32 分部分项工程量清单综合单价计算表

工程名称：某科技大厦室内装修工程 第 21 页 共 26 页
项目编码：020504001001 计量单位：m²
项目名称：木板、纤维板、胶合板油漆 综合单价：26.62
中纤板面喷白色氟碳漆 2 遍

序号	定额编码	工程内容	单位	工程量	综合单价（子目合价/清单工程量）					
					人工费	材料费	机械费	管理费	利润	小计
21	5-040	喷氟碳漆	m²	43.590	323.44	505.64		185.91	145.55	1160.37
		合计			323.44	505.64		185.91	145.55	1160.37

表 5-33 分部分项工程量清单综合单价计算表

工程名称：某科技大厦室内装修工程 第 22 页 共 26 页
项目编码：020507001001 计量单位：m²
项目名称：吊顶面乳胶漆 综合单价：20.08
石膏板面贴缝、批腻子、刷乳胶漆 2 遍

序号	定额编码	工程内容	单位	工程量	综合单价（子目合价/清单工程量）					
					人工费	材料费	机械费	管理费	利润	小计
22	5-243	外墙吊顶刷乳胶漆	m²	247.690	235.31	3856.53	641.52	135.26	105.89	4973.62
		合计			235.31	3856.53	641.52	135.26	105.89	4973.62

表5-34 分部分项工程量清单综合单价计算表

工程名称：某科技大厦室内装修工程　　　　　　　　　　　　　　　　　　　　　　　第23页　共26页
项目编码：020602001001　　　　　　　　　　　　　　　　　　　　　　　　　　　　 计量单位：m²
项目名称：饰面板暖气罩　　　　　　　　　　　　　　　　　　　　　　　　　　　　 综合单价：1163.84
25×25×2金属方管刷防锈漆，12mm厚中纤板内刷防火漆，4mm厚象牙白铝塑板

序号	定额编码	工程内容	单位	工程量	综合单价（子目合价/清单工程量）						小计
					人工费	材料费	机械费	管理费	利润	
23	6-107换	暖气罩 铝塑板面 明式	m²	14.070	231.59	3300.96	56.14	133.12	104.22	3826.06
	2-184换	型钢龙骨 中距（mm以内） 单向1500	m²	14.070	39.40	630.90	55.86	22.64	17.73	766.53
	2-219	纤维板	m²	14.070	48.68	129.16		27.98	21.91	227.79
	5-189	防火漆二遍	t	14.070	2756.17	5974.12		1584.25	1240.28	11554.85
		合计			3075.84	10035.14	112.00	1767.99	1384.14	16375.23

表5-35 分部分项工程量清单综合单价计算表

工程名称：某科技大厦室内装修工程　　　　　　　　　　　　　　　　　　　　　　　第24页　共26页
项目编码：020604001001　　　　　　　　　　　　　　　　　　　　　　　　　　　　 计量单位：m
项目名称：金属装饰线（不锈钢框）　　　　　　　　　　　　　　　　　　　　　　　 综合单价：81.55
15mm厚中纤板内刷防火漆，外饰120mm宽拉丝不锈钢板，20×20方管骨架面刷防锈漆处理

序号	定额编码	工程内容	单位	工程量	综合单价（子目合价/清单工程量）						小计
					人工费	材料费	机械费	管理费	利润	
24	6-062	金属装饰条 槽线	m	12.420	10.56	991.49		6.07	4.75	1012.85
		合计			10.56	991.49		6.07	4.75	1012.85

250

表 5-36 分部分项工程量清单综合单价计算表

工程名称：某科技大厦室内装修工程　　　　　　　　　　　　　　　　　　　第 25 页　共 26 页

项目编码：020604003001　　　　　　　　　　　　　　　　　　　　　　　　计量单位：m

项目名称：石材装饰线　　　　　　　　　　　　　　　　　　　　　　　　　综合单价：382.64

蓝钻异型花岗岩包圆柱线条，180mm 高

序号	定额编码	工程内容	单位	工程量	综合单价（子目合价/清单工程量）					
					人工费	材料费	机械费	管理费	利润	小计
25	6-083	石材装饰线　粘贴 200mm 以内	m	8.540	29.89	3205.75	1.45	17.18	13.45	3267.75
		合计			29.89	3205.75	1.45	17.18	13.45	3267.75

表 5-37 分部分项工程量清单综合单价计算表

工程名称：某科技大厦室内装修工程　　　　　　　　　　　　　　　　　　　第 26 页　共 26 页

项目编码：020602004001 补　　　　　　　　　　　　　　　　　　　　　　　计量单位：m^2

项目名称：暖气罩通风格栅　　　　　　　　　　　　　　　　　　　　　　　综合单价：119.33

暖气罩漆烤漆、12mm 厚中纤板灰色漆饰面、25×25×1.2 金属方管烤漆、5mm 厚钢板烤漆

序号	定额编码	工程内容	单位	工程量	综合单价（子目合价/清单工程量）					
					人工费	材料费	机械费	管理费	利润	小计
26	6-109	暖气罩　钢板　明式	m^2	12.420	137.24	1067.62	136.62	78.89	61.76	1482.08
		合计			137.24	1067.62	136.62	78.89	61.76	1482.08

表 5-38　措施项目费分析表

工程名称：某科技大厦室内装修工程　　　　　　　　　　　　　　　　　第 1 页　共 1 页

序号	措施项目名称	单位	金额/元					
			人工费	材料费	机械使用费	管理费	利润	小计
1	通用项目		15049.61	1207.43	20.13	488.38	382.32	17149.99
1.1	环境保护	项	3500.00					3500.00
1.2	文明施工	项	5000.00					5000.00
1.3	安全施工	项	4500.00					4500.00
1.4	临时设施	项	1200.00					1200.00
1.9	脚手架	项	641.42	348.89	20.13	368.70	288.64	1667.98
1.10	已完工程及设备保护	项	208.19	858.54		119.68	93.68	1282.01
	合计		15049.61	1207.43	20.13	488.38	382.32	17149.99

第5章 建筑装饰装修工程计量与计价案例分析

表 5-39 措施项目费用计算表

工程名称：某科技大厦室内装修工程   第 1 页 共 1 页

序号	定额编码	工程内容	单位	数量	人工费	材料费	机械费	管理费	利润	小计
一		脚手架								
1	7-005	装饰装修脚手架 满堂脚手架 层高3.6~5.2m	m²	134.190	299.24	276.43	8.05	172.00	134.66	891.02
2	7-006	装饰装修脚手架 满堂脚手架 每增高1.2m	m²	402.570	342.18	72.46	12.08	196.70	153.98	776.96
		分部小计[脚手架]			641.42	348.89	20.13	368.70	288.64	1667.98
二		已完工程及设备保护								
1	7-013	成品保护 楼地面	m²	438.720	105.29	820.41		60.54	47.38	1035.38
2	7-015	成品保护 独立柱	m²	47.430	14.23	13.75		8.18	6.40	42.69
3	7-016	成品保护 内墙面	m²	221.670	88.67	24.38		50.96	39.90	203.94
		分部小计[已完工程及设备保护]			208.19	858.54		119.68	93.68	1282.01
三		其他								
		分部小计[其他]								
合计					849.61	1207.43	20.13	488.38	382.32	2949.99

表 5-40　　　　　　　　主要材料价格表

工程名称：某科技大厦室内装修工程　　　　　　　　　　第 1 页　共 1 页

序号	材料编码	材料名称	单位	单价（元）
1	DA3643	型钢	kg	3.64
2	AM8252	穿墙螺栓	套	6.64
3	AG0292	花岗岩板 500mm×500mm（综合）	m^2	305.57
4	AG0291	花岗岩板（综合）	m^2	291.02
5	AN3221	合金钢钻头	个	48.74
6	AG0460	铝塑板	m^2	140.31
7	AM9123	自攻螺钉	个	3.72
8	HA0460	防火漆	kg	39.34
9	AG3390-1	大理石点缀	个	80.00
10	AH0030-1	10+10A+10mm 中空钢化玻璃	m^2	180.00
11	AG0201	大理石板（综合）	m^2	291.02
12	AF1040-1	25×25×2 方管（平面）	m^2	4.20
13	AH0186	钢化玻璃 10mm	m^2	274.49
14	0002-1	烤漆玻璃 8mm 厚	m^2	120.00
15	AF1030	轻钢龙骨不上人型（平面）	m^2	33.54
16	AF0361	不锈钢干挂件（钢骨架干挂材专用）	套	8.31
17	AR0211	电焊条	kg	5.09
18	AG0269-1	蓝钻花岗岩门套板 120mm	m	350.00
19	JB1100	密封油膏	kg	1.98
20	AA0020	水泥 425 号	kg	0.36

5.2　室外装饰装修工程计量与计价案例分析

【例 5-2】某建设单位拟对新建办公楼进行室外装饰装修，土建工程已完工，具备装修条件，施工图如图 5-18~图 5-34 所示。本案例依据该教学楼室外装饰装修施工图，编制装饰装修工程工程量清单以及进行工程量清单计价。

设 计 说 明

一、工程概况

1. 工程名称：××办公楼外装饰工程
2. 主体结构：砖混结构
3. 工程地点：××县

二、设计依据

（一）设计依据、采用数据

1. 建筑施工图
2. 基本风压值：0.45kN/m²
3. 温差 T = 80℃
4. 抗震设防烈度：8 度

（二）设计依据规范

1. 《玻璃幕墙工程技术规范》（JGJ 102—2003）
2. 《金属与石材幕墙工程技术规范》（JGJ 133—2001）
3. 《建筑结构荷载规范》（GB 50009—2001）
4. 《建筑物防雷设计规范》（GB 50011 - 2001）
5. 《建筑玻璃应用技术规范》（JGJ 113—1997）
6. 《铝合金建筑型材》（GB/T 5237.2—2004）
7. 《民用建筑热工设计规范》（JGJ 24—1986）
8. 《中空玻璃》（GB 11944—2002）
9. 《钢化玻璃》（GB 50017—2003）
10. 《钢结构设计规范》（GB 50017—2003）
11. 《碳素结构钢》（GB/T 700—2006）
12. 《建筑用硅酮结构密封胶》（GB 16776—2005）
13. 《紧固件螺栓和螺钉》（GB/T 5277—1985）
14. 《建筑抗震设计规范》（GB 50011—2001）
15. 《建筑幕墙空气渗透性能检测方法》（GB/T 15226—1994）
16. 《建筑幕墙风压变形性能检测方法》（GB/T 15227—1994）
17. 《建筑幕墙雨水渗透性能检测方法》（GB/T 15228—1994）
18. 《建筑幕墙平面内变形性能检测方法》（GB/T 18250—2000）

三、工程主要材料

（一）石材幕墙

1. 幕墙立柱、横梁

立柱在跨度3600mm时采用8号槽钢型材，2500mm以下时采用6.3槽钢。横梁采用L50×5角钢。钢材采用国际Q235B碳素结构钢。钢材表面做镀锌防腐处理。

2. 花岗岩板材

外墙板采用花岗岩板材，厚度不小于25mm，颜色由甲方自定。花岗岩板材的弯曲强度应不低于8.0MPa，吸水率应不小于0.8%。

（二）玻璃幕墙

1. 幕墙立柱、横梁

本工程玻璃幕墙为明框双钢化玻璃幕墙。

立柱采用110系列幕墙专用铝合金型材。

横梁采用与之配套的幕墙专用铝型材。

铝合金型材质量应符合现行国家标准《铝合金建筑型材》（GB/T 5237）规定的质量要求。

铝合金型材应采用阳极氧化表面处理，表面氧化膜厚度不低于AA15级，平均膜厚t≥15um。

2. 玻璃

幕墙玻璃采用6mm+9A+6mm钢化中空镀膜玻璃。颜色甲方自定。

玻璃应进行机械磨边处理，磨轮目数应在180目以上。

钢化玻璃宜经过二次热处理。

（三）铝塑板造型

造型龙骨采用钢龙骨。

铝塑板采用50μ4mm外墙铝塑板，铝板表面采用氟碳喷涂。

（四）密封胶

（1）硅酮结构密封胶：其性能应符合现行国家标准《建筑用硅酮密封胶》（GB 16776—2005）的规定。

硅酮结构胶在使用前，应经国家认可的检测机构进行与其相接处材料的相容性和剥离粘结性试验，并应对邵氏硬度、标准状态拉伸粘结性进行复验，不合格的产品不得使用，进口硅酮结构密封胶应具有商检报告。

硅酮结构胶生产商应提供其结构胶的变形承受能力数据和质量保证书。

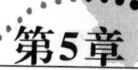

（2）同一幕墙工程应采用同一品牌的硅酮结构密封胶和硅酮耐候密封胶配套使用。

（3）玻璃与铝型材的粘接必须采用中性硅酮结构密封胶。

（4）玻璃幕墙的耐候密封应采用硅酮建筑密封胶。

（5）不得使用过期的硅酮结构密封胶和硅酮耐候密封胶。

（6）密封胶应在温度 5~40℃ 的环境下施工。

（五）其他材料

（1）石材挂件采用不锈钢挂件，厚度 5mm。

（2）与单组分硅酮结构密封胶配合使用的低发泡间隔双面胶带，应具有透气性。玻璃幕墙使用聚乙烯泡沫棒作填充材料，其密度不应大于 $37kg/m^3$。

（3）锚板 Q235 钢材　厚 10mm。锚栓采用化学锚栓 M12×160。

四、结构设计

（1）本工程采用后置钢板作为幕墙立柱与主体连接的支座基板，采用化学锚栓将支座基板锚固在主体结构梁板上作为幕墙立柱的支承点。

（2）幕墙立柱采用上悬挂方式，上、下端均与主体结构铰接。

（3）转接件与锚板焊接，立柱用 M12 螺栓与转接件夹结。

（4）主柱伸缩缝。立柱按楼层分断，上、下立柱连接处留不大于 15mm 的缝隙，通过芯轴连接。

（5）防火。玻璃幕墙与主体墙的空隙里，每层沿横龙骨设置防火隔层。采用 1.5mm 厚镀锌钢板封包，加以 100mm 厚的防火岩棉填充。

（6）防雷措施：幕墙立柱通过连接节点钢构件和锚固钢板与建筑主体上的避雷网带连接，同建筑主体防雷体系构成一体。

（7）玻璃幕墙立柱与角钢转接件之间采用氯丁橡胶垫分隔绝缘，以防止金属接触性腐蚀。横梁通过角码用两只螺栓与立柱连接。横梁与立柱之间应留 2~3mm 间隙变形缝。

（8）所有连接件的焊缝均采用满焊，焊缝质量等级为三级以上，焊缝高度为 $h_f \geq 6mm$。且焊接质量及焊缝质量应符合国家标准的有关规定。焊接部位应进行清渣处理，并刷防锈漆两遍作防腐处理。图中除特别注明外，螺栓均为 C 级。

五、施工注意事项

锚板置于混凝土梁上，锚栓孔到梁边缘距离不小于 80mm，有保温层处，必须先将保温层去除，使锚板紧贴梁的混凝土表面。锚固螺栓采用化学螺栓 M12×160。埋设深度 110mm。

化学胶管须用规格 14×110（MY-12）。

六、安装时如局部尺寸与现场不符时以现场实际尺寸为准，可根据实际作适当调整。结构改动必须通知设计人员。

图 纸 目 录

序号	图　名	图号	图幅
0	设计总说明	SM	A3
1	①~㉑轴立面分格图	1	A3
2	①~㉑轴立面埋件布置图	2	A3
3	-0.100 标高位置埋件布置图 3.200-10.400 标高位置埋件布置图	3	A3
4	1—1 剖面图	4	A3
5	2—2 剖面图	5	A3
6	3—3 剖面图	6	A3
7	4—4 剖面图	7	A3
8	5—5 剖面图	8	A3
9	6—6 剖面图	9	A3
10	节点—(1)	10	A3
11	节点—(2)、节点—(3)	11	A3
12	节点—(4)	12	A3
13	节点—(5)	13	A3
14	节点—(6)	14	A3
15	110系列明框中空玻璃幕墙结构图	15	A3
16	石材主副龙骨连接大样、石材主龙骨伸缩缝大样	16	A3
17	层间防火节点	17	A3

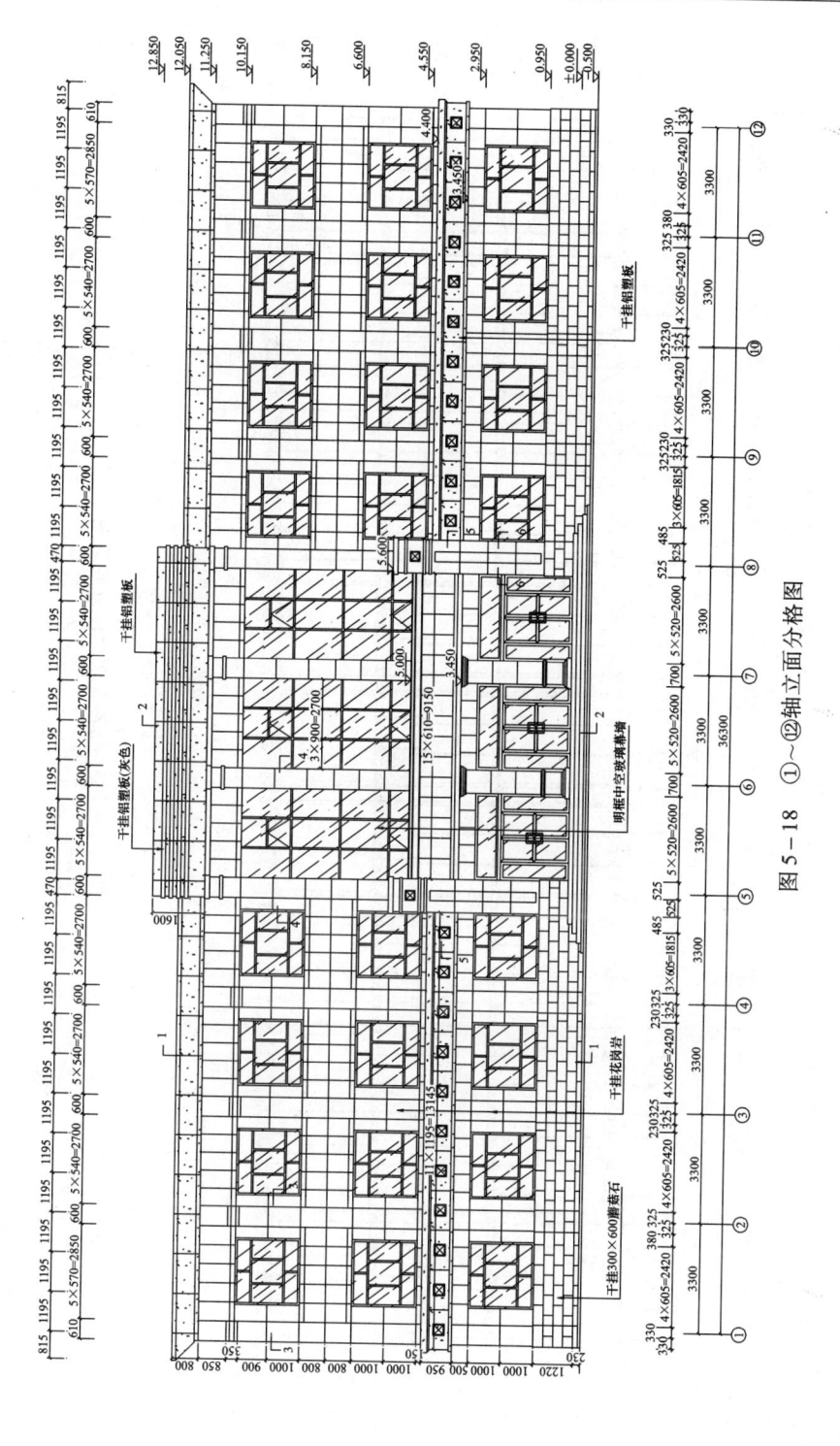

图 5-18 ①～⑫轴立面分格图

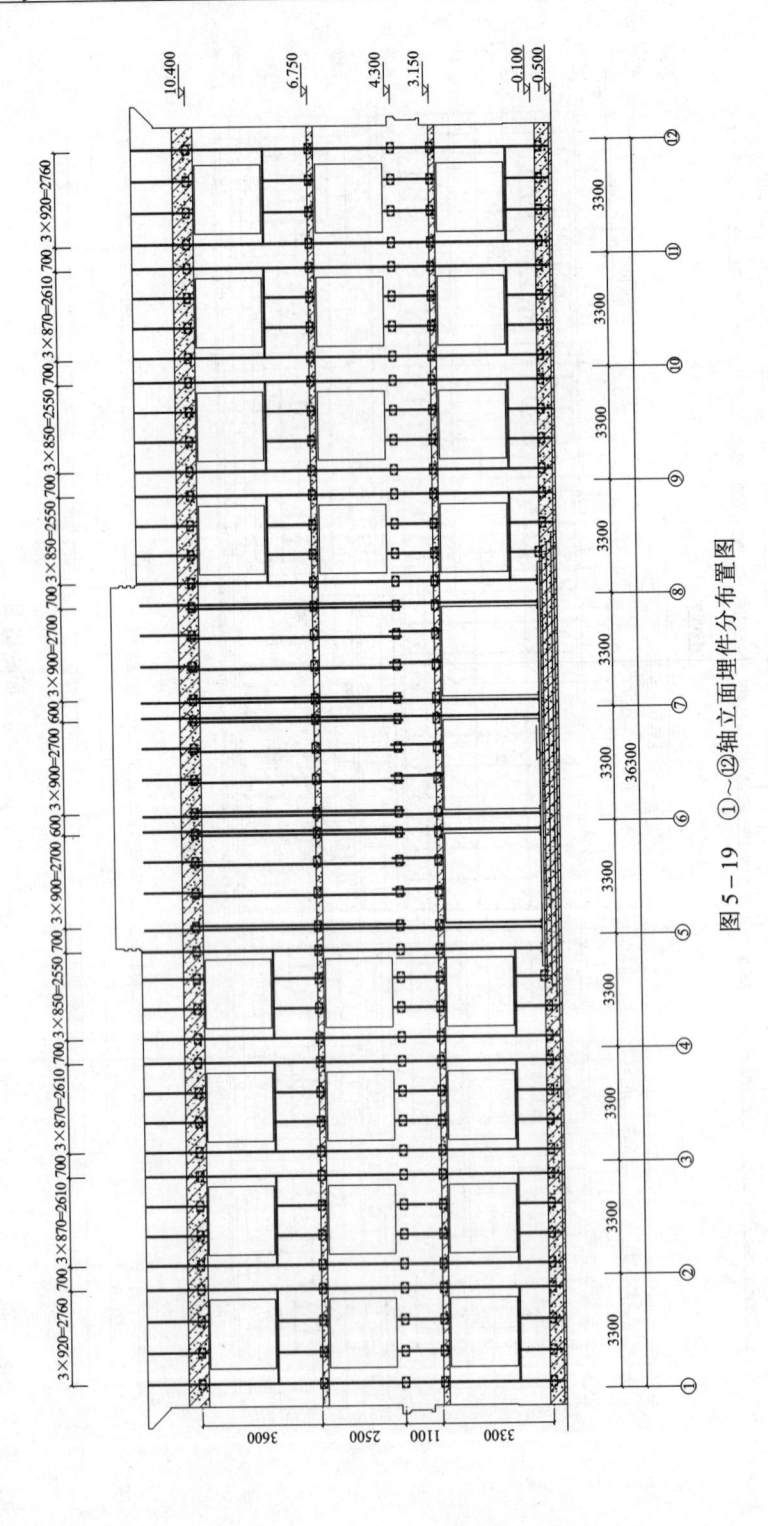

图 5-19 ①~⑫轴立面埋件分布置图

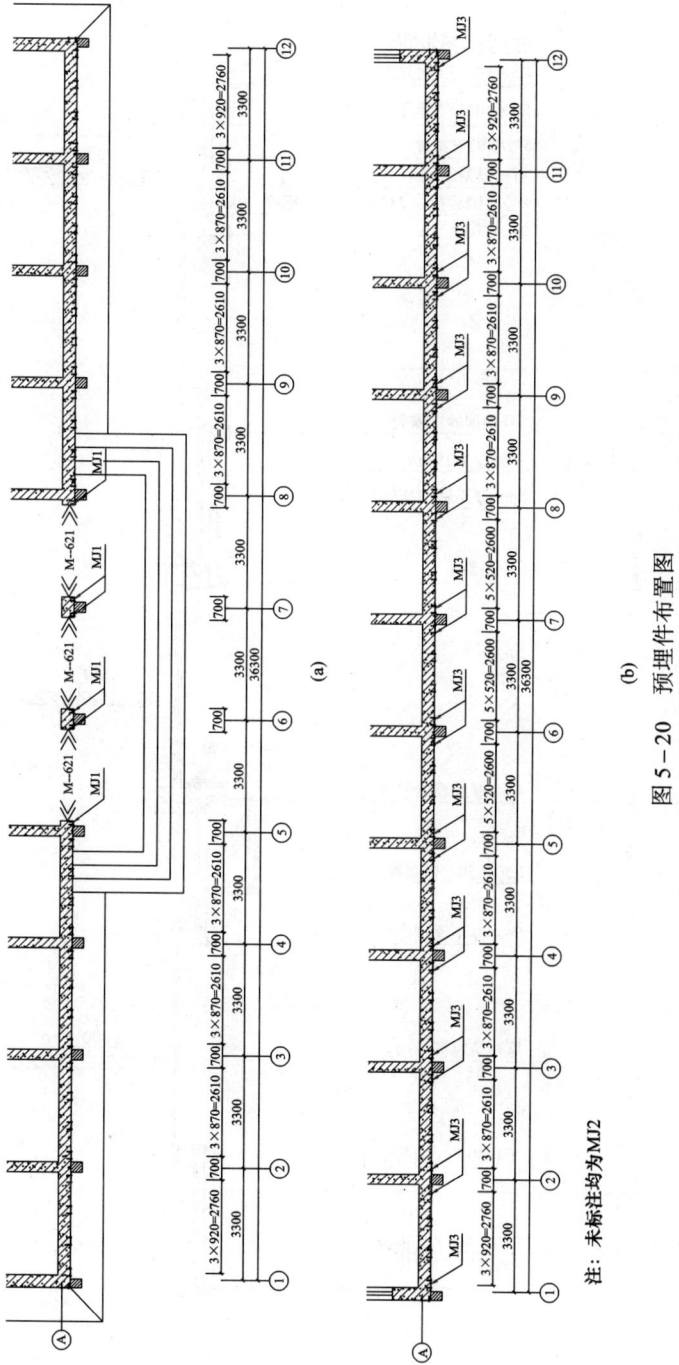

图 5-20 预埋件布置图
(a) -0.100标高位置埋件布置图；(b) 3.200~10.400标高位置埋件布置图

注：未标注均为MJ2

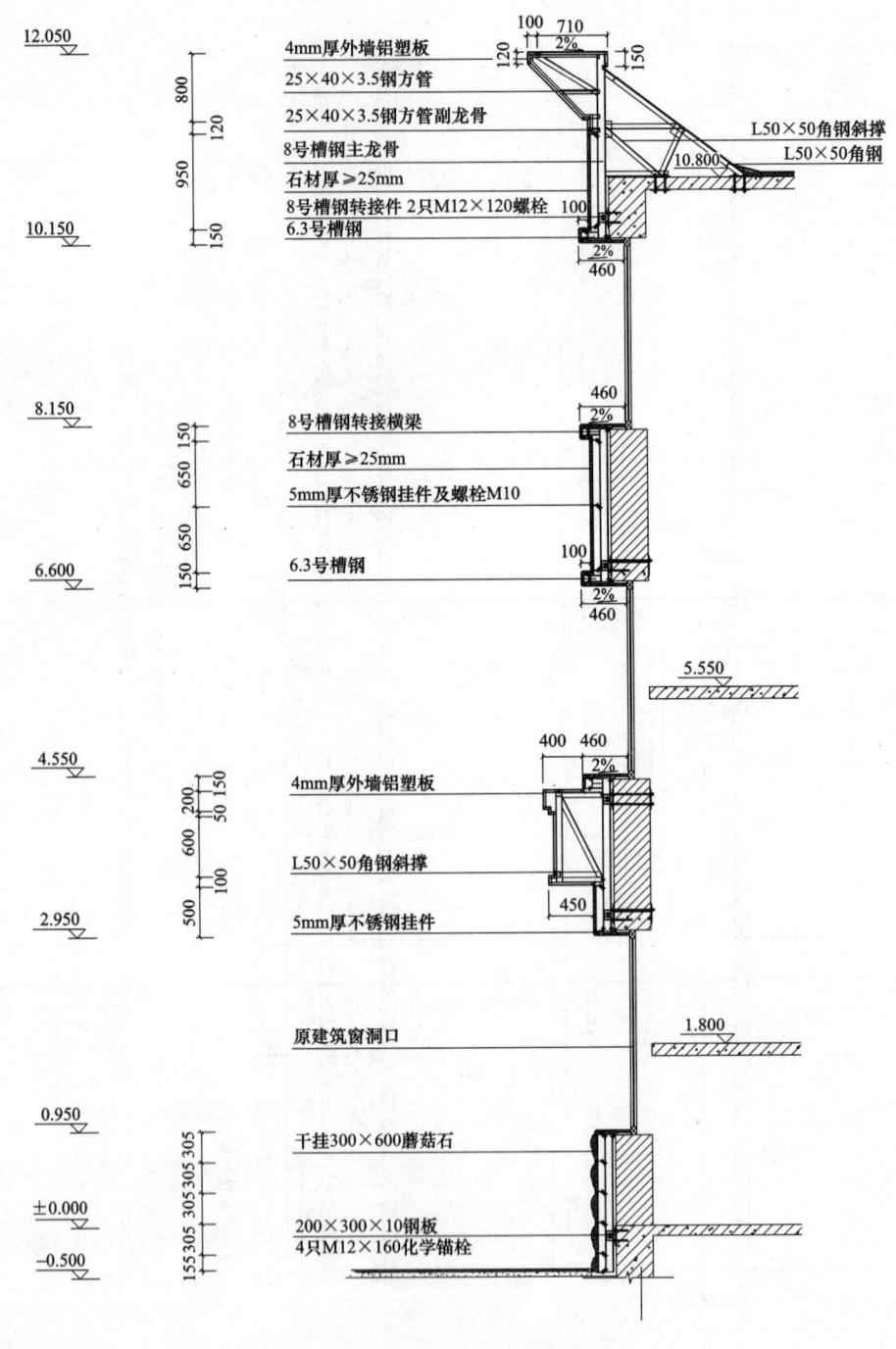

图 5-21　1—1 剖面图

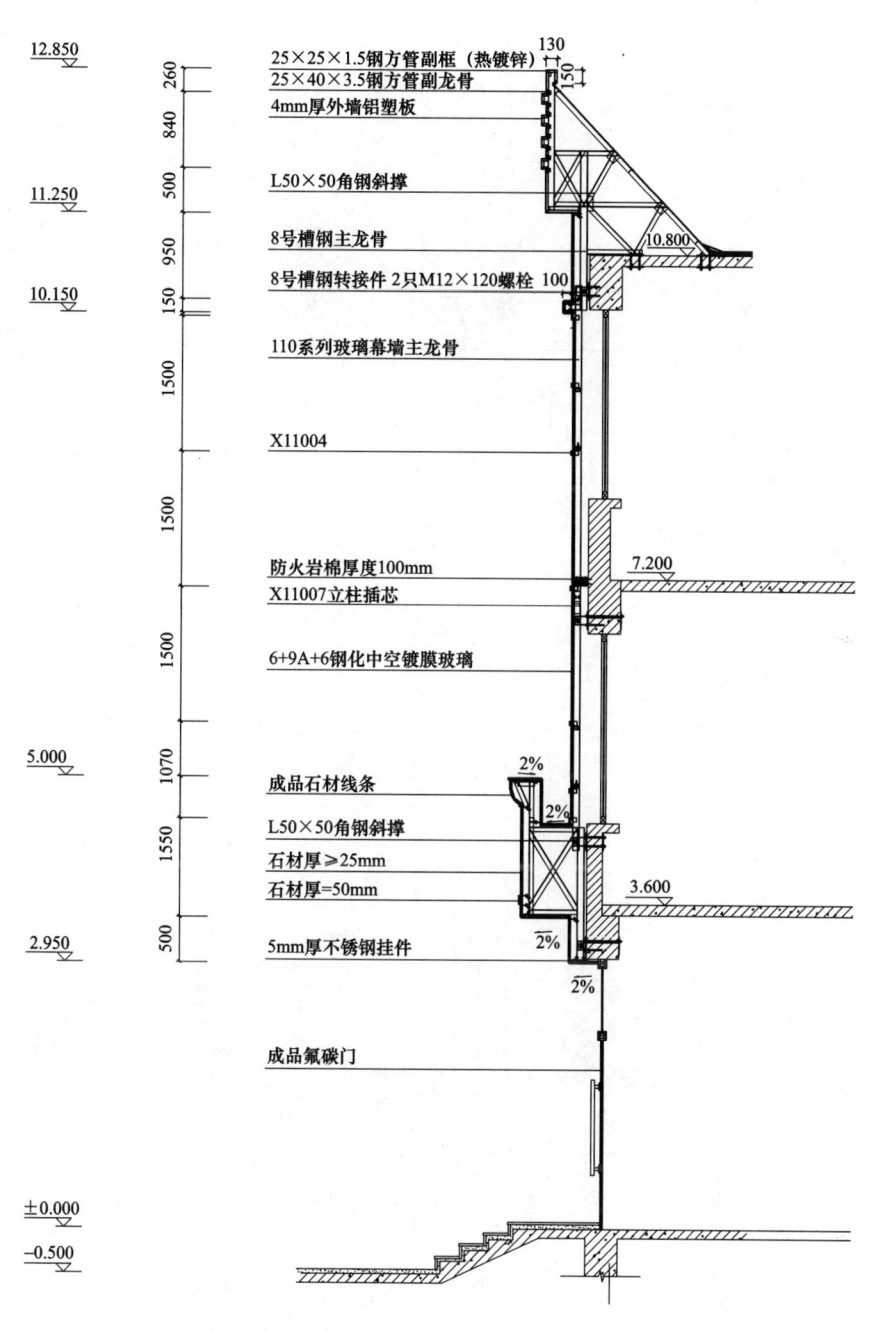

图 5-22 2—2 剖面图

图 5-23 3—3剖面图

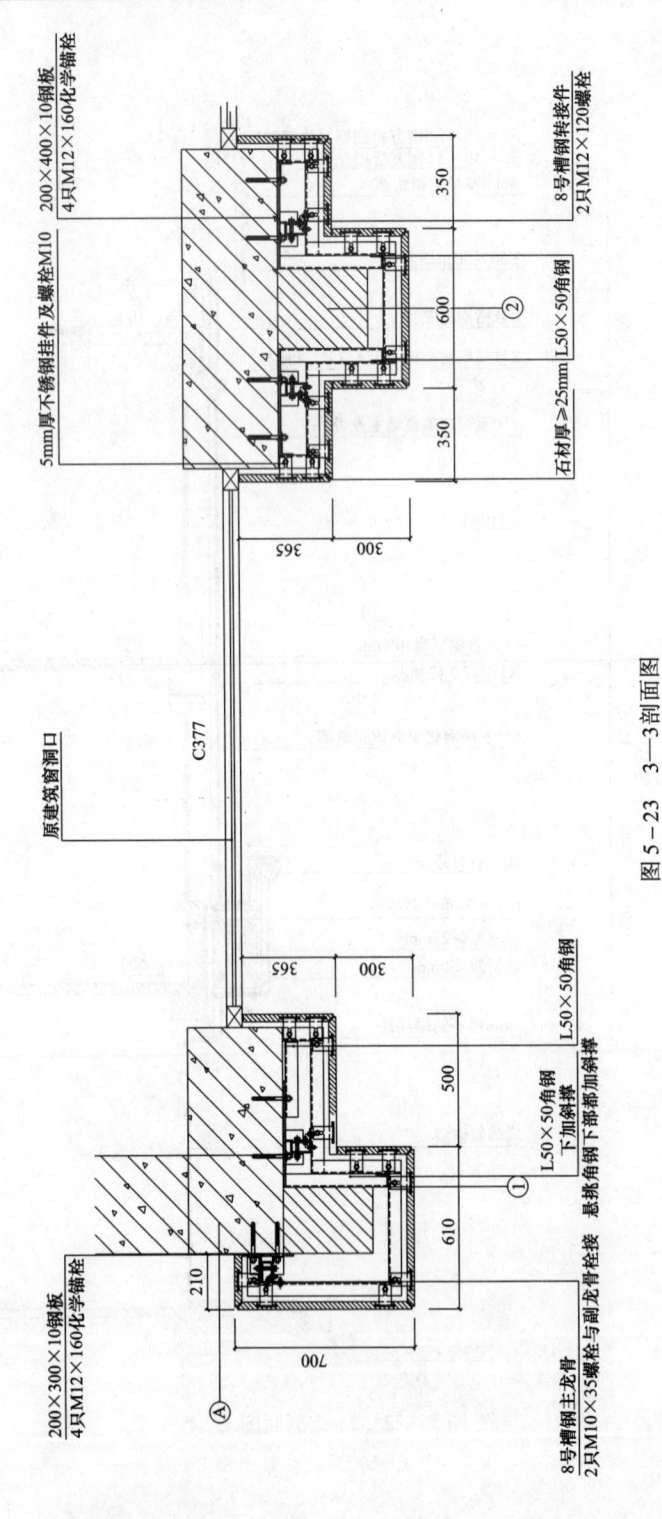

图 5-24 4—4 剖面图

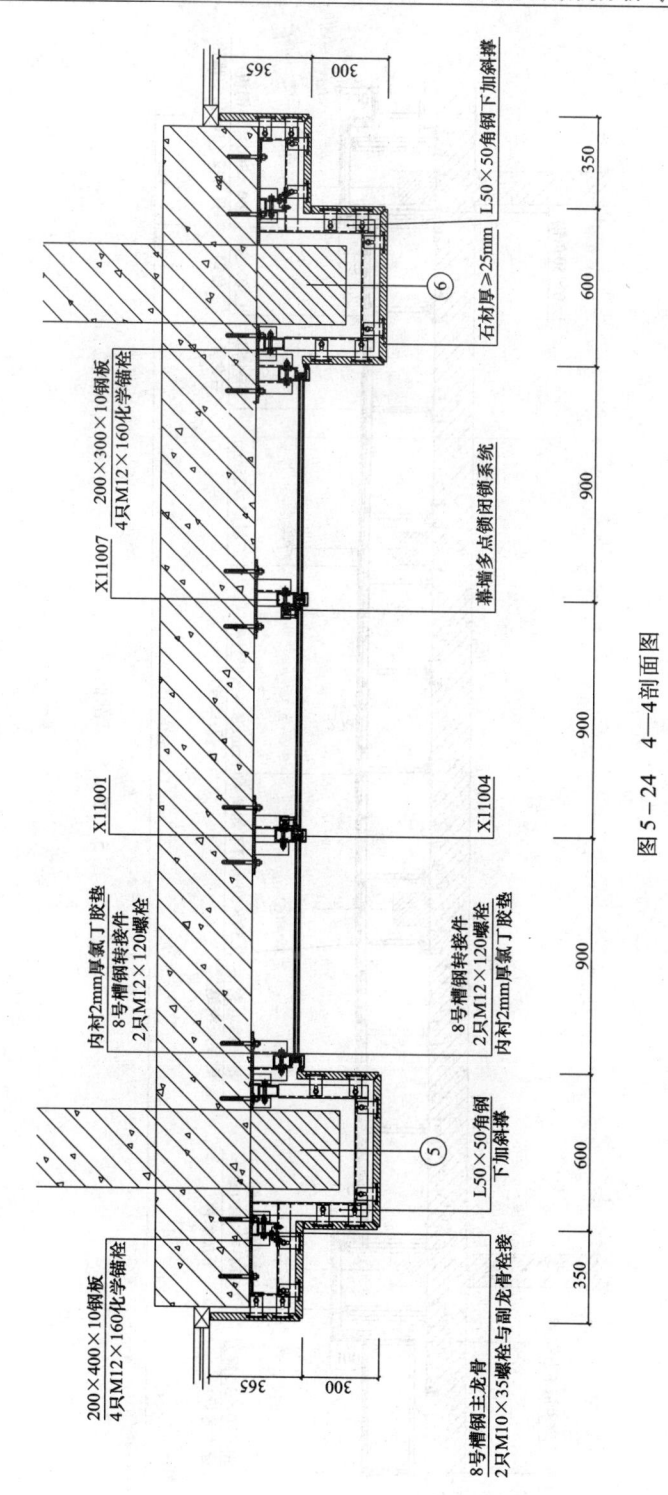

图 5-25 5—5 剖面图

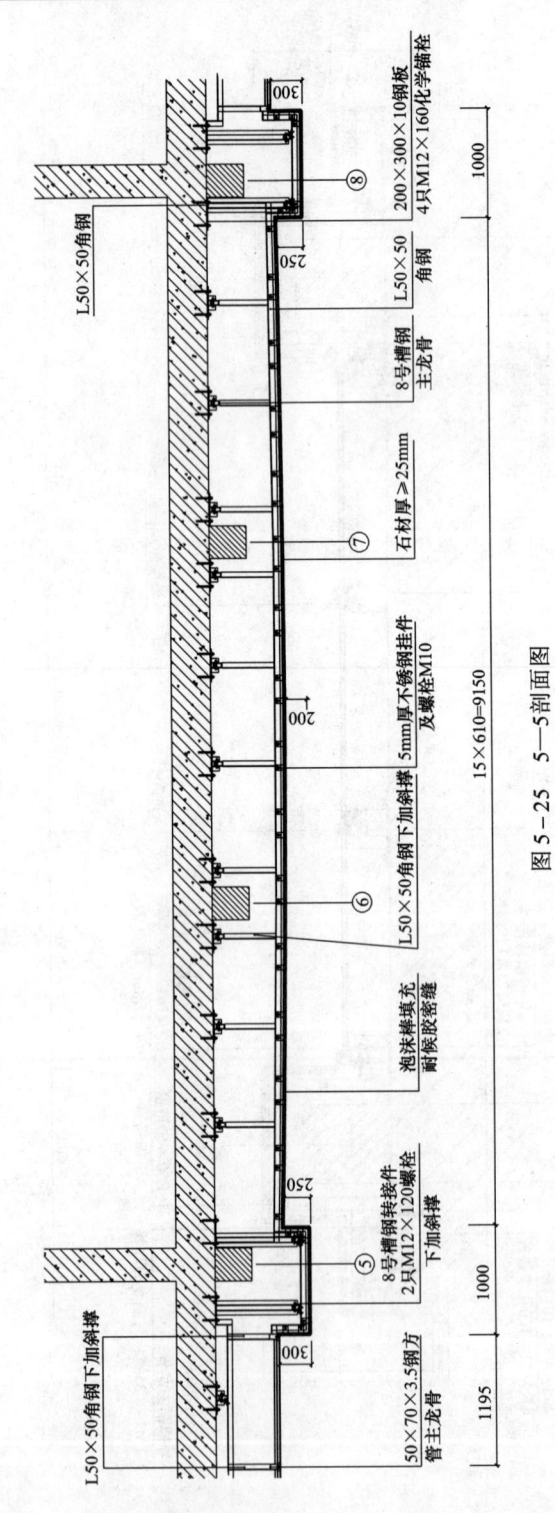

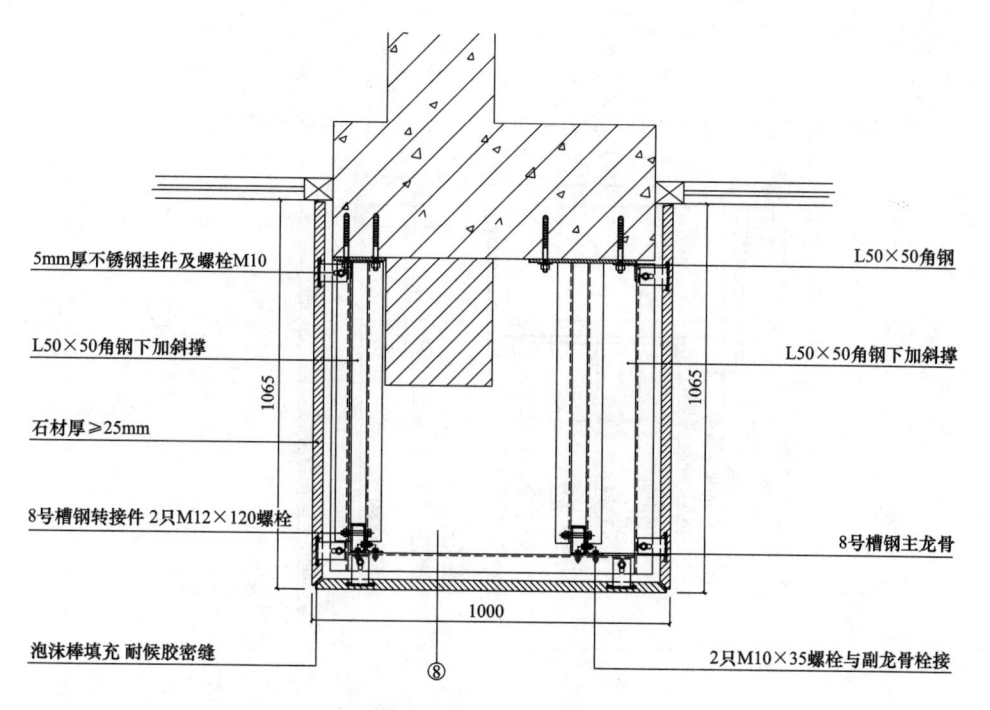

第5章 建筑装饰装修工程计量与计价案例分析

图 5-26 6—6 剖面图

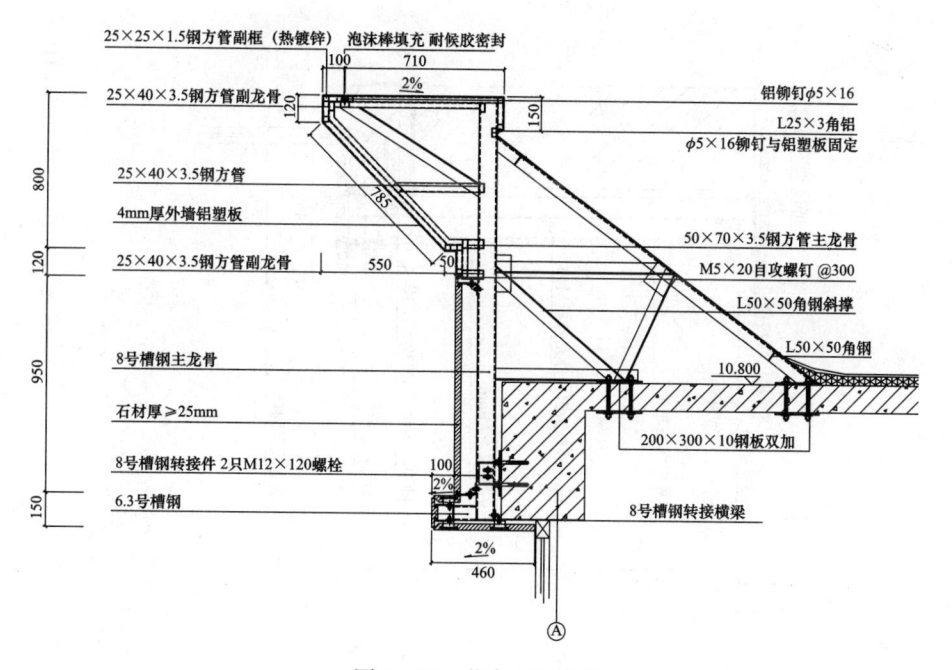

图 5-27 节点(1)详图

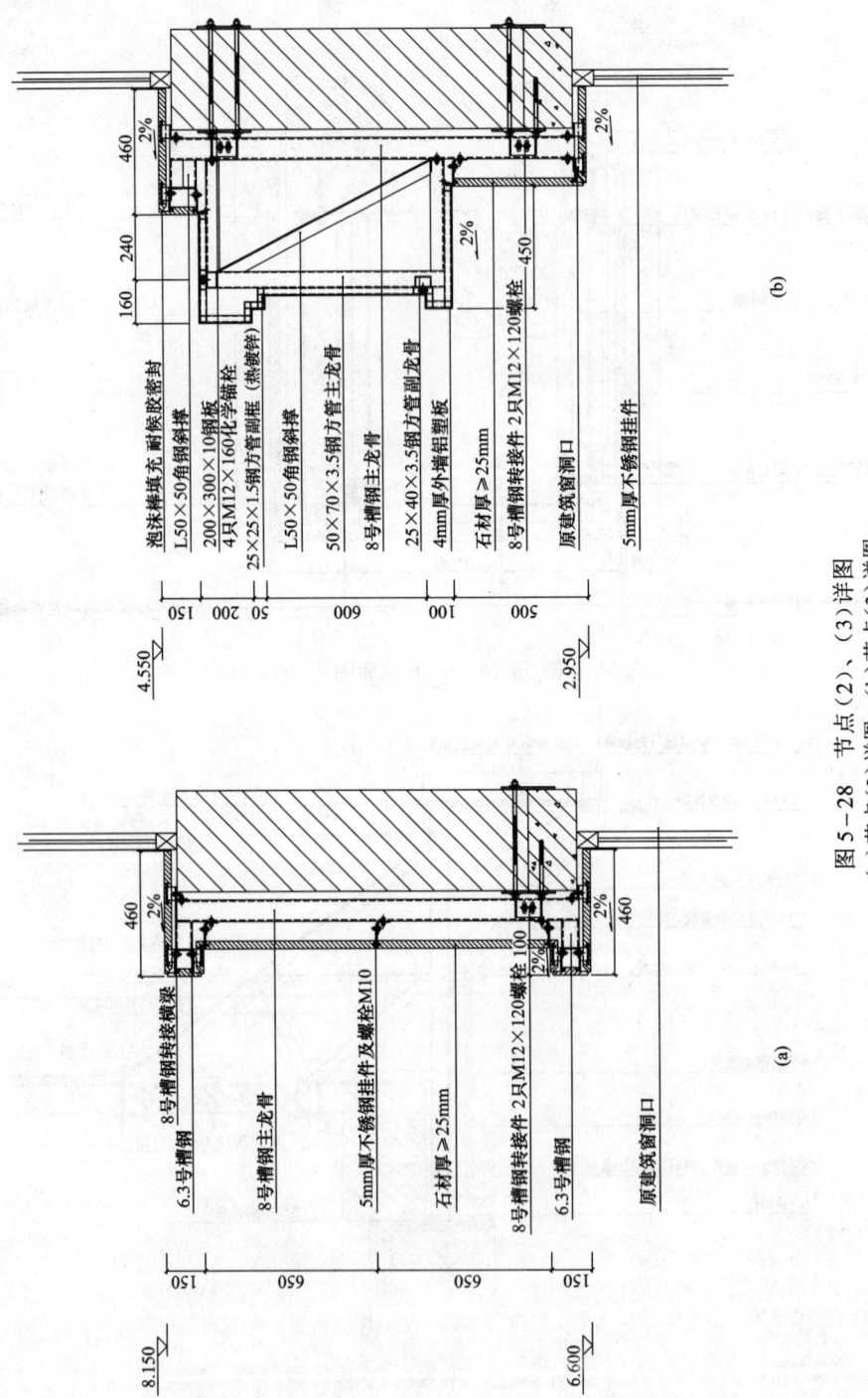

图 5-28 节点（2）、（3）详图
(a) 节点（2）详图；(b) 节点（3）详图

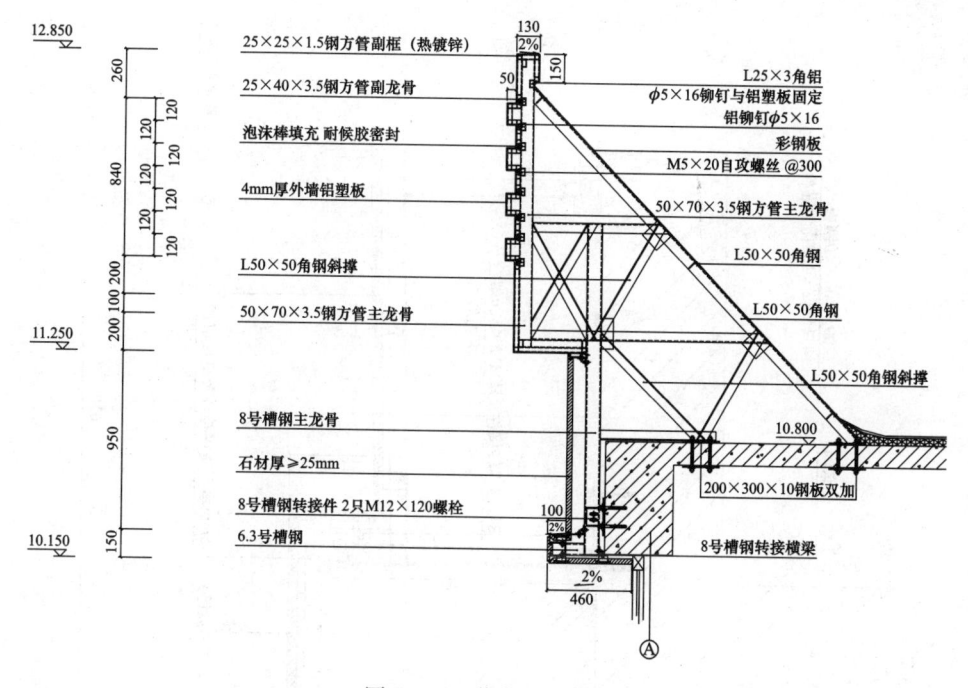

图 5-29　节点(4)详图

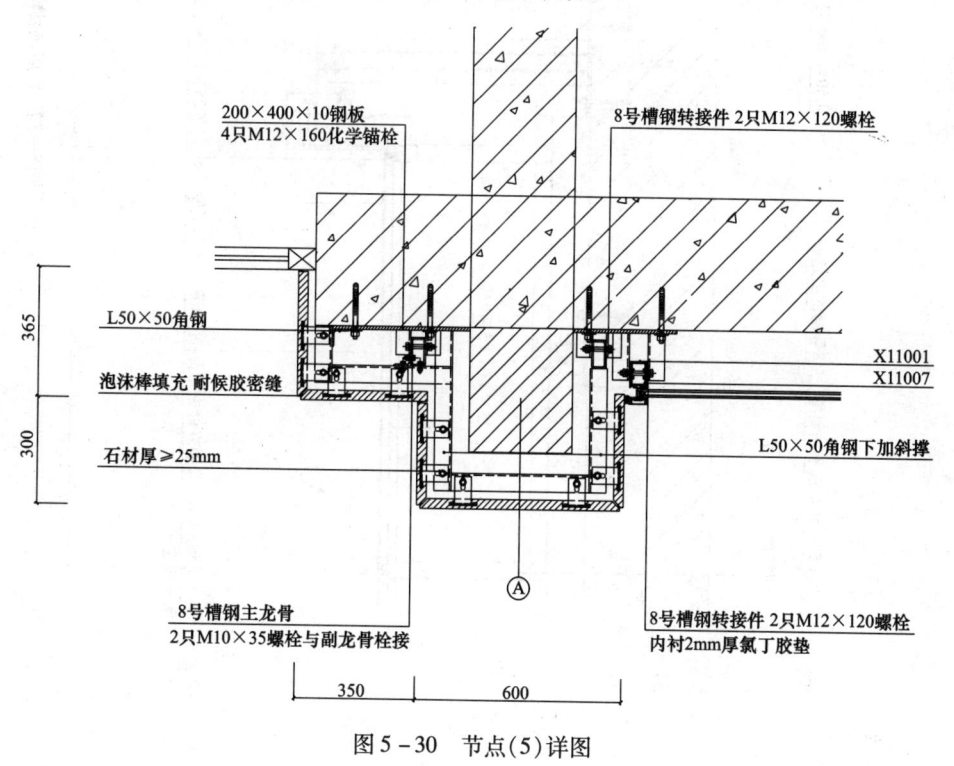

图 5-30　节点(5)详图

图5-31 节点(6)详图

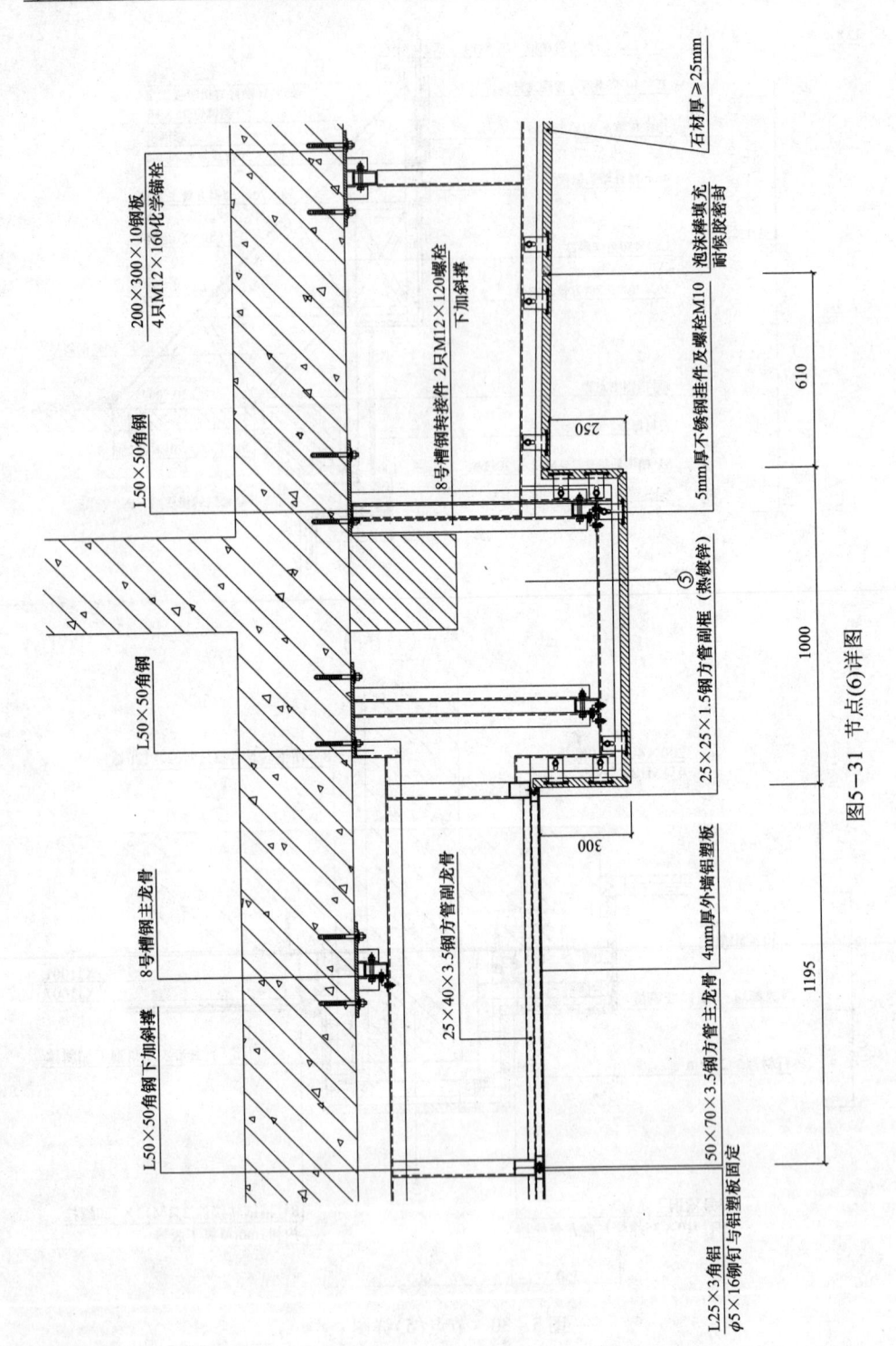

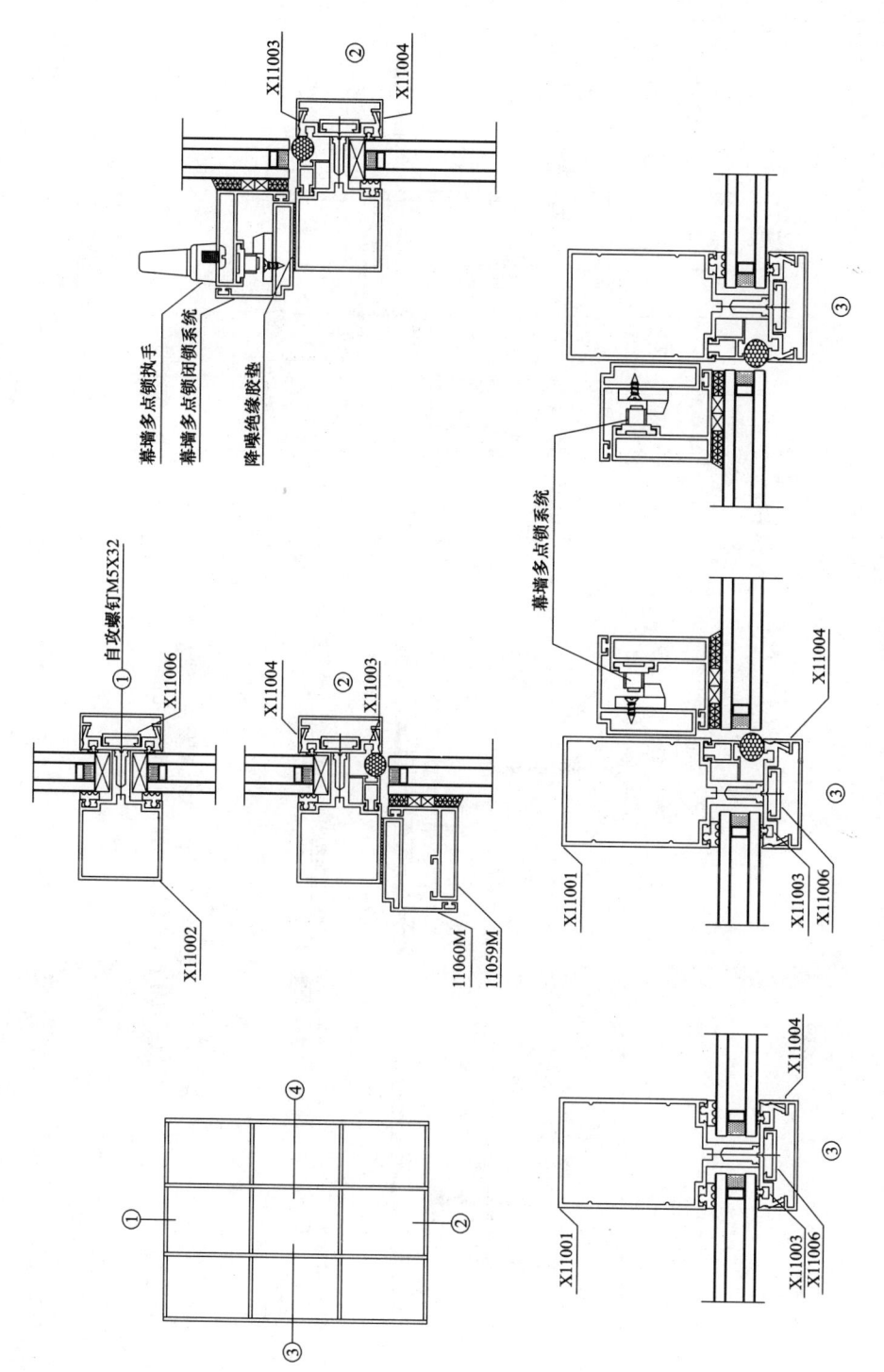

图 5－32　110系列明框中空玻璃幕墙结构剖面图

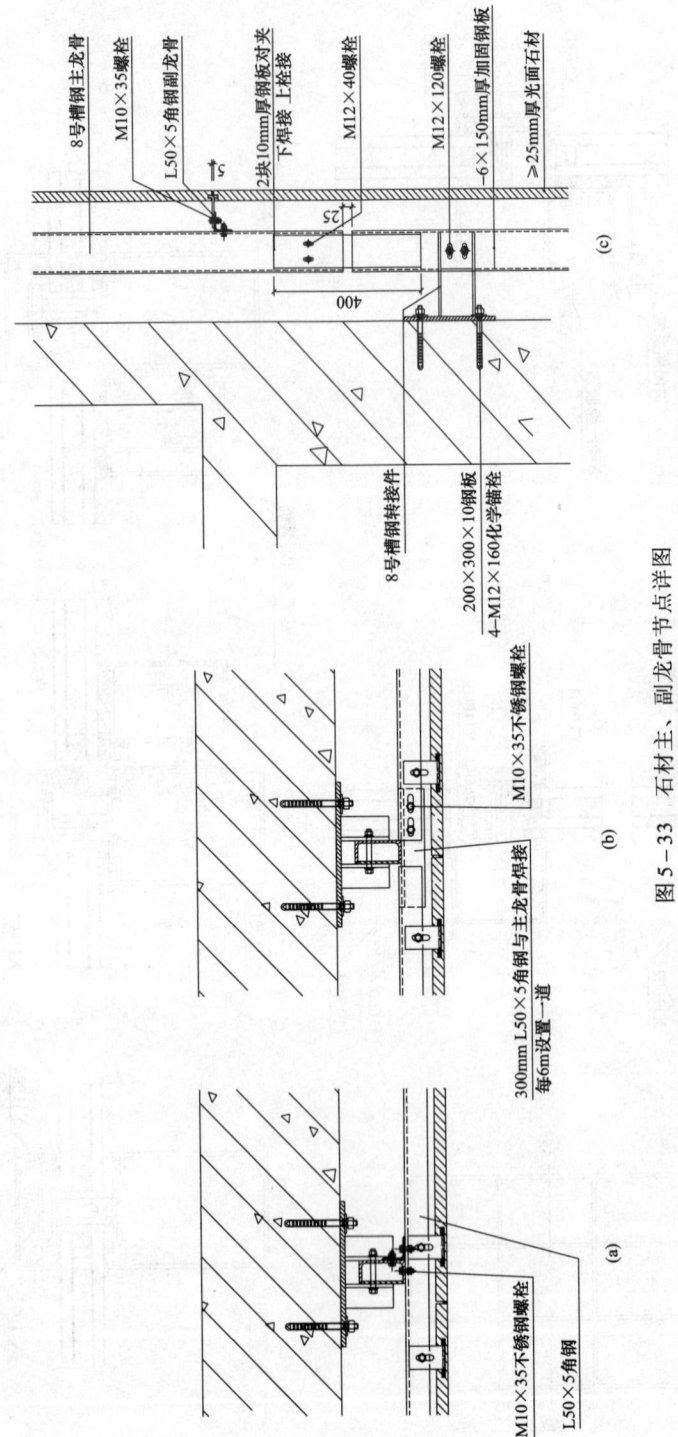

图 5-33 石材主、副龙骨节点详图
(a) 石材主副龙骨连接大样；(b) 石材副龙骨伸缩缝大样；(c) 石材主龙骨伸缩缝大样

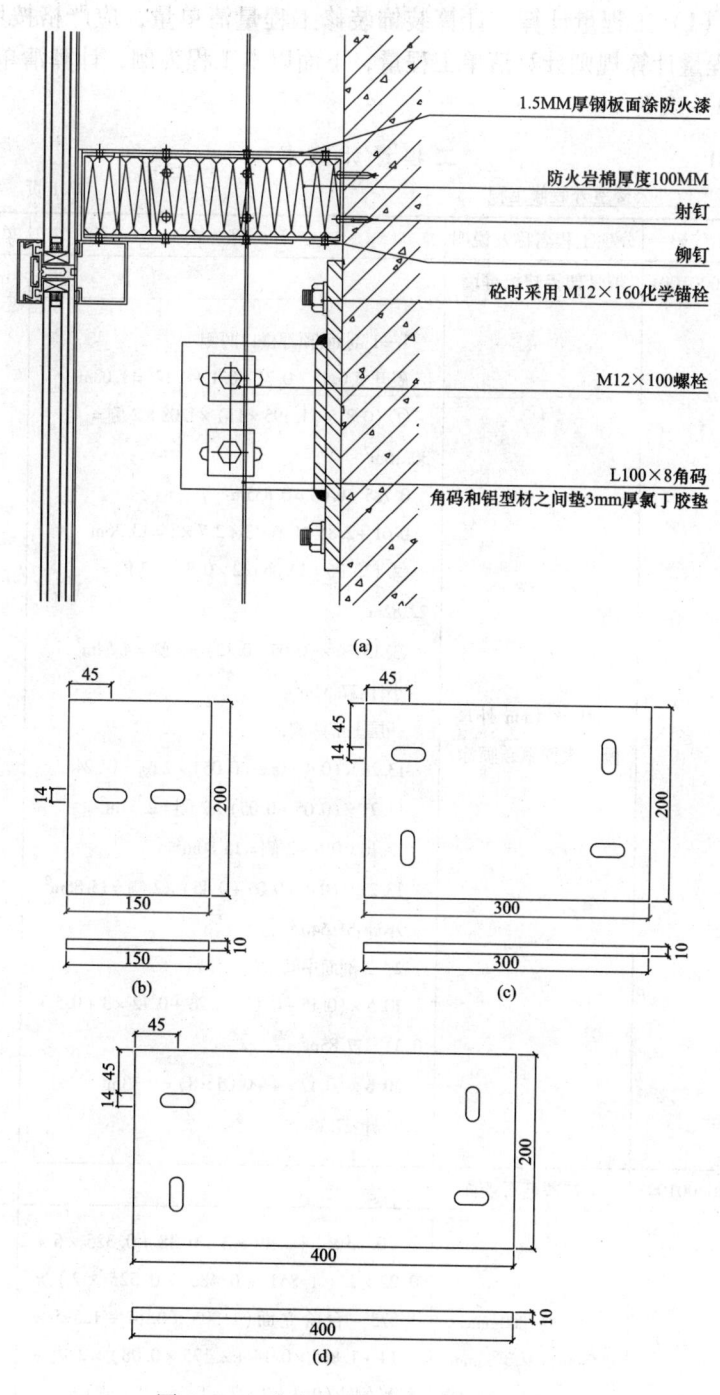

图 5-34 防火节点、预埋件节点详图
(a)层间防火节点；(b)MJ1；(c)MJ2；(d)MJ3

[**解**] (1) 工程量计算。计算装饰装修工程量清单量,应严格按照装饰工程清单工程量计算规则计算清单工程量,下面以本工程为例,计算清单工程量。见表5-41～表5-43。

表5-41　　　　　　　　　　　工 程 量 计 算 书

工程名称:某单位办公楼室外装修工程　　　　　　　　　　　第1页　共2页

序号	清单编码	分项工程名称及说明	计　算　式	单位	数量
1	020210001001	带骨架铝塑板幕墙		m²	136.24
		50丝4mm外墙板,表面氟碳喷涂	1—1剖面:顶部檐口两侧 展开宽0.15+0.71+0.1+0.12 =1.08m ① (0.815+1.195×11)×1.08×2侧 = 30.16m² 0.785+0.05=0.835m 0.61+2.85+0.6×3+2.7×3=13.36m ② (13.96+13.36)/2×0.835×2侧 = 22.82m² ③ 13.36×(0.05+0.12)×2侧=4.54m² 小计:57.52m² 一层上部两侧: 13.26×(0.4+0.2+0.05)×2侧=17.24m² 13.21×(0.05+0.05)×2侧=2.64m² 13.16×0.6×2侧=15.80m² 13.21×(0.1+0.05+0.45)×2侧=15.86m² 小计:51.54m² 2—2剖面中间部位: 10.5×(0.15+0.13+0.26+0.12×3+0.5+0.3)=17.85m² 10.6×(0.12×4+0.05×8)=9.33m² 小计:27.18m²		
2	020204001001	干挂蘑菇石墙面 规格300mm×600mm,厚度50mm	(0.33×2+2.42×3+0.38+0.325×6+0.22×2+1.851+0.485+0.525×2)×1.375-台阶立面(1.305×0.14+1.595×0.14+1.885×0.14+2.175×0.08)×2边+柱垛侧边(0.3×7×2+1.65×2×侧)= 51.83m²	m²	51.83

274

续表

序号	清单编码	分项工程名称及说明	计 算 式	单位	数量
3	020204001002	干挂花岗岩石材墙面		m^2	418.89
		≥25mm厚石材	1—1剖面： 高度方向$(2.85+2.7\times3)\times$长度方向 $(0.95+0.1+0.15\times4+0.46\times2+0.1\times2+0.65\times2+0.46\times2+0.5+0.36\times2)\times2$ $=136m^2$ 窗侧边：$(2.85+2.7\times3)-2\times4+(0.46-0.1)\times8$个立边$=5.83m$ $5.83\times3\times2\times2$边$=69.96m^2$ 2—2剖面： $(2.7\times3)\times(0.95+0.1\times2+0.15)$ $=10.53m^2$ 3—3剖面： 高度方向$0.85+0.35+0.5+1+0.8\times2+1\times2+0.15+0.5+1\times2=9.35m$ 边柱：$0.21+0.7+0.61+0.3+0.5+0.365=2.685m$ 中间柱：$0.365\times2+0.35\times2+0.3\times2+0.6=2.63m$ $9.35\times2.685+9.35\times2.63\times3$根$\times2$边$=197.76m^2$ 4—4剖面： 两边高度方向$0.85+0.35+0.9+1+0.8\times2+1=5.7m$ 中间高度$5.7+5.6-5=6.3m$		

表 5 – 42　　　　　　　　　　工 程 量 计 算 书

工程名称：某单位办公楼室外装修工程　　　　　　　　　　　　　　第1页　共2页

序号	清单编码	分项工程名称及说明	计 算 式	单位	数量
		干挂花岗岩石材墙面	$0.365+0.35+0.3+0.6=1.615m$ $5.7\times1.615\times2$根$=18.42m$ $6.3\times1.615\times2$根$=20.34m$ 小计：$18.42+20.34=38.76m^2$ 5—5剖面： $(0.364+0.5+0.4+0.98+0.15+0.55+0.5+0.35)\times9.15=34.72m^2$ 6—6剖面： $(1.65\times2+1)\times(1+0.15+0.95+0.5+1\times2)\times2$根$=39.56m^2$ 门柱：$0.7\times1.65\times2\times3.45\times2$根$=27.6m^2$ 合计：$69.96+10.53+197.76+38.76+34.72+39.56+27.6=418.89m^2$		

续表

序号	清单编码	分项工程名称及说明	计 算 式	单位	数量
4	020204001003	干挂花岗岩石材墙面		m²	0.92
		50mm 厚	9.15×0.1=0.92m²		
5	020604003001	石材装饰线		m	9.15
			9.15m		
6	020204004001	干挂石材钢骨架		t	7.75
		立柱：跨度3600mm 时选用 8 号槽钢，2500mm 时采用6.3号槽钢，横梁采用L50×5角钢，表面作冷镀锌防腐处理	418.89×18.5kg/m²=7749.47kg=7.75t		
7	020204004002	干挂蘑菇石材钢骨架		t	0.855
		同石材骨架	51.83×16.5kg/m=855.2kg=0.855t		
8	020204004003	干挂铝塑板钢骨架		t	2.125
		L50×50×4角钢斜撑，25×40×3.5钢方管主骨	136.24×15.6kg/m²=2125.34kg=2.125t		
9	020210001002	明框玻璃幕墙		m²	41.72
		110系列铝型材，6+9A+6中空钢化镀膜玻璃	2.7×5.15×3=41.72m²		
10	020406002001	金属平开窗		樘	24
		50系列单层双玻平开窗 2000mm×2000mm，玻璃6+9A+5中空玻璃	24樘		

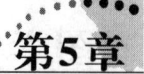

表 5-43　　　　　　　　　　　工 程 量 清 单 表

工程名称：某单位办公楼室外装修工程　　　　　　　　　　　　　　第1页　共1页

序号	项目编码	项目名称及特征	计量单位	工程量
	B.2	墙柱面工程		
1	020204001001	干挂蘑菇石材墙面 1. 干挂方式（膨胀螺栓、钢龙骨）：不锈钢挂件8号槽钢主骨架　化学锚栓　后置埋件 2. 面层材料品种、规格、品牌、颜色：50mm厚 300mm×600mm蘑菇石材 3. 缝宽、嵌缝材料种类：泡沫棒塞口　耐候胶嵌缝	m²	51.83
2	020204001002	石材墙面 1. 挂贴方式 2. 干挂方式（膨胀螺栓、钢龙骨）：不锈钢挂件，8号槽钢主骨架，化学锚栓，后置埋件 3. 面层材料品种、规格、品牌、颜色：大于25mm厚花岗岩板石材 4. 缝宽、嵌缝材料种类：沫棒塞口，耐候胶嵌缝	m²	418.89
3	020204001003	石材墙面 钢挂花岗岩板 50mm 厚	m²	0.92
4	020204004001	干挂石材钢骨架 立柱：跨度为3600mm时，采用8号槽钢，2500mm时，采用6.3号槽钢 横梁：采用L50×5角钢，钢材表面均须作热镀锌防腐处理	t	7.75
5	020204004002	干挂蘑菇石材钢骨架 立柱：跨度为3600mm时，采用8号槽钢，2500mm时，采用6.3号槽钢 横梁：采用L50×5角钢，钢材表面均须作热镀锌防腐处理	t	0.855
6	020204004003	干挂铝塑板钢骨架 采用L50×5角钢斜撑25×40×3.5钢方管，25×40×3.5钢方管副龙骨，钢材表面均须作热镀锌防腐处理	t	2.125
7	020210001001	带骨架幕墙 1. 面层材料品种、规格、品种、颜色：50μ4mm外墙板，表面氟碳喷涂 2. 面层固定方式：角铝25×25，干挂 3. 嵌缝、塞口材料种类：泡沫棒塞口，耐候胶嵌缝	m²	136.24

续表

序号	项目编码	项目名称及特征	计量单位	工程量
8	020210001002	明框玻璃幕墙 1. 骨架材料种类、规格、中距：110 系列铝型材 2. 面层材料品种、规格、品种、颜色：6＋9A＋6 钢化中空镀膜玻璃 3. 面层固定方式：结构胶粘贴玻璃 4. 嵌缝、塞口材料种类：泡沫棒塞口，耐候胶嵌缝	m²	41.72
	B.4	门窗工程		
1	020406002001	金属平开窗 50 系列铝合金单层双玻平开窗，尺寸 2000mm×2000mm，6＋9A＋5 中空玻璃玻璃	樘	24
	B.6	其他工程		
1	020604003001	石材装饰线 线条材料品种、规格、颜色：异型圆弧花岗岩石材加工拼装成型	m	9.15

(2) 工程计价。目前，报价形式主要有两种，一是按照《建设工程工程量清单计价规范》计价，二是各装饰装修公司自定格式报价，本书按 08 版《计价规范》进行计价。

在清单报价中，综合单价的组价应以企业定额为依据，应能反映本企业的实际生产消耗水平，但是，目前有能力编制企业定额不多见，因此，本例以 2002 年国家颁布的《全国统一装饰装修工程消耗量定额》为依据，并结合某省与之配套的单位估计汇总表、取费文件，按装饰三级企业标准计取各项费用，管理费率按 57.48% 计取，利润率按 45% 计取，规费费率按国家相关文件规定。下面以本案工程为例计算投标报价。见表 5－44～表 5－56。

表 5－44　　　　　　　　　　投 标 总 价 表

招　　标　　人：某省某地区建设局
工　程　名　称：某单位办公楼室外装修工程
投标总价(小写)：622,486.63
　　　　(大写)：陆拾贰万贰仟肆佰捌拾陆元陆角叁分

投　　标　　人：＿＿＿＿＿＿＿＿＿＿＿＿＿＿＿＿
　　　　　　　　　　　　　　　(单位盖章)

法 定 代 表 人
或 其 授 权 人：＿＿＿＿＿＿＿＿＿＿＿＿＿＿＿＿
　　　　　　　　　　　　　　　(签字或盖章)

编　　制　　人：＿＿＿＿＿＿＿＿＿＿＿＿＿＿＿＿
　　　　　　　　　　　　(造价人员签字盖专用章)

编　制　时　间：＿＿＿＿＿＿＿＿＿＿＿＿＿＿＿＿
　　　　　　　　　　　　年　　月　　日

表5-45　　　　　　　　　　　总　说　明

工程名称：某单位办公楼室外装修工程　　　　　　　　　　　　　第1页　共1页

1. 工程概况：本工程为某地区某单位办公楼外装修工程，幕墙面积约649.6m²，主要由石材幕墙、铝塑板幕墙、铝合金平开窗等项目组成。招标计划工期25天。
2. 投标报价包括范围：为本次招标的办公楼装饰施工图范围内外装修工程。
3. 投标报价编制依据：(1) 招标文件及其所提供的工程量清单和有关报价的要求，招标文件的补充通知和答疑纪要。(2) 有关的及技术标准、规范和安全管理规定等。(3) 办公楼外装施工图及投标施工组织设计。(4) 省建设主管部门颁发的计价定额和计价管理办法及相关计价文价。(5) 材料价格根据本公司掌握的价格情况并参照工程所在的工程造价管理机构×××年×月工程造价信息发布的价格。(6) 部分材料以暂估价计入投标报价，施工时，由甲、乙双方依据当时的市场实际价格共同确定。

表5-46　　　　　　　　　单位工程投标报价汇总表

工程名称：某单位办公楼室外装修工程　　　标段：　　　　　　第1页　共1页

序号	项目名称	金额	其中：暂估价（元）
1	分部分项工程	430277.98	203174
1.1	墙柱面工程	398239.77	203174
1.2	门窗工程	28606.32	
1.3	其他工程	3431.89	
2	措施项目	27321.84	
2.1	安全文明施工	7987.64	
3	其他项目	127237.24	
3.1	暂列金额	100000	
3.2	专业工程暂估价		
3.3	计日工	17930	
3.4	总承包服务费	9307.24	
4	规费	17122.74	
5	税金	20526.83	
	招标控制价合计 = 1＋2＋3＋4＋5	622,486.63	203173.9984

注：本表适用于单位工程招标控制价或投标报价的汇总，如无单位工程划分，单项工程也只用本表汇总。

表 5-47　某单位办公楼室外装修工程

工程名称：墙柱面工程　　　　　　　　　　　　　　　　　　分部分项工程量清单计价表　　　　　　　　　　　　　　第 1 页　共 2 页

标段：

序号	项目编码	项目名称	项目特征	计量单位	工程数量	金额（元）		
						综合单价	合价	其中：暂估价
1	★02020400l001	石材墙面	干挂蘑菇石材墙面 1. 干挂方式（膨胀螺栓、钢龙骨）：不锈钢挂件 8#槽钢主骨架 化学锚栓 后置埋件 2. 面层材料品种、规格、品牌、颜色：50 厚 300×600 蘑菇石材 3. 缝宽、嵌缝材料种类：泡沫棒塞口 耐候胶嵌缝	m²	51.83	366.88	19015.39	15385.22
2	★02020400l002	石材墙面	石材墙面 1. 挂贴方式：不锈钢挂件干挂 2. 干挂方式（膨胀螺栓、钢龙骨）：不锈钢挂件 8#槽钢主骨架 化学锚栓 后置埋件 3. 面层材料品种、规格、品牌、颜色：大于 25 厚花岗岩板石材 4. 缝宽、嵌缝材料种类：泡沫棒塞口 耐候胶嵌缝	m²	481.89	366.88	176795.8	143044.23

续表

序号	项目编码	项目名称	项目特征	计量单位	工程数量	金额（元）		
						综合单价	合价	其中：暂估价
3	★020204001003	石材墙面	石材墙面 干挂花岗岩板50厚	m²	0.92	366.89	337.54	273.09
4	★020204004001	干挂石材钢骨架	干挂石材钢骨架 立柱：跨度为3600mm时，采用8#槽钢 横梁：跨度为2500mm时，采用6.3#槽钢 采用L50×5角钢。钢材表面均须作热镀锌防腐处理	t	7.75	9658.7	74854.93	
5	★020204004002	干挂石材钢骨架	干挂蘑菇石材钢骨架 立柱：跨度为3600mm时，采用8#槽钢 横梁：跨度为2500mm时，采用6.3#槽钢，采用L50×5角钢，钢材表面均须作热镀锌防腐处理	t	0.855	9658.71	8258.2	
6	★020204004003	干挂石材钢骨架	干挂铝塑板钢骨架 采用L50×5角钢斜撑，25×40×3.5钢方管，25×40×3.5钢方管副龙骨。钢材表面均须作热镀锌防腐处理.	t	2.125	9658.7	20524.74	
本页小计							299786.6	158702.54

注：根据建设部、财政部发布的《建筑安装工程费用组成》（建标[2003]206号）的规定，为记取规费等的使用，可以在表中增设其中："直接费"、"人工费"或"人工费＋机械费"。

分部分项工程量清单计价表

工程名称：某单位办公楼室外装修工程　　标段：　　第 2 页 共 2 页

序号	项目编码	项目名称	项目特征	计量单位	工程数量	金额（元）		
						综合单价	合价	其中：暂估价
7	★02021000l001	带骨架幕墙	铝塑板幕墙 1. 面层材料品种、规格、品种、颜色：50μ、4mm厚外墙板，表面氟碳喷涂 2. 面层固定方式：角铝 25×25 干挂 3. 嵌缝、塞口材料种类：泡沫棒塞口耐候硅胶嵌缝	m²	136.24	555.56	75689.49	44471.46
8	★02021000l002	带骨架幕墙	明框玻璃幕墙 1. 骨架材料种类、规格、品种、颜色：中距 110 系列铝型材 2. 面层材料品种、规格、品种：6+9A+6 钢化中空镀膜玻璃 3. 面层固定方式：结构胶粘贴玻璃 4. 嵌缝、塞口材料种类：泡沫棒塞口，耐候硅胶嵌缝	m²	41.72	545.63	22763.68	

续表

序号	项目编码	项目名称	项目特征	计量单位	工程数量	金额（元）		
						综合单价	合价	其中：暂估价
		分部小计					398239.77	203174
	0204	门窗工程						
9	★02040600 2001	金属平开窗	金属平开窗 50系列铝合金单层双玻平开窗，尺寸2000×2000，6+9A+5中空玻璃玻璃	樘	24	1191.93	28606.32	
		分部小计					28606.32	
	0206	其他工程						
10	★02060400 3001	石材装饰线	石材装饰线 线条材料品种、规格、颜色：异型圆弧 花岗岩石材加工拼装成型	m	9.15	375.07	3431.89	
		分部小计					3431.89	
	本页小计						130491.38	44471.46
	合　　计						430277.98	203174

注：根据建设部、财政部发布的《建筑安装工程费用组成》（建标〔2003〕206号）的规定，为记取规费等的使用，可以在表中增设其中："直接费"、"人工费"或"人工费+机械费"。

表5-48　　　　　　　　措施项目清单计价表（一）

工程名称：某单位办公楼室外装修工程　　　　标段：　　　　　　　　第1页 共1页

序号	项目名称	基数说明	费率（%）	金额（元）
1	安全文明施工费	分部分项人工费	30	7987.64
2	夜间施工费	分部分项人工费	1.5	399.38
3	二次搬运费	分部分项人工费	1	266.25
4	冬雨季施工	分部分项人工费	0.6	159.75
5	大型机械设备进出场及安拆费			
6	施工排水			
7	施工降水			
8	地上、地下设施、建筑物的临时保护设施			
9	已完工程及设备保护			9.52
10	脚手架			16996.06
11	垂直运输机械			1503.24
12	室内空气污染测试			
		合　计		27321.84

注：1. 本表适用于以"项"计价的措施项目。
　　2. 根据建设部、财政部发布的《建筑安装工程费用组成》（建标［2003］206号）的规定，"计算基础"可为"直接费"、"人工费"或"人工费＋机械费"。

表5-49　　　　　　　　其他项目清单与计价汇总表

工程名称：某单位办公楼室外装修工程　　　　标段：　　　　　　　　第1页 共1页

序号	项目名称	计量单位	金额（元）	备注
1	暂列金额	项	100000	明细详见表-12-1
2	暂估价			
2.1	材料暂估价		—	明细详见表-12-2
2.2	专业工程暂估价	项		明细详见表-12-3
3	计日工		17930	明细详见表-12-4
4	总承包服务费		9307.24	明细详见表-12-5
	合　计		127237.24	—

注：材料暂估单价进入清单项目综合单价，此处不汇总。

表 5-50　　　　　　　　　　暂列金额明细表

工程名称：某单位办公楼室外装修工程　　　　标段：　　　　　　　　第1页　共1页

序号	名　　称	计量单位	暂定金额	备注
1	工程量清单中工程量偏差和设计变更	项	50000	
2	政策性调整和材料价格风险	项	30000	
3	其他	项	20000	
	合　计		100000	—

注：此表由招标人填写，如不能详列，也可只列暂列金额总额，投标人应将上述暂列金额计入投标总价中。

表 5-51　　　　　　　　　　材料暂估单价表

工程名称：某单位办公楼室外装修工程　　　　标段：　　　　　　　　第1页　共1页

序号	材料名称、规格、型号	计量单位	单价（元）	备注
DB0259@1	铝合金型材 110 系列	kg	25	
AG0291	花岗岩板（综合）	m²	291.02	
AG0460	铝塑板	m²	140.31	

注：1. 此表由招标人填写，并在备注栏说明暂估价的材料拟用在哪些清单项目上，投标人应将上述材料暂估单价计入工程量清单综合单价报价中。
　　2. 材料包括原材料、燃料、构配件以及规定应计入建筑安装工程造价的设备。

表 5-52　　　　　　　　　　计　日　工　表

工程名称：某单位办公楼室外装修工程　　　　标段：　　　　　　　　第1页　共1页

编号	项目名称	单位	暂定数量	综合单价	合价
1	人工				
1.1	普工	工日	15	80	1200
1.2	技工（综合）	工日	30	120	3600
	人工小计				4800
2	材料				
2.1	铝塑板	m²	18	180	3240
2.2	型钢	t	1.2	7500	9000
3	机械				
3.1	轮胎式起重机（8T）	台班	1	890	890
	机械小计				890
	总　计				17930

注：此表项目名称、数量由招标人填写，编制招标控制价时，单价由招标人按有关计价规定确定；投标时，单价由投标人自主报价，计入投标总价中。

表5-53　　总承包服务费计价表

工程名称：某单位办公楼室外装修工程　　标段：　　第1页　共1页

序号	项目名称	项目价值（元）	服务内容	费率（%）	金额（元）
1	1. 发包人供应材料	22512.72	对发包人供应的材料进行验收及保管和使用发放	0.5	112.56
2	2. 为配合其他专业发生的降效、配合费用	612978.41		1.5	9194.68
	合　　　计				9307.24

表5-54　　规费、税金项目清单与计价表

工程名称：某单位办公楼室外装修工程　　标段：　　第1页　共1页

序号	项目名称	计算基础	费率（%）	金额（元）
1	规费	工程排污费+养老保险费+失业保险费+医疗保险费+住房公积金+危险作业意外伤害保险		17122.74
1.1	工程排污费	分部分项人工费+技术措施项目人工费+计日工人工费	0.14	45.33
1.2	养老保险费	分部分项工程+措施项目+计日工	2.86	13600.15
1.3	失业保险费	分部分项人工费+技术措施项目人工费+计日工人工费	1.5	485.65
1.4	医疗保险费	分部分项人工费+技术措施项目人工费+计日工人工费	4.86	1573.51
1.5	住房公积金	分部分项人工费+技术措施项目人工费+计日工人工费	3.73	1207.65
1.6	危险作业意外伤害保险	分部分项人工费+技术措施项目人工费+计日工人工费	0.65	210.45
2	税金	分部分项工程+措施项目+其他项目+规费	3.41	20526.83
	合　　　计			37649.57

注：根据建设部、财政部发布的《建筑安装工程费用组成》（建标[2003]206号）的规定，"计算基础"可为"直接费"、"人工费"或"人工费+机械费"。

表 5-55

工程量清单综合单价分析表

工程名称：某单位办公楼室外装修工程　　　　标段：　　　　　　　　　　　　　　　　　第 1 页　共 10 页

项目编码	★02020400 1001	项目名称	干挂花岗岩墙面密缝			计量单位	m²	数量	1

清单综合单价组成明细

定额编号	定额名称	定额单位	数量	单价				合价			
				人工费	材料费	机械费	管理费和利润	人工费	材料费	机械费	管理费和利润
2-064	干挂花岗岩墙面密缝	m²	1	20.23	317.23	2.06	25.97	20.23	317.23	2.06	25.97
人工单价			小计								
综合人工 23.86 元/工日			未计价材料费								
清单项目综合单价								366.88			

材料费明细	主要材料名称、规格、型号	单位	数量	单价（元）	合价（元）	暂估单价（元）	暂估合价（元）
	不锈钢连接件	个	6.61	0.54	3.57		
	花岗岩板（综合）	m²	1.02	291.02	296.84	291.02	296.84
	膨胀螺栓	套	6.61	1.56	10.31		
	合金钢钻头 φ20	个	0.0826	48.74	4.03		
	石料切割锯片	片	0.0421	33.39	1.41		
	棉纱头	kg	0.01	6.99	0.07		
	水	m³	0.0142	1.2	0.02		
	清油	kg	0.0053	17.5	0.09		
	煤油	kg	0.04	2.29	0.09		
	松节油	kg	0.006	5.45	0.03		
	草酸	kg	0.01	5.59	0.06		
	硬白蜡	kg	0.0265	5.38	0.14		
	石材（云石）胶	kg	0.046	12.4	0.57		
	材料费小计			—	317.23	—	296.84

工程量清单综合单价分析表

工程名称：某单位办公楼室外装修工程　　标段：　　第 2 页 共 10 页

项目编码	★02020400l002	项目名称	干挂花岗岩墙面密缝		石材墙面		计量单位	m²

清单综合单价组成明细

定额编号	定额名称	定额单位	数量	单价				合价			
				人工费	材料费	机械费	管理费和利润	人工费	材料费	机械费	管理费和利润
2-064	干挂花岗岩 墙面密缝	m²	1	20.23	317.23	2.06	25.97	20.23	317.23	2.06	25.97
人工单价				小计							
综合人工 23.86元/工日				未计价材料费				366.88			
清单项目综合单价											

材料费明细

主要材料名称、规格、型号	单位	数量	单价（元）	合价（元）	暂估单价（元）	暂估合价（元）
不锈钢连接件	个	6.61	0.54	3.57		
花岗岩板（综合）	m²	1.02	291.02	296.84	291.02	296.84
膨胀螺栓	套	6.61	1.56	10.31		
合金钢钻头 φ20	个	0.0826	48.74	4.03		
石料切割锯片	片	0.0421	33.39	1.41		
棉纱布	kg	0.01	6.99	0.07		
水	m³	0.0142	1.2	0.02		
清油	kg	0.0053	17.5	0.09		
煤油	kg	0.04	2.29	0.09		
松节油	kg	0.006	5.45	0.03		
草酸	kg	0.01	5.59	0.06		
硬白蜡	kg	0.0265	5.38	0.14		
石材（云石）胶	kg	0.046	12.4	0.57		
材料费小计			—	317.23	—	296.84

工程量清单综合单价分析表

工程名称：某单位办公楼室外装修工程　　　　标段：　　　　　　　　　　　　　　　　　　　　　　第 3 页　共 10 页

项目编码	★020204001003	项目名称	干挂花岗岩墙面 密缝	计量单位	m²	数量	1

清单综合单价组成明细

定额编号	定额名称	定额单位	数量	单价				合价			
				人工费	材料费	机械费	管理费和利润	人工费	材料费	机械费	管理费和利润
2-064	干挂花岗岩墙面 密缝	m²	1	20.23	317.23	2.06	25.97	20.23	317.23	2.07	25.97
人工单价			小计					20.23	317.23	2.07	25.97
综合人工23.86元/工日			未计价材料费								
清单项目综合单价								366.89			

	主要材料名称、规格、型号	单位	数量	单价（元）	合价（元）	暂估单价（元）	暂估合价（元）
材料费明细	不锈钢连接件（综合）	个	6.61	0.54	3.57		
	花岗岩板（综合）	m²	1.02	291.02	296.84	291.02	296.84
	膨胀螺栓	套	6.61	1.56	10.31		
	合金钢钻头 φ20	个	0.0826	48.74	4.03		
	石料切割锯片	片	0.0421	33.39	1.41		
	棉纱头	kg	0.01	6.99	0.07		
	水	m³	0.0142	1.2	0.02		
	清油	kg	0.0053	17.5	0.09		
	煤油	kg	0.04	2.29	0.09		
	松节油	kg	0.006	5.45	0.03		
	草酸	kg	0.01	5.59	0.06		
	硬白蜡	kg	0.0265	5.38	0.14		
	石材（云石）胶	kg	0.046	12.4	0.57		
	材料费小计			—	317.23	—	296.84

289

工程量清单综合单价分析表

工程名称：某单位办公楼室外装修工程　　标段：　　　　　　　　　　　　　　　第 4 页 共 10 页

项目编码	★020204004001	项目名称	干挂石材钢骨架			计量单位	t
\multicolumn{8}{l}{清单综合单价组成明细}
定额编号	定额名称	定额单位	数量	\multicolumn{4}{c	}{单价}
				人工费	材料费	机械费	管理费和利润
2-074	钢骨架上干挂石板 钢骨架	t	1	600.03	7852.13	395.32	770.12
\multicolumn{4}{l}{人工单价}	\multicolumn{4}{c	}{合价}
\multicolumn{4}{l}{综合人工 23.86 元/工日}	600.03	7852.13	395.32	770.12
\multicolumn{4}{r}{小计}	\multicolumn{4}{c	}{9658.7}
\multicolumn{4}{r}{未计价材料费}	\multicolumn{4}{c	}{}
\multicolumn{4}{l}{清单项目综合单价}	\multicolumn{4}{c	}{}

	主要材料名称、规格、型号	单位	数量	单价（元）	合价（元）	暂估单价（元）	暂估合价（元）
材料费明细	合金钢钻头 φ20	个	25	48.74	1218.5		
	电焊条	kg	23.4242	5.09	119.23		
	穿墙螺栓 φ16	套	400	6.64	2656		
	型钢	kg	1060	3.64	3858.4		
	材料费小计			—	7852.13	—	

工程量清单综合单价分析表

工程名称：某单位办公楼室外装修工程　　标段：　　第 5 页　共 10 页

项目编码	★020204004002	项目名称	干挂石材钢骨架			计量单位	t
定额名称	定额单位	数量	清单综合单价组成明细				
			单　　价			合　　价	
			人工费	材料费	机械费	管理费和利润	

定额编号	定额名称	定额单位	数量	人工费	材料费	机械费	管理费和利润	人工费	材料费	机械费	管理费和利润
2-074	钢骨架上干挂石板 钢骨架	t	1	600.03	7852.13	395.32	770.12	600.04	7852.13	395.32	770.12
人工单价			小计					600.04	7852.13	395.32	770.12
综合人工 23.86 元/工日			未计价材料费								
			清单项目综合单价					9658.71			

材料费明细	主要材料名称、规格、型号	单位	数量	单价（元）	合价（元）	暂估单价（元）	暂估合价（元）
	合金钢钻头 φ20	个	25	48.74	1218.5		
	BH 电焊条	kg	23.4242	5.09	119.23		
	BH 穿墙螺栓 φ16	套	400	6.64	2656		
	型钢	kg	1060	3.64	3858.4		
	材料费小计			—	7852.13	—	

工程量清单综合单价分析表

工程名称：某单位办公楼室外装修工程　　　　　标段：　　　　　　　　　　　　　　　　　第 6 页 共 10 页

| 项目编码 | ★020204004003 | 项目名称 | 干挂石材钢骨架 | | 计量单位 | t |

清单综合单价组成明细

定额编号	定额名称	定额单位	数量	单价				合价			
				人工费	材料费	机械费	管理费和利润	人工费	材料费	机械费	管理费和利润
2-074	钢骨架上干挂石板 钢骨架	t	1	600.03	7852.13	395.32	770.12	600.03	7852.13	395.32	770.12
人工单价				小计							
综合人工23.86元/工日				未计价材料费							
清单项目综合单价								9658.7			

材料费明细	主要材料名称、规格、型号	单位	数量	单价（元）	合价（元）	暂估单价（元）	暂估合价（元）
	合金钢钻头 φ20	个	25	48.74	1218.5		
	电焊条	kg	23.4242	5.09	119.23		
	穿墙螺栓 φ16	套	400	6.64	2656		
	型钢	kg	1060	3.64	3858.4		
	材料费小计			—	7852.13	—	

工程量清单综合单价分析表

工程名称：某单位办公楼室外装修工程　　　　标段：　　　　　　　　第 7 页　共 10 页

项目编码	★02021000100l	项目名称	清单综合单价组成明细				带骨架幕墙			计量单位	m²
定额编号	定额名称	定额单位	数量	单价				合价			
				人工费	材料费	机械费	管理费和利润	人工费	材料费	机械费	管理费和利润
2-278 换	铝板幕墙 铝塑板	m²	1	49.39	432.5	6.9	63.39	49.39	432.5	6.9	63.39
人工单价			小计					49.39	432.5	6.9	63.39
综合人工 23.86 元/工日			未计价材料费								
			清单项目综合单价					555.56			

材料费明细	主要材料名称、规格、型号	单位	数量	单价（元）	合价（元）	暂估单价（元）	暂估合价（元）
	结构胶 DC995	L	0.0821	0.09	0.01		
	耐候胶 DC79HN	L	0.2289	0.11	0.03		
	不锈钢螺栓 M12×110	套	1.3286	3.32	4.41		
	不锈钢带帽螺栓 M12×450	套	1.3286	2	2.66		
	镀锌铁件	kg	2.0287	3.59	7.28		
	泡沫条	m	2.5439	0.41	1.04		
	自攻螺丝	100 个	22.498	3.72	83.69		
	铝塑板 （占材料费）	元	0.5386	1	0.54		
	其它材料费 （占材料费）	元	1.1777	140.31	165.24	140.31	165.24
	其它机械费 （占机械费）	元	0.0086	1	0.01		
	铝合金型材 110 系列	kg	6.4469	25	161.17	25	161.17
	棉	m²	0.091	8	0.73		
	镀锌铁皮 1.2 厚	m²	0.24	23.7	5.69		
	材料费小计		—		432.5	—	326.41

工程量清单综合单价分析表

工程名称：某单位办公楼室外装修工程　　　　标段：　　　　　　　　　　　　　　　　　　　　　　第8页 共10页

项目编码	02210001002	项目名称	玻璃幕墙 明框		带骨架幕墙		计量单位	m²

清单综合单价组成明细

| 定额编号 | 定额名称 | 定额单位 | 数量 | 单价 | | | | 合价 | | | |
				人工费	材料费	机械费	管理费和利润	人工费	材料费	机械费	管理费和利润
2-277	玻璃幕墙 明框	m²	1	35.79	454.08	7.38	45.93	35.79	454.08	7.38	45.93
人工单价			小计					35.79	454.08	7.38	45.93
综合人工23.86元/工日			未计价材料费						545.63		

清单项目综合单价

材料费明细	主要材料名称、规格、型号	单位	数量	单价（元）	合价（元）	暂估单价（元）	暂估合价（元）
	铝合金型材110系列	kg	9.9944	25	249.86		
	耐候胶 DC79HN	L	0.2237	0.11	0.02		
	不锈钢螺栓 M12×110	套	1.3286	3.32	4.41		
	不锈钢带帽螺栓 M12×450	套	1.3286	2	2.66		
	镀锌铁件	kg	2.0287	3.59	7.28		
	泡沫条	m	2.7778	0.41	1.14		
	岩棉	m²	0.091	8	0.73		
	自攻螺丝	100个	22.498	3.72	83.69		
	其它材料费（占料费）	元	0.5655	1	0.57		
	其它机械费（占机械费）	元	0.0092	1	0.01		
	镀锌铁皮1.2厚	m²	0.24	23.7	5.69		
	热反射玻璃（镀膜玻璃）6mm	m²	0.935	32.13	30.04		
	空心胶条（幕墙用）	m	7.3099	9.3	67.98		
	材料费小计			—	454.08	—	

294

工程量清单综合单价分析表

工程名称：某单位办公楼室外装修工程　　　　　　标段：　　　　　　　　　　　　　　　　第 9 页 共 10 页

项目编码	★020406002001	项目名称	平开窗		计量单位	金属平开窗		
定额名称	数量	单价				合价		
		人工费	材料费	机械费	管理费和利润	人工费	材料费	机械费	管理费和利润

定额编号	定额名称	定额单位	数量	人工费	材料费	机械费	管理费和利润	人工费	材料费	机械费	管理费和利润
4-035	平开窗	m²	4	11.45	268.29	2.76	14.69	45.8	1073.16	11.04	58.76
	人工单价				小计			45.8	1073.16	11.04	58.76
	综合人工23.86元/工日				未计材料费						
	清单项目综合单价								1191.93		

材料费明细	主要材料名称、规格、型号	单位	数量	单价（元）	合价（元）	暂估单价（元）	暂估合价（元）
	其它材料费（占材料费）	元	1.3933	1	1.39		
	玻璃胶350g	支	2.64	21.74	57.39		
	地脚	个	42.96	3.13	134.46		
	密封油膏	kg	2.8	1.98	5.54		
	铝合金平开窗（不含玻璃）	m²	3.6	225.09	810.32		
	合金钢钻头 φ10	个	0.5376	18.67	10.04		
	平板玻璃5mm厚	m²	3.6	15	54		
	材料费小计			—	1073.14	—	

工程量清单综合单价分析表

工程名称：某单位办公楼室外装修工程　　　　标段：　　　　　　　　　　　　第10页 共10页

项目编码	★020604003001	项目名称	石材装饰线			计量单位	m

清单综合单价组成明细

定额编号	定额名称	定额单位	数量	单　价				合　价			
				人工费	材料费	机械费	管理费和利润	人工费	材料费	机械费	管理费和利润
6-090	石材装饰线 挂贴 200mm 以外	m	1	5.48	361.77	0.41	7.03	5.48	361.77	0.41	7.03
人工单价				小计							
综合人工23.86元/工日				未计价材料费							
清单项目综合单价								375.07			

材料费明细	主要材料名称、规格、型号	单位	数量	单价（元）	合价（元）	暂估单价（元）	暂估合价（元）
	膨胀螺栓	套	1.3235	1.56	2.06		
	石料切割锯片	片	0.0068	33.39	0.23		
	棉纱头	kg	0.0025	6.99	0.02		
	水	m³	0.0035	1.2	0.03		
	白水泥	kg	0.0386	0.663	0.03		
	水泥砂浆1:2.5	m³	0.0077	224.55	1.73		
	素水泥浆	m³	0.0003	535.32	0.16		
	铜丝	kg	0.0202	33.32	0.67		
	石材装饰线200mm以外	m	1.01	352.78	356.31		
	合金钢钻头	个	0.0116	48.74	0.57		
	材料费小计			—	361.78	—	

表 5-56　　　　　　　　主要材料价格表

工程名称：某单位办公楼室外装修工程　　　　　　　　　　　第1页 共1页

序号	材料编码	材料名称	单位	单价（元）
1	AG0291	花岗岩板（综合）	m²	291.02
2	DA3643	型钢	kg	3.64
3	AM8252	穿墙螺栓	套	6.64
4	AG0460	铝塑板	m²	140.31
5	AN3221	合金钢钻头	个	48.74
6	AM9123	自攻螺钉	个	3.72
7	AH0030-1	中空镀膜玻璃6+9A+5mm	m²	145.00
8	DB0259-1	铝合金型材110系列	kg	25.91
9	AE0391-1	铝合金平开窗(不含玻璃)	m²	120.00
10	AM0671	膨胀螺栓	套	1.56
11	AG0291-1	蘑菇石花岗岩（综合）	m²	150.00
12	AH1041-1	热反射玻璃(镀膜玻璃)6+9A+6mm	m²	150.00
13	CC0210	脚手架板	m²	1085.40
14	AG1711	岩棉	m²	320.00
15	AG0249	石材装饰线200mm以外	m	352.78
16	AN3490	地脚	个	3.13
17	AE0841	空心胶条（幕墙用）	m	9.30
18	AE0853	不锈钢连接件	个	0.54
19	AN5394	镀锌铁件	kg	3.59
20	AR0211	焊条	kg	5.09

5.3　家庭装饰装修工程计量与计价案例分析

【例5-3】某女士新购住房一套，拟对室内进行装饰装修，住房已办理入住手续，具备装修条件，施工图如图5-35~图5-38。本案例依据某家装公司设计的室内装饰装修施工图，编制家庭装饰装修工程施工图预算书。

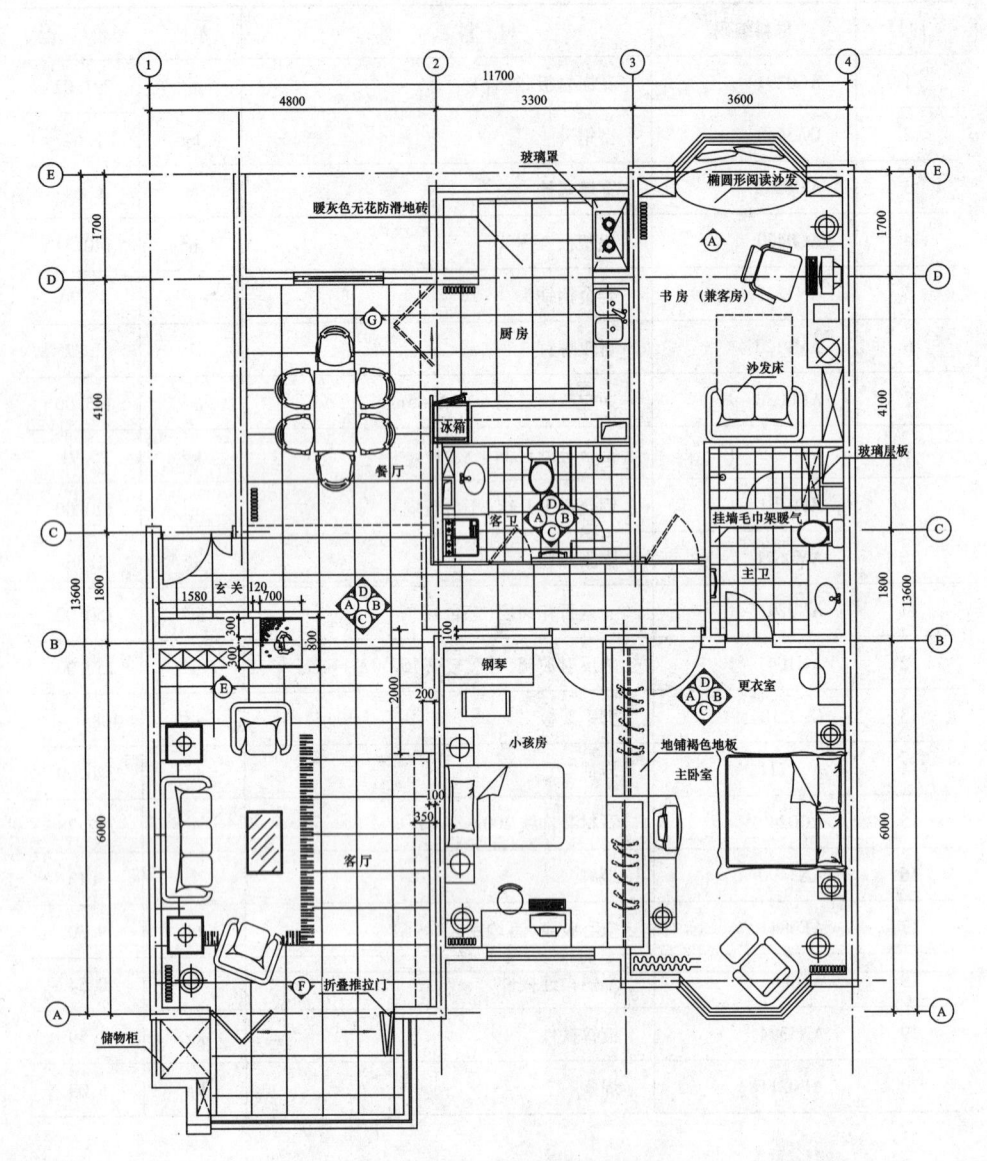

图 5-35 住宅平面布置图

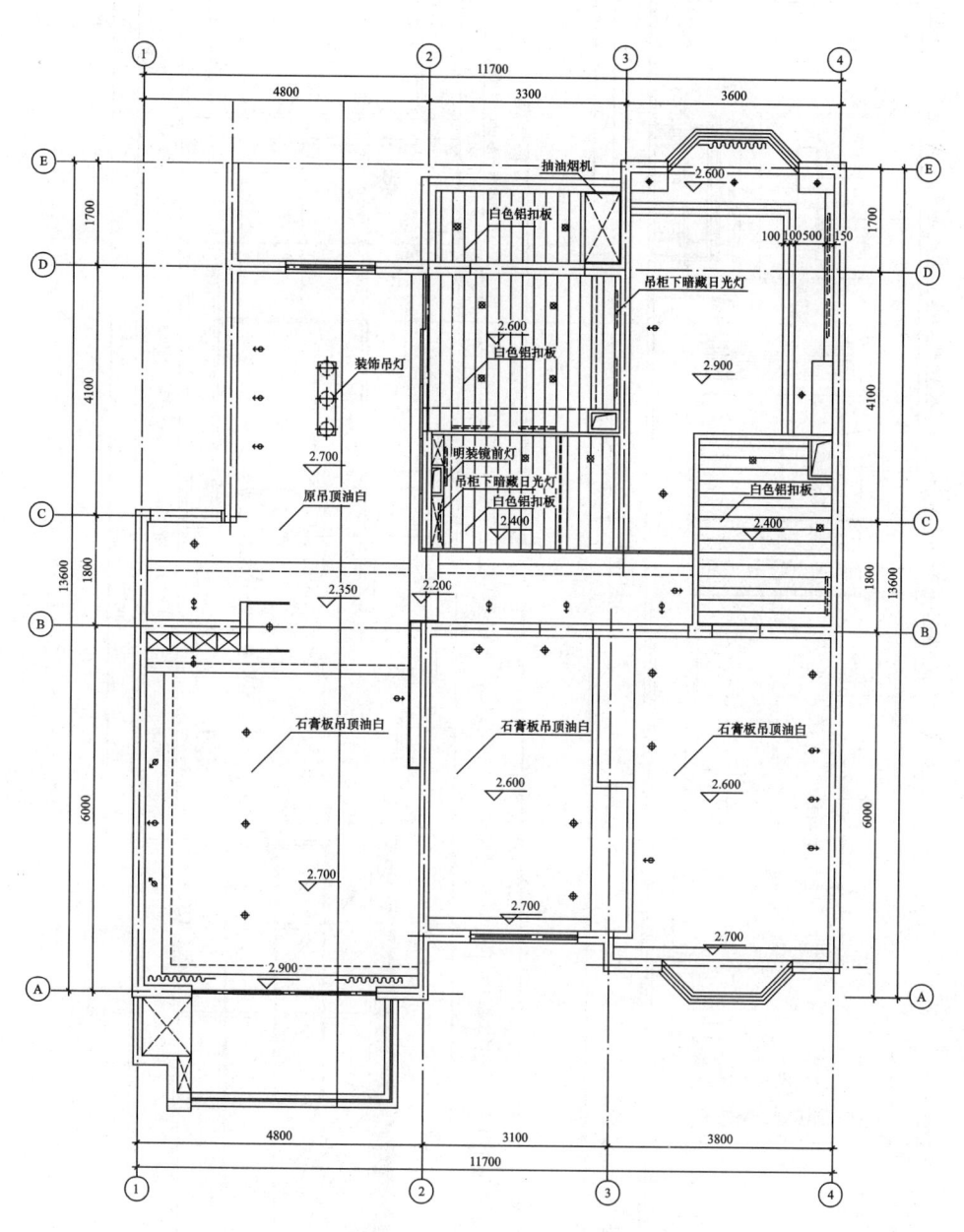

图 5-36 住宅吊顶平面布置图

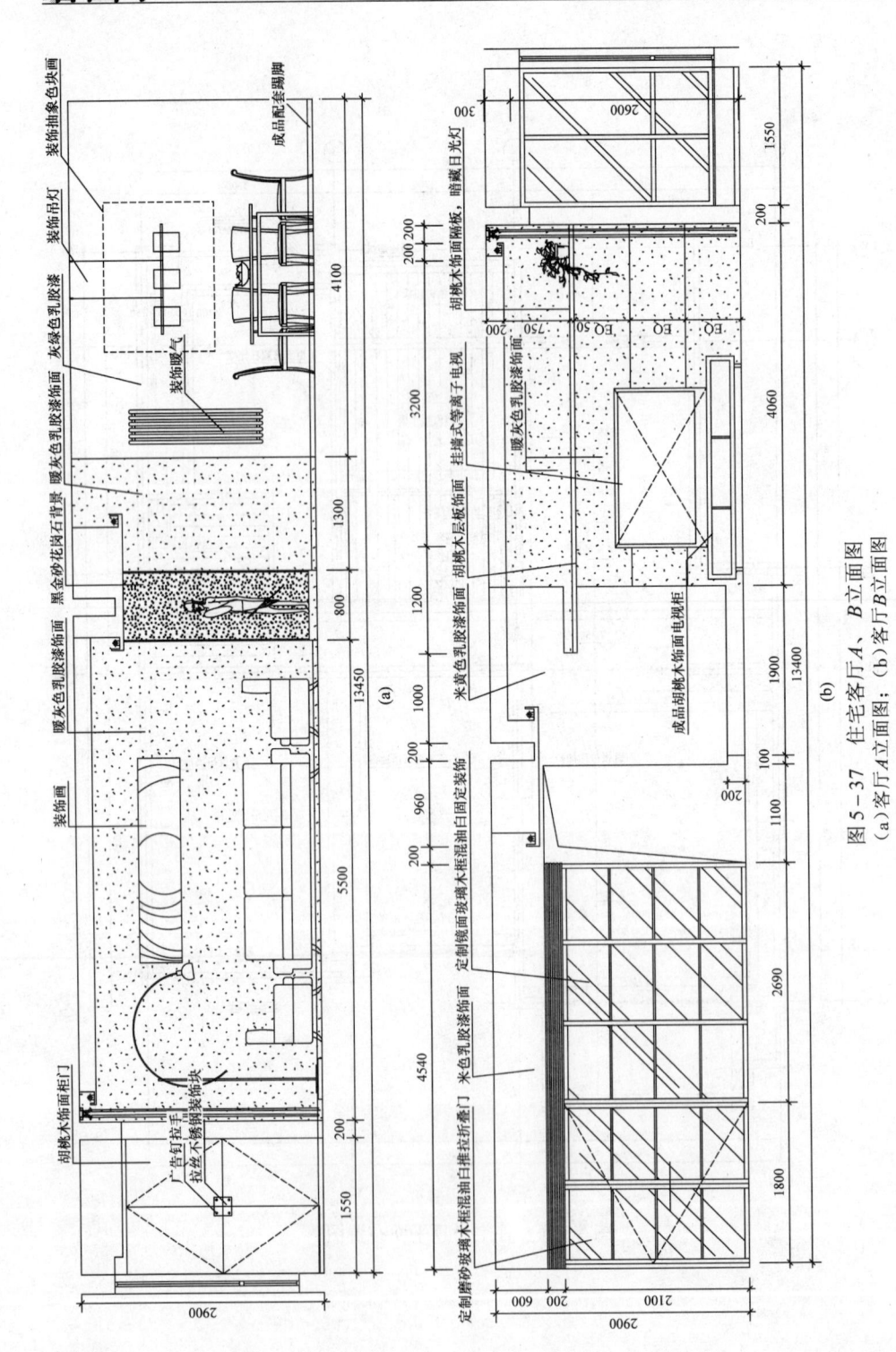

图 5-37 住宅客厅 A、B 立面图
(a) 客厅 A 立面图；(b) 客厅 B 立面图

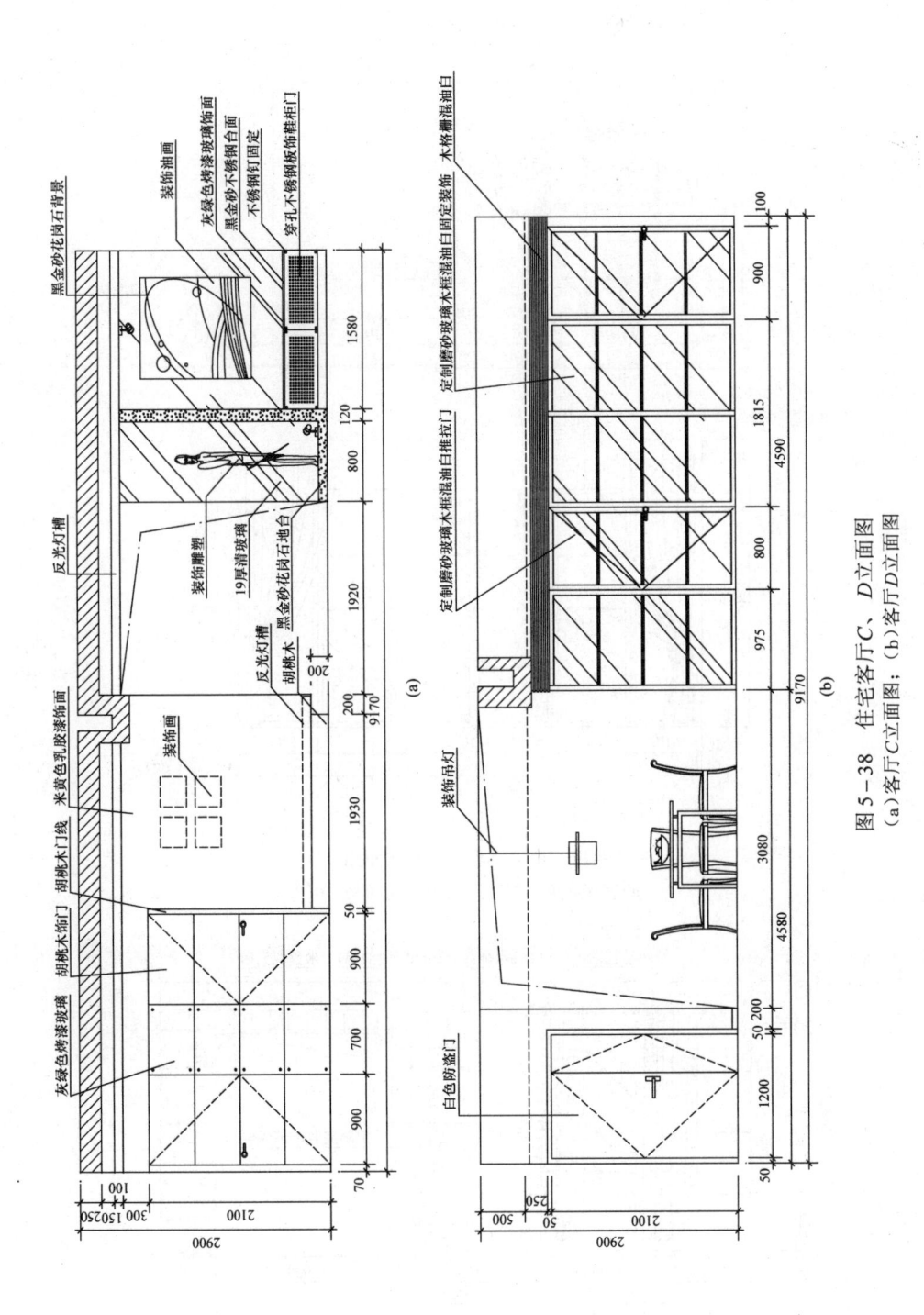

图5-38 住宅客厅C、D立面图
(a) 客厅C立面图；(b) 客厅D立面图

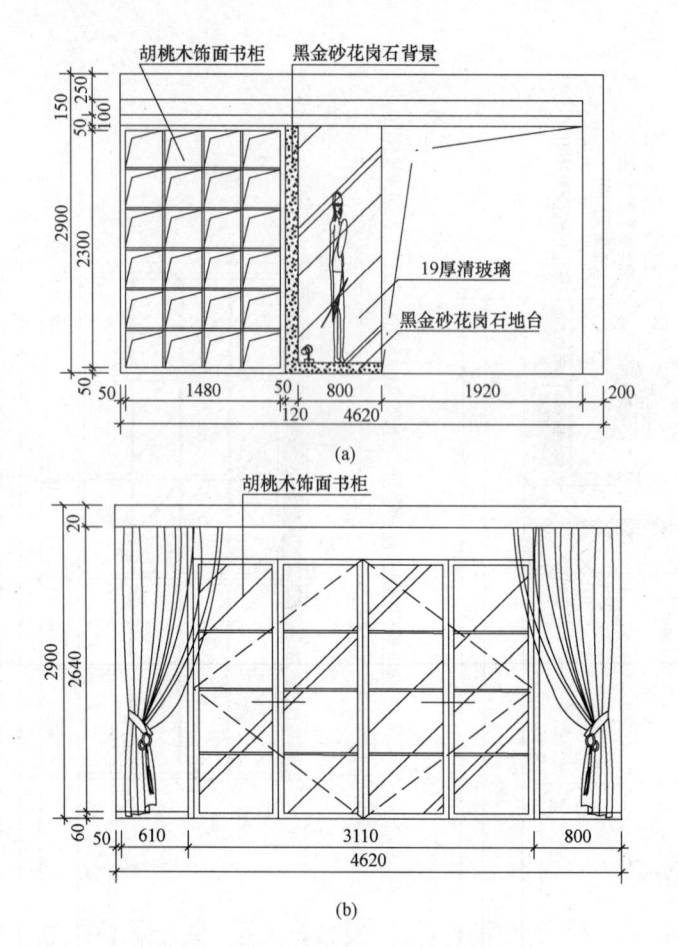

图 5-39　住宅客厅 E、F 立面图
(a)客厅 E 立面图；(b)客厅 F 立面图

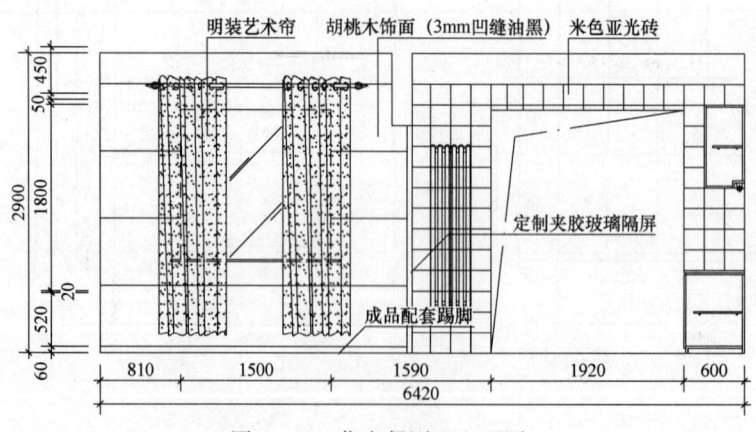

图 5-40　住宅餐厅 G 立面图

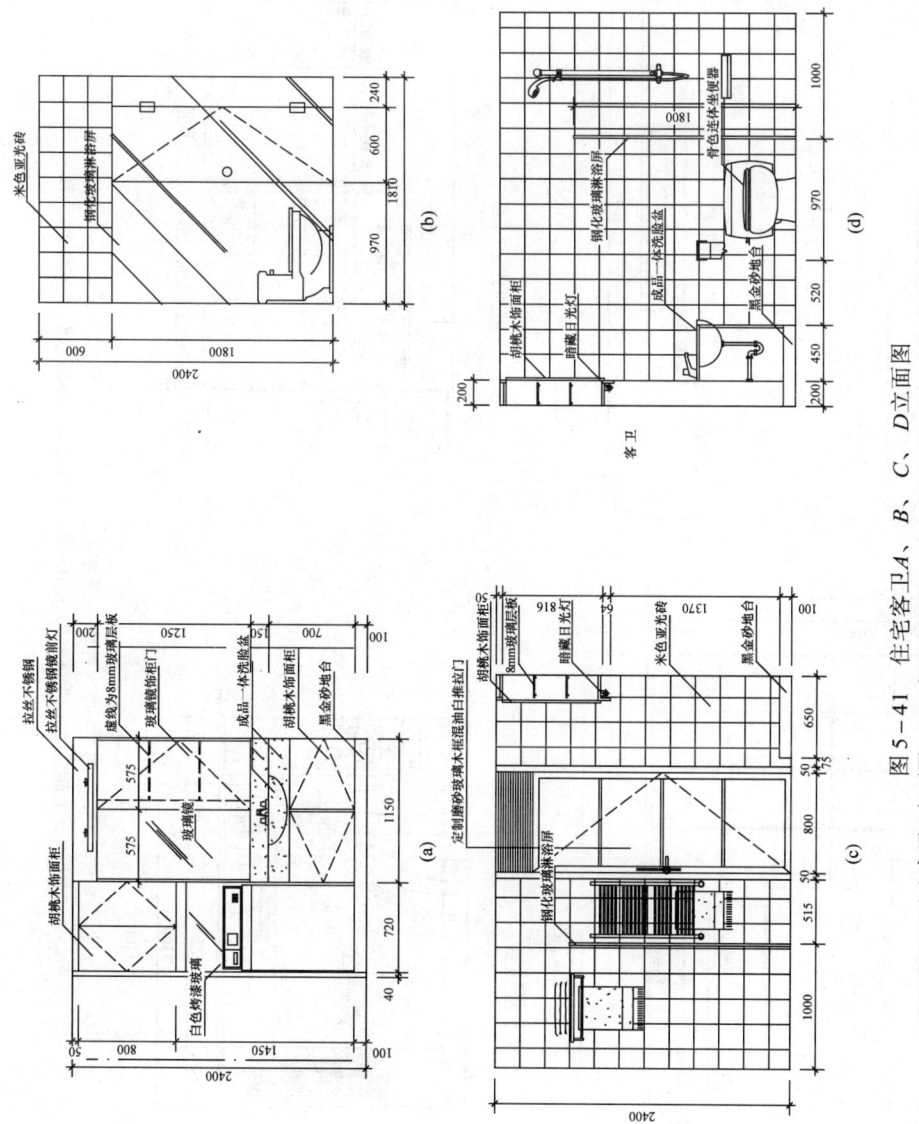

图 5-41 住宅客卫 A、B、C、D 立面图
(a) 客卫 A 立面图;(b) 客卫 B 立面图;(c) 客卫 C 立面图;(d) 客卫 D 立面图

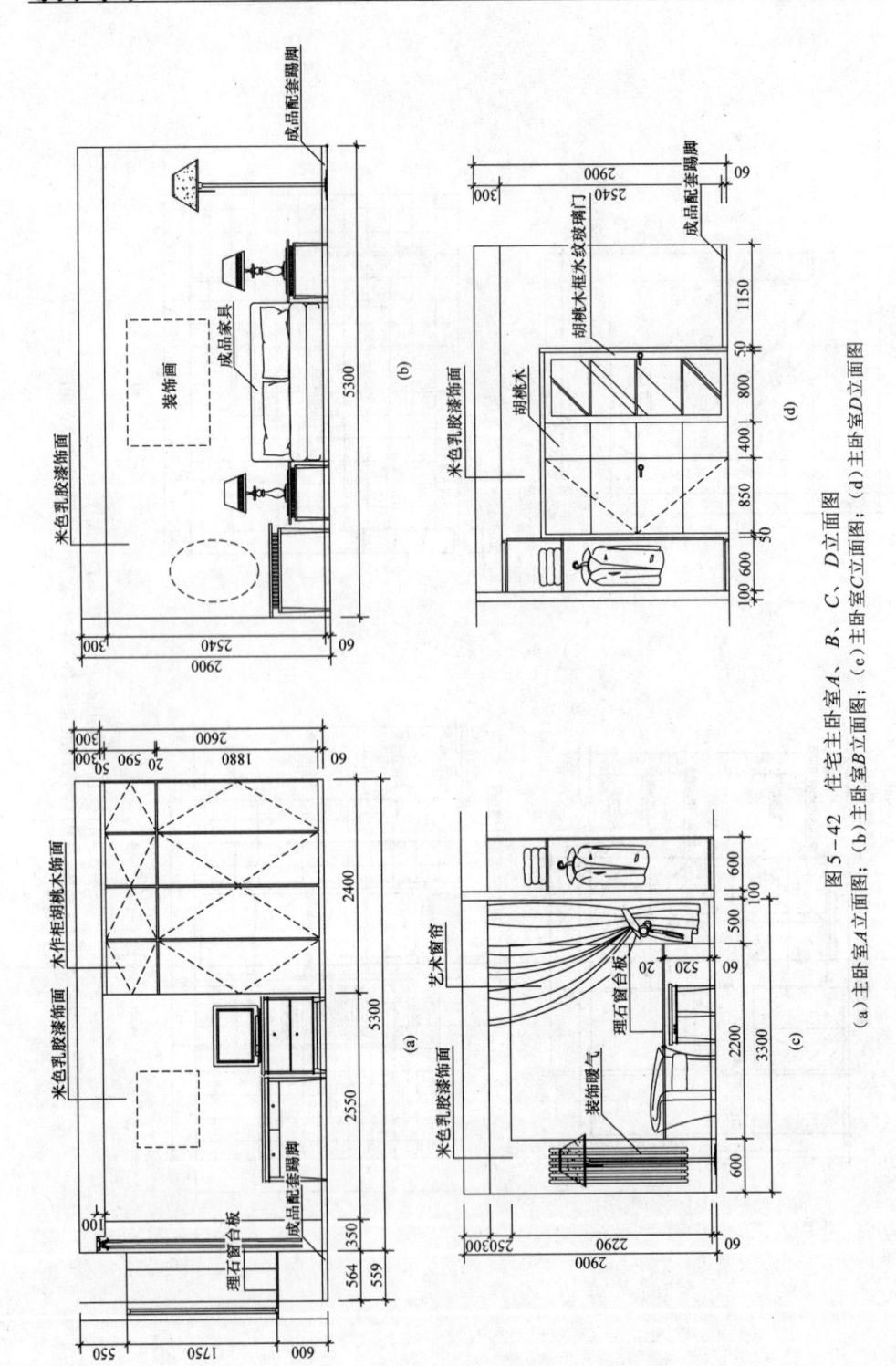

图 5-42 住宅主卧室 A、B、C、D 立面图
(a) 主卧室 A 立面图；(b) 主卧室 B 立面图；(c) 主卧室 C 立面图；(d) 主卧室 D 立面图

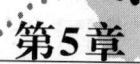

[**解**] （1）工程量计算。计算装饰装修工程量清单量，应严格按照装饰工程清单工程量计算规则计算清单工程量，下面以本工程为例，计算清单工程量。见表5-57～表5-60。

表5-57　　　　　　　　　工程量计算书

工程名称：某家庭室内装修工程　　　　　　　　　　　　　　　第1页　共3页

序号	清单编码	分项工程名称及说明	计算式	单位	数量
1	020102002001	块料楼地面 项目特征：陶瓷地砖（600×600）水泥砂浆粘贴	餐厅：(4.8-1.5-0.12)×(4.1-0.12)=12.66m² 门厅：(1.8-0.12)×(4.8-0.12)=7.86m² 过道：[3.3+(3.6-2.4)]×1.08=4.73m² 客厅：(6-0.12×2)×(4.8-0.12×2)-0.8×(0.12+0.7)地台=25.61m² 阳台：3.26×1.55+0.24×3.11门洞口=0.75m²	m²	56.66
2	020102002002	块料楼地面 项目特征：陶瓷防滑地砖（300mm×300mm）水泥砂浆粘贴	厨房阳台：1.17×(3.3-0.12×2)=3.58m² 厨房、客卫：3.3×(4.1+1.8-1.05)=16.01m² 主卫：3×2.4-0.59×0.35=7.71m²	m²	27.3
3	020104002001	木地板 长条复合地板，(1200mm×120mm)底铺泡沫垫，配套踢脚线	主卧：(3.8-0.12-0.3)×5.5+2.2×0.6=19.91m² 小孩房：(3.2-0.12-0.3)×4.85=12.99m² 客卧：(3.6-0.12×2)×4.27+1.86×1.05=16.3m²	m²	49.2
4	020109001001	石材零星项目 20mm厚黑金砂，聚合物砂浆粘结	景观地台：(0.7+0.8)×2×0.12+0.7×0.8=0.92m² 客卫地台：(0.65+1)×0.1=0.17m²	m²	1.09

305

续表

序号	清单编码	分项工程名称及说明	计 算 式	单位	数量
5	020204003001	瓷砖墙面		m^2	21.41
		1:2水泥砂浆粘贴200mm×200mm瓷板	客卫:B立面 $1.81×2.4=4.34m^2$ C立面 $3.14×2.4-$门$0.8×2$ $=5.94m^2$ D立面 $2.94×2.4=7.06m^2$ 厨房:$2.6×(0.6+1.92+0.78)-$门洞处 $1.92×2.35=4.07m^2$		
6	020209001001	钢化玻璃浴厕隔断		m^2	3.26
		15mm厚钢化玻璃,玻璃门,不锈钢拉手,不锈钢合页	客卫:$1.8×1.81=3.26m^2$		
7	020601010001	吊柜		个	1
		20mm厚中纤基层,胡桃木饰面	1个		
8	020601011001	浴厕矮柜		个	1
		20mm厚中纤基层,胡桃木饰面 1000mm×800mm	1个		
9	020603010001	镜箱		个	1
		20mm厚中纤基层,玻璃胶粘结固定	1个		
10	020603009001	镜面玻璃		m^2	0.718
		15mm厚中纤基层,6mm厚镜面,玻璃胶粘结固定	$0.575×1.25=0.718m^2$		
11	020603001001	洗漱台		m^2	1.06
		20mm厚黑金砂,开孔到半圆边,大力胶粘结固定	$1.15×0.6+0.15×1015+0.17×1015$ $=1.06m^2$		
12	020603007001	卫生纸盒		个	1
		不锈钢材料成品	1个		
13	020603005001	毛巾架		套	1
		成品不锈钢	1套		

续表

序号	清单编码	分项工程名称及说明	计 算 式	单位	数量
14	020601003001	衣柜		个	1
		20mm厚中纤基层,胡桃木饰面 1550mm×2300mm	客厅A立面:1个		
15	020204001001	花岗岩墙面装饰		m²	1.76
		20mm厚黑金砂石材背景墙	客厅A立面:$0.8 \times (2.35 - 0.15) = 1.76 m^2$		
16	020209001001	玻璃木框装饰墙		m²	11.52
		5mm厚镜面玻璃、木框油白色	客厅B立面:$2.69 \times 2.1 = 5.65 m^2$ 客厅D立面:$(0.975 + 1.82) \times 2.1 = 5.87 m^2$		

表5-58　　　　　　　　　　　工程量计算书

工程名称:某家庭室内装修工程　　　　　　　　　　　　　　　　　　　第2页　共3页

序号	清单编码	分项工程名称及说明	计 算 式	单位	数量
17	020601021001	隔板架		m²	1.68
		木龙骨架,12mm厚中纤板基层,胡桃木饰面	客厅B立面:$0.35 \times 4.8 = 1.68 m^2$		
18	020207001001	玻璃墙面		m²	4
		灰绿色烤漆玻璃,厚6mm,不锈钢镜钉固定	客厅C立面:$0.7 \times 201 = 1.47 m^2$ 鞋柜处:$1.58 \times (2.1 - 0.5) = 2.53 m^2$		
19	020601005001	鞋柜		个	1
		细木工板基层,不锈钢台面,穿孔不锈钢板柜门,1580mm×500	客厅C立面:1个		
20	020209001002	钢化玻璃隔断		m²	3.6
		19mm厚钢化玻璃,白玻	客厅C立面:$0.8 \times (2.4 - 0.15) \times 2$ 面 $= 3.6 m^2$		
21	020105006001	木制踢脚线		m²	0.39

续表

序号	清单编码	分项工程名称及说明	计 算 式	单位	数量
		15mm 厚中纤板基层,立时得胶粘结胡桃木饰面	客厅 C 立面:$0.2 \times 1.93 = 0.39 m^2$		
22	020604002001	木格栅混油白线条		m	9.08
		200mm 宽木格栅线条	客厅 D 立面:$4.59 + 1.8 + 2.69 = 9.08 m$		
23	020601008002	桃木饰面壁柜		个	2
		15mm 厚中纤板基层,立时得胶粘结胡桃木饰面 $1200mm \times 2600mm$	主卧 A 立面:2 个		
24	020506001001	乳胶漆墙面		m^2	273.16
		抹灰面乳胶漆	主卧 A 立面:$(2.55 + 0.35) \times 2.6 = 7.54 m^2$ $0.6 \times 0.564 = 0.34 m^2$ B 立面:$5.3 \times 2.6 = 13.78 m^2$ C 立面:$(3.3 \times 2.6) - 2.2 \times 2.29 = 3.54 m^2$ 洞口侧面:$(2.29 \times 2 + 2.2) \times 0.24 = 1.63 m^2$ D 立面:$1.15 \times 2.6 + (0.85 + 0.4 + 0.8 + 0.1) \times 2.15 = 4.62 m^2$ 客厅 A 立面:$5.5 \times 2.7 + 1.3 \times 2.9 + 4.1 \times 2.9 = 30.51 m^2$ B 立面:$(1.9 + 4.06) \times 2.7 = 16.09 m^2$ C 立面:$(0.07 + 0.9 + 0.7 + 0.9 + 0.05 + 1.93 + 0.2) \times 2.65 - 门(0.9 \times 2 + 0.7) \times 2.1 - 1.93 \times 0.2 = 6.95 m^2$ $0.25 \times (1.92 + 0.8 + 0.12 + 1.58) = 1.11 m^2$ E 立面:$0.25 \times 4.62 = 9.21 m^2$ F 立面:$2.7 \times 4.62 - 门洞 3.11 \times 2.4 = 5.01 m^2$ 洞口侧边:$(2.4 \times 2 + 3.11) \times 0.24 = 1.89 m^2$ 客房:$[(3.6 - 0.12 \times 2) + (1.7 + 4.1 + 0.9) - 0.12 \times 2] \times 2 \times 2.9 - 门 0.8 \times 2.1 - 窗 2.2 \times 1.8 = 51.31 m^2$		

续表

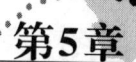

序号	清单编码	分项工程名称及说明	计算式	单位	数量
		抹灰面乳胶漆	小孩房:$(2.72+4.85)\times2\times2.6-门0.8\times2.1-窗1.8\times1.8=34.44m^2$ 吊顶乳胶漆:同地面 客卧:$16.3m^2$ 主卧:$19.91m^2$ 小孩房:$12.99m^2$ 客厅:$26.26m^2$ 过厅、走道:$9.73m^2$		
25	020302001001	跌级吊顶		m^2	5.48
		轻钢龙骨架,石膏板面层	客卧:$(2.57+0.5)\times3.57\times0.5=5.48m^2$		
26	020302001002	铝扣板吊顶		m^2	27.3
		0.8mm厚烤漆铝扣板	厨房阳台:$(3.3-0.12\times2)\times1.17=3.58m^2$ 厨房、客卫:$3.3\times(4.1+1.8+1.05)=16.01m^2$ 主卫:$3\times2.4-抽气孔0.59\times0.35=7.71m^2$		

表 5-59 　　　　　　　　　　　工 程 量 计 算 书

工程名称:某家庭室内装修工程　　　　　　　　　　　　　　　　　　　　第3页　共3页

序号	清单编码	分项工程名称及说明	计算式	单位	数量
27	020302001003	石膏板平顶		m^2	68.89
		轻钢龙骨骨架,9mm厚防水纸面石膏板	主卧:$19.91m^2$ 小孩房:$12.99m^2$ 客厅:$(4.8-0.12\times2)\times(6-0.24)=26.26m^2$ 过厅、走道:$1.05\times9.27=9.73m^2$		
28	020404009001	推拉折叠门		樘	1
		磨砂玻璃、木框混油白 1800mm×2100mm	餐厅:1樘		
29	020404007001	玻璃门		樘	2
		磨砂玻璃、木框混油白 800mm×2100mm	客卫、主卫:2樘		

309

续表

序号	清单编码	分项工程名称及说明	计 算 式	单位	数量
30	020404009002	推拉折叠门		樘	1
		磨砂玻璃、木框混油白 3110mm×2400mm	客厅:1樘		
31	020401003001	胡桃木饰面门		樘	2
		木框骨架,细木工板基层,粘贴胡桃木饰面板 900mm×2100mm	2樘		
32	020402006001	防盗门		樘	1
		金属隔声、保温门 1200mm×2100mm	1樘		
33	020604002002	实木线条		m	36.5
		50mm 宽胡桃木实木线条	主卧 D 立面:(2.15×2+2.05)×2 面 =12.7m 客卫:(2.1×2+0.8)×2 面=10m 客厅 C 立面:2.1×2×2 面=8.4m 客厅 D 立面:2.1×2+1.2=5.4m		

表 5-60　　　　　　　　　　工程量清单表

序号	项目编码	项目名称及特征	计量单位	工程量
	B.1	楼地面工程		
1	020102002001	块料楼地面 项目特征:陶瓷地砖(600mm×600mm)水泥砂浆粘贴	m²	56.66
2	020102002002	块料楼地面 项目特征:陶瓷防滑地砖(300mm×300mm)水泥砂浆粘贴	m²	27.3
3	020104002001	竹木地板 长条复合地板,(1200mm×120mm)底铺泡沫垫,配套踢脚线	m²	49.2
4	020105006001	木质踢脚线 15mm 厚中纤板基层,立时得胶粘结胡桃木饰面	m²	0.39

续表

序号	项目编码	项目名称及特征	计量单位	工程量
5	020109001001	石材零星项目 20mm厚黑金砂，聚合物砂浆粘结	m²	1.09
B.2		墙柱面工程		
1	020204003001	瓷砖墙面 1:2水泥砂浆粘贴200mm×200mm瓷板	m²	21.41
2	020204001001	石材墙面 20mm厚黑金砂石材背景墙	m²	1.76
3	020207001001	玻璃墙面 灰绿色烤漆玻璃，厚6mm，不锈钢镜钉固定	m²	4
4	020209001001	钢化玻璃浴厕隔断 15mm厚钢化玻璃，玻璃门，不锈钢拉手，不锈钢合页	m²	3.26
5	020209001002	玻璃木框装饰墙 5mm厚镜面玻璃、木框油白色	m²	11.52
6	020209001003	钢化玻璃隔断 19mm厚钢化玻璃，白玻	m²	3.6
B.3		吊顶工程		
1	020302001001	顶棚吊顶 跌级吊顶，轻钢龙骨架，石膏板面层	m²	5.48
2	020302001002	顶棚吊顶 0.8mm厚烤漆铝扣板	m²	27.3
3	020302001003	顶棚吊顶 轻钢龙骨骨架，9mm厚防水纸面石膏板	m²	68.89
B.4		门窗工程		
1	020401003001	实木装饰门 木框骨架，细木工板基层，粘贴胡桃木饰面板 900mm×2100mm	樘	3
2	020402006001	防盗门 金属隔声、保温门1200mm×2100mm	樘	1
3	020404007001	半玻门（带扇框） 磨砂玻璃、木框混油白800mm×2100mm	樘	2
B.5		油漆、涂料、裱糊工程		
1	020506001001	抹灰面油漆 抹灰面乳胶漆	m²	273.16

续表

序号	项目编码	项目名称及特征	计量单位	工程量
	B.6	其他工程		
1	020601010001	浴厕吊柜 720mm×800mm 20mm 厚中纤基层，胡桃木饰面	个	1
2	020601011001	矮柜 20mm 厚中纤基层，胡桃木饰面 1000mm×800mm	个	1
3	020601003001	衣柜 20mm 厚中纤基层，胡桃木饰面 1550mm×2300mm	个	1
4	020601005001	鞋柜 细木工板基层，不锈钢台面，穿孔不锈钢板柜门，1580mm×500mm	个	1
5	020601008001	木壁柜 胡桃木饰面壁柜，15mm 厚中纤板基层，立时得胶粘结胡桃木饰面 1200mm×2600mm	个	2
6	020603010001	镜箱 575mm×1250mm 20mm 厚中纤基层，玻璃胶粘结固定	个	1
7	020603009001	镜面玻璃 15mm 厚中纤基层，6mm 厚镜面，玻璃胶粘结固定	m²	0.72
8	020603001001	石材洗漱台 1150×600 20mm 厚黑金砂，开孔到半圆边，大力胶粘结固定	m²	1.06
9	020603007001	卫生纸盒 不锈钢材料成品	个	1
10	020603005001	毛巾杆（架） 成品不锈钢	套	1
11	020604002001	木质装饰线 200mm 宽木格栅线条，混油白	m	9.08
12	020604002002	木质装饰线 50mm 宽胡桃木实木线条	m	36.5
	99	暂定项目		

续表

序号	项目编码	项目名称及特征	计量单位	工程量
1	020601021001 补	隔板架 木龙骨架，12mm 厚中纤板基层，胡桃木饰面		1.68
2	020404009001 补	推拉折叠门 磨砂玻璃，木框混油白 1800mm×2100mm	樘	1
3	020404009002 补	推拉折叠门 磨砂玻璃，木框混油白 3110mm×2400mm	樘	1

（2）工程计价。目前，报价形式主要有两种，一是按照《建设工程工程量清单计价规范》计价，二是各装饰装修公司自定格式报价，本书按《计价规范》进行计价。

在清单报价中，综合单价的组价应以企业定额为依据，应能反映本企业的实际生产消耗水平，但是，目前有能力编制企业定额不多见，因此，本例以 2002 年国家颁布的《全国统一装饰装修工程消耗量定额》为依据，并结合某省与之配套的单位估计汇总表、取费文件，按装饰三级企业标准计取各项费用，管理费率按 57.48% 计取，利润率按 45% 计取，规费费率按国家相关文件规定。下面以本案工程为例计算工程造价。见表 5-61～表 5-96。

表 5-61　　　　　　　　　　　　单位工程费汇总表

工程名称：某家庭室内装修工程　　　　　　　　　　　　　　　第 1 页　共 1 页

序号	费用名称	取费基数	费率	费用金额
一、	分部分项工程量清单计价合计	ZJF		69222
二、	措施项目清单计价合计	QTCSF		
三、	其他项目清单计价合计	QTXMF		
四、	规费	4.1～4.7 之和		526
4.1	工程排污费	RGF+QTCSF+LXRGF	0.14	4
4.2	养老保险费	RGF+QTCSF+LXRGF	2.86	91
4.3	失业保险费	RGF+QTCSF+LXRGF	1.50	47
4.4	医疗保险费	RGF+QTCSF+LXRGF	4.86	154
4.5	住房公积金	RGF+QTCSF+LXRGF	3.73	118
4.6	危险作业意外伤害保险	RGF+QTCSF+LXRGF	0.65	21
4.7	定额测定费	（一～三十4.1～4.6）之和	0.13	91
五、	税金	一～四之和	3.41	2378
	含税工程造价	一～五之和		72126

表 6-62　　　　　　　　　分部分项工程量清单计价表

工程名称：某家庭室内装修工程　　　　　　　　　　　　　　　　第1页　共3页

序号	项目编码	项目名称	计量单位	工程数量	金额（元）综合单价	金额（元）合价
	B.1	楼地面工程				
1	020102002001	块料楼地面 项目特征：陶瓷地砖（600×600）水泥砂浆粘贴	m²	56.660	154.49	8753.40
2	020102002002	块料楼地面 项目特征：陶瓷防滑地砖（300×300）水泥砂浆粘贴	m²	27.300	104.43	2850.94
3	020104002001	竹木地板 长条复合地板，（1200×120）底铺泡沫垫，配套踢脚线	m²	49.200	156.20	7685.04
4	020105006001	木质踢脚线 15厚中纤板基层，立时得胶粘结胡桃木饰面	m²	0.390	50.74	19.79
5	020109001001	石材零星项目 20厚黑金砂，聚合物砂浆粘结	m²	1.090	346.13	377.28
		分部小计［楼地面工程］				19686.45
	B.2	墙柱面工程				
1	020204003001	瓷砖墙面 1:2 水泥砂浆粘贴 200×200 瓷板	m²	21.410	110.52	2366.23
2	020204001001	石材墙面 20厚黑金砂石材背景墙	m²	1.760	336.36	591.99
3	020207001001	玻璃墙面 灰绿色考漆玻璃，厚6mm，不锈钢镜钉固定	m²	4.000	105.42	421.68

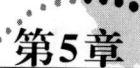

续表

序号	项目编码	项目名称	计量单位	工程数量	金额（元） 综合单价	金额（元） 合价
4	020209001001	钢化玻璃浴厕隔断 15厚钢化玻璃，玻璃门，不锈钢拉手，不锈钢合页	m²	3.260	443.37	1445.39
5	020209001002	玻璃木框装饰墙 5厚镜面玻璃、木框油白色	m²	11.520	57.77	665.51
6	020209001003	钢化玻璃隔断 19厚钢化玻璃，白玻	m²	3.600	443.37	1596.13
		分部小计［墙柱面工程］				7086.93
	B.3	天棚工程				
1	020302001001	天棚吊顶 跌级天棚，轻钢龙骨架，石膏板面层	m²	5.480	160.51	879.59
2	020302001002	天棚吊顶 0.8厚考漆铝扣板	m²	27.300	709.31	19364.16
3	020302001003	天棚吊顶 轻钢龙骨骨架，9厚防水纸面石膏板	m²	68.890	146.22	10073.10
		分部小计［天棚工程］				30316.85
	B.4	门窗工程				
1	020401003001	实木装饰门 木框骨架，细木工板基层，粘贴胡桃木饰面板 900×2100	樘	3.000	161.32	483.96
2	020402006001	防盗门 金属隔音、保温门 1200×2100	樘	1.000	2007.86	2007.86
本页小计						59,582.05

分部分项工程量清单计价表

工程名称：某家庭室内装修工程　　　　　　　　　　　　第1页 共3页

序号	项目编码	项目名称	计量单位	工程数量	综合单价	合价
3	020404007001	半玻门（带扇框） 磨砂玻璃、木框混油白 800×2100	樘	2.000	119.65	239.30
		分部小计［门窗工程］				2731.12
	B.5	油漆、涂料、裱糊工程				
1	020506001001	抹灰面油漆 抹灰面乳胶漆	m²	273.160	3.97	1084.45
		分部小计［油漆、涂料、裱糊工程］				1084.45
	B.6	其他工程				
1	020601010001	浴厕吊柜 72×800 20厚中纤基层，胡桃木饰面	个	1.000	329.44	329.44
2	020601011001	矮柜 20厚中纤基层，胡桃木饰面 1000×800	个	1.000	506.86	506.86
3	020601003001	衣柜 20厚中纤基层，胡桃木饰面 1550×2300	个	1.000	1514.95	1514.95
4	020601005001	鞋柜 细木工板基层，不锈钢台面，穿孔不锈钢板柜门，1580×500	个	1.000	236.72	236.72
5	020601008001	木壁柜 桃木饰面壁柜，15厚中纤板基层，立时得胶粘结胡桃木饰面 1200×2600	个	2.000	1172.87	2345.74
6	020603010001	镜箱 575×1250 20厚中纤基层，玻璃胶粘结固定	个	1.000	120.43	120.43
7	020603009001	镜面玻璃 15厚中纤基层，6厚镜面、玻璃胶粘结固定	m²	0.720	179.42	129.18

续表

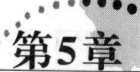

序号	项目编码	项目名称	计量单位	工程数量	金额（元） 综合单价	金额（元） 合价
8	020603001001	石材洗漱台1150×600 20厚黑金砂，开孔、到半圆边、大力胶粘结固定	m²	1.060	571.15	605.42
9	020603007001	卫生纸盒 不锈钢材料成品	个	1.000	62.63	62.63
10	020603005001	毛巾杆（架） 成品不锈钢	套	1.000	123.70	123.70
11	020604002001	木质装饰线 200宽木格栅线条，混油白	m	9.080	48.86	443.65
12	020604002002	木质装饰线 50宽胡桃木实木线条	m	36.500	14.26	520.49
		分部小计［其他工程］				6939.21
	99	暂定项目				
1	020601021001补	隔板架 木龙骨架，12厚中纤板基层，胡桃木饰面		1.680	111.29	186.96
2	020404009001补	推拉折叠门 磨砂玻璃、木框混油白1800×2100	樘	1.000	399.96	399.96
本页小计						8,849.88
3	020404009002补	推拉折叠门 磨砂玻璃、木框混油白3110×2400	樘	1.000	789.77	789.77
		分部小计［暂定项目］				1376.69
本页小计						789.77
合计						69,221.70

表 5－63　分部分项工程量清单综合单价计算表

工程名称：某家庭室内装修工程　　　　　　　　　　　　　　　　　　　第 1 页　共 33 页

项目编码：020102002001　　　　　　　　　　　　　　　　　　　　　　计量单位：m²

项目名称：块料楼地面　　　　　　　　　　　　　　　　　　　　　　　　综合单价：154.49

项目特征：陶瓷地砖（600mm×600mm）水泥砂浆粘贴

序号	定额编码	工程内容	单位	工程量	综合单价（子目合价/清单工程量）					小计
					人工费	材料费	机械费	管理费	利润	
1	1－066	楼地面 周长在（mm 以内）2400	m²	56.660	525.80	7661.00	27.76	302.23	236.61	8753.40
		合计			525.80	7661.00	27.76	302.23	236.61	8753.40

表 5－64　分部分项工程量清单综合单价计算表

工程名称：某家庭室内装修工程　　　　　　　　　　　　　　　　　　　第 2 页　共 33 页

项目编码：020102002002　　　　　　　　　　　　　　　　　　　　　　计量单位：m²

项目名称：块料楼地面　　　　　　　　　　　　　　　　　　　　　　　　综合单价：104.43

项目特征：陶瓷防滑地砖（300mm×300mm）1:2 水泥砂浆粘贴

序号	定额编码	工程内容	单位	工程量	综合单价（子目合价/清单工程量）					小计
					人工费	材料费	机械费	管理费	利润	
2	1－063	楼地面 周长在（mm 以内）1200	m²	27.300	259.35	2312.31	13.38	149.07	116.71	2850.94
		合计			259.35	2312.31	13.38	149.07	116.71	2850.94

第5章 建筑装饰装修工程计量与计价案例分析

表5-65 分部分项工程量清单综合单价计算表

工程名称：某家庭室内装修工程

项目编码：020104002001　　项目名称：木地板　　　　　第3页　共33页

计量单位：m²

项目特征：长条复合地板，(1200mm×120mm)底铺泡沫垫，配套踢脚线

综合单价：156.2

序号	定额编码	工程内容	单位	工程量	综合单价（子目合价/清单工程量）					小计
					人工费	材料费	机械费	管理费	利润	
3	1-147	长条复合地板 铺在混凝土面上	m²	49.200	541.20	6589.36		311.08	243.54	7685.04
		合计			541.20	6589.36		311.08	243.54	7685.04

表5-66 分部分项工程量清单综合单价计算表

工程名称：某家庭室内装修工程

项目编码：020105006001　　项目名称：木质踢脚线　　　第4页　共33页

计量单位：m²

项目特征：15mm厚中纤板基层，立时得胶粘结胡桃木饰面

综合单价：50.74

序号	定额编码	工程内容	单位	工程量	综合单价（子目合价/清单工程量）					小计
					人工费	材料费	机械费	管理费	利润	
4	1-159	直线形木踢脚线 榉木夹板	m²	0.390	3.34	12.98	0.05	1.92	1.50	19.79
		合计			3.34	12.98	0.05	1.92	1.50	19.79

319

表 5-67 分部分项工程量清单综合单价计算表

工程名称：某家庭室内装修工程　　　　　　　　　　　　　　　　第 5 页　共 33 页

项目编码：020109001001　　　　　　　　　　　　　　　　　　　计量单位：m²

项目名称：石材零星项目　　　　　　　　　　　　　　　　　　　综合单价：346.13

20mm 厚黑金砂、聚合物砂浆粘结

序号	定额编码	工程内容	单位	工程量	综合单价（子目合价/清单工程量）					小计
					人工费	材料费	机械费	管理费	利润	
5	1-040	零星项目 花岗岩 水泥砂浆	m²	1.090	15.69	342.87	2.65	9.02	7.06	377.28
		合计			15.69	342.87	2.65	9.02	7.06	377.28

表 5-68 分部分项工程量清单综合单价计算表

工程名称：某家庭室内装修工程　　　　　　　　　　　　　　　　第 6 页　共 33 页

项目编码：020204003001　　　　　　　　　　　　　　　　　　　计量单位：m²

项目名称：瓷砖墙面　　　　　　　　　　　　　　　　　　　　　综合单价：110.52

1:2 水泥砂浆粘贴 200mm × 200mm 瓷板

序号	定额编码	工程内容	单位	工程量	综合单价（子目合价/清单工程量）					小计
					人工费	材料费	机械费	管理费	利润	
6	2-116	瓷板 200mm × 300mm 砂浆粘贴 内墙面	m²	21.410	216.46	1916.20	11.78	124.42	97.40	2366.23
		合计			216.46	1916.20	11.78	124.42	97.40	2366.23

表5-69 分部分项工程量清单综合单价计算表

工程名称：某家庭室内装修工程
项目编码：020204001001
项目名称：石材墙面

第7页 共33页
计量单位：m²
综合单价：336.36

20mm厚黑金砂石材背景墙

序号	定额编码	工 程 内 容	单位	工程量	综合单价（子目合价/清单工程量）					
					人工费	材料费	机械费	管理费	利润	小计
7	2-059	粘贴花岗岩（水泥砂浆粘贴）砖墙面	m²	1.760	23.97	541.31	2.15	13.78	10.79	591.99
		合计			23.97	541.31	2.15	13.78	10.79	591.99

表5-70 分部分项工程量清单综合单价计算表

工程名称：某家庭室内装修工程
项目编码：020207001001
项目名称：玻璃墙面

第8页 共33页
计量单位：m²
综合单价：105.42

灰绿色烤漆玻璃，厚6mm，不锈钢镜钉固定

序号	定额编码	工 程 内 容	单位	工程量	综合单价（子目合价/清单工程量）					
					人工费	材料费	机械费	管理费	利润	小计
8	2-192	镜面玻璃墙面在胶合板上粘贴	m²	4.000	15.36	390.56		8.83	6.91	421.68
		合计			15.36	390.56		8.83	6.91	421.68

表 5-71 分部分项工程量清单综合单价计算表

工程名称：某家庭室内装修工程
项目编码：020209001001
项目名称：钢化玻璃浴厕隔断
15mm厚钢化玻璃，玻璃门，不锈钢拉手，不锈钢合页

第 9 页 共 33 页
计量单位：m²
综合单价：443.37

序号	定额编码	工 程 内 容	单位	工程量	综合单价（子目合价/清单工程量）					小计
					人工费	材料费	机械费	管理费	利润	
9	2-235	全玻璃隔断 钢化玻璃	m²	3.260	24.78	1371.48	23.73	14.24	11.15	1445.39
		合计			24.78	1371.48	23.73	14.24	11.15	1445.39

表 5-72 分部分项工程量清单综合单价计算表

工程名称：某家庭室内装修工程
项目编码：020209001002
项目名称：玻璃木框装饰墙
5mm厚镜面玻璃，木框油白色

第 10 页 共 33 页
计量单位：m²
综合单价：57.77

序号	定额编码	工 程 内 容	单位	工程量	综合单价（子目合价/清单工程量）					小计
					人工费	材料费	机械费	管理费	利润	
10	2-232	木骨架玻璃隔断 全玻	m²	11.520	106.79	439.60	9.68	61.38	48.06	665.51
		合计			106.79	439.60	9.68	61.38	48.06	665.51

表 5-73 分部分项工程量清单综合单价计算表

工程名称：某家庭室内装修工程　　　　　　　　　　　　　　　　　　　　第 11 页　共 33 页
项目编码：020209001003　　　　　　　　　　　　　　　　　　　　　　　计量单位：m²
项目名称：钢化玻璃隔断，白玻19mm厚钢化玻璃　　　　　　　　　　　　综合单价：443.37

序号	定额编码	工程内容	单位	工程量	综合单价（子目合价/清单工程量）					小计
					人工费	材料费	机械费	管理费	利润	
11	2-235	全玻璃隔断 钢化玻璃	m²	3.600	27.36	1514.52	26.21	15.73	12.31	1596.13
		合计			27.36	1514.52	26.21	15.73	12.31	1596.13

表 5-74 分部分项工程量清单综合单价计算表

工程名称：某家庭室内装修工程　　　　　　　　　　　　　　　　　　　　第 12 页　共 33 页
项目编码：020302001001　　　　　　　　　　　　　　　　　　　　　　　计量单位：m²
项目名称：吊顶　吊顶跌级吊顶，轻钢龙骨架，石膏板面层　　　　　　　　综合单价：160.51

序号	定额编码	工程内容	单位	工程量	综合单价（子目合价/清单工程量）					小计
					人工费	材料费	机械费	管理费	利润	
12	3-024	装配式U形轻钢吊顶龙骨（不上人型）面层规格（mm）450mm×450mm 跌级	m²	5.480	30.09	260.90		17.29	13.54	321.84
	3-077	石膏板吊顶基层	m²	5.480	14.36	528.66		8.25	6.46	557.75
		合计			44.45	789.56		25.54	20.00	879.59

表 5-75 分部分项工程量清单综合单价计算表

工程名称：某家庭室内装修工程　　　　　　　　　　　　　　　　第 13 页　共 33 页

项目编码：020302001002　　　　　　　　　　　　　　　　　　　计量单位：m²

项目名称：顶棚吊顶　　　　　　　　　　　　　　　　　　　　　综合单价：709.31

0.8mm 厚烤漆铝扣板

序号	定额编码	工程内容	单位	工程量	综合单价（子目合价/清单工程量）					小计
					人工费	材料费	机械费	管理费	利润	
13	3-125	铝合金扣板吊顶	m²	27.300	78.08	19206.10		44.88	35.14	19364.16
		合计			78.08	19206.10		44.88	35.14	19364.16

表 5-76 分部分项工程量清单综合单价计算表

工程名称：某家庭室内装修工程　　　　　　　　　　　　　　　　第 14 页　共 33 页

项目编码：020302001003　　　　　　　　　　　　　　　　　　　计量单位：m²

项目名称：顶棚吊顶　　　　　　　　　　　　　　　　　　　　　综合单价：146.22

轻钢龙骨骨架，9mm 厚防水纸面石膏板

序号	定额编码	工程内容	单位	工程量	综合单价（子目合价/清单工程量）					小计
					人工费	材料费	机械费	管理费	利润	
14	3-097	石膏板吊顶顶面层 安在 U 形轻钢龙骨上	m²	68.890	197.03	9674.22		113.25	88.66	10073.10
		合计			197.03	9674.22		113.25	88.66	10073.10

第5章 建筑装饰装修工程计量与计价案例分析

表5-77 分部分项工程量清单综合单价计算表

工程名称：某家庭室内装修工程　　　　　　　　　　　　　　第15页　共33页
项目编码：020401003001　　　　　　　　　　　　　　　　　计量单价：樘
项目名称：实木装饰门　　　　　　　　　　　　　　　　　　综合单价：161.32

工程内容：木框骨架，细木工板基层，粘贴胡桃木饰面板900mm×2100mm

序号	定额编码	工程内容	单位	工程量	人工费	材料费	机械费	管理费	利润	小计
15	4-054	实木门框(m)	m²	1.890	4.52	12.76		2.60	2.03	21.91
	4-058	装饰板门扇制作木骨架	m²	1.890	23.00	48.91		13.22	10.35	95.48
	4-059	装饰板门扇制作基层	m²	1.890	11.28	150.03		6.49	5.08	172.88
	4-060	装饰板门扇制作装饰面层	m²	1.890	23.00	81.18		13.22	10.35	127.75
	5-033	润油粉、刮腻子、聚氨酯漆二遍 单层木门	m²	1.890	17.54	30.43		10.08	7.89	65.94
		合计			79.34	323.31		45.61	35.70	483.96

表5-78 分部分项工程量清单综合单价计算表

工程名称：某家庭室内装修工程　　　　　　　　　　　　　　第16页　共33页
项目编码：020402006001　　　　　　　　　　　　　　　　　计量单价：樘
项目名称：防盗门　　　　　　　　　　　　　　　　　　　　综合单价：2007.86

工程内容：金属隔声、保温门 1200mm×2100mm

序号	定额编码	工程内容	单位	工程量	人工费	材料费	机械费	管理费	利润	小计
16	4-047	防盗门	m²	2.520	22.86	1960.51	1.08	13.14	10.29	2007.86
		合计			22.86	1960.51	1.08	13.14	10.29	2007.86

325

表 5-79 分部分项工程量清单综合单价计算表

工程名称：某家庭室内装修工程
项目编码：020404007001
项目名称：半玻门（带扇框）

第 17 页 共 33 页
计量单位：樘
综合单价：119.65

序号	定额编码	工 程 内 容	单位	工程量	人工费	材料费	机械费	管理费	利润	小计
17	4-057	实木全玻门（网格式）	m²	1.680	36.07	104.73		20.73	16.23	177.76
	4-054	实木门框（m）	m²	1.680	4.02	11.34		2.31	1.81	19.47
	5-061	润油粉、刮腻子、油色、清漆二遍 单层木门	m²	1.680	14.75	12.20		8.48	6.64	42.07
		合计			54.84	128.27		31.52	24.68	239.30

磨砂玻璃，木框混油白 800mm×2100mm

表 5-80 分部分项工程量清单综合单价计算表

工程名称：某家庭室内装修工程
项目编码：020506001001
项目名称：抹灰面乳胶漆

第 18 页 共 33 页
计量单位：m²
综合单价：3.97

序号	定额编码	工 程 内 容	单位	工程量	综合单价（子目合价/清单工程量）					
					人工费	材料费	机械费	管理费	利润	小计
18	5-195	乳胶漆 抹灰面 二遍	m²	273.160	259.50	559.98		149.17	116.78	1084.45
		合计			259.50	559.98		149.17	116.78	1084.45

建筑装饰装修工程计量与计价案例分析 第5章

表 5-81

工程名称：某家庭室内装修工程
项目编码：020601010001
项目名称：浴厕吊柜 720mm×800mm，胡桃木饰面
20mm厚中纤基层，胡桃木饰面

分部分项工程量清单综合单价计算表

第 19 页 共 33 页
计量单位：个
综合单价：329.44

序号	定额编码	工程内容	单位	工程量	综合单价（子目合价/清单工程量）					
					人工费	材料费	机械费	管理费	利润	小计
19	6-135	嵌入式木壁柜	m²	0.576	20.20	281.25	7.29	11.61	9.09	329.44
		合计			20.20	281.25	7.29	11.61	9.09	329.44

表 5-82

工程名称：某家庭室内装修工程
项目编码：020601011001
项目名称：矮柜 1000mm×800mm，胡桃木饰面
20mm厚中纤基层，胡桃木饰面

分部分项工程量清单综合单价计算表

第 20 页 共 33 页
计量单位：个
综合单价：506.86

序号	定额编码	工程内容	单位	工程量	综合单价（子目合价/清单工程量）					
					人工费	材料费	机械费	管理费	利润	小计
20	6-136	附墙矮柜	m²	0.800	35.89	421.38	12.82	20.63	16.15	506.86
		合计			35.89	421.38	12.82	20.63	16.15	506.86

327

表5-83 分部分项工程量清单综合单价计算表

工程名称：某家庭室内装修工程　　　　　　　　　　　　　　　第21页　共33页
项目编码：020601００300　　　　　　　　　　　　　　　　　　　计量单位：个
项目名称：衣柜1550mm×2300mm，20mm厚中纤基层，胡桃木饰面　综合单价：1514.95

序号	定额编码	工程内容	单位	工程量	综合单价（子目合价/清单工程量）					小计
					人工费	材料费	机械费	管理费	利润	
21	6-139	附墙衣柜	m	1.550	69.91	1348.58	24.83	40.18	31.46	1514.95
	合计				69.91	1348.58	24.83	40.18	31.46	1514.95

表5-84 分部分项工程量清单综合单价计算表

工程名称：某家庭室内装修工程　　　　　　　　　　　　　　　第22页　共33页
项目编码：020601005001　　　　　　　　　　　　　　　　　　　计量单位：个
项目名称：鞋柜1580mm×500mm，穿孔不锈钢板柜门　　　　　　 综合单价：236.72
细木工板基层，不锈钢台面

序号	定额编码	工程内容	单位	工程量	综合单价（子目合价/清单工程量）					小计
					人工费	材料费	机械费	管理费	利润	
22	6-144	鞋柜	m²	0.790	38.50	157.82	0.96	22.13	17.32	236.72
	合计				38.50	157.82	0.96	22.13	17.32	236.72

表 5-85 分部分项工程量清单综合单价计算表

工程名称：某家庭室内装修工程
项目编码：020601008001
项目名称：木壁柜 1200mm×2600mm 木饰面壁板，15mm 厚中纤板基层，立时得胶粘结胡桃木饰面
胡桃木饰面层，15mm 厚中纤板基层，立时得胶粘结胡桃木饰面

第 23 页 共 33 页
计量单位：个
综合单价：1172.87

序号	定额编码	工 程 内 容	单位	工程量	综合单价（子目合价/清单工程量）				
					人工费	材料费	机械费	管理费	利润	小计
23	6-139	附墙衣柜	m	2.400	108.24	2088.12	38.45	62.22	48.71	2345.74
		合计			108.24	2088.12	38.45	62.22	48.71	2345.74

表 5-86 分部分项工程量清单综合单价计算表

工程名称：某家庭室内装修工程
项目编码：020603010001
项目名称：镜箱 575mm×1250mm 玻璃胶粘结固定
20mm 厚中纤基层，玻璃胶粘结固定

第 24 页 共 33 页
计量单位：个
综合单价：120.43

序号	定额编码	工 程 内 容	单位	工程量	综合单价（子目合价/清单工程量）				
					人工费	材料费	机械费	管理费	利润	小计
24	6-114	盥洗室镜箱 木质镜箱	m²	0.719	34.34	50.90		19.74	15.45	120.43
		合计			34.34	50.90		19.74	15.45	120.43

329

表 5-87 分部分项工程量清单综合单价计算表

工程名称：某家庭室内装修工程　　　　　　　　　　　　　　　　　　　第 25 页　共 33 页
项目编码：020603009001　　　　　　　　　　　　　　　　　　　　　计量单位：m²
项目名称：镜面玻璃　　　　　　　　　　　　　　　　　　　　　　　　综合单价：179.42

15mm厚中纤基层，6mm厚镜面，玻璃胶粘结固定

序号	定额编码	工 程 内 容	单位	工程量	综合单价（子目合价/清单工程量）					小计
					人工费	材料费	机械费	管理费	利润	
25	6-111	镜面玻璃 1m² 以内 不带框	m²	0.719	5.16	118.46	0.27	2.97	2.32	129.18
		合计			5.16	118.46	0.27	2.97	2.32	129.18

表 5-88 分部分项工程量清单综合单价计算表

工程名称：某家庭室内装修工程　　　　　　　　　　　　　　　　　　　第 26 页　共 33 页
项目编码：020603001001　　　　　　　　　　　　　　　　　　　　　计量单位：m²
项目名称：石材洗漱台　　　　　　　　　　　　　　　　　　　　　　　综合单价：571.15

1150mm×600mm，20mm厚黑金砂，开孔剖半圆边，大力胶粘结固定

序号	定额编码	工 程 内 容	单位	工程量	综合单价（子目合价/清单工程量）					小计
					人工费	材料费	机械费	管理费	利润	
26	6-210	大理石洗漱台 1m² 以内	m²	1.060	64.18	465.27	10.20	36.89	28.88	605.42
		合计			64.18	465.27	10.20	36.89	28.88	605.42

表 5-89　分部分项工程量清单综合单价计算表

工程名称：某家庭室内装修工程　　　　　　　　　　　　　　　　　　　　　　第 27 页　共 33 页
项目编码：020603007001　　　　　　　　　　　　　　　　　　　　　　　　　计量单位：个
项目名称：卫生纸盒不锈钢材料成品　　　　　　　　　　　　　　　　　　　　综合单价：62.63

序号	定额编码	工　程　内　容	单位	工程量	综合单价（子目合价/清单工程量）					小计
					人工费	材料费	机械费	管理费	利润	
27	6-202	卫生纸盒	只	1.000	0.82	60.97		0.47	0.37	62.63
		合计			0.82	60.97		0.47	0.37	62.63

表 5-90　分部分项工程量清单综合单价计算表

工程名称：某家庭室内装修工程　　　　　　　　　　　　　　　　　　　　　　第 28 页　共 33 页
项目编码：020603005001　　　　　　　　　　　　　　　　　　　　　　　　　计量单位：套
项目名称：毛巾杆(架)成品不锈钢　　　　　　　　　　　　　　　　　　　　　综合单价：123.7

序号	定额编码	工　程　内　容	单位	工程量	综合单价（子目合价/清单工程量）					小计
					人工费	材料费	机械费	管理费	利润	
28	6-208	毛巾杆　不锈钢	付	1.000	1.03	121.61		0.59	0.46	123.70
		合计			1.03	121.61		0.59	0.46	123.70

表5-91　分部分项工程量清单综合单价计算表

工程名称：某家庭室内装修工程　　　　　　　　　　　　　　　　　　　　　　　　第29页　共33页
项目编码：020604002001　　　　　　　　　　　　　　　　　　　　　　　　　　　计量单位：m
项目名称：木质装饰线200mm宽木格栅线条，混油白　　　　　　　　　　　　　　综合单价：48.86

序号	定额编码	工 程 内 容	单位	工程量	综合单价(子目合价/清单工程量)					小计
					人工费	材料费	机械费	管理费	利润	
29	6-073	木质装饰线条　宽度200mm内	m	9.080	10.35	422.67		5.95	4.66	443.65
		合计			10.35	422.67		5.95	4.66	443.65

表5-92　分部分项工程量清单综合单价计算表

工程名称：某家庭室内装修工程　　　　　　　　　　　　　　　　　　　　　　　　第30页　共33页
项目编码：020604002002　　　　　　　　　　　　　　　　　　　　　　　　　　　计量单位：m
项目名称：木质装饰线50mm宽明桃木实木线条　　　　　　　　　　　　　　　　综合单价：14.26

序号	定额编码	工 程 内 容	单位	工程量	综合单价(子目合价/清单工程量)					小计
					人工费	材料费	机械费	管理费	利润	
30	6-069	木质装饰线条　宽度50mm内	m	36.500	25.92	467.93		14.90	11.66	520.49
		合计			25.92	467.93		14.90	11.66	520.49

表 5-93 分部分项工程量清单综合单价计算表

工程名称：某家庭室内装修工程
项目编码：020601021001 补
项目名称：隔板架
第 31 页 共 33 页
计量单位：m²
综合单价：111.29

木龙骨架，12mm厚中纤板基层，胡桃木饰面

序号	定额编码	工程内容	单位	工程量	综合单价(子目合价/清单工程量)					
					人工费	材料费	机械费	管理费	利润	小计
31	2-166	断面7.5cm²以内 木龙骨平均中距(cm)以内30	m²	1.680	4.70	27.33	0.79	2.70	2.12	37.65
	2-190	细木工板基层	m²	1.680	3.33	67.97	3.80	1.91	1.50	78.51
	2-209	胡桃木胶合板面 墙面、墙裙	m²	1.680	6.00	53.58	5.07	3.45	2.70	70.80
		合计			14.03	148.88	9.66	8.06	6.32	186.96

表 5-94 分部分项工程量清单综合单价计算表

工程名称：某家庭室内装修工程
项目编码：020404009001 补
项目名称：推拉折叠门磨砂油白1800mm×2100mm，木框混油白
第 32 页 共 33 页
计量单位：樘
综合单价：399.96

序号	定额编码	工程内容	单位	工程量	综合单价(子目合价/清单工程量)					
					人工费	材料费	机械费	管理费	利润	小计
32	4-057	实木全玻门(网格式)	m²	3.780	81.16	235.65		46.65	36.52	399.96
		合计			81.16	235.65		46.65	36.52	399.96

表 5-95　分部分项工程清单综合单价计算表

工程名称：某家庭室内装修工程　　　　　　　　　　　　　　第 33 页　共 33 页
项目编码：020404009002 朴　　　　　　　　　　　　　　　　计量单位：樘
项目名称：推拉折叠门磨砂玻璃、木框混油白 3110mm×2400mm　综合单价：789.77

序号	定额编码	工程内容	单位	工程量	综合单价（子目合价/清单工程量）					小计
					人工费	材料费	机械费	管理费	利润	
33	4-057	实木全玻门（网格式）	m²	7.464	160.25	465.31		92.11	72.11	789.77
		合计			160.25	465.31		92.11	72.11	789.77

表 5-96　　　　　　　　　主要材料价格表

工程名称：某家庭室内装修工程　　　　　　　　　　　　　第 1 页　共 1 页

序号	材料编码	材料名称	单位	单价/元
1	AG0447	银白铝扣板	m²	623.61
2	AM9123	自攻螺钉	个	3.72
3	AH0994	陶瓷地面砖 600mm×600mm	m²	128.53
4	AG0370	复合地板（成品）	m²	125.00
5	AH0183	钢化玻璃 12mm	m²	374.89
6	AH0992	陶瓷地面砖 300mm×300mm	m²	79.26
7	AE0016	防盗门	m²	777.98
8	AH0663	墙面瓷板	m²	81.40
9	AG0291	花岗岩板（综合）	m²	291.02
10	AG0523	石膏板	m²	10.39
11	CD0065	大芯板（细木工板）	m²	37.29
12	HA0830	乳胶漆	kg	6.21
13	AG1153	木质装饰线 50mm×20mm	m	11.96
14	CD0170	红榉木夹板	m²	14.98
15	AG1157	木质装饰线 200mm×15mm	m	43.66
16	CB0020	松木锯材	m³	930.69
17	CD0030	胶合板	m²	45.49
18	AG0201	大理石板（综合）	m²	291.02
19	AA0020	水泥 425 号	kg	0.36

参 考 文 献

[1] 中华人民共和国建设部. GB 50500—2008 建设工程工程量清单计价规范[S]. 北京：中国计划出版社，2008年.

[2] 中华人民共和国建设部. GYD-901-2002 全国统一建筑装修工程消耗量定额[S]. 北京：中国计划出版社，2002年.

[3] 李卫华. 建筑装饰构造[M]. 北京：中国建筑工业出版社，2002年.

[4] 张卫平. 吊顶装饰构造与施工工艺[M]. 北京：中国建筑工业出版社，2006年.

[5] 李成贞. 建筑装饰工程计量与计价[M]. 北京：中国建筑工业出版社，2006年.

[6] 乐嘉龙. 学看建筑装饰施工图[M]. 北京：中国电力出版社，2002年.

[7] 武峰. CAD 室内设计施工图常用图块[M]. 北京：中国建筑工业出版社，2002年.